普通高等教育"十三五"规划教材
土木工程类系列教材

工程地质

主　编　琚晓冬
副主编　邹正盛　冯文娟

清华大学出版社
北京

内容简介

本书系统概括了工程地质学的基本原理与方法,内容涵盖工程地质勘察、工程岩土学和工程地质分析三大学科分支的主要内容和方法体系,全书尤为重视对基础工程地质理论、方法的阐述与解释,力求将知识体系构建与认知能力提升相结合。全书参考、采用了最新的岩土工程和工程地质规范、标准,并紧密联系实际,力求反映学科前沿及新思想、新提法、新事件。

本书可作为高等院校土木工程、城市地下空间工程、交通工程、工程管理等专业的课程教材,亦可作为水利水电、采矿工程、油气储运工程等相关专业的课程参考书,还可供相关专业工程技术人员参考使用。

版权所有,侵权必究。举报: 010-62782989, beiqinquan@tup.tsinghua.edu.cn。

图书在版编目(CIP)数据

工程地质/琚晓冬主编. —北京:清华大学出版社,2019(2024.2重印)
(普通高等教育"十三五"规划教材. 土木工程类系列教材)
ISBN 978-7-302-52587-5

Ⅰ. ①工… Ⅱ. ①琚… Ⅲ. ①工程地质-高等学校-教材 Ⅳ. ①P642

中国版本图书馆 CIP 数据核字(2019)第 042408 号

责任编辑:秦 娜 赵从棉
封面设计:陈国熙
责任校对:赵丽敏
责任印制:杨 艳

出版发行:清华大学出版社
网　　址: https://www.tup.com.cn, https://www.wqxuetang.com
地　　址: 北京清华大学学研大厦 A 座　　邮　编: 100084
社 总 机: 010-83470000　　邮　购: 010-62786544
投稿与读者服务: 010-62776969, c-service@tup.tsinghua.edu.cn
质量反馈: 010-62772015, zhiliang@tup.tsinghua.edu.cn

印 装 者: 三河市铭诚印务有限公司
经　　销: 全国新华书店
开　　本: 185mm×260mm　　印　张: 19.25　　字　数: 464 千字
版　　次: 2019 年 3 月第 1 版　　印　次: 2024 年 2 月第 7 次印刷
定　　价: 55.00 元

产品编号:074194-02

前言

FOREWORD

随着我国西部大开发战略、城镇化进程及"一带一路"倡议的不断推进实施,各类基础设施工程不断向高、广、深方向发展,由此产生的工程地质、环境地质问题日益复杂与突出。同时,当前本科教育不断向宽口径、素质教育方向发展,作为土木工程专业基础课的"工程地质"越来越受到社会与高校的重视。

本书针对高等院校土木工程专业"工程地质"或"土木工程地质"课程而编写,内容主要涉及基础地质理论及工程地质学相关基本理论、方法和技术,适用于土木工程专业"工程地质"课程的本科教学,同时也可作为该专业研究生及相关专业本科生类似课程的参考教材。

在本书的编写过程中特别注重对基础知识、理论和方法体系的阐述与解释,强调工程问题、技术、方法的地质学及力学理论背景;同时特别关注整书及局部知识系统构架的逻辑性和完整性。本书旨在为非工程地质类专业学生提供必要的地质学与工程地质学基础知识,构建解决各类工程地质问题所必需的主要理论、方法与技术体系。此外,为拓宽学生的国际视野,本书的编写参考了多本国外类似教材,列举相关国外工程案例,并将书中涉及的所有专业名词标注英文名称。

利用本书进行"工程地质"的课程学习,可以使学生了解建设中经常遇到的工程地质现象和问题,以及这些现象和问题对工程建(构)筑设计、施工和运营过程的影响,并能正确处理、合理利用自然地质条件,了解各种工程地质勘察要求和当前常见技术方法及应用,能够合理利用勘察成果解决设计和施工问题。

全书共9章,涉及两大部分内容:基础地质理论与工程地质问题、方法、技术。其中前者主要包括矿物与岩石、地层与地质构造、地貌、地质作用、地表及地下水等,涉及章节主要有第1、2、3、4、6章;后者主要涵盖岩土的工程性质、不良地质现象、土木工程地质问题、岩土工程勘察等内容,涉及章节主要有第5、7、8、9章。

本书由河南理工大学琚晓冬(后面未注明学校名称的人员均来自河南理工大学)主编,邹正盛副主编,顿志林主审。具体编写分工如下:绪论、第3章由琚晓冬编写;第2章由闫芙蓉编写;第4章的4.1节~4.3节由琚晓冬编写,4.4节及4.5节由冯文娟编写;第5章由冯文娟编写;第6章由孙辉编写;第7章的7.1节~7.5节由罗平平编写,7.6节由河南大学王浩编写;第8章由河南大学王浩编写;第9章由郑州大学李明宇与洛阳理工学院魏艳卿共同编写。全书由琚晓冬、邹正盛、冯文娟统稿。

由于编者水平有限,疏漏乃至错误在所难免,欢迎广大读者不吝指正,提出建议。

编 者

2019年1月

目 录

CONTENTS

1 绪论 ……………………………………………………………………………………… 1
  1.1 工程地质问题与工程地质学 ………………………………………………………… 1
  1.2 工程地质条件 ………………………………………………………………………… 2
  1.3 工程地质学的研究内容与方法 ……………………………………………………… 3
    1.3.1 研究内容 ………………………………………………………………………… 3
    1.3.2 研究方法 ………………………………………………………………………… 4
  1.4 工程地质学的发展历史与当前研究热点 …………………………………………… 5
    1.4.1 发展历史 ………………………………………………………………………… 5
    1.4.2 当前研究热点 …………………………………………………………………… 6
  思考题 ……………………………………………………………………………………… 7

2 矿物与岩石 ……………………………………………………………………………… 8
  2.1 造岩矿物 ……………………………………………………………………………… 8
    2.1.1 矿物的形态 ……………………………………………………………………… 8
    2.1.2 矿物的光学性质 ………………………………………………………………… 10
    2.1.3 矿物的力学性质 ………………………………………………………………… 11
    2.1.4 常见造岩矿物及其主要特征 …………………………………………………… 12
  2.2 岩浆岩 ………………………………………………………………………………… 14
    2.2.1 岩浆的作用及岩浆岩产状 ……………………………………………………… 14
    2.2.2 岩浆岩的成分 …………………………………………………………………… 17
    2.2.3 岩浆岩的结构与构造 …………………………………………………………… 18
    2.2.4 岩浆岩分类 ……………………………………………………………………… 19
    2.2.5 常见岩浆岩的特征 ……………………………………………………………… 20
  2.3 沉积岩 ………………………………………………………………………………… 21
    2.3.1 沉积岩的形成 …………………………………………………………………… 21
    2.3.2 沉积岩的结构 …………………………………………………………………… 22
    2.3.3 沉积岩的构造 …………………………………………………………………… 23
    2.3.4 沉积岩分类及特征 ……………………………………………………………… 25

2.4 变质岩 ··· 26
2.4.1 变质作用因素 ·· 26
2.4.2 变质作用类型 ·· 27
2.4.3 变质岩的成分、结构与构造 ·· 28
2.4.4 变质岩分类及特征 ·· 29
2.5 三大岩类的特征对比及相互演变 ··· 31
思考题 ·· 32

3 地层与地质构造 ·· 33
3.1 地壳运动与地质作用 ··· 33
3.1.1 地球及其圈层构造 ·· 33
3.1.2 地壳运动 ··· 36
3.1.3 地质作用 ··· 41
3.2 地层与地质年代 ··· 42
3.2.1 地层与地层接触关系 ·· 42
3.2.2 地质年代 ··· 44
3.2.3 地质年代表 ··· 47
3.3 岩层及岩层产状 ··· 49
3.3.1 岩层 ··· 49
3.3.2 岩层产状 ··· 50
3.3.3 岩层露头特征 ··· 53
3.4 褶皱构造 ··· 56
3.4.1 褶皱基本形态 ··· 56
3.4.2 褶曲要素 ··· 57
3.4.3 褶曲分类 ··· 58
3.4.4 褶皱构造类型 ··· 61
3.4.5 褶皱构造的识别与工程评价 ·· 61
3.5 断裂构造 ··· 64
3.5.1 节理 ··· 64
3.5.2 断层 ··· 70
3.5.3 活断层 ··· 76
3.6 地质图 ··· 78
3.6.1 地质图分类 ··· 79
3.6.2 地质图的规格 ··· 79
3.6.3 地质图阅读 ··· 80
3.6.4 地质剖面图及综合地层柱状图的制作 ···································· 84
思考题 ·· 85

4 地貌 ... 86

4.1 重力地貌 ... 86
4.1.1 崩塌 ... 87
4.1.2 滑坡 ... 88
4.1.3 蠕动 ... 90
4.1.4 错落 ... 92

4.2 流水地貌 ... 92
4.2.1 暂时性流水地貌 ... 93
4.2.2 经常性流水地貌 ... 95

4.3 岩溶地貌 ... 99
4.3.1 岩溶的形成条件 ... 100
4.3.2 地表岩溶地貌 ... 101
4.3.3 地下岩溶地貌 ... 103

4.4 冻土地貌 ... 105
4.4.1 冻土 ... 105
4.4.2 冻土地貌形态 ... 106
4.4.3 构造土 ... 108

4.5 黄土地貌 ... 108
4.5.1 黄土沟谷地貌 ... 109
4.5.2 黄土沟（谷）间地貌 ... 109
4.5.3 黄土谷坡地貌 ... 110
4.5.4 黄土潜蚀地貌 ... 110

思考题 ... 111

5 岩土的工程性质 ... 112

5.1 岩石的工程性质 ... 112
5.1.1 岩石的物理性质 ... 112
5.1.2 岩石的力学性质 ... 114
5.1.3 岩石的水理性质 ... 116
5.1.4 岩石工程性质的影响因素 ... 120

5.2 岩体结构 ... 121
5.2.1 结构面 ... 122
5.2.2 结构体 ... 125
5.2.3 岩体结构类型及特征 ... 127

5.3 工程岩体分级 ... 128
5.3.1 岩体基本质量分级因素 ... 129
5.3.2 岩体基本质量分级 ... 131
5.3.3 工程岩体分级方法 ... 132

5.4 风化作用 ……………………………………………………………… 135
5.4.1 风化作用类型 …………………………………………………… 135
5.4.2 岩石风化的影响因素 ………………………………………………… 137
5.4.3 岩石风化评价与处置 ………………………………………………… 138
5.5 土的性质与分类 …………………………………………………………… 139
5.5.1 土的成因及特征 ………………………………………………… 139
5.5.2 土的物理力学性质 ……………………………………………… 140
5.5.3 土的工程分类 …………………………………………………… 142
5.6 特殊土及其工程性质 ……………………………………………………… 144
5.6.1 黄土 …………………………………………………………… 144
5.6.2 膨胀土 ………………………………………………………… 146
5.6.3 软土 …………………………………………………………… 149
5.6.4 冻土 …………………………………………………………… 151
5.6.5 填土 …………………………………………………………… 155
思考题 ……………………………………………………………………………… 156

6 地下水 ………………………………………………………………………… 157
6.1 自然界的水循环 …………………………………………………………… 157
6.2 岩土中的地下水 …………………………………………………………… 158
6.2.1 岩土空隙 ……………………………………………………… 158
6.2.2 地下水的存在状态 ……………………………………………… 161
6.2.3 岩土的水理性质 ……………………………………………… 162
6.2.4 含水层与隔水层 ……………………………………………… 164
6.3 地下水的分类 ……………………………………………………………… 165
6.3.1 按埋藏条件分类 ……………………………………………… 165
6.3.2 按存储介质分类 ……………………………………………… 174
6.4 地下水的物理与化学性质 ………………………………………………… 178
6.4.1 地下水的物理性质 ……………………………………………… 178
6.4.2 地下水的化学性质 ……………………………………………… 179
6.5 地下水的地质作用 ………………………………………………………… 182
6.5.1 剥蚀作用 ……………………………………………………… 182
6.5.2 搬运作用 ……………………………………………………… 182
6.5.3 沉积作用 ……………………………………………………… 182
6.6 地下水对土木工程的影响 ………………………………………………… 183
6.6.1 侵蚀混凝土 …………………………………………………… 183
6.6.2 地下水位变化引起的工程地质问题 …………………………… 184
思考题 ……………………………………………………………………………… 185

7 不良地质现象 ……………………………………………………………… 186

7.1 崩塌 ……………………………………………………………………… 186
7.1.1 崩塌的影响因素 …………………………………………………… 187
7.1.2 崩塌成因与评价 …………………………………………………… 188
7.1.3 崩塌的防治技术 …………………………………………………… 189

7.2 滑坡 ……………………………………………………………………… 191
7.2.1 滑坡滑动条件与影响因素 ………………………………………… 192
7.2.2 滑坡的分类 ………………………………………………………… 194
7.2.3 滑坡发育过程及野外识别 ………………………………………… 195
7.2.4 滑坡稳定性评价 …………………………………………………… 197
7.2.5 滑坡的防治技术 …………………………………………………… 198

7.3 泥石流 …………………………………………………………………… 202
7.3.1 泥石流的形成条件 ………………………………………………… 202
7.3.2 泥石流的分类 ……………………………………………………… 204
7.3.3 泥石流的防治技术 ………………………………………………… 206

7.4 岩溶 ……………………………………………………………………… 207
7.4.1 岩溶发育的影响因素 ……………………………………………… 207
7.4.2 岩溶的分布规律 …………………………………………………… 208
7.4.3 岩溶工程地质问题及防治 ………………………………………… 210

7.5 地震 ……………………………………………………………………… 212
7.5.1 地震的基本概念 …………………………………………………… 212
7.5.2 地震类型 …………………………………………………………… 217
7.5.3 地震分布 …………………………………………………………… 218
7.5.4 地震效应 …………………………………………………………… 219

7.6 采空区 …………………………………………………………………… 220
7.6.1 采空区岩土体变形破坏特征 ……………………………………… 221
7.6.2 采空区场地稳定性及建设适宜性评价 …………………………… 224
7.6.3 采空区整治措施 …………………………………………………… 228

思考题 …………………………………………………………………………… 229

8 岩土工程勘察方法与技术 ……………………………………………… 230

8.1 工程地质测绘 …………………………………………………………… 230
8.1.1 测绘范围及内容 …………………………………………………… 231
8.1.2 测绘比例与精度 …………………………………………………… 232
8.1.3 测绘方法 …………………………………………………………… 232

8.2 岩土工程勘探 …………………………………………………………… 233
8.2.1 钻探工程 …………………………………………………………… 233
8.2.2 坑探工程 …………………………………………………………… 235

8.2.3　地球物理勘探 ……………………………………………………………… 237
8.3　原位测试 ………………………………………………………………………………… 243
　　8.3.1　载荷试验 …………………………………………………………………… 244
　　8.3.2　静力触探试验 ……………………………………………………………… 246
　　8.3.3　圆锥动力触探试验 ………………………………………………………… 247
　　8.3.4　十字板剪切试验 …………………………………………………………… 248
　　8.3.5　旁压试验 …………………………………………………………………… 249
　　8.3.6　岩体原位应力测试 ………………………………………………………… 251
8.4　勘察成果整理 …………………………………………………………………………… 253
　　8.4.1　岩土参数的分析与选取 …………………………………………………… 253
　　8.4.2　岩土工程分析评价 ………………………………………………………… 254
　　8.4.3　岩土工程勘察报告 ………………………………………………………… 255
思考题 …………………………………………………………………………………………… 256

9　土木工程地质问题与分析 ……………………………………………………………… 257
9.1　地基工程地质问题 ……………………………………………………………………… 257
　　9.1.1　地基的变形与破坏 ………………………………………………………… 258
　　9.1.2　地基处理技术 ……………………………………………………………… 261
　　9.1.3　特殊地基工程地质问题 …………………………………………………… 265
9.2　地下工程地质问题 ……………………………………………………………………… 268
　　9.2.1　地下工程分类 ……………………………………………………………… 269
　　9.2.2　围岩的变形与破坏 ………………………………………………………… 270
　　9.2.3　地下工程特殊地质问题 …………………………………………………… 276
　　9.2.4　隧道超前地质预报 ………………………………………………………… 277
9.3　路基工程地质问题 ……………………………………………………………………… 279
　　9.3.1　路基的类型与构造 ………………………………………………………… 280
　　9.3.2　路基主要病害与防治 ……………………………………………………… 281
　　9.3.3　复杂地带路基 ……………………………………………………………… 284
　　9.3.4　特殊土地区路基 …………………………………………………………… 287
思考题 …………………………………………………………………………………………… 292

参考文献 ………………………………………………………………………………………… 293

绪　论

1.1　工程地质问题与工程地质学

随着人类社会的不断发展与进步,人类以地壳表层岩土体为依托开展了大量的工程建设活动。这些工程在设计、施工及运营过程中受其所在地质环境的制约和作用,而在实际工程中表现出的技术、安全问题即为工程地质问题。除此之外,人类工程活动也在一定程度上打破了原有地质环境的平衡状态,加快或改变了其正常的演化进程与方向,而这可能会以另外一种地质问题的形式重新作用于相关工程,并进一步影响其正常运营甚至安全状态。如何更好地把握工程活动与自然地质环境的关系,促进人与自然和谐共处,已成为工程建设中必须认真对待的问题之一。

工程地质问题与工程类型及其所处地质环境直接相关,工程活动所处地质环境复杂多变,不同类型工程甚至不同地域的同类工程对地质环境的要求也不尽相同,因而两者结合就产生了各种各样的工程地质问题。总体上来说,工程地质问题主要包括区域稳定性问题,地基变形及失稳问题,地下硐室、边坡稳定问题,水库渗漏问题,以及地质灾害问题五个方面。

正是由于工程实践中存在如此之多与地质直接相关的工程问题,为更好地理解和解决这些问题,人们将地质学的相关原理、方法与岩土力学、数学等学科结合起来,并用于指导工程实践活动,从而产生了专门研究人类工程活动有关地质问题的学科——工程地质学。从这一意义上来说工程地质学属应用地质学范畴,是地质学在工程建设领域的一个分支学科。按照研究侧重点的不同,工程地质学又可分为工程地质勘察、工程岩土学及工程地质分析三个分支。其中工程地质勘察主要探讨地质调查、勘探的方法与技术问题,以便更有效地查明工程区域内的地质状况;工程岩土学则是研究工程岩土体性质及其在自然或人类活动影响下变化规律的科学;而工程地质分析是指利用工程地质的基本原理,分析工程地质问题产生的地质条件、力学机理及发展演化规律。由此,工程地质学的研究内容也可概括为通过工程地质勘察确定相关场地工程地质条件,运用工程岩土学、工程地质分析的相关原理和方法分析、预测、评价可能存在的工程地质问题,以采取必要防治措施,确保工程建设的经济性、安全性及后期的正常使用。

1.2 工程地质条件

工程地质条件即工程所在位置的综合地质环境,它是影响人类工程建设的各种地质因素的集合,并直接导致了各类工程地质问题的出现。工程地质条件的形成是地质体长期受自然地质作用(外力地质作用和内力地质作用)的结果,由于地质体初始条件及后期地质作用方式的不同,不同地域的地质条件千差万别。对任何与地质有关的工程项目,为确保其设计、施工及运营的合理与安全,在具体规划和实施之前必须查明相应的工程地质条件。主要包括如下几个方面的内容。

(1) 地形地貌。地形是指地表既成形态的具体外部特征,如地面高低起伏状况、山坡陡缓程度、沟谷宽窄及形态特征等,不涉及地形的具体形成原因、年代等内容;地貌则不仅包含地表的主要外部特征,更重要的是说明了地形的成因、过程和年代等形成特性。不同形式地貌单元的地形起伏、堆积物特性、基岩分布与性质、地质构造条件、地下水特征及地表地质作用等不同,而这些因素直接决定了线路工程选线及建(构)筑物的选址。

(2) 地层岩性。地层岩性是指工程涉及范围内岩土材料的形成特征及物理力学性质。其中形成特征主要包括岩土材料的形成原因、产出状态、结构特征、风化情况等内容;而物理力学性质则包含岩土材料的重度、孔隙性质、颗粒组成、水理性质、含水状况、力学参数等方面。工程建设的安全性、经济性及后期运营状况很大程度上取决于相关区域原始地层的基本岩性及人们所采取改性措施的有效性。

(3) 地质结构与构造。地质结构包括土体结构和岩体结构。其中土体结构指不同性质土层的组合关系、厚度及空间变化情况,而其中的软弱土层往往成为控制工程结构安全与适用性的关键因素;岩体结构则是指岩层层面、泥化夹层、断层、裂隙等结构面的形态特征、规模大小、空间分布、组合关系等情况。实际工程中岩体结构面除控制工程结构体受力变形和稳定性之外,其中的断层和裂隙还有可能成为地下水运移通道,造成隧道工程的突水、突泥,有时还会产生冻胀问题,影响施工安全及工程结构耐久性。而地质构造主要包括大型褶皱、断裂带的分布、性质、空间组合关系等,它决定了工程区域的构造格架、地貌特征及岩土体分布状况等,对工程项目实施的可行性、建设方案及施工方法等内容具有决定性意义。

(4) 水文地质条件。水文地质条件是重要的工程地质因素,包括地下水的成因、埋藏、分布、动态变化、化学成分及补给、径流、排泄特征等。实际工程中,地下水有时是工程活动的直接对象及原料来源,而在多数情况下却是不可忽视的致灾因素。地下水的非正常活动除了会导致诸如地面沉降、岩溶塌陷、工程冻害、潜蚀管涌、突水突泥、海水倒灌、石窟文物损坏等直接的工程与地质灾害事件外,还有可能产生由其内部盐分化学反应、溶解、结晶等化学过程造成的结构物腐蚀、风化、土地盐碱化等现象。

(5) 自然地质现象。自然地质现象是指天然形成或受人类活动影响产生的对工程建设有影响的各类自然地质事件或地质进程。它与工程区域地形、气候、岩性、构造、水、人类活动强度等因素密切相关,主要包括滑坡、崩塌、岩溶、泥石流、地面塌陷、地震、河岸冲刷、岩体风化等地质现象。工程区域内存在的自然地质现象不仅会直接影响项目选址、布局、设计及施工方案等,还可能会延缓工程进度、增加建设成本甚至影响工程落成后的正常运营。

(6) 天然建筑材料。天然建筑材料是指供建(构)筑物施工过程中使用的土料和石料资源,在大坝、路基、海堤等大型工程施工过程中需要大量土石料作为填料或混凝土骨料,从经济性方面考虑应遵循"就地取材"的原则,特别是用料量大的工程项目。因此,有时是否存在满足工程质量与数量需求的天然建材也是工程选线或选址所需重点考量的因素之一。

需要特别强调的是,工程地质条件是一个综合概念,是以上六方面内容的完整组合,其任何单独的一至数个条件均不能称为工程地质条件。

1.3 工程地质学的研究内容与方法

1.3.1 研究内容

工程地质学的研究目的在于查明工程区域或建设场地的工程地质条件,分析、预测和评价自然条件与工程活动过程中可能存在或触发的工程地质问题,及其对工程的影响和危害,并提出相应的防治措施,为工程建设的规划、设计、施工和运营提供可靠的地质依据。此外,工程地质学还对工程地质条件的区域分布规律和特征进行研究,分析、预测不同地域潜在的主要工程地质问题,并提出相应指导性的应对原则和措施。由此,工程地质学应围绕工程地质条件开展如下几个方面的研究工作。

(1) 岩土体分布规律及工程性质。工程区域内相关岩土体的分布规律及对应的工程性质是最重要的工程地质条件之一。其主要研究内容涉及工程岩土体的分布范围、厚度、结构、物理力学性能等与工程设计、施工等直接有关的内容;对一些重要的永久或半永久性工程而言,对岩土体工程性质的研究还应包括其抗风化性能以及物理力学性质在长期工程力作用下的变化趋势等。

(2) 不良地质现象及防治。它是那些影响或危害人类正常生产、生活的自然地质现象的总称。通常不良地质现象主要受地球内力与外力地质作用控制,但随着人类活动范围与强度的不断增大,由人类工程活动诱发的不良地质现象日益增多,并逐渐成为最主要的地质灾害形式。工程地质学在这方面的主要研究内容为分析、预测工程区域或场地可能存在或发生的不良地质现象类型、规模大小、影响因素等问题,评价其对工程建设及后期运营的影响与危害,并提出相应的预防与治理措施。

(3) 工程地质勘察技术。主要包括勘察基础理论与勘察技术方法两个方面。当前对前者的研究已经相当成熟了,随着国家基础设施建设及城镇化的不断推进,各类新型及大型工程不断涌现,普通勘察技术方法就显得力不从心,甚至无法满足勘察作业要求,这就需要开发探测更深、速度更快、更加精准、携带方便的新探测技术。因此越来越多的科研和工程技术人员将研究焦点集中在对新勘察技术方法尤其是物理探测技术的开发和使用上,包括各种新勘察技术方法的基本原理、应用条件、配合方式,以及如何运用新技术、新设备提高工程勘察质量,对已有勘察设备进行的轻便化、自动化、精确化改造等。

(4) 区域工程地质研究。不同地域因自然地质环境不同,主要工程地质条件及工程地质问题也存在明显差异。在自然地质分区或行政区域划分的基础上开展工程地质条件的区域分布规律研究,针对不同地域所反映的主要工程地质条件和工程地质问题制定区域性的工程勘察、设计及施工原则和规范,对于降低工程成本、提高效率和安全性具有重要作用。此外,区域工程地质的研究还可为城镇发展规划及独立工程的建设活动等提供地质依据和参考。

1.3.2 研究方法

从上述工程地质学的研究目的和内容来看，其重点在于运用地质学原理结合岩土力学、数学等学科方法对工程区域可能存在的各类工程地质问题进行分析、预测和评价。因此工程地质学的研究方法也就主要表现为对工程地质问题的定性或定量分析方法、预测评价体系等方面的内容。主要包括地质分析法、工程类比法、实验与试验法、原位测试与监测法、数学力学计算法、模拟方法等。

(1) 地质分析法。地质分析法是基于地质学理论对工程场地地质条件、地质现象的存在状态、空间分布、基本性质等进行分析，并根据自然地质演变规律对其产生过程、演变趋势、发展速度进行判断。显然该方法所得结果是定性的，对具体工程问题并不能给出确定结论，但其对区域性、趋势性规律的分析和预测却可为工程活动规划提供重要参考。需要注意的是自然地质的演变和发展并非历史的简单重复，地质环境、影响因素的改变都有可能导致完全不同的演化进程。对地质问题演变的预测不能简单、机械地套用已知规律，而必须用辩证观点作指导，综合各方面信息，具体问题具体分析。

(2) 工程类比法。工程类比是将拟建工程与已建工程条件类似的项目进行对比分析，通过总结、分析已建项目所遇工程问题、采取的处置措施及工程效果等，为拟建工程的规划、勘察、设计直至施工提供合理化建议与指导。这种方法在工程勘察及建设初期，特别是在工程资料缺乏的情况下，是一种相对行之有效的方法。

(3) 实验与试验法。对岩土体工程性质的研究有两种方法：室内实验与现场试验。室内实验是指在实验室进行的岩土试样物理力学参数的测定工作，具有测试速度快、成本低的优点，但也存在样本体积小、易受扰动影响、代表性差等缺点；现场试验则是针对岩土体的直接工程特性开展的原位测试与研究工作，具有受扰动影响小、代表性好的优点，但试验测试周期长、成本高。两种方法均以工程岩土体物理和力学性质作为主要测试和研究内容，在成果内容上具有一定的重复性，而事实上两者却是相互补充、互为印证的关系。实际工程中，通常根据工程重要程度、场地状况等因素确定不同程度和比例的室内与原位试验。

(4) 原位测试与监测法。原位测试方法主要是指现场对工程岩土体开展的各类物理探测与地应力测试工作，其中物理探测主要是通过测定诸如波速、导电率、磁场变化等参数对现场岩土体结构特征、工程性质等进行初步评价；地应力测试则是对工程地质体所处地质力学环境进行探测、跟踪，研究工程岩体的力学状态及其随工程进展或时间的发展、演变规律，这对于高边坡和地下硐室等工程而言具有特别重要的意义。原位监测主要是利用现场监测设备对工程岩土体或结构体的变形、温度、水分等物理量进行跟踪、定位、记录，从而得到这些物理量当前的分布状态及随时间的演变规律，为进一步的分析与评价提供参考。需要注意的是，上述实验、测试及监测成果往往并不足以对有关工程地质问题进行直接评判，而是需要将这些成果作为已知条件结合以下数学力学的计算与模拟方法进行分析和评判。

(5) 数学力学计算法。这种方法主要是利用前人总结、推导的有关经验或理论公式，结合具体工程条件（包括工程结构、地质环境、岩土特性等）进行计算，对具体工程问题或工程条件作出定量评价。其中，数学方法侧重于对室内实验与现场试验测试结果进行的分析与总结，有时也可根据现场监测信息运用经验数学模型对工程地质体演化趋势作出判断；而力学方法则通常是在工程力学及弹塑性理论推导的基础上结合工程经验对工程地质问题作出评价。

(6) 模拟方法。模拟方法可分为物理模拟(物理模型试验)和数值模拟两种。在充分掌握工程岩土体结构特征、物理力学参数以及边界条件的基础上，物理模拟方法运用相似材料建立等比缩小的物理模型，并按照相似原理施加边界条件，通过加、卸载系统模拟地质作用或工程进程，再现并预测工程地质体受力、变形及稳定状态；而数值模拟则是在计算机内建立虚拟实体模型，运用数值计算方法(如有限元、有限差分、离散元等)对工程地质体进行模拟分析。由于物理模拟方法采用真实材料进行研究，其变形、破坏的力学机制更接近于实际工程地质材料，具有相对较好的可信度，但试验周期较长、成本高；数值模拟则不存在试验周期与成本的压力，但却受制于人们对工程地质体力学性质以及地质边界条件认识的不足，大大降低了模拟结果的可信度。在实际研究过程中，两种模拟方法通常配合使用，相互印证、互为补充，利用物理模拟方法分析、预测工程地质体的受力、变形过程，而数值模拟则用于分析、探讨不同工况、影响因素条件下工程地质问题的变化方式和规律。

工程地质学的研究方法众多，既包含定性分析又有定量研究，同时这些研究方法的基本理论和适用范围各不相同，各方法间可相互补充、互为印证。在实际工程地质问题研究过程中，应根据具体条件与研究目标选择适宜的研究方法。

1.4 工程地质学的发展历史与当前研究热点

1.4.1 发展历史

早在远古时期人们就懂得利用良好的自然地质条件进行工程建设，并于随后出现了如埃及金字塔、中国万里长城等伟大的建筑，但此时人们对于建造过程中地质环境、条件影响的认识仅存在于建造者个人的感性认知之中。工业革命后，随着工程建造数量的激增以及地质学研究的不断兴起和完善，人们开始有意识地将地质学知识应用于工程实践，并开始逐渐积累有关地质环境对建筑影响的文献资料。

第一次世界大战结束后，整个世界开始进入大规模的建设时期。1929年，美籍奥地利科学家太沙基出版了世界上第一部《工程地质学》著作；1932年，苏联在莫斯科地质勘探学院成立了由萨瓦连斯基领导的世界上第一个工程地质教研室，专门培养工程地质人才，并奠定了工程地质学的理论基础，1937年萨瓦连斯基的《工程地质学》出版。第二次世界大战后，得益于长期较为稳定的和平发展环境，各类工程建设发展迅速，工程地质学也在这一阶段得到长足发展，成为地球科学的一个独立分支学科。20世纪50年代以来工程地质学逐渐吸收了土力学、岩石力学和计算数学中的某些理论和方法，完善发展了本身的内容和体系，其内涵和外延都焕然一新，从而步入了现代科学技术行列。

在工程地质学的发展过程中伴随着一系列重大的工程事故，每次事故都促使人们不断提高并完善对工程地质学的认知。其中标志性事件主要有：1928年美国加利福尼亚的圣弗朗西斯(St. Francis)重力拱坝溃坝事件开始使地质学家向工程地质领域进军；而在1959—1963年期间，欧洲连续发生了西班牙维格-德特拉(Vega de Tera)支墩拱坝、法国马尔帕塞特(Malpasset)拱坝失事以及意大利瓦伊昂(Vajont)水库大滑坡，人们意识到工程地质学亟待完善和提高。于是在1968年召开的第23届国际地质大会上成立了"国际地质学会工程地质分会",此后改名"国际工程地质协会",以便各国学者更好地交流、总结,促进工程地质学科的发展。

我国工程地质学的发展始于20世纪50年代自苏联引进工程地质学的相关理论和方法。地质部于50年代初成立了水文地质工程地质局和相应的研究机构,在地质院校中设置水文地质工程地质专业,以培养专门人才;随后城建、冶金、水电、铁路等部门也相继成立了勘察和研究机构,并在高校设置有关专业。为更好促进工程地质学科的发展,加强学术交流,1979年成立了中国地质学会工程地质专业委员会,并召开全国工程地质大会;1989年成立了全国地质灾害研究会,并创办专门学报开展学术交流活动。经过半个多世纪的发展及大量实践和理论创新,我国的工程地质学得到了突飞猛进的发展,取得了显著的成就,并积累了大量经验,在一定程度上形成了具有中国特色的工程地质学体系。

1.4.2　当前研究热点

工程地质学是一门实践性极强的学科,随着社会的进步、人们思想观念的更新以及当前国家新发展战略的实施,工程地质学在我国的研究趋势与热点也在不断地更新、调整,对其学习和研究只有紧跟社会与国家发展步伐并不断开拓、创新才能保持学科旺盛的生命力。目前我国工程地质学的研究趋向主要有以下几个方面:环境工程地质学,海洋、城市、交通工程地质学,地质改造技术、地质信息技术等。

人类工程活动与地质环境从来都是相互影响、相互作用的矛盾的两个主体,在人类工程活动过程中,地质环境或地质条件决定了工程项目的规划、设计、施工甚至后期的运营状态;同时,人类的工程活动也有意或无意地改变了原来的地质平衡,个别情况下导致地质环境急速蜕化,影响工程本身甚至周边较大范围内人员与设施安全。20世纪80年代尤其是近期以来,人类活动的环境效应日益得到重视,工程活动过程中的人地谐调理念不断深入人心,由此产生了以合理开发、利用、保护地质环境为目的的工程地质学新分支——环境工程地质学。

21世纪是海洋的世纪,在本世纪中人类大部分的经济活动将围绕海洋展开。在海洋、海底资源的深入开发利用以及"21世纪海上丝绸之路"倡议相关国家的沿岸港口、海底隧道等工程建设活动全面实施的背景下,海洋工程地质学将成为今后一段时期内非常重要的一个学科研究方向。与大洋开发相对应的是我国陆上"丝绸之路经济带"倡议和"西部大开发"战略的实施和推进,随之而来的则是西部及中亚地区大规模的交通、土建类基础设施建设,特殊的地貌和地质构造条件使得这些地区的工程建设面临着冻土冻岩、地质灾害等各类工程地质问题,开展相关问题的学习和研究无疑具有十分重要的现实意义。此外,随着我国城镇化的不断推进,城市人口的持续增长,城镇增建扩容及交通压力不断显现,对城市工程地质问题的研究有助于合理规划城镇扩展方向,有助于解决城市地铁、轻轨、综合管廊等设施的安全施工问题。

当前人类工程的规模、体积越来越大,形体结构越来越复杂,天然地质体已不能满足人们对工程安全和耐久性的需求。借助于人工改良方法提高地质体的某些物理力学性能使之满足工程需求的技术手段称为地质改造技术。简单、高效、快捷的地质改造新技术研究无疑将是今后工程地质学另一个热门研究方向。随着人们对工程项目经济性、安全性要求的不断提高,对地质信息的高效运用愈发重要,在计算机和信息技术的带动下地质信息技术应运而生。地质信息技术可理解为以信息科学为基础,以计算机技术为手段,以基础地质调查、矿产地质勘察以及工程地质勘察等的信息获取、管理、处理、解释和应用为内容,以实现地质资源、地质环境和地质灾害勘察和管理为目标的知识、经验、措施和技能。地质信息技术是在借鉴和引进遥感技术、数据库技术、计算机辅助设计技术和地理信息系统技术的基础上发展起来的。随着各类信息技术的引进和应用,地质信息技术正在向集数据、分析、评价、预测等数项功能为一体的方向发展。

思考题

1. 什么是工程地质学?它包含哪些分支?各分支的研究重点是什么?
2. 什么是工程地质条件?它包含哪些内容?结合自己所在地,思考其工程地质条件。
3. 通过查阅资料,参观实验室,与教师、同学讨论等方式,深入了解工程地质学各研究方法。
4. 结合国家及当地实际,思考工程地质学在本地区的应用范围。

2 矿物与岩石

人类赖以生存的地壳圈层由各类岩石构成，岩石由矿物组合而成，而矿物则由单质元素聚合或多种元素化合形成。矿物(mineral)是自然界中的化学元素在一定的物理、化学条件下形成的具有特定化学成分和内部结构的物质。地壳中的矿物通常由无机作用形成，除少数以液态(水银、水)、气态(CO_2、H_2S)形式存在外，绝大多数为固体结晶形态的单质或化合物。其在适宜条件下能自发形成规则的几何多面体外形，如八面体的金刚石(C)、柱状的石英(SiO_2)等。

岩石(rock)是在特定地质条件下，由一种或多种矿物按一定规律组合形成的矿物集合体。主要由一种矿物形成的岩石称单矿岩，如由石英形成的石英岩、方解石形成的石灰岩等；而由多种矿物组合形成的岩石称复矿岩或多矿岩，如由石英、长石组合形成的花岗岩以及由黏土矿物、方解石组合形成的泥灰岩等。岩石按照成因不同可分为由岩浆作用生成的岩浆岩，由碎屑、化学沉淀物经固结、成岩作用形成的沉积岩，以及由变质作用生成的变质岩。

矿物与岩石既是地质作用的产物，亦是地质作用的对象。在地质营力作用下，早期矿物、岩石的结构、构造甚至化学成分会发生不同程度的改变，形成具有类似或完全不同结构、构造特征的新矿物、新岩石。从这一层面上来说，各种岩石和矿物仅是地壳演化进程中化学元素存在、运动的过渡形式而已。

2.1 造岩矿物

自然界目前已发现的矿物有四千余种，其绝大多数以化合物形式存在，只有极少数呈单质形态。其中能够组合形成岩石的矿物称为造岩矿物(rock mineral)，而经常在岩石中出现、显著影响岩石性质且对鉴定岩石种属及命名起重要作用的矿物称为主要造岩矿物，仅二三十种。

2.1.1 矿物的形态

1. 晶体与非晶体

自然界绝大多数天然矿物呈固体形态，固态的矿物按其组成质点(分子、离子、原子)是否则规则排列又可分为结晶质矿物（crystalline minerals）和非晶质矿物（amorphous minerals）。大多数矿物以结晶质形式存在，少数呈非晶质形态。

结晶质矿物内部质点在三维空间呈有规律的周期性排列，形成所谓的空间结晶格子构造。在较好的晶体生长环境（温度、湿度、压力、空间等）下，矿物呈现固定、规则的几何外形，形成的矿物晶体称自形晶体（idiomorphic crystal）或单晶体（monocrystal），如图 2-1 所示为立方体状的石盐（NaCl）晶体。然而晶体在生长过程中往往受到复杂外界环境的影响，形成不规则的几何形态，称他形晶体（xenomorphic crystal）。不良的晶体生长环境还会导致生成晶粒过小，人们常根据晶粒大小是否肉眼可辨，将晶体矿物分为显晶质（phanero-crystal）和隐晶质（crypto-crystal）。

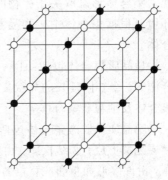

图 2-1　石盐的晶体构造
○ Cl^-；● Na^+

非晶质矿物内部质点排列无规律可言，外表不具有固定的几何形态，主要包括玻璃质矿物（vitreous minerals）和胶质矿物（colloidal minerals）两类。前者由高温熔融体（主要指岩浆）迅速冷凝形成，如岩浆快速冷却所形成的黑曜岩中的矿物；后者则由胶体溶液沉淀或干涸凝固而成，如硅质胶体溶液沉淀凝聚形成的蛋白石（$SiO_2 \cdot nH_2O$）。

2. 矿物形态

矿物形态（morphology of minerals）是指矿物单体与集合体的几何形态。不同矿物具有不同的晶体形态，即便是同种矿物，不同地质环境下的不同结晶习性，也会导致不同晶形的产生。因而根据矿物的形态不仅能识别矿物种类，也可进一步推断矿物生成时的地质环境特征。

1）矿物单体形态

矿物单体形态（monomer forms）众多，根据其在空间三个相互垂直方向上发育状况（结晶习性）的不同，可分为三种基本单体形态（如图 2-2 所示）：①晶体沿一个方向发育的一向延长单体形态，呈柱状、针状、纤维状等，如柱状的石膏、纤维状的石棉；②晶体沿两个方向发育的二向延长单体形态，呈板状、片状等，如板状的斜长石、片状的云母；③晶体在空间三个方向上延长的三向延长单体形态，呈等轴状、粒状等，如立方体状的黄铁矿、粒状的石榴子石。

(a)　　　　　　　　　(b)　　　　　　　　　(c)

图 2-2　矿物单体形态（图片来自互联网，感谢原作者）
(a) 柱状石膏晶体；(b) 片状云母晶体；(c) 立方体状黄铁矿晶体

2) 矿物集合体形态

同种矿物的多个单体聚集在一起形成的整体称为矿物集合体，其形态称矿物集合体形态(aggregate forms)。在自然界，完整的单体矿物晶体极少，矿物多数以集合体形式出现。集合体形态取决于矿物的单体形态及其集合方式，在一定程度上反映了矿物的生成环境。根据集合体中矿物晶粒大小，可将其分为显晶质集合体、隐晶质集合体及胶态集合体。

显晶质集合体包括：①一向延长的柱状集合体、针状集合体、纤维状集合体及放射状集合体等；②二向延长的片状集合体、鳞片状集合体等；③三向延长的粗粒状集合体、中粒状集合体及细粒状集合体等。

隐晶质及胶态集合体包括：①分泌体：由岩石空腔被隐晶质或胶体矿物由洞壁至中心逐层充填形成；②结核体：由胶体围绕某一核心沉淀，逐层向外发育而成；③鲕状及豆状体：由许多形如鱼卵或豆粒的结核体聚集而成；④钟乳状体：由胶体或盐分溶液失水凝聚形成。部分集合体形态如图 2-3 所示。

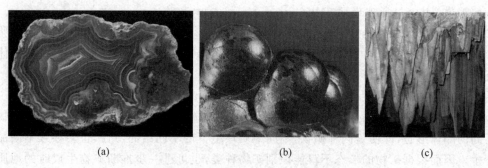

图 2-3　部分集合体形态(图片来自互联网，感谢原作者)
(a) 分泌体状玛瑙；(b) 豆状赤铁矿；(c) 钟乳状石钟乳

2.1.2　矿物的光学性质

矿物的光学性质是指其对自然光吸收、折射、反射以及光在矿物表面干涉、散射时所呈现出的各种特性，包括颜色、条痕、光泽及透明度等。

1. 颜色

颜色(color)是矿物对不同波长可见光的吸收、反射形成的混合色。矿物成色机理复杂，按产生原因及稳定程度，常将矿物颜色分为：①自色(idiochromatic color)。这是矿物本身所固有的颜色，取决于矿物的化学成分和内部结构，是矿物的重要鉴定特征。如樱红色的赤铁矿、翠绿色的孔雀石等。②他色(allochromatic color)。它是由矿物中外来杂质所引起的颜色，随矿物产地、成因、年代不同而变化。如纯净的无色石英因含不同杂质而表现为紫色(含 Fe^{2+})、乳白色(含气泡)、烟色(含 Al^{3+})等。③假色(pseudochromatic color)。它由矿物光学原因(光的内反射、散射、衍射、干涉等)或氧化作用形成，不能作为矿物鉴定的依据。如方解石解理面上的虹彩颜色。

2. 条痕

条痕(streak)是指矿物在条痕板上擦划所留的痕迹，实际为矿物粉末。条痕可以清除假色、减弱他色而显示矿物自色，因而比矿物颗粒的颜色更为固定，通常作为重要的矿物鉴定手段。如赤铁矿有红色、铁黑色等,但其条痕却总是樱红色。浅色矿物的条痕为白色或接近无色,因而运用条痕进行鉴定的意义不大。

3. 光泽

光泽(luster)反映了矿物晶体表面反射光线的能力。按反光强弱可分为:①金属光泽(metallic luster)。反光强烈,类似金属磨光面的光学反射,如黄铁矿、方铅矿等。②半金属光泽(submetallic luster)。反光较强,类似未经磨光金属面的光学反射,如磁铁矿、铬铁矿等。③非金属光泽(nonmetallic luster)。造岩矿物一般呈非金属光泽,又可进一步分为金刚光泽、玻璃光泽、油脂光泽、珍珠光泽、丝绢光泽及土状光泽等。

4. 透明度

矿物允许可见光透过的程度称透明度(diaphaneity),它取决于矿物化学成分、晶体结构对光线的吸收能力。通常以 0.03mm 矿物薄片的透光性为准,将其分为透明矿物(transparent minerals)、半透明矿物(translucent minerals)和不透明矿物(opaque minerals)等几类。如纯净的石英、方解石为透明矿物,辰砂、闪锌矿为半透明矿物,而黄铁矿、磁铁矿则为不透明矿物。

如上所述,矿物的颜色、条痕、光泽、透明度均为可见光作用于矿物时所呈现的特性,与矿物化学成分、晶体结构密切相关,而各光学性质之间也存在着一定的相关关系,如表 2-1 所示。

表 2-1 矿物光学性质关系

颜色	无色	浅色	彩色	黑色或金属色 (部分硅酸盐矿物除外)
条痕	白色或无色	浅色或无色	浅色或彩色	黑色或金属色
光泽	玻璃	金刚	半金属	金属
透明度	透明	半透明		不透明

2.1.3 矿物的力学性质

矿物的力学性质指其在外力作用下所表现出的各种物理特征,主要有硬度、解理、断口等。其中硬度和解理对矿物鉴定具有重要意义。

1. 硬度

矿物抵抗刻划、压入、研磨等机械侵入的能力称为矿物晶体的硬度(hardness),其大小与矿物的化学成分、晶体结构有关。"摩氏硬度计"是在矿物学与野外地质工作中运用最广的矿物硬度标准,由德国矿物学家 Friedrich Mohs 在 1822 年提出。摩氏硬度计以 10 种代表性矿物的硬度为标准将硬度分成 10 个等级,如表 2-2 所示。需要注意的是,摩氏硬度只是矿物硬度的相对等级,不代表绝对值,因而不能简单认为金刚石比滑石硬 10 倍。

表 2-2 摩氏硬度的等级划分

矿物名称	摩氏硬度	矿物名称	摩氏硬度	矿物名称	摩氏硬度
滑石	1	磷灰石	5	刚玉	9
石膏	2	正长石	6	金刚石	10
方解石	3	石英	7		
萤石	4	黄玉	8		

在野外地质考察过程中,通常以指甲(2~2.5)、铁钉(3~3.5)、铅笔刀(5~5.5)、石英(7)等物品确定矿物硬度,用以鉴定矿物类别。

2. 解理

矿物晶体在外力(敲打、冲击)作用下严格沿一定结晶方向破裂并形成光滑平面的性质称解理(cleavage),所形成的平面称解理面(cleavage plane)。矿物解理是其内部质点规则排列的结果,与矿物的晶体构造有关。根据解理的难易程度,解理面的薄厚、大小、平滑性等特征,可将解理分成4个等级。

(1) 极完全解理。极易裂成薄片,解理面大且平整光滑,如云母、石墨解理。

(2) 完全解理。易裂成平滑小块或薄板,解理面光滑,如方解石、萤石解理。

(3) 中等解理。较易获得解理面,但解理面小,光滑度差,如角闪石、辉石解理。

(4) 不完全解理。较难裂出解理面,解理面小且不平坦,如磷灰石、绿柱石解理。

不同矿物晶体的解理面交角、数量、完整程度均不相同,如正长石和斜长石均具有两组完全解理,但正长石的解理面交角为 $90°$,而斜长石则为 $86°24'\sim86°50'$。因而也可以利用矿物解理的相关特性来鉴定矿物类型。

3. 断口

矿物晶体在外力作用下发生不规则破裂,其凹凸不平的断裂面称断口(fracture)。断口与解理互为消长,即解理程度越高,越不易出现断口,解理程度越低,断口越明显。断口按形状可分为贝壳状断口(如石英)、参差状断口(如黄铁矿)和锯齿状断口(如自然铜)。

矿物除上述光学、力学性质之外,还有另外一个重要性质,即密度和相对密度,其量值与矿物的化学成分、晶体结构有关,对矿物的鉴定、分选具有重要意义。此外,某些矿物还具有一些特殊性质,如延展性、磁性、导电性、发光性、放射性等。

2.1.4 常见造岩矿物及其主要特征

造岩矿物的含量及共生组合规律不仅是岩石鉴定的依据,还显著地影响着岩石的物理及工程性质。对矿物成分的准确鉴定需要借助偏光显微镜、电子显微镜等科学仪器,也可借助化学分析、光谱分析等方法。但在野外鉴定矿物时,无法借助复杂仪器设备,需运用肉眼进行鉴定,主要使用小刀、放大镜、条痕板等简易工具,对矿物进行直接的观察、测试,并根据显示现象对比矿物鉴定特征来判断矿物种属。常见的主要造岩矿物鉴定特征如表2-3所示。

表2-3 主要造岩矿物鉴定特征

矿物名称及化学成分	形态	物理性质					相对密度	其他特征
		颜色	光泽、透明度	条痕	解理、断口	硬度		
石英 SiO_2	粒状、六方柱,晶簇状集合体	无色、杂质颜色	玻璃光泽,断口呈油脂光泽,透明	无	贝壳状断口	7	2.6	质坚性脆,抗风化能力强
正长石 $KAlSi_3O_8$	短柱状、板状,粒状集合体	肉红色、灰白、淡黄色	玻璃光泽,半透明或不透明	白色	两组正交完全解理	6	2.5~2.6	易于风化成高岭土

续表

矿物名称及化学成分	形态	物理性质					相对密度	其他特征
		颜色	光泽、透明度	条痕	解理、断口	硬度		
斜长石 $(Na,Ca)AlSi_3O_8$	柱状、板状，粒状集合体	白色、灰白、灰黄	玻璃光泽，半透明或不透明	白色	两组近正交完全解理	6	2.5～2.7	类似正长石
角闪石 $Ca_2Na(Mg,Fe)_4(Al,Fe)[(Si,Al)_4O_{11}]_2(OH)_2$	长柱状，纤维状集合体	褐色、绿色至黑色	玻璃光泽，不透明	灰白	两组斜交中等解理	5～6	3.2	受水、热作用变成绿泥石、蛇纹石
辉石 $(Na,Ca)(Mg,FeAl)[(Si,Al)_2O_6]$	短柱状，粒状、块状集合体	深黑、褐黑及棕黑	玻璃光泽，半透明或不透明	白色	两组近正交中等解理	5～6	3.4～3.6	性脆，易风化，蜕化成绿泥石、蛇纹石
白云母 $KAl_2(OH)_2AlSi_3O_{10}$	片状，鳞片状集合体	无色、灰白、淡黄、淡红	玻璃或珍珠光泽，透明	白色	一组极完全解理	2.5～3	2.3	薄片透明、有弹性，易风化
黑云母 $K(Mg,Fe)_3(OH)_2AlSi_3O_{10}$	片状，鳞片状集合体	黑色、深褐色	珍珠光泽，透明	白色	一组极完全解理	2.5～3	2.3	类似白云母
橄榄石 $(Mg,Fe)_2(SiO_4)$	短柱状，粒状集合体	橄榄绿、淡黄绿色	玻璃光泽，透明或半透明	无	贝壳状断口	6.5～7	3.2～3.5	性脆，溶于硫酸急剧分解
方解石 $CaCO_3$	菱面体，块状集合体	无色、灰白、杂质色	玻璃光泽，透明或半透明	白色	三组完全解理	3	2～2.8	遇稀盐酸剧烈起泡
白云石 $(Mg,Ca)CO_3$	菱面体，块状集合体	灰白、淡黄、淡红	玻璃光泽，透明或半透明	白色	三组完全解理	3.5～4	2.8～2.9	遇稀盐酸起泡较少
石膏 $CaSO_4·2H_2O$	板条状，纤维状集合体	无色、白色、灰白	玻璃光泽，透明或半透明	白色	一组完全解理	1.5～2	2.2	溶于盐酸，具滑感，硬度小

续表

矿物名称及化学成分	形态	物理性质					相对密度	其他特征
		颜色	光泽、透明度	条痕	解理、断口	硬度		
滑石 $Mg_3(Si_4O_{10})(OH)_2$	六方菱形,块状、板状、片状集合体	白色,淡黄,淡绿	油脂光泽,半透明或不透明	白色	一组完全解理	1	2.7~2.8	高度滑感,性质软弱
绿泥石 $(Mg,Fe)_5Al(AlSi_3O_{10})(OH)_8$	片状、鳞片状集合体	绿色至深绿色	珍珠光泽,半透明或不透明	绿色	一组极完全解理	2.5	2.6~2.9	次生矿物,岩性软弱
蛇纹石 $Mg_6(Si_4O_{10})(OH)_8$	致密块状、片状、纤维状集合体	浅黄绿、深暗绿	油脂、蜡状或丝绢光泽,半透明或不透明	黄绿	无解理	3~3.5	2.6~2.9	次生矿物,溶于盐酸
黄铁矿 FeS_2	立方体,块状集合体	浅黄铜色	金属光泽,不透明	绿黑	贝壳状或不规则状断口	6~6.5	5	氧化生成硫酸、褐铁矿,晶面有条纹
褐铁矿 $Fe_2O_3 \cdot nH_2O$	块状、结核状集合体	黄褐色、棕褐色	金属光泽,不透明	黄褐	粒状断口	4~5.5	4	易风化,土状硬度低,染手
高岭石 $Al_4(Si_4O_{10})(OH)_8$	鳞片状、致密细粒状集合体	白色,杂质颜色	无光泽或土状光泽,不透明	白色	一组完全解理	1	2.6	硬度小,吸水强,遇水膨胀、软化

2.2 岩浆岩

岩浆岩(magmatite)又称火成岩(igneous rock),是地壳岩石圈的主体,占地壳岩石总体积的 64.7%。岩浆岩由位于上地幔或地壳深处的岩浆冷凝形成,是岩浆作用的产物。岩浆作用(magmatism)是一种重要的内力地质作用,是指岩浆的发育、运移、聚集及其冷凝固结成岩浆岩的作用,包括侵入作用和喷出作用。

2.2.1 岩浆的作用及岩浆岩产状

1. 岩浆

岩浆(magma)是在地下深处形成的高温、高压且富含挥发组分的硅酸盐熔融物质。其成分异常复杂,几乎涵盖了地壳中的全部化学元素,以氧化物形式表示,主要有 SiO_2、Al_2O_3、FeO、Fe_2O_3、CaO、Na_2O、K_2O、MgO 等。其中 SiO_2 的含量高达 $40\%\sim75\%$,与其他成分形成消长关系,人们常以其含量作为划分岩浆酸碱度的标志,如表 2-4 所示。此外,岩浆中还含有 $1\%\sim8\%$ 的挥发分,以水蒸气(H_2O)为主,占挥发分总量的 $60\%\sim90\%$,其次为 CO_2、SO_2、CO、N_2、H_2、NH_3、HCl 等。

现代观测研究表明,岩浆温度在 $700\sim1200℃$ 之间,并随成分、挥发分等的不同而变化。通常 SiO_2 含量较高的酸性岩浆温度较低,而 SiO_2 含量较低的基性岩浆温度则较高;岩浆黏度则反映了岩浆熔体流动的难易程度,对岩浆岩的产状、结构、构造及结晶状况等有着直接的影响,岩浆黏度大小与其成分、温度、压力、挥发分含量等因素有关,其与成分、温度的关系如表 2-4 所示。

表 2-4 岩浆分类及主要特征

类 型	SiO_2 含量/%	黏 度	温度/℃
超基性岩浆	<45	小	—
基性岩浆	45~52	较小	1000~1200
中性岩浆	52~65	较大	900~1000
酸性岩浆	>65	大	700~900

2. 侵入作用与侵入岩产状

深部岩浆向上运移,侵入周围岩石,并在地下冷凝、结晶、固结成岩的过程,称为侵入作用(intrusion)。由此形成的岩浆岩称为侵入岩(intrusive rock)。按形成时埋深不同,分为 3 种:形成于地表以下大于 10km 者为深成侵入岩(hypogene rock),通常规模较大;形成深度 3~10km 者,称中深成侵入岩(meso-hypogene rock);而形成深度小于 3km 者,称浅成侵入岩(hypabyssal rock),一般规模较小。

岩浆岩产状(occurrence)是指岩浆岩的形状、大小、空间展布及其与围岩的关系。由于岩浆成分、规模、冷凝深度、围岩状态等因素的不同,所形成的侵入岩具有多种产出状态,如图 2-4 所示。

(1) 岩基(batholith)。岩基是规模最大的深层侵入体,分布面积通常大于 $100km^2$,甚至可超过数万平方千米,平面常呈不规则的长圆形,向下延伸可达 10~30km。多为酸性岩浆形成的花岗岩类岩体,内部常含有围岩崩落碎块——捕虏体(xenolith)。组成岩基的岩石通常整体结晶好、性质均一、强度高,具有较好的工程性质,如三峡大坝坝址就选定在面积约为 $200km^2$ 的花岗岩-闪长岩岩基的南部。

(2) 岩株(stock)。岩株通常为出露面积不超过 $100km^2$ 的深层侵入体。平面呈不规则的浑圆状,与围岩接触面较陡,主要由中、酸性岩浆岩构成。岩株可为独立的小岩体,亦可为岩基的分支或顶部突起部分,其组成岩性均一、整体性强,可作为良好的工程地基。如北京周口店的花岗岩-闪长岩岩体就是典型的岩株。

(3) 岩盆(lopolith)与岩盖(laccolith)。岩浆侵入近水平的层状围岩中,形成与岩石层理大致平行的浅层侵入体。侵入体中部下凹,形似盆状者称岩盆;而底平顶凸,形似蘑菇状者称岩盖。岩盆与岩盖下部通常有管状通道与更大侵入体连通。

(4) 岩床(sill)。岩床通常由流动性较大的基性岩浆沿岩层层理侵入形成,岩体呈板状

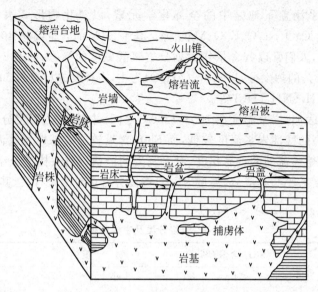

图 2-4 岩浆岩的产状

且与围岩顶底板平行。岩床规模大小不等,厚度从数厘米至数十米,少数可达百米以上,分布面积较广。

(5) 岩墙(dike)与岩脉(vein)。指岩浆沿围岩裂隙或断裂带侵入,所形成的狭长板状侵入体,通常产状陡立,规模大小不一,厚度可从数厘米至数千米,长度则从几十米至数百千米。其中岩体较宽厚者称岩墙,而较小的呈树枝状分布的侵入体则称岩脉。

3. 喷出作用与喷出岩产状

岩浆喷出地表冷凝固结的过程称为喷出作用(eruption),又称火山作用(volcanism)。由岩浆喷出作用形成的岩体统称喷出岩(eruptive rock)。喷出岩产状与火山喷发形式有关,不同的喷发形式会形成不同的产状类型。

(1) 面式喷发(areal eruption)。深部岩浆大量上升至地壳表层,熔透顶板围岩后所形成的大面积溢流式喷发称面式喷发,常形成面积广阔、厚度较大的熔岩流、熔岩,如图 2-5 所示。这一喷发方式主要发生在地壳厚度较薄的太古代,当前已不可见。

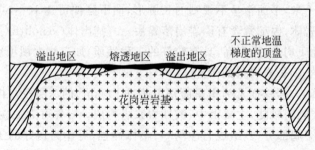

图 2-5 面式喷发(据 R. A. Daly)

(2) 裂隙式喷发(fissure eruption)。是指岩浆沿一定方向展布的构造裂隙喷出地表的喷发方式,又称线状喷发。其喷出口为长达数十千米的裂隙带,或沿裂隙带呈串珠状分布的火山口。此类喷发爆发现象不明显,火山碎屑物相对较少,熔岩沿裂隙缓慢流出,形成面积可达数十万平方千米,厚数百米的熔岩被(lava sheet),如图 2-6 所示。地壳上的熔岩被多由黏度小、流动性强的基性岩浆形成,少数为中酸性岩浆。

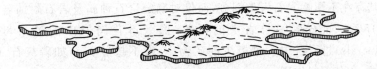

图 2-6　冰岛拉基火山沿裂隙溢出的熔岩被(据 G. W. Tyrrell,1933 年)

(3) 中心式喷发(central eruption)。地下上升的岩浆沿一定管道喷出地表,常伴随有强度不等的爆发现象,喷出大量气体、碎屑物,并有大量熔岩溢出。如图 2-4 所示,所形成的岩浆岩产状有:①火山锥(volcanic cone)。它是火山喷发物围绕火山口堆积形成的锥形体。据组成喷发物的不同可细分为火山碎屑岩锥、火山熔岩锥及复合火山锥。②火山口(crater)。它是火山锥顶部火山物质喷出口,常呈圆形凹陷,火山平静期往往积水成湖。③熔岩流(lava flow)。它是火山口溢出的岩浆沿坡地或河谷顺流而下所形成的熔岩体。黏度小、易流动的岩浆常形成面积广阔的熔岩被,而黏度较大的岩浆则常在火山口附近堆积成台状高地,称熔岩台地(lava plateau)。

2.2.2　岩浆岩的成分

1. 岩浆岩的化学成分

岩浆岩由岩浆冷凝形成,其主要化学成分与岩浆类似,不同之处在于岩浆岩缺少了岩浆的挥发物成分,因而岩浆岩也几乎涵盖了地壳中的所有元素。其中数量较多、分布较广的主要造岩元素有 O、Si、Al、Fe、Mg、Ca、K、Na、Mn、Ti、H、P 等十数种,前八位元素在岩浆岩中总含量极高,约占其总质量的 99.25%,尤其以 O 的含量最高,约占岩浆岩总质量的 46.59%。此外岩浆岩中还包含有部分微量元素、稀土元素及同位素等。

从氧化物角度来看,SiO_2 是岩浆岩的最主要成分,其与金属元素组合形成了岩浆岩中的各类硅酸盐矿物。与岩浆分类类似,按 SiO_2 含量的不同可将岩浆岩进一步细分为超基性岩(ultrabasite)($SiO_2<45\%$)、基性岩(basite)(45%~52%)、中性岩(mesite)(52%~65%)和酸性岩(acidite)($SiO_2>65\%$)四类。从酸性岩到超基性岩,SiO_2 的含量逐渐减少,FeO、MgO 含量逐渐增加,而 K_2O、Na_2O 含量逐渐减少。

2. 岩浆岩的矿物成分

组成岩浆岩的矿物以硅酸盐为主,其中含量最多的是长石、石英、黑云母、角闪石、辉石、橄榄石等,约占岩浆岩矿物总量的 99%,因而也称以上矿物为岩浆岩的重要造岩矿物。其中颜色较浅的称浅色矿物(light mineral),以 SiO_2 及 K、Na 的硅铝酸盐类为主,亦称硅铝(salic mineral)矿物,如长石、石英等;而颜色较深的称暗色矿物(dark mineral),以 Fe、Mg 的硅酸盐类为主,亦称铁镁矿物(femic mineral),如黑云母、角闪石、辉石、橄榄石等。

硅铝矿物与铁镁矿物在岩浆岩中的含量和比例不仅影响岩石的颜色,而且决定着岩石的相对密度。通常从酸性岩到超基性岩,铁镁矿物逐渐增多,硅铝矿物逐渐减少,颜色逐渐变深,相对密度逐渐增大;而从超基性岩到酸性岩,情况则刚好相反。

根据矿物在岩浆岩中的含量,可将其分为主要矿物、次要矿物及副矿物。①主要矿物

(essential minerals)是岩石中含量较多的矿物,对岩石大类的划分及基本名称的确定起决定性作用。如花岗岩中的石英和长石。②次要矿物(subordinate minerals)在岩石中含量少于主要矿物,其存在不影响岩石大类划分,而仅对确定岩石种属及岩石附加名称起作用,含量一般少于15%。如石英闪长岩中的石英,黑云母花岗岩中的黑云母。③副矿物(accessory minerals)指岩石中含量极少的矿物,一般不超过1%,如磷灰石、磁铁矿、锆石等,对岩石分类、命名不起作用。

2.2.3 岩浆岩的结构与构造

1. 岩浆岩的结构

所谓结构(texture)是指岩石中矿物颗粒本身的特征(结晶程度、晶粒大小、晶粒形状)及颗粒间相互关系所反映的岩石构成特征。岩浆岩的结构主要取决于岩浆的冷凝速度及矿物结晶的先后顺序。冷凝速度慢时,晶粒粗大,晶形完好;而冷凝速度快时,则晶粒细小,晶形不规则,甚至形成玻璃质。此外,结晶早的矿物晶粒相对较粗,晶形较好;而结晶晚的矿物则受空间限制明显,晶粒较细,晶形不完整。根据结晶情况,岩浆岩结构有三种分类方法。

1) 按结晶程度分类

(1) 全晶质结构(holocrystalline texture)。指组成岩石的矿物全部结晶,多见于深成侵入岩,如辉长岩、花岗岩等。

(2) 半晶质结构(hemicrystalline texture)。指组成岩石的矿物部分结晶,部分为玻璃质,多见于喷出岩、浅成侵入岩,如流纹岩等。

(3) 玻璃质结构(vitreous texture)。组成岩石的矿物全部未结晶,多见于酸性喷出岩,如黑曜岩、浮岩等。

岩浆岩中矿物的结晶程度取决于岩浆成分及形成环境。对于深成岩类,岩浆冷凝速度慢,常形成全晶质结构;而喷出岩形成于地表,冷却迅速,往往形成结晶较差的半晶质或玻璃质。而在相同条件下,基性岩浆温度较酸性岩浆高,冷凝时间长,因而其矿物结晶程度往往比酸性岩浆好。

2) 按晶粒大小分类

(1) 显晶结构(phanerocrystalline texture)。指用肉眼或放大镜能够看出晶体颗粒的结构。按结晶颗粒大小不同可分为:①粗粒结构,主要矿物颗粒大于5mm;②中粒结构,主要矿物颗粒在5~1mm之间;③细粒结构,主要矿物颗粒在1~0.1mm之间。

(2) 隐晶结构(cryptocrystalline texture)。指晶体颗粒极小,需用显微镜才能辨别的岩浆岩结构。

3) 按晶粒相对大小分类

(1) 等粒结构(equigranular texture)。指岩石各主要矿物颗粒大小相似的结构,常见于深成岩中。

(2) 不等粒结构(inequigranular texture)。指岩石各主要造岩矿物颗粒大小不等的结构。大颗粒斑晶散布于周围隐晶质或玻璃质的基质之中,称为斑状结构;而当基质为显晶矿物时,则称之为似斑状结构。

2. 岩浆岩的构造

所谓构造(structure)指岩石各组成部分之间的空间排列与充填方式,它主要反映了岩浆岩形成时的条件与环境状况。常见构造类型有以下几种。

(1) 块状构造(massive structure)。矿物在岩石中分布均匀、无方向性,所形成岩石的各部分在成分和结构上具有一致性,是岩浆岩最常见的构造形式。

(2) 流纹构造(rhyolitic structure)。这是指由不同颜色、成分的矿物条纹及定向排列的微晶、斑晶及拉长的气孔所共同表现出的流动构造,常见于中酸性喷出岩中。

(3) 气孔构造(vesicular structure)和杏仁状构造(amygdaloidal structure)。岩浆喷出地表,大量挥发分逸散所留下的圆形、椭圆形及管状孔洞称气孔构造。气孔被后期矿物(方解石、石英、蛋白石等)所充填即形成杏仁状构造。

(4) 冷缩节理构造(cool joint structure)。岩浆熔体冷却,体积收缩产生张力,使岩体破裂形成原生节理。玄武岩中常有由于冷缩形成的直立六边形或多边形柱状节理。

2.2.4 岩浆岩分类

岩浆岩种类繁多,不同类型具有不同的矿物成分、结构、构造及产状特征,相对应的基本工程地质性质存在较大差异。对岩浆岩进行分类有助于把握各岩类的共性、特性及彼此间的相关关系,更好地服务于地质与工程实践。通常依据岩浆岩的化学成分、结构、构造、形成条件、产状等因素进行分类,具体分类如表2-5所示。

表2-5 岩浆岩分类

颜色				浅←——————→深			
岩浆岩类型				酸性	中性	基性	超基性
SiO_2 含量/%				>65	52~65	45~52	<45
成因类型			主要矿物	石英 正长石 斜长石	正长石 斜长石	角闪石 斜长石	斜长石 辉石	橄榄石 辉石
			次要矿物	云母 角闪石	角闪石 辉石 黑云母 石英<5%	辉石 黑云母 正长石<5% 石英<5%	橄榄石 角闪石 黑云母	角闪石 斜长石 黑云母
	产状	构造	结构					
喷出岩	火山锥 熔岩被	杏仁 气孔 流纹 块状	非晶质(玻璃质)	火山玻璃:黑曜岩、浮岩等			少见
			隐晶质 斑状	流纹岩	粗面岩	安山岩	玄武岩	少见
侵入岩	浅成	岩床 岩墙	块状	斑状全晶细粒	花岗斑岩	正长斑岩	闪长玢岩	辉绿岩	少见
	深成	岩株 岩基		细晶斑状全晶中粗粒	花岗岩	正长岩	闪长岩	辉长岩	橄榄岩

2.2.5 常见岩浆岩的特征

常见岩浆岩的特征如表 2-6 所示。

表 2-6 常见岩浆岩特征

类型	名称	主要矿物	颜色	结构	构造	其他
酸性岩	花岗岩(granite)	石英 正长石	肉红、浅灰、灰白	等粒	块状	酸性深成岩,岩基、岩株产出
	花岗斑岩(granite porphyry)	石英 正长石	灰红、浅红	斑状 似斑状	块状	酸性浅成岩,岩株、岩基边缘产出
	流纹岩(rhyolite)	石英 正长石	灰白、灰红、浅黄褐	斑状	流纹状 气孔状	酸性喷出岩,岩流状产出
中性岩	正长岩(syenite)	正长石黑云母角闪石	肉红、灰白、灰黄	中粒	块状	中性深成岩,常以小型岩体产出
	正长斑岩(syenite porphyry)	正长石黑云母角闪石	灰红、灰白	斑状	块状	中性浅成岩,岩脉产出,部分喷出岩
	粗面岩(trachyte)	正长石黑云母角闪石	灰白、粉红	斑状	块状	中性喷出岩,熔岩流产出
	闪长岩(diorite)	斜长石 角闪石	灰色、灰绿	中粒	块状	中性深成岩,岩株、岩墙、岩床产出
	闪长玢岩(diorite porphyrite)	斜长石 角闪石	灰色、灰绿	斑状 似斑状	块状	中性浅成岩,岩床、岩墙产出
	安山岩(andesite)	斜长石 角闪石	灰色、灰绿、紫红	斑状	流纹状 气孔状 杏仁状	中性喷出岩,熔岩流产出
基性岩	辉长岩(gabbro)	斜长石 辉石	黑色、黑灰	中粒 粗粒	块状	基性深成岩,小规模岩体产出
	辉绿岩(dolerite)	斜长石 辉石	黑色、黑灰、灰绿	细粒 中粒	块状	基性浅成岩,岩床、岩墙产出
	玄武岩(basalt)	斜长石 辉石	黑色、黑灰	细粒 隐晶 斑状	柱节理 气孔 杏仁	基性喷出岩,熔岩流产出
超基性岩	橄榄岩(peridotite)	橄榄石 辉石	黑色、黑绿	中粒 粗粒	块状	超基性深成岩,岩床、岩墙底部产出
	金伯利岩(kimberlite)	橄榄石 辉石	绿色、灰绿	细粒 斑状	块状	超基性浅成岩,岩筒、岩脉产出
	苦橄玢岩(picrite porphyrite)	橄榄石 辉石	黑色、绿色	斑状	块状 气孔状 杏仁状	超基性喷出岩,熔岩流产出
	火山碎屑岩(volcaniclastic rock)	火山灰 火山砂 火山砾	灰白、灰紫、褐黑	—	不规则层状	火山喷出的碎屑物质胶结而成

2.3 沉积岩

沉积岩(sedimentary rock)是指地壳表层岩石风化物及生物、火山作用产物经搬运、沉积和成岩等一系列地质作用后形成的层状岩石。按体积计算，沉积岩仅占岩石圈总体积的5%，但地表其分布面积却达到陆地面积的75%，而大洋底部更是几乎全部为沉积岩或沉积物所覆盖。沉积岩种类繁多，分布最广的有石灰岩、砂岩、泥页岩，三者约占沉积岩总量的95%以上。

沉积岩中蕴藏有大量的沉积矿产，如煤、石油、天然气、铁、铜等，其本身也是应用最广泛的天然建材。对工程建设而言，沉积岩是最常见的工程地质体，许多重要工程均坐落于沉积岩地层中，如葛洲坝、小浪底水利枢纽工程、中国"天眼"工程等。

2.3.1 沉积岩的形成

1. 沉积物的来源

沉积物具有多源性，主要来源有四个方面：①母岩风化产物，包括各种陆源碎屑和化学物质；②生物堆积，包括生物残骸和有机质；③深源物质，包括火山碎屑物质和深部卤水；④宇宙物质，即陨石。其中最主要的来源为母岩风化产物，包括母岩机械破碎形成的碎屑物质；母岩分解形成的不溶残积物，主要指黏土矿物；以及呈溶液状态的化学物质，包括溶解物和胶体物质。

2. 沉积物的搬运

母岩的风化产物除少量残留在原地外，绝大部分在流水、风、重力、冰川等因素作用下被搬运至低洼地带沉积下来。风化产物的类型不同，搬运方式亦不同。黏土矿物、碎屑物质以悬浮和底部推移(滚动和跳跃)的方式进行搬运，这一搬运方式受流体力学定律控制，称为机械搬运；而化学物质以溶液(真溶液、胶体溶液)方式进行搬运，该搬运方式受化学、物理化学定律支配，称为化学搬运。

3. 沉积物的沉积

母岩风化物在外力搬运过程中，当搬运介质运动速度降低或物理化学条件发生改变后，被搬运的物质便脱离搬运介质而沉积下来，这种作用称为沉积作用。沉积作用既可发生在海洋地区亦可发生在大陆地区，因此沉积作用包括海相沉积和陆相沉积两大类。主要的沉积方式有机械沉积、化学沉积和生物沉积。

(1) 机械沉积。机械沉积是指被搬运岩石碎屑的重力作用大于流体动力作用时，碎屑物质便按照由粗到细、由重到轻的顺序先后沉积下来，即碎屑沉积的分选性，结果使碎屑物沿搬运与沉积方向形成规律的条带状分布，一些密度相对较大的矿物则因此富集起来形成矿床。另外，在机械搬运途中，岩石碎屑颗粒由于摩擦而逐渐变小，磨圆度逐渐增高；冰川的机械沉积与流体机械沉积作用机制不同，其沉积物并不具备分选性与磨圆性。

(2) 化学沉积。化学沉积包括胶体沉积和真溶液沉积。胶体颗粒极小，带有电荷，重力影响微弱，能长距离搬运。当混入不同电荷性质的电解质后，胶体便开始絮凝沉淀。溶解于水的物质受溶解质溶解度、溶液性质、温度、pH值等因素变化的影响，会按一定顺序沉积下来,依次为氧化物、铁的硅酸盐、碳酸岩、硫酸盐及卤化物。在干燥气候条件下,强烈的蒸发也可造成胶体物质和溶解物的沉淀。

(3) 生物沉积。生物沉积包括生物遗体沉积和生物化学沉积。前者是指生物遗体、硬壳堆积形成磷质岩、硅质岩和碳酸岩等岩类,而其中一些堆积物在经过复杂化学变化后还可形成煤、石油等矿产;后者则是指生物在新陈代谢过程中引起周围物理化学条件改变而造成的堆积,如海藻的光合作用吸收海水中 CO_2,引起 $CaCO_3$ 沉淀形成石灰岩等。

4. 沉积物的成岩

母岩风化物经搬运、沉积形成的松散堆积物,在物理、化学及其他因素的变化与改造作用下固结形成坚硬岩石的过程称为成岩作用。成岩作用主要包括以下四个方面。

(1) 压实作用。由于上覆沉积物不断增厚,在重力作用下,堆积物孔隙度不断减小,孔隙水逐渐排出,而密度逐渐增加。在地球内部热能及强大地压力的作用下,矿物所含的胶体水、结构水也逐渐被排出。

(2) 胶结作用。充填在堆积物孔隙中的矿物质将分散的碎屑颗粒黏结在一起的过程称胶结作用。常见的胶结物有硅质(SiO_2)、钙质($CaCO_3$)、铁质(Fe_2O_3)、黏土质等,这些胶结物一些来自堆积物本身,其他则由地下水渗流携带而来。胶结作用是各种碎屑岩类主要的成岩方式。

(3) 重结晶作用。沉积物在温度、压力增大的情况下,原结构中的非结晶物质重新结晶、细粒结晶物转变为粗粒结晶物的过程称重结晶作用。重结晶后的岩石孔隙度进一步减小,密度增大,坚硬程度也得到增强。重结晶作用是化学岩、生物化学岩成岩的主要方式。

(4) 新矿物生成。风化物化学成分在搬运、沉积过程中常随环境(气候的干湿、冷暖,氧化、还原环境等)变化而生成新的矿物与矿物组合,如结核作用、氧化还原作用等。即便在成岩后也会因环境变化而发生某种结构构造及化学成分的改变,如胶体的陈化结晶,压溶、结核作用等。

2.3.2 沉积岩的结构

沉积岩的结构是指组成岩石颗粒的形态、大小、胶结特性等,它是划分沉积岩类型的重要标志。常见的沉积岩结构有碎屑结构、泥质结构以及化学与生物化学结构三种,由此可进一步将沉积岩分为碎屑岩类、黏土岩类以及化学与生物化学岩类。

1. 碎屑结构

母岩风化碎屑物经搬运、沉积、成岩作用形成的沉积岩为碎屑结构,包括碎屑物和胶结物两种组分。按组分的性质不同可进行以下分类。

(1) 按碎屑颗粒大小分:粉砂结构(粒径 0.005~0.075mm)、细砂结构(粒径 0.075~0.25mm)、中砂结构(粒径 0.25~0.5mm)、粗砂结构(粒径 0.5~2mm)和砾状结构(粒径>2mm)。

(2) 按颗粒形状分:棱角状结构、次棱角状结构、次圆状结构、圆状结构和极圆状结构。如图 2-7 所示为各种典型颗粒的形状特征。

(3) 按胶结类型分(见图 2-8):①基底胶结:碎屑颗粒互不接触,散布于胶结物中。此类胶结结合紧密,所形成岩石强度较高。②孔隙胶结:颗粒之间相互接触,胶结物充满颗粒间孔隙。此类胶结是沉积岩中最常见的胶结方式,所形成岩石的工程性质取决于颗粒物与

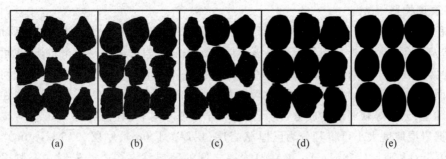

图 2-7 颗粒形状分类

(a) 棱角状；(b) 次棱角状；(c) 次圆状；(d) 圆状；(e) 极圆状

胶结物成分。③接触胶结：颗粒之间相互接触，胶结物仅在接触处黏结，此类胶结黏结程度最低，所形成岩石孔隙大、透水性强、强度低。

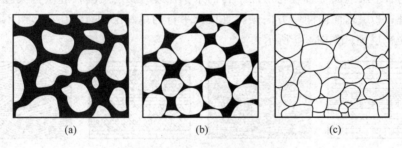

图 2-8 碎屑结构胶结类型

(a) 基底胶结；(b) 孔隙胶结；(c) 接触胶结

2. 泥质结构

该结构通常由粒径小于 0.005mm 的黏土矿物颗粒组成，薄片状、层状的黏土矿物在沉积过程中常平行排列，形成薄层状层理构造。其与碎屑结构的不同不仅在于组成颗粒的尺寸小，还在于其矿物成分（由母岩矿物分解形成的新生黏土矿物）、搬运方式（浮运为主）及沉积作用（胶体沉积为主）的不同。泥质结构质地致密，透水性弱，但力学强度相对较低，遇水易崩解，常成为沉积岩体中的软弱层和相对不透水层。

3. 化学与生物化学结构

化学结构主要由从溶液中沉淀的可溶物经结晶和重结晶作用形成，如石灰岩、白云岩、硅质岩等岩石的结构；而生物化学结构则是由生物遗体、碎片组成的化学结构，如生物碎屑结构、贝壳结构、珊瑚结构等。

2.3.3 沉积岩的构造

沉积岩的构造是指组成沉积岩的各组分在空间的分布和排列方式，是在沉积过程中或沉积后，由于物理、化学和生物作用形成的各种构造。沉积过程中及固结成岩前形成的构造称原生构造（primary structure），如层理、波痕等；而在固结成岩后形成的构造称次生构造（secondary structure）。这里主要探讨沉积岩的原生构造，对原生构造的探查、研究有助于确定沉积岩的顶底关系，了解沉积岩的形成过程及古地理环境特征等方面的信息。

1. 层理构造

沉积岩的成层性是其与另外两大岩类显著不同的主要特征。岩层是指在物质成分、结构、构造及颜色等特征上与相邻近层显著不同的沉积层。岩层可以是一个单层,也可以是一组层,通常是在一个相对稳定的物理条件下形成的基本沉积单位。岩层与岩层之间的分界面称层面(stratal surface),其存在标志着沉积作用的暂时停顿或突变。层面上往往分布有少量的黏土、云母等软弱矿物成分,使其成为力学性质相对软弱的界面。

根据岩层厚度大小可将其分为巨厚状岩层(层厚>1.0m)、厚层(0.5～1.0m)、中厚层(0.1～0.5m)和薄层(<0.1m)。夹在厚岩层之间的薄层称夹层。若岩层在一侧逐渐变薄直至消失,则称岩层尖灭,而两侧在较小范围内均尖灭的岩层称透镜体。

层理(bedding)是指岩层中物质成分、颗粒大小、形状、颜色在垂直方向上发生变化时所形成的纹理。层理代表了沉积过程中气候、季节等因素的动态波动。根据其与层面的空间关系可分为:①层理面平直且与层面平行的水平层理;②层理波状起伏且大致与层面平行的波状层理;③层理面向同一方向倾斜且彼此平行的单斜层理;④存在多组不同倾斜方向层理面的交错层理。如图2-9所示。

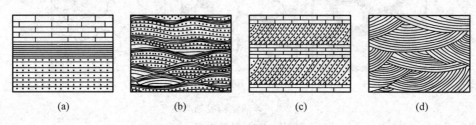

图2-9 沉积岩的层理类型
(a) 水平层理;(b) 波状层理;(c) 单斜层理;(d) 交错层理

2. 层面构造

层面构造是指沉积岩层面或层理面上所保留的沉积时水流、风、雨、生物活动等留下的痕迹,如波痕、泥裂、雨痕、生物足迹等。波痕是沉积物在沉积过程中,受风力、流水或海浪等作用在层面上形成的波状构造,不同的波痕类型反映了不同的沉积环境,如图2-10所示;泥裂是黏土沉积物固结前露出水面,在太阳暴晒下水分蒸发,体积收缩产生网状张开裂隙,裂隙呈V字形,并为后期物质所充填,如图2-11所示;雨痕则是沉积物表面接受雨滴或冰雹打击遗留的痕迹。一些层面构造如波痕、泥裂等可作为良好的示底标识,根据其形成特征可判断岩层的顶底关系。

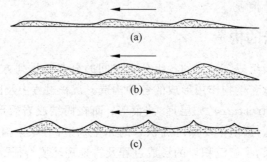

图2-10 波痕类型
(a) 风成波痕;(b) 水流波痕;(c) 浪成波痕

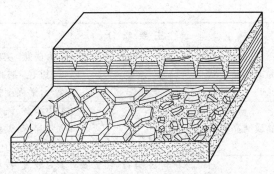

图 2-11　泥裂（据 R.R. Shrock,1948 年）

3. 结核构造

结核(nodule)是指岩体中矿物成分、结构、构造、颜色与围岩存在明显差异的矿物集合体团块,常见的有铁质、锰质、硅质、泥质、钙质的球状、姜状等形态结核。通常结核体由地下水活动或化学交代作用形成,如石灰岩中的燧石结核,黄土中的姜石结核等。

4. 生物构造

沉积物沉积过程中,生物的遗体、遗迹、形态等埋藏于沉积物之中,经固结成岩作用保留在沉积岩中形成生物构造,如生物礁体、叠层构造、虫孔等。保留在沉积岩中的生物遗体、遗迹称为化石。生物构造是沉积岩所特有的构造形式,对确定岩石的形成年代、沉积环境等信息具有重要意义。

2.3.4　沉积岩分类及特征

沉积岩分类及主要特征见表 2-7。

表 2-7　沉积岩分类及特征

类型	名称	结构	主要成分	其他特征
碎屑岩	砾岩(conglomerate)	砾状(粒径>2mm)	坚硬岩块、岩屑(石英岩、岩浆岩等),以及硬度较高的矿物碎屑	直径>2mm 的砾石占 50% 以上,多呈球状、次球状,岩石变化大,层理不甚清晰,力学性质与砾石及基质关系大
	角砾岩(breccia)	角砾状(粒径>2mm)	成分复杂,变化大	砾石多为棱角状,大小不等,形态各异;岩石厚度不大,多不呈层状,力学性质与角砾及基质关系大
	砂岩(sandstone)	砂状(粒径为 0.005~2mm)	多为抗风化强的矿物、岩石碎屑,主要成分如石英、长石、白云母等	岩石多呈灰白、红等浅色,按颗粒大小可进一步分为粗砂岩、中砂岩、细砂岩及粉砂岩,通常强度高,工程性质好
黏土岩	泥岩(mudstone)	泥质(粒径<0.005mm)	主要为黏土矿物,并有一定量其他细小碎屑物质	厚层块状,固结程度较高,无明显层理,抗风化能力弱,强度低,遇水易软化
	页岩(shale)			具页片状层理或薄层状结构,颜色多变,抗风化能力弱,强度低,遇水易软化

续表

类型	名称	结构	主要成分	其他特征
化学岩	石灰岩（limestone）	隐晶或结晶粒状	主要为方解石，并有少量白云石及黏土矿物	多为浅灰、灰白色，含杂质可呈浅红、浅黄、黑色，遇稀盐酸强烈起泡，易被溶蚀，力学强度较高，工程性能好
化学岩	白云岩（dolomite）	隐晶或结晶粒状	主要为白云石，并有少量方解石及黏土矿物	多为淡黄、浅褐、白色等浅色，与稀盐酸微弱起泡，风化面多呈黑色并有纵横交错的溶沟，力学性质高，工程性能好
化学岩	泥灰岩（marlite）	微粒状或泥质	除部分方解石、白云石外，黏土矿物含量达25%～50%	多为浅黄、浅绿、白色等浅色，遇稀盐酸起泡，且有泥质残余，为石灰岩与泥岩间过渡岩型

据陈南祥《工程地质及水文地质》，有改动。

此外，对于由火山喷发碎屑物堆积形成的火山碎屑岩类，可根据其岩屑颗粒大小进一步分为火山集块岩（粒径＞100mm）、火山角砾岩（粒径为 2～100mm）及火山凝灰岩（粒径＜2mm）。若火山碎屑岩胶结物为一般沉积岩胶结物，则分别称为层火山集块岩、层火山角砾岩及层火山凝灰岩；若胶结物为火山喷出岩浆，则分别称为熔火山集块岩、熔火山角砾岩以及熔火山凝灰岩；若同时存在这两种胶结物质，则直接称为火山集块岩、火山角砾岩以及火山凝灰岩。

2.4 变质岩

先期形成的岩石（岩浆岩、沉积岩、变质岩）随所处地质环境的变化而产生结构、构造及矿物成分的改变，形成的新岩石称变质岩（metamorphic rock），导致产生变质的作用称变质作用（metamorphism）。变质作用基本上是岩石在原位保持固态条件下进行的，但在某些高级变质过程中，岩石中低熔点的长英质可能产生熔融，与不熔的残留固体混合形成新岩石，称混合岩化作用。显然混合岩化已经有了岩浆作用的部分特性，因而变质作用与岩浆作用间并没有严格的界线。同样，变质作用与沉积岩的成岩作用间亦不存在截然的界线。

根据先期岩石的类型，变质岩可分为：由岩浆岩变质而来的正变质岩（orthometamorphite），由沉积岩变质而来的副变质岩（parametamorphite），以及由变质岩变质而来的复变质岩（polymetamorphic rock）。变质岩分布面积约占大陆面积的 1/5，占地史 7/8 时间的寒武纪之前形成的古老岩石已几乎全部发生不同程度的变质，因此研究变质岩中所遗存的古老岩石特征，对探究地球的发展演化进程具有重要意义。对工程建设而言，变质岩的结构、构造、矿物成分相比其他岩类要更为复杂，内部裂隙类型更多，也更为发育，因而变质岩地区的工程地质条件往往较差。

2.4.1 变质作用因素

变质作用因素是指岩石变质过程中起作用的物理、化学条件，即引起岩石变质的外部因素。物理条件主要指温度和压力条件，而化学条件则主要指从岩浆中析出的化学活动性气体和溶液。这些因素的变化主要源于构造运动、岩浆活动和地下热流，因此可将变质作用归属于内动力作用的范畴。

1. 温度

温度是变质作用最积极的因素,多数变质作用均产生于高温条件下。温度的作用主要表现在:①高温增强了矿物晶体内质点的活力,使其重新排列,矿物成分重新结晶。如隐晶的石灰岩可在高温下重结晶成粗粒晶体的大理岩。②高温促使矿物成分间发生化学反应,形成新矿物,并重新组合结晶。如高岭石和其他黏土矿物在高温下形成红柱石和石英的反应:

$$H_4Al_2Si_2O_9(高岭石) \longrightarrow Al_2SiO_5(红柱石) + SiO_2(石英) + 2H_2O$$

导致岩石温度升高的热源是多方面的,主要有地热、岩浆热、构造运动摩擦热、放射性元素蜕变热等。

2. 压力

能够引起岩石产生变质的压力作用有静压力和定向压力两大类。

(1) 静压力(static pressure)。它由上覆岩体重力引起,并随岩石埋深的增加而增大。在静压力作用下,岩石中矿物往往重结晶生成体积小、密度大的新矿物。如基性岩中的钙长石(相对密度 2.76)和橄榄石(相对密度 3.3)在高压下形成石榴子石(相对密度 3.5~4.3):

$$CaAlSi_2O_8(钙长石) + (Mg,Fe)_2SiO_4(橄榄石) \longrightarrow Ca(Mg,Fe)_2Al_2(SiO_4)_3(石榴子石)$$

(2) 定向压力(oriented pressure)。它是由地质构造运动产生的横向力,其大小与地质构造运动强弱有关。定向压力一方面使岩石、矿物产生变形、破裂,形成各种破裂构造;另一方面使矿物在高定向压力下溶解,并在垂直压力方向上沉淀、结晶,形成板状、片状、针状等定向排列,称片理构造。此外,定向压力还可使刚性矿物在较软矿物基质中产生转动,也促使矿物在垂直压力方向上形成定向排列。

3. 化学活动性流体

化学活动性流体通常指存在于岩石孔隙、裂隙中的气态、液态物质,主要有 H_2O、CO_2 和其他挥发成分。此部分流体通常数量极少,不超过岩石总体积的 1‰~2‰,但却是变质反应的重要因素。在适宜温度、压力条件下,会长期与岩石中某些矿物发生化学反应,促使其成分、结构、构造发生改变,这一过程亦称交代作用。如下式所示,白云岩在热水作用下可生成滑石:

$$3MgCO_3 + 4SiO_2 + H_2O \longrightarrow Mg_3(Si_4O_{10})(OH)_2(滑石) + 3CO_2 \uparrow$$

化学活动性流体是某些变质反应中不可缺少的重要因素,但不能作为变质反应的独立因素,只有与一定的温度、压力作用联合才能使原岩发生变质。

2.4.2 变质作用类型

导致岩石变质的地质条件、主导因素不同,变质作用的类型及所形成变质岩的特征也不相同。由此形成的主要变质作用类型有以下几种。

1. 接触变质作用

由于岩浆活动,在侵入体和围岩的接触带上,由高温和挥发性物质所引起的变质现象称为接触变质作用,通常形成于地壳浅部的低压、高温条件下。此类变质作用一般只涉及一定范围的围岩,距离侵入体越近,变质程度越高,越远则越低,并逐步过渡至原岩,形成了以侵入体为中心的环状变质带,称为接触变质晕。按接触变质过程中主导因素的不同,接触变质又可分为以温度为主导因素、以重结晶为主要方式的热接触变质作用(contact thermal metamorphism),和以热力、活动性流体为主导因素,以变质结晶为主要方式的接触交代变质作用(contact metasomatism)。

2. 动力变质作用

动力变质作用又称碎裂变质作用，是指岩体受构造应力作用使岩石及其组成矿物发生变形、破碎，常伴随有一定程度的重结晶作用。其变质作用因素以机械能及其转变的热能为主，常沿断裂带呈条带状分布。

3. 区域变质作用

区域变质作用是大范围内发生的，由温度、压力及化学活动性流体等多种因素引起的变质作用。其影响范围往往可达数千至数万平方千米以上，深度达 20km 以上。区域变质作用的发生常与构造运动有关。构造运动可对岩体施以强烈的定向应力，亦可推动浅层岩石深入高温、高压的地下，有时还会导致岩浆的形成与侵入，由其形成的岩体裂隙是地下热能、化学能向岩体渗透的良好通道。

4. 混合岩化作用

混合岩化作用是由变质作用向岩浆作用转变的一种过渡性成岩作用。当区域变质作用进一步发展，特别是温度较高时，变质岩中低熔点的长英质开始熔解形成小规模熔融体，与地下深部分泌出的富含 K、Na、Si 的热液沿已形成的区域变质岩中的裂隙、片理进行渗透、扩散，甚至产生化学反应，并在原变质岩中形成一部分类似于岩浆结晶的岩脉，由此形成的新岩石称混合岩(chorismite)，这一成岩作用称为混合岩化(migmatism)。

2.4.3 变质岩的成分、结构与构造

1. 变质岩的成分

变质岩是组成地壳的主要岩石类型之一，其化学成分总体上与另外两类岩石相似。一般情况下，没有发生交代作用的变质岩，其化学成分主要取决于原岩，若变质岩有交代作用发生，则其化学成分与原岩、交代热液均有关。

变质岩的矿物成分十分复杂，它既有原岩成分，也有变质过程中的新生成分。按成因可分为原生矿物(primary mineral)、新生矿物(neogenic mineral)及残余矿物(residual mineral)。原生矿物是指在变质过程中保留下来的原岩中的稳定矿物成分；新生矿物是指变质过程中新生成的矿物；而残余矿物则是指变质作用过程中残留下来的原岩中的不稳定矿物。在变质岩新生矿物中，部分如石榴子石、滑石、绿泥石、蛇纹石、石墨等是变质岩所特有的矿物，称为特征性变质矿物，是变质岩区别于其他岩石的标志矿物。

2. 变质岩的结构

（1）变余结构(relict texture)。在变质作用过程中，由于变质程度较浅，重结晶作用不完全，原岩的矿物成分和结构特征部分被保留下来，称为变余结构。如在变质岩中保留的原岩浆岩的斑状结构及原沉积岩的砾状结构、砂状结构等，变质完成后可重新命名为变余斑状结构、变余砾状结构及变余砂状结构等。

（2）变晶结构(crystalloblastic texture)。它是指岩石在变质过程中由重结晶作用、变质结晶作用等方式形成的变晶矿物所组成的结构。变晶结构与岩浆岩中的结晶结构均由矿物晶粒组成，结构较为相似，为便于区别，在变质岩结构名称前加"变晶"二字，如等粒变晶结构、斑状变晶结构等。

（3）碎裂结构(cataclastic texture)。它是指因动力作用使岩石及其组成矿物发生机械破碎、错动或磨损等现象而形成的一类变质结构，主要显现于构造破碎带。原岩碎裂成块状的称碎裂结构，而被碾成微粒状或粉末状，并有一定定向排列的称糜棱状结构。

3. 变质岩的构造

(1) 板状构造(spotted structure)。它由泥岩或页岩等柔性岩石在低温下受较强定向应力作用形成,常出现一组相互平行、密集而平坦的破裂面(劈理),沿此破裂面岩石易裂成厚度数毫米至数百毫米的薄板。此类构造在板岩中最为典型。

(2) 千枚状构造(phyllitic structure)。岩石中各矿物已基本重结晶,且已有初步的定向排列,但由于矿物结晶程度不高,肉眼尚不能分辨,仅在岩石自然破裂面上见有强烈的丝绢光泽。在手标本上,此类构造有时可见岩石内发育有微小的褶皱和挠曲。

(3) 片状构造(schistose structure)。这是变质岩中最常见、典型的构造形式。岩石中的云母、绿泥石、角闪石等片状、柱状矿物肉眼可辨,在定向压力作用下产生变形、转动或溶解再结晶,矿物在岩石中呈定向排列形成片理。

(4) 片麻状构造(gneissic structure)。这种构造的岩石主要由粒状变晶矿物(长石、石英等)组成,其间有少量片状或柱状矿物(云母、角闪石等)呈断续定向平行排列。此类构造在区域变质的片麻岩中最为常见。

(5) 块状构造(massive structure)。与岩浆岩的块状构造相似,岩石由粒状矿物组成,矿物分布均匀,无定向排列。代表性岩石有大理岩、石英岩等。

以上构造形式属变成构造(metamorphic structure),是岩石在变质作用过程中由变形、重结晶作用共同形成的,变质作用程度较深。而在浅变质岩中,由于变质改造不彻底,原岩构造如沉积岩的层理、波痕构造以及岩浆岩的气孔、杏仁构造等较好地保留了下来,由此形成的变质岩构造称变余构造(palimpsestic structure);而由混合岩化作用所形成的变质岩构造称混合岩化构造。

2.4.4 变质岩分类及特征

变质岩分类及主要特征见表2-8。

表2-8 变质岩分类及主要特征

变质作用类型	岩石名称	结构、构造特征	矿物成分	其他特征
接触变质作用	石英岩(quartzose)	粒状变晶结构、致密块状构造	石英及少量长石、云母等	由石英砂岩或其他硅质岩经重结晶形成,热接触及区域变质作用均可产出,纯石英岩为白色,含杂质时有灰白色、褐色等。质地坚硬,强度高,易形成密集型裂隙而透水
高温变质	大理岩(marble)	粒状变晶结构,块状或带状构造	方解石、白云石	碳酸盐类在热变质作用下形成,热接触及区域变质作用均可产出,纯质呈灰白至白色,不同温度条件下形成的大理岩含有不同的特征变质矿物。硬度较低,强度中等,是良好的建筑装饰材料
交代变质	矽卡岩(skarn)	粗粒、等粒或不等粒变晶结构,致密块状构造	石榴子石、辉石及其他富钙硅酸盐	发育在中、酸性侵入体与碳酸盐岩接触带,呈浅褐、红褐和暗绿色,含较多石榴子石,相对密度大,按矿物成分不同有钙质矽卡岩和镁质矽卡岩。伴生有若干重要金属矿产,可作为重要的找矿标志

续表

变质作用类型	岩石名称	结构、构造特征	矿物成分	其他特征
动力变质作用	断层角砾岩（tectonic breccia）	碎裂结构，块状构造	成分与原岩相同	原岩经构造应力破碎，充填断层泥并胶结成岩，碎裂程度轻，角砾大小不一，多呈棱角状，有时略有磨圆，常见于构造断裂带中
	糜棱岩（mylonite）	糜棱结构，块状构造	成分与原岩相同，含新生变质矿物绢云母、绿泥石、滑石等	在强烈构造应力作用下，岩石经碎裂、研磨成极细小的微粒至粉末状颗粒，往往伴随有重结晶和少量新生矿物析出，常具带状和眼球纹理构造，岩性坚硬致密
区域变质作用	板岩（slate）	变余泥状隐晶结构，板状构造	黏土矿物、云母、绿泥石等	由黏土岩、粉砂岩及中酸性凝灰岩经轻微变质形成，呈深灰、黑色、土黄色，多保留有原岩结构，矿物成分主要呈致密隐晶质，少部分发生轻微重结晶。透水性弱，在水长期作用下易软化、泥化形成软弱夹层
	千枚岩（phyllite）	变余结构、显微鳞片状变晶结构，千枚状构造	黏土矿物、绢云母、绿泥石等	属浅变质岩类，原岩性质与板岩相同，变质程度比板岩稍高，呈黄绿、灰红、深灰色，原岩成分已基本发生重结晶，但粒度细小。力学性质软弱，易风化破碎，受荷后易产生蠕动变形和滑动破坏
	片岩（schist）	显晶鳞片状变晶结构，片状构造	云母、滑石、绿泥石、石英、长石等	属中级变质岩，主要由片状、柱状矿物及一定量的粒状矿物组成，颜色较杂，取决于主要矿物组合。据所含主要矿物不同又可分为云母片岩、角闪石片岩、石英片岩等。片岩强度低，易风化，片理发育，易沿片理开裂
	片麻岩（gneiss）	鳞片粒状变晶结构，片麻状构造，有时具条带构造、条痕构造	石英、长石、云母、角闪石、辉石等	高温接触变质作用亦可形成，原岩与板岩相同，变质程度较高，粒状矿物占优势，颜色复杂，深浅色矿物各自形成条带相间排列。片理发育，易于风化，岩石中含云母较多时，强度较低
其他作用	蛇纹岩（serpentite）	隐晶质结构、致密块状	蛇纹石、镁质碳酸岩、滑石、水镁矿等富镁矿物组成	由超基性岩经中温热液交代作用而成，岩石常呈灰绿、黄绿至暗绿色，其成因多样，既有自变质作用亦有他变质作用
	混合岩（chorismite）	粗粒变晶结构，多为条带状、眼球构造	基体主要为片麻岩、斜长角闪岩等，脉体主要为长英质、花岗质等	由混合岩化作用形成，通常由暗色的基体和浅色的脉体组成，根据脉体形态又可分为网状混合岩、眼球状混合岩、肠状混合岩等

2.5 三大岩类的特征对比及相互演变

岩石的产状、空间分布、产出环境、结构构造及矿物成分等因素是其鉴定、命名的重要依据,也是典型三大岩类各具独特岩石学、工程学特性的主要因素。认识、掌握、有效区分各岩类的特性对于正确认识和评估工程岩体性质、预防工程事故、解决工程问题具有重要意义。这里将三大岩类的主要特征作简单对比,如表 2-9 所示。

表 2-9 三大岩类基本地质特征

岩类		沉积岩	岩浆岩	变质岩
分布情况	占岩石圈体积	5%	95%	
	占地表面积	75%	25%	
	典型岩石	砾岩、砂岩、泥岩、页岩、石灰岩等	花岗岩、正长岩、玄武岩、安山岩、流纹岩	大理岩、片麻岩、片岩、千枚岩、混合岩
产状		层状产出	侵入岩:岩基、岩株、岩盘、岩床、岩墙等;喷出岩:熔岩被、熔岩流	多随原岩产状而定
结构		碎屑结构(砾、砂、粉砂)、泥质结构、化学结构(微小结晶粒状、鲕状等)	多为结晶结构岩石:粒状、斑状、似斑状等;部分为隐晶质、玻璃质	重结晶岩石:粒状、斑状、鳞片状等各种变晶结构
构造		各种层理构造:水平层理、斜层理、交错层理,常含各种生物化石	多为块状构造,喷出岩常具有气孔、杏仁、流纹、冷缩节理等构造	多具有片理构造:片状、板状、片麻状,部分块状构造,如大理岩、石英岩等
矿物成分		除石英、长石等矿物外,富含黏土矿物、方解石、白云石、有机质等	石英、长石、橄榄石、辉石、角闪石、云母等	除含石英、长石、云母、角闪石、辉石等外,还常含各类变质矿物,如石榴子石、滑石、石墨、红柱石等

引自宋春青等的《地质学基础》,2005 年有改动。

运动和变化是自然界所有事物存在的基本方式,地壳表层的三大岩类也不例外。自这些岩石形成之日起,其所处的地质环境便已开始发生改变,随着时间的增长,环境变化逐渐累积,并与岩石初成时的差异越来越大。而岩石的结构、构造及矿物成分也在随着地质环境的变化、作用时间的增长而发生或快或慢,或温和或剧烈的改变。在一系列的量变累积之后最终产生质变,形成新岩类或岩石。三大岩类随地质环境的相互转变如图 2-12 所示。

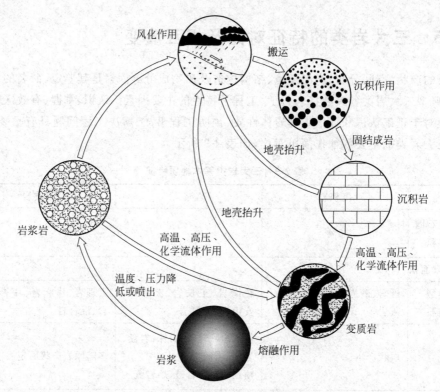

图 2-12 三大岩类相互转化(据舒良树,2010 年,有改动)

思考题

1. 矿物、岩石的定义是什么？两者间有什么区别与联系？
2. 在野外如何根据矿物的形态、光学及力学特征鉴定其种类？
3. 总结岩浆岩产状与结构、构造的对应关系，思考出现这种对应关系的原因。
4. 总结、阐述沉积岩的形成过程。
5. 总结各变质作用类型所包含的变质作用因素，以及对应的主要变质岩。
6. 总结三大岩类的主要矿物成分、结构及构造特征。
7. 总结、阐述三大岩类的相互转化关系，认识地壳的物质循环过程。

3

地层与地质构造

地层是指不同地质历史时期由岩浆活动、沉积及变质作用形成的层状或块状岩体,其不同的空间组合构成了地球表面的地壳与岩石圈层。地质构造则是在内、外地质营力作用下,地表与岩石圈内地层发生构造变形和破坏,形成了诸如褶皱、节理、断层、劈理,以及各种面状与线状构造形迹。因此,地层是地质构造显现的物质基础,而各种构造现象则是地层的主要表现方式。

根据地质构造形成的动力来源不同,可分成由内、外力地质作用形成的两种地质构造形式。前者指以地壳运动、岩浆活动等地球内部动力为主形成的地质构造,是地壳中存在最为普遍的构造形式,也是地质构造研究的重点内容;后者则是指在风化营力、水循环等外部动力作用下,由重力形成的诸如崩塌、滑坡、塌陷、冰川作用等地质现象,而在岩层或岩体中产生的局部变形、错位等地质构造形式,通常规模、影响均不大。

地质构造有水平构造、倾斜构造、褶皱构造和断裂构造等基本类型。在地壳表层沉积的近水平状的岩层为水平构造;地壳运动的长期、持续作用,使原始水平岩层产生一系列弯曲变形,形成了褶皱构造和倾斜构造;而当构造运动在岩层内积蓄的应力超过岩层强度极限后所产生的破裂、错动即为断裂构造。各类地质构造的规模有大有小,大者如构造带,可以纵横数千千米,小者如岩石片理,有时需借助显微镜才能观察得到。

在漫长的地质历史进程中,地壳经历了长期复杂的构造运动作用,同一区域往往先后有不同规模、类型的构造体系形成,它们相互组合、叠加、穿插,使得当前的地质构造形态异常、复杂多变。目前,地壳仍处于不断的运动、变化之中,相应的地质构造也在持续酝酿、累积、成型,因而运用发展、变化的观点来研究地质构造及其对工程活动的影响具有重要的现实意义。

3.1 地壳运动与地质作用

3.1.1 地球及其圈层构造

1. 地球

地球是太阳系中一颗普通行星,它在绕太阳公转的同时,也在绕自身极轴由西向东旋转。地球的形状并非人们通常认为的两极扁平、赤道突出的扁椭球形,而是一个不规则的"梨形"。相较于标准椭球体,地球北极凸出约10m,而南极约凹进30m,南、北半球在中纬度地区分别约凸出、凹进7.5m,如图3-1所示。图中虚线表示标准旋转椭球体,实线表示地球的实际"梨形"形状。

根据国际大地测量与地球物理联合会1980年公布的地球形状和大小,地球的赤道半径为6378.137km,两极半径为6356.752km,平均半径为6371.012km。地球表面积约为$5.1×10^8 km^2$,其中大陆面积约$1.49×10^8 km^2$,约占地球总面积的29.2%;海洋面积约$3.61×10^8 km^2$,约占地球总面积的70.8%。

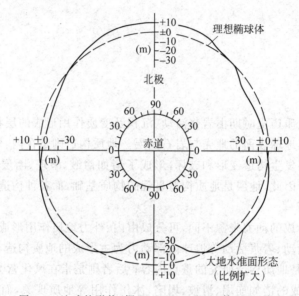

图3-1　地球的形状(据 D. G. King-Hele 等,1969年)

2. 地球的圈层构造

地球并非均质体,以表层为界,可分为内、外两个圈层。外圈层由水圈、大气圈和生物圈构成,内圈层则由地壳、地幔及地核组成。

1) 外圈层

(1) 水圈(hydrosphere)。水圈是地球表层水体的总称,总体积约$1.4×10^{18} m^3$。其中海洋水约占97.3%,两极固态水约占2.1%,其余以河流、湖泊及地下水等形式存在的水仅占0.6%。水圈与地壳岩土体存在着大范围重叠,地下水可环流至地壳内数千米处,并在地热等因素的作用下再次回到地表。同时,在重力和太阳辐射作用下,地表水也在陆地和海洋间不断循环。水在大气、地表及岩石圈内的循环流动形成了最重要的一种外力地质作用形式。

(2) 大气圈(atmosphere)。大气的主要成分为氮、氧、氩、二氧化碳、水蒸气等,各占78.1%、20.9%、0.93%、0.03%、0~2%。大气圈层为生物提供了生存所必需的二氧化碳和氧气,以及适宜的温度和湿度条件,甚至还保护生物免受宇宙射线和陨石的伤害。此外大气圈层还为水循环提供了空间和运载介质,其中的二氧化碳是岩溶地貌及矿物岩石风化等地质现象形成的重要条件。

(3) 生物圈(biosphere)。生物圈是由地表生物活动带构成的圈层,主要指地表至200m

高空及水下200m的空间范围。生物的活动与新陈代谢产物会改变地表地貌形态、岩土体的结构乃至成分,甚至影响人类工程活动安全;而在适宜条件下沉积下来的生物遗体,形成了煤、石油、铁、磷等与人类社会生产、生活密切相关的矿藏。近代以来,人类活动大大改变了地球地貌形态,并持续强烈地影响着地质演化的进程。

2) 内圈层

由于无法直接进行观察,人类对地球内部圈层构造的研究还极不成熟,很多理论还建立在假设的基础之上。目前人类开采的最深矿山——姆波尼格金矿,深度为4350m,而最深的钻井——苏联科拉半岛超深钻井,钻进深度接近13000m。即便如此,其与地球半径相比也几乎微不足道。因此,对地球内部物质与结构的判断只能靠间接方法,目前主要借助地震波勘探技术。根据地震波在地球内部传播形态、速度、路线的变化,确定地球内部存在着两个显著的地震分界面——第一、第二地震分界面,也称莫霍面(Moho discontinuity,深33km)和古登堡面(Gutenberg discontinuity,深2898km)。以其为界,可将地球内部圈层分为地壳(0~33km)、地幔(33~2898km)和地核(2898~6371km)三个部分,如图3-2所示。

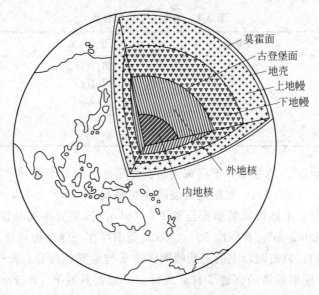

图3-2 地球内部构造

(1) 地壳(crust)。地壳是指莫霍面以上的地球表层薄壳,平均厚度16km,通常由固体岩石及其风化物组成,可分为大洋底部的洋壳(oceanic crust)和大陆地区的陆壳(continental crust)。通常洋壳较薄,平均密度为3000~3100kg/m³,厚度一般为5~10km,最薄处不足2km,平均厚度约6km;陆壳较厚,平均密度2700~2800kg/m³,厚度一般为15~80km,平均35km,而我国青藏高原的陆壳厚达70~80km。

地壳由上下两层组成,上地壳物质与以硅、铝为主的花岗岩一致,亦称花岗岩质层或硅铝层;下地壳成分与由硅、镁、铁等组成的玄武岩相当,又称玄武岩质层或硅镁层。下地壳在地球表层呈连续分布,陆地和大洋底部均有存在,而上地壳仅分布于陆地,在大洋底部呈缺失状态,如图3-3所示。

目前已知组成地壳的化学元素有90多种,这些元素在地壳中多以化合形态出现,极少数以单质形式存在。各元素含量差异巨大,其中氧、硅、铝、铁、钙、钠、钾、镁、钛、氢等元素占

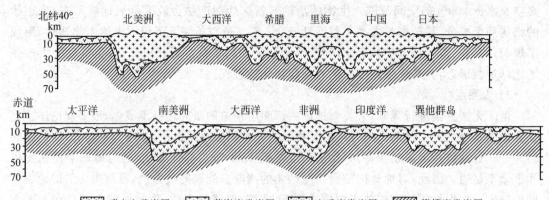

图 3-3 大陆、大洋地壳剖面图(据孙广忠、吕梦麟,1964 年)

总质量的绝对多数,如表 3-1 所示。

表 3-1 地壳主要元素含量

元 素	质量分数/%	元 素	质量分数/%
氧(O)	46.95	钠(Na)	2.78
硅(Si)	27.88	钾(K)	2.58
铝(Al)	8.13	镁(Mg)	2.06
铁(Fe)	5.17	钛(Ti)	0.62
钙(Ca)	3.65	氢(H)	0.14

(2) 地幔(mantle)。地幔是介于莫霍面与古登堡面之间的部分,厚度约 2800km,体积、质量约占内圈的 80%、67.8%。根据地震波的变化情况,以地下 1000km 激增带为界,将地幔分为上、下两部分。上地幔从莫霍面至地下 1000km 处,主要由超基性岩组成,又称橄榄质层,平均密度 3500kg/m³。在深度 50~250km 范围存在一固态物质部分熔融区——软流圈(aesthenosphere)。软流圈以上的上地幔固体物质与地壳合称岩石圈(lithosphere),软流圈的流塑性为岩石圈层的活动创造了有利条件。下地幔从地下 1000km 至古登堡面,主要成分为硅酸盐、金属氧化物和硫化物,铁、镍含量增加,平均密度达 5100kg/m³ 以上。

(3) 地核(core)。地核是地球内部古登堡面至地心部分。地核又分为内核、过渡层和外核,其体积约为地球总体积的 16.2%,质量却占地球总质量的 31.3%,密度高达 13000kg/m³,主要由铁、镍含量高且成分复杂的液体与固体物质组成。外核横波不能通过,纵波发生大幅度衰减,推断其呈液态;内核横波重新出现,应为固态;而过渡层则为液态至固态的过渡状态。

3.1.2 地壳运动

地壳运动(crustal movement)主要指由地球内动力引起的地球组成物质的机械运动。地壳运动使岩石圈层物质发生变形和变位,其结果一方面引起地表形态的剧烈变化,如山脉形成、海陆变迁、大陆分裂与大洋扩张等;另一方面在岩石圈中形成了各类构造形迹,如地层的倾斜与弯曲、岩石的断裂与错动等,因此地壳运动又称构造运动(tectonic movement)。

此外,地壳运动还是引起岩浆与变质作用的重要原因,并且决定着外力地质作用的类型、方式和强度,控制着多数地貌的发育与演化,同时也决定着地球上各类矿产资源的形成与分布。

1. 地壳运动分类

1) 按运动方向分类

(1) 垂直运动(vertical movement)。指地壳沿地表法线方向的运动。主要表现为岩石圈的垂直升降,引起地壳大面积的上升、下降或升降交替运动,形成海侵、海退,因而此类运动也称造陆运动(epeirogeny)。如我国台湾高雄附近的珊瑚灰岩,更新世以来,已被抬升至海面以上350m高处;现在的江汉平原,自新近纪以来,下降了1万多米,形成了巨厚的沉积层。

(2) 水平运动(horizontal movement)。指地壳沿地表切线方向的运动。主要表现为岩石圈的水平挤压、拉伸及平移错动,导致岩层产生褶皱和断裂,并形成巨大的褶皱山系、裂谷,引起大陆漂移等,因而也称其为造山运动(orogeny)。如印度洋板块挤压欧亚板块并插入其下,致使5000万年前还是一片汪洋的喜马拉雅山地区逐渐抬升,并成为现在的世界屋脊。

水平运动和垂直运动是构造运动的两个主导方向,两者的发生、发展和演化并不孤立进行,主导运动在时间和空间上往往交替发生。对特定区域而言,常表现为不同时期、规模的水平和垂直运动相互交替、组合显现的复杂情况。

2) 按产生时间分类

构造运动产生的时间越近,活动性就越强,对人类社会及工程安全的潜在影响也就越显著。按产生时间,可将其分为古构造运动(paleotectonism)、新构造运动(neotectonism)及现代构造运动(recent tectonism)三类。通常将晚新近纪以前的构造运动称为古构造运动,由于年代久远,与之有关的中、小型地貌遗迹已基本灭失殆尽,可能存在部分表现特征不明显的大型遗迹;晚新近纪之后的构造运动称为新构造运动,多数在当前地貌、地物上保存较完整;而人类有历史记载以来所发生的构造运动称现代构造运动,其不仅在地貌、地物上表现明显,而且还可能存在文字记载,并在人工建(构)筑物上留下相应印记。

2. 地壳运动的标志

地壳运动会显著改变地貌形态及地壳内部的结构与构造,随地壳运动的发展、演化,此类改变会不断累积、叠加,并形成复杂多样的地质标志。通常人们可以从地形变测量、地物痕迹、地貌形态、岩相变化、地层接触、地质构造及地震作用等多个方面发现、认识、研究地壳运动。

1) 地形变测量

多数构造运动的速率是极其缓慢的,短期内不易察觉,借助于现代精密测量仪器,人们可以观察这种缓慢而又宏伟的运动形式。其基本原理是在地面上设置一系列固定观测点,运用水准仪、经纬仪等测量设备测定其位置、高程随时间的变化情况,由此了解地形变化,推测构造运动特征。

地形变测量包括分别用以研究地壳垂直运动与水平运动的水准测量法和三角测量法。大陆水准测量表明,以昆仑山—秦岭—大别山一线为界,整体上我国南部以上升为主,北部以下降为主;对美国西部圣安德列斯大断裂的三角测量显示,断层西侧主要向西北方向移动,而东侧仅作较小的往复式移动,如图3-4所示。

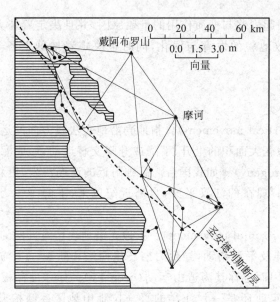

图 3-4　圣安德列斯断裂三角测量站（据 C. A. Whitten，1948 年）

近年来，随着国际合作的深入以及电磁波、激光测距及 GPS 等新方法、新技术的应用，地形变测量的精度不断提高，测法更加灵活、简便。已有测量成果显示，全球各大陆或洲际间的相对水平运动速率一般为每年数毫米至数厘米。

2）人工地物标志

若构造运动发生在人类古建（构）筑物落成之后，则其可能成为直接的记录标志，结合考古信息，可了解古建筑建成后的地壳构造运动历史及特征。

人工地物记录地壳运动的典型实例是意大利那不勒斯湾海岸的塞拉比斯城遗址。该城始建于公元前 105 年，废墟中发现有保留地质活动遗迹的三根大理石柱。石柱基础以上 0～3.6m 为火山灰所掩埋，柱面光滑；3.6～6.3m 有海洋生物蛀蚀痕迹；而 6.3～12m 段表面粗糙，风化严重，如图 3-5 所示。结合史料可知，石柱始建时高于海平面，1500 年基础下沉至海面以下 6.3m；1600 年开始上升，至 1800 年升至最高；此后重新下降，至 1954 年被淹没至 2.5m 处。显然古城建成后，该地区经历了下降、上升、再下降的地壳垂直运动过程。

地壳的水平与垂直运动往往同时发生。如我国宁夏石嘴山市西南红果子沟附近被错断的明长城遗址，其水平与垂直错距分别达 1.45m 和 0.9m，该长城始建于公元 1448—1485 年，距今约 500 年。所以该地区 500 年以来，既存在垂直运动也存在水平运动。

图 3-5　意大利塞拉比斯古庙石柱
（据 Charles Lyell，1837 年）

3）地貌标志

地壳运动控制着多数地貌的形成及演化过程，当前地貌的形态特征在一定程度上反映了当地地壳运动的方式和性质,因而可以由地貌的某些特征来认识、研究地壳运动。由于年代久远,反映古构造运动的古地貌往往已剥蚀、掩埋殆尽,现今地貌多是新构造运动及现代构造运动的结果。

反映地壳垂直运动的地貌有河流阶地、夷平面、多层溶洞等。在地壳相对稳定期,区域流水及其他外力地质作用持续"削高填低",使地表逐渐平坦化,形成准平原。此后地壳上升,准平原抬高并遭受流水切割成为山地,而残留于山顶大致处于同一高度的平坦顶面称夷平面(planation surface)。根据夷平面上的沉积物、风化壳等地质遗迹可判断其形成年代,也可据夷平面高度推测地壳的上升幅度。

地壳水平运动也形成了相应的地貌形态,如使线状延伸的水系、山脉发生同步弯曲、错断等。四川西部鲜水河断裂带使一系列穿其而过的水系形成了 S 形、肘状与梳状,如图 3-6 所示。

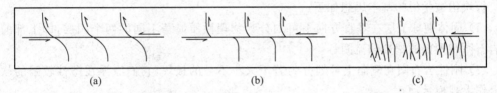

图 3-6　鲜水河断裂带上水系错断特征(据唐荣昌等,1986 年)
(a) S 形水系;(b) 肘状水系;(c) 梳状水系

4) 岩相变化

沉积岩往往是在一定的沉积环境(浅海、滨海、湖泊、河流)中形成的,不同沉积环境形成了不同的岩石特征与生物化石,这种反映沉积岩或沉积物形成环境的岩石与生物化石特征称为岩相(facies)。

因而岩相代表了一定的沉积环境,其变化意味着沉积环境的改变,而沉积环境的改变则往往是由地壳运动导致的。如一个地区由早期的浅海沉积转变为滨海沉积,又转变为陆上河流沉积,说明该地区海水逐渐退去,地壳则相对逐渐抬升。图 3-7 是我国河北开平下寒武统地层柱状图。岩相所反映的沉积环境变迁历史为:浅海→陆地→滨海→浅海,说明地壳早期上升、晚期下降的运动历史。

3. 板块构造理论

1) 理论脉络

1912 年德国地球物理学家魏格纳(A. Wegener)根据大陆形状的互补性,以及地层、古生物、地质构造、古气候等方面的证据,全面、系统论述了大陆漂移学说(continental drift theory)。20 世纪 50 年代,英国学者布莱克特(P. M. S. Blackett)和朗科恩(S. K. Runcorn)通过测定大陆岩石剩余磁性,获得了大陆漂移路线,进一步证明了该学说。但上述理论并未解释大陆漂移的机制问题。

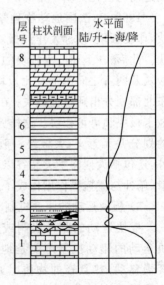

图 3-7　河北开平下寒武统地层柱状图(据王鸿祯等,1980 年)

1—燧石灰岩;2—砾岩及砂岩;
3—石英砂岩;4—泥质砂岩;
5—含海绿石砂岩;6—页岩;
7—泥灰岩;8—块状灰岩

在人们发现大洋中脊、海沟、贝尼奥夫地震带及较新的洋壳年龄等事实的基础上，美国地质学家赫斯(H. H. Hess)和迪茨(R. S. Dietz)提出了海底扩展学说(sea floor spreading theory)。该学说认为，大洋中脊顶部是地幔物质上升的涌出口，上升的地幔物质冷凝形成新洋壳，并推动先形成的海底洋壳以每年数厘米的速度向两侧对称扩张。此后，海底磁异常条带、转换断层及深海钻探等研究成果进一步验证了海底扩张学说。

1968年前后，作为对海底扩张说的延伸，地球科学家麦肯齐(D. P. Mckenzin)、摩根(W. J. Morgan)、勒皮雄(X. Lepichon)等进一步提出了板块构造学说(plate tectonic theory)。板块构造学说归纳了大陆漂移和海底扩张所取得的重要成果，并及时吸取了当时对地球上部圈层(岩石圈、软流圈)所获得的新认识，从全球统一的角度，阐明了地球活动和演化的许多重大问题。板块构造学说的提出，被誉为地球科学上的一场革命。

2) 基本思想及板块划分

板块构造学说的基本思想如下：

(1) 固体地球上层在垂直方向上可划分为物理性质显著不同的两个圈层，即上部的刚性岩石圈和下部的塑性软流圈；

(2) 刚性岩石圈在侧向上可划分为若干大小不一的板块，它们漂浮在塑性较强的软流圈上作大规模运动；

(3) 板块内部相对稳定，边缘则由于邻近板块的相互作用而成为构造活动强烈的地带；

(4) 板块之间的相互作用从根本上控制着各种地质作用过程，同时也决定了全球岩石圈运动与演化的基本格局。

1968年，法国地球物理学家勒皮雄将全球岩石圈划分为6大板块：欧亚板块、非洲板块、印度板块(或称大洋洲板块、印度—澳大利亚板块)、太平洋板块、美洲板块和南极洲板块。此后，在上述6大板块的基础上，人们将原来的美洲板块进一步划分为南美板块、北美板块及两者之间的加勒比板块；在原来的太平洋板块西侧划分出菲律宾板块；在非洲板块东北部划分出阿拉伯板块；在东太平洋中脊以东与秘鲁—智利海沟及中美洲之间划分出纳兹卡板块和可可板块。这样原来的6大板块便增至12个板块。事实上，海陆交界对于板块的划分并无意义，大板块一般既包含陆地也包含海洋，如美洲板块除包含南美和北美大陆外，还包括大西洋中央裂谷以西的部分。全球各板块之间的相对运动和板块边界的分离、走滑、俯冲与碰撞等作用构成了地球动力系统的基本格局。

3) 板块运动的驱动机制

板块运动的驱动机制或驱动力，目前仍是一个尚未解决的问题。许多学者主张板块运动的驱动机制可能是地幔对流，认为地幔中由于温差与密度差的存在引起物质的缓慢移动，热且轻的物质上升，冷且重的物质下沉，连接起来就构成了对流环。在上升流处形成大洋的扩张脊，而在下降流处形成海沟和俯冲带；在两者之间则由软流圈顶部发生水平向流动的物质拖拽刚性岩石圈表层随之运动；每一大型板块相应有一循环对流系统。

关于对流环的规模，目前主要有两种观点。一种认为对流环穿透整个地幔厚度，如图3-8(a)所示；另一种则认为下地幔黏性较大，不足以引起对流，对流主要限于上地幔软流圈中，如图3-8(b)所示。

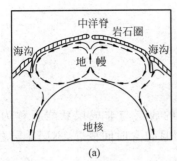 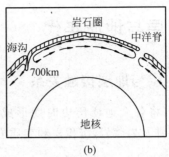

图 3-8 地幔物质对流模型(据杨树锋,2001年)
(a) 扩及整个地幔的对流；(b) 软流圈内的对流

地幔对流对板块驱动机制的解释仍存在许多尚未解决的问题。首先是,在密度、黏度均较大的地幔中能否发生如此大规模的物质对流？其次,即使能够发生对流,其速度是否能达到或超过板块运动速度？这些问题目前尚未得到证实,也没有成功的数学与物理模型加以验证。

3.1.3 地质作用

地质作用(geological process)是指由自然动力引起的地壳物质成分、构造和地表形态发生运动、变化和发展的各种作用,主要表现为对岩石圈矿物、岩石、地质构造、地貌等循环交变的破坏与建造过程。地质作用有诸如火山、地震、海啸、泥石流等突发性、灾变性的作用过程,也有如河湖沉积、地表沉降、海陆变迁等缓慢且安静的渐变过程。

驱动地质作用的自然动力称地质营力(geological agent),这种动力来自地球自身和外部。由此可将地质作用分为由内能引起的内力地质作用(endogenous geological process)和由外能驱动的外力地质作用(exogenous geological process)。内能指来自地球内部的能量,主要包括地球旋转能、重力能、放射性元素蜕变产生的热能等；而外能则包括太阳辐射能、天体引力能和生物能等。其中太阳辐射能可引起温差变化、大气环流和水的循环；天体引力能则形成潮汐作用,同时对地震、地壳运动等有一定影响；生物能主要指动植物活动对地表的改造作用,如根劈、采矿、开垦等。

内力地质作用主要表现为构造运动、岩浆活动和变质作用,在地表形成山系、裂谷、隆起、凹陷、火山及地震等现象；而外力地质作用主要表现为风化作用、剥蚀作用、搬运作用、沉积作用和成岩作用,形成洪水、泥石流、滑坡、崩塌、黄土堆积、岩溶、深谷、平原等地质现象与地貌形态,并形成各种堆积。

内、外力地质作用对岩石圈的改造在时间和空间上是连续的,只是在不同地质历史时期、不同地域两者的强弱表现有所不同。总体上,内力地质作用形成地表形态的基本构架,使地表隆起、凹陷,形成陆地、海洋、高山、湖盆；而外力地质作用则通过"削高填低"进一步塑造、改变,形成具体形态,并产生新沉积物。两者始终对立统一的作用过程促使岩石圈不断运动、演化和发展。

3.2 地层与地质年代

3.2.1 地层与地层接触关系

在地史学中,将各个地质历史时期形成的成层与非成层状岩石称为该时期的地层(stratum)。地层涉及岩浆岩、沉积岩和变质岩且包含时间概念,不同地层之间具有所谓的上、下或新、老关系。

地层接触关系是指上下相邻地层在空间上的相互叠置状态。相邻地层的接触状态易受成因、地形、沉积环境的影响,特别是在构造运动作用下,地层间会形成复杂多样的接触形式。按地层岩性、接触方式的不同有沉积岩间接触、岩浆岩间接触以及沉积岩与岩浆岩间接触三种类型。

1. 沉积岩间接触关系

沉积岩间的接触关系可分为整合接触与不整合接触两类,其中不整合接触又可分为平行不整合与角度不整合。

1) 整合接触

在地壳稳定下降或升降运动不显著的情况下,沉积作用连续进行,地层依次堆积,上下相邻地层产状基本一致,称这种连续沉积的接触关系为整合接触。如图3-9中志留系(S)与奥陶系(O)的接触关系即为整合接触(conformity)。

2) 不整合接触

当上下两套地层间有明显的沉积间断,即两者的沉积时间不连续,沉积间断期未发生堆积作用或处于剥蚀状态,从而缺失了这一时期的地层,称这种存在沉积间断的接触关系为不整合接触(unconformity)。不整合接触按上下地层是否平行,又可分为平行不整合与角度不整合。

平行不整合(accordant unconformity)又称假整合。其特征是上、下两套地层的产状基本平行,但时代不连续,其间有反映长期沉积间断和风化剥蚀的剥蚀面存在。平行不整合的形成过程如图3-9(a)所示:在地壳稳定下降或升降运动不显著的情况下,一定沉积环境中沉积了一套或多套沉积岩层;此后地壳显著垂直上升,原来的沉积环境变为风化剥蚀环境,并形成了凹凸不平的剥蚀面;随后地表重新降至水面以下,接受沉积作用,并形成新的上覆岩层,而两套地层间的风化剥蚀面则形成了底砾岩(basal conglomerate)。由于地壳是整体上升、下降,故上、下两套地层的产状基本保持一致。地层间的平行不整合接触反映了地壳的一次显著垂直升降运动。

角度不整合(angular unconformity)的接触特征是:上、下两套地层的产状不一致,以一定角度相交;两套地层形成年代不连续,其间有代表长期沉积间断与风化剥蚀的剥蚀面存在。角度不整合的形成过程如图3-9(b)所示:在地壳稳定下降或升降运动不显著的情况下,沉积盆地中形成一定厚度的原始水平沉积岩层;此后地壳受水平挤压作用,并在垂直方向上不均匀抬升,形成山地;在陆地环境中,岩层受风化剥蚀作用形成凹凸不平的剥蚀面;随地表再次降至水下沉积环境,原剥蚀面上会形成新的水平沉积地层,新地层与不整合面大致平行,并与下部老地层以一定角度斜交。而两者间的接触部位同样会形成底砾岩。角度不整合反映了地壳一次显著的水平运动和一次下降运动。

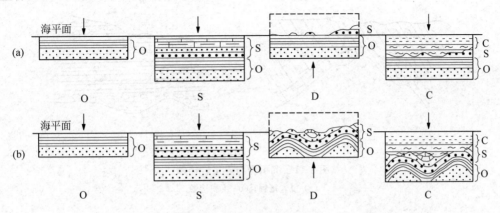

图 3-9 平行不整合和角度不整合形成过程示意图
(a) 平行不整合；(b) 角度不整合
O—奥陶系；S—志留系；D—泥盆系；C—石炭系；箭头指示构造运动方向

2. 岩浆岩间接触关系

岩浆岩间的接触关系主要表现为彼此间的穿插接触。后期生成的岩浆岩常通过构造裂隙插入前期生成的岩浆岩中，并将早期岩脉或岩体切割开来，如图 3-10 所示。

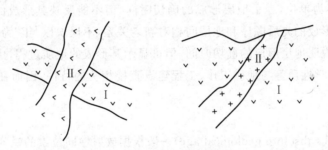

图 3-10 岩浆岩间的接触关系

3. 沉积岩与岩浆岩间接触关系

沉积岩与岩浆岩间的接触关系可分为：先期沉积岩被后期岩浆岩所侵入形成的侵入接触关系；以及先期岩浆岩被后期沉积岩所覆盖而产成的沉积接触关系。

1) 侵入接触

对侵入接触关系（intrusive contact）而言，先期沉积岩受后期侵入岩浆的熔蚀、挤压、烘烤作用而发生化学变化，在沉积岩与岩浆岩交界处形成一层接触变质岩带，如图 3-11(a)所示。通常距岩浆侵入体越近，变质越强烈，越远则变质越弱，直至完全消失。因而接触变质带表现为不同变质程度的岩石形成以侵入体为中心的环带状分布晕圈，称变质晕（metamorphic aureole）。此外，在侵入体边缘还可能存在由先期不稳定岩块掉落形成的变质岩块体，称捕虏体（xenolith）。

2) 沉积接触

沉积接触（sedimentary contact）是指后期沉积岩地层覆盖于前期岩浆岩之上的接触形式，接触带常分布有产状大致与上部沉积岩平行的底砾岩，其形成是早期岩浆岩地层遭受风化剥蚀后，地壳大幅下降并接受沉积，形成后期沉积岩层，在此过程中岩浆岩风化剥蚀带固结岩化为底砾岩,如图 3-11(b)所示。

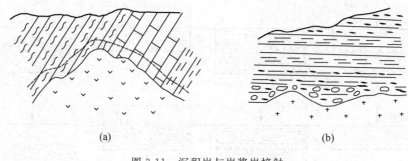

图 3-11 沉积岩与岩浆岩接触
(a) 侵入接触;(b) 沉积接触

3.2.2 地质年代

在漫长的地质历史中,地壳经历了无数次强烈的构造运动、岩浆活动、海陆变迁、风化剥蚀、沉积成岩等地质事件,形成了当前形态、特征各异的地质结构体和地貌形态。查明地质体和地貌的形成年代、新老关系对工程建设具有重要意义。

地质年代(geochron)有绝对年代与相对年代之分。绝对年代是指地层形成至今的年数,通常以百万年为单位,表示地层形成的确切时间,但不能反映其形成的地质过程;而相对年代是指地层形成的先后顺序和地层间相对新老关系,不反映以"年"为单位的时间概念。相对年代虽不能说明地层形成的确切时间,但可显示其形成的地质过程,由此窥见地质体的生成环境、地质力学性质等与地质工作、工程建设直接相关的特性,因而在实际中的应用更为普遍。

1. 绝对年代

绝对地质年代(absolute geological age)一般根据放射性同位素的蜕变规律来测定岩石或矿物的年龄。岩石或矿物在形成初期,放射性元素的含量比(丰度)是固定的,并按一定规律蜕变。通过测定岩石或矿物中放射性元素蜕变后剩余同位素含量(N)与蜕变生成的子体元素含量(D),运用放射性元素衰变系数λ(每年每克母体同位素衰变所产生的子体同位素的克数),可由下式计算出岩石或矿物形成至今的实际年龄:

$$t = \frac{1}{\lambda}\ln\left(1+\frac{D}{N}\right) \tag{3-1}$$

通常用来测定地质年代的放射性同位素有:钾-氩($^{40}K \rightarrow {}^{40}Ar$)、铷-锶($^{87}Rb \rightarrow {}^{87}Sr$)、铀-铅($^{235}U \rightarrow {}^{207}Pb$)和碳-氮($^{14}C \rightarrow {}^{14}N$)。前三者常用于测定较古老岩石的地质年龄,而碳-氮法则专用于测定最新地质事件、地质体与考古材料的年龄。

2. 相对年代

相对地质年代(relative geological age)主要通过地层层序律、生物层序律及岩脉切割律来判断地层形成的先后顺序。因其具有判定方法多样、无需精密仪器等特点,非常适宜野外工作环境。同时对比结果能较好反映地层的形成与地质特征,在实践中应用广泛。

1) 地层层序律

层状岩石总是自下而上顺次叠置,即先形成的岩层在下,后形成的在上。在岩层未发生倒转或有逆掩断层存在的情况下,上覆岩层总是较下伏岩层新,这一规律称地层层序律(stratigraphy),如图3-12所示,对于后期地质作用使岩层发生倒转的情况,如图3-13所示,可通过沉积岩层面的"示底构造(geopetal structure)"(波痕、泥裂、雨痕等)恢复顶底关系后,再行判断地层形成的先后顺序。

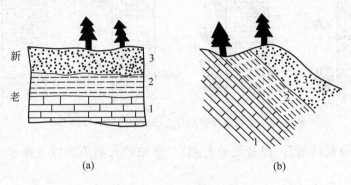

图 3-12 地层层序律

(a)岩层水平;(b)岩层倾斜

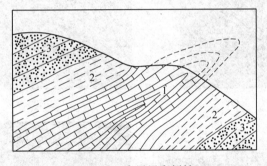

图 3-13 岩层层序倒转

2) 生物层序律

地质历史上存在过的生物称为古生物。保存在沉积岩层中的古生物遗体或遗迹被钙质、硅质所填充或发生交代作用即形成化石(fossil)。随着地壳的阶段性、周期性变化,地球表面自然环境也在不断变化,而地球上的生物为适应这种环境变化,不断地改变着自身内外器官的功能和结构,从而出现了适应各地质时代自然环境的生物群落,而那些不能适应环境改变的生物则大量死亡,甚至灭绝。一般情况下,这种生物演化进程遵循由简单到复杂、由低级到高级的原则。因此,地层内生物化石结构越简单,其所代表的地质时代越古老;而生物化石结构越复杂,地质时代则越新,这一规律称为生物层序律(palaeontology)。由此,可根据岩层中生物化石的种属建立地层层序,确定地质年代和地层新老关系,这一方法也称古生物法。如图3-14所示,根据岩层中包含生物化石的情况确定了不同地区岩层的对应关系。

在地质历史中,演化快、延续时间短、数量多、分布广的古生物所形成的化石对地质年代研究具有重要意义,此类化石亦称标准化石(index fossil)。如寒武纪的三叶虫、奥陶

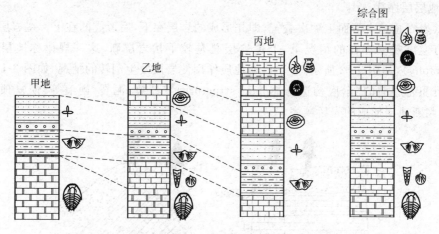

图 3-14 生物层序律划分岩层（据夏邦栋，1984 年）

纪的珠角石、志留纪的笔石、泥盆纪的石燕、二叠纪的大羽羊齿以及侏罗纪的恐龙等，如图 3-15 所示。

图 3-15 典型标准化石
(a) 三叶虫；(b) 笔石；(c) 石燕；(d) 大羽羊齿

3) 切割律

不同时代岩层或岩体常被岩浆岩所侵入、穿插。与原岩相比，侵入者形成年代相对较晚，这一规律称为切割律（law of crosscutting）。如图 3-16 所示，石灰岩(1)被花岗岩(2)侵入，而花岗岩(2)又被闪长岩(4)所切割，辉绿岩(5)又将闪长岩(4)切割，因而这四种岩石形成年代由早到晚依次为石灰岩、花岗岩、闪长岩和辉绿岩；矽卡岩(3)则是花岗岩(2)侵入石灰岩(1)时高温变质生成的副产品，形成时间与花岗岩(2)同步；此外，对处于包裹状态的岩块，包裹者晚，被包裹者早。如砾岩中的砾石形成年代比砾岩早，岩浆岩侵入体中捕虏体的形成年代要早于岩浆岩；切割率还适用于具有交切关系的地质体，如图中砾岩（7）与石灰岩（1）不整合接触，不整合面（切面）以下石灰岩——被切割者的时代较早。

图 3-16　切割律确定岩石形成顺序

1—石灰岩，最早形成；2—花岗岩，形成晚于石灰岩，并有石灰岩捕房体；3—矽卡岩，形成时间同花岗岩；4—闪长岩，晚于花岗岩形成；5—辉绿岩，晚于闪长岩形成；6—砾石，早于砾岩形成；7—砾岩，最晚形成

3.2.3　地质年代表

根据全球地壳运动及生物演变特征，结合岩石同位素年龄测定，系统性地将地质历史按年代先后划分为若干大小、级别不同的时间段落，形成地质年代表（geochronologic chart），如表 3-2 所示。主要内容包括地质年代单位、名称、代号和绝对年龄等。

地质年代表使用不同级别的地质年代单位和地层单位，地质年代单位按级别从高到低依次为宙（eon）、代（era）、纪（period）、世（epoch），对应的地层单位依次为宇（eonothem）、界（erathem）、系（system）、统（series），表示在相应时间内所形成的地层。其中，"宙"是最大的地质年代单位，根据生物演化情况，将距今 6 亿年以前仅有原始菌藻类出现的时代称为隐生宙，而以后的时代称显生宙，是地球生命快速繁衍、发展的时代；"代"是次级地质年代单位，在隐生宙划分出太古代和元古代，而在显生宙中则划分出古生代、中生代和新生代。每个"代"又划分出若干"纪"；而"纪"中一般包括 2~3 个"世"，称早、中、晚或早、晚，对应的地层则称下、中、上或下、上。

代表不同时期的相同地质年代单位，实际的时间尺度并不一致。总的趋势是地质年代越久远时间跨度就越长，反之，地质年代越新则时间跨度越短。主要原因在于地壳演化对年代较近的地质事件及古生物遗迹破坏少，人们的研究相对透彻，地质年代的划分也就更为详细；此外，地质年代的划分也部分参考了生物的演化进程，生物进化逐渐加快也是地质年代时间跨度变短的原因。

表 3-2 地质年代表（据中国地层表-2014，有改动）

地质时代、地层单位及其代号				同位素年龄/百万年		构造运动	生物开始出现时间		我国地史概要
宙（宇）	代（界）	纪（系）	世（统）	时代间距	距今年龄		植物	动物	
显生宙 PH	新生代 Kz	第四纪 Q	全新世 Q_4 更新世 Q_1、Q_2、Q_3	2.6	-0.01- -2.6-	喜马拉雅运动		←古人类	现代地貌形成，人类出现
		新近纪 N	上新世 N_2	2.7	-5.3-				我国大陆轮廓基本形成，大部分为陆相沉积；哺乳动物和被子植物繁盛；重要成煤期
			中新世 N_1	17.7	-23-				
		古近纪 E	渐新世 E_3	10.8	-33.8-				
			始新世 E_2	22	-55.8-				
			古新世 E_1	9.7	-65.5-		←被子植物	←哺乳动物	
	中生代 Mz	白垩纪 K	晚白垩世 K_2 早白垩世 K_1	79.5	-145-	燕山运动			构造运动频繁，岩浆活动强烈；我国东部有大规模岩浆活动；华北地区主要成煤期；恐龙繁盛，裸子植物以松柏、苏铁、银杏为主，被子植物出现
		侏罗纪 J	晚侏罗世 J_3 中侏罗世 J_2 早侏罗世 J_1	54.6	-199.6-				
		三叠纪 T	晚三叠世 T_3 中三叠世 T_2 早三叠世 T_1	52.6	-252.2-				
	古生代 Pz 晚古生代 Pz_2	二叠纪 P	晚二叠世 P_3 中二叠世 P_2 早二叠世 P_1	46.8	-299-	海西运动	←裸子植物	←爬行动物	我国构造运动广泛，尤以天山地区强烈；华北缺失泥盆及部分石炭系地层，后期由海陆相变为陆相沉积，鱼类及两栖动物繁盛，是主要成煤期
		石炭纪 C	晚石炭世 C_2 早石炭世 C_1	60.6	-359.6-				
		泥盆纪 D	晚泥盆世 D_3 中泥盆世 D_2 早泥盆世 D_1	56.4	-416-			←两栖动物 ←鱼类	
	早古生代 Pz_1	志留纪 S	顶志留世 S_4 晚志留世 S_3 中志留世 S_2 早志留世 S_1	27.8	-443.8-	加里东运动	←陆生孢子植物	←硬壳动物	我国大部分地区为海相沉积，生物初步发育，头足类、腕足类、笔石、珊瑚、蕨类植物发育，三叶虫极盛，是海生无脊椎动物繁盛期；地层以海相石灰岩、砂岩、页岩等为主
		奥陶纪 O	晚奥陶世 O_3 中奥陶世 O_2 早奥陶世 O_1	41.6	-485.4-				
		寒武纪 ∈	晚寒武世 $∈_3$ 中寒武世 $∈_2$ 早寒武世 $∈_1$	55.6	-541-				
元古宙 PT	新 Pt_3	震旦纪 Z		94	-635-	吕梁运动	高级藻类	硬壳动物 多细胞生物	我国元古地层发育较好，华北主要为未、浅变质的海相沉积物及碎屑岩类，华南以陆相河湖沉积为主；低等生物大量繁殖，菌类、藻类丰富
	中 Pt_2			365	-1000-				
				600	-1600-		真核生物		
	古 Pt_1			900	-2500-				
太古宙 AR				1500	-4000-		原核生物 生命现象开始出现		构造及岩浆活动强烈，岩石深度变质形成片麻岩、石英岩等

注：表中仅列地质年代。地层需将宙、代、纪、世改为宇、界、系、统，同时将早、中、晚或早、晚改为下、中、上或下、上。

我国在区域性地质调查中常采用多重地层划分原则,除使用上述国际标准地层单位外,还使用岩石地层单位。岩石地层单位是以岩石学特征及其对应的地层位置为基础,没有严格的时限,其对地层的划分往往呈现有规则的穿时现象。

岩石地层单位依次为:群、组、段、层。"群"是指以重大沉积间断或不整合界面划分,常包含岩性复杂的一大套地层;"组"是岩石地层划分的基本单位,也是最常用的岩石地层单位,包含岩石性质较单一,常以同一岩相或某一岩相为主,夹有其他岩相,或不同岩相交互构成;"段"是组内次级的岩石地层单位,代表组内具有明显特征的一段地层;而"层"表示段中具有显著特征,区别于相邻岩层的单层或复层。

3.3 岩层及岩层产状

3.3.1 岩层

岩层(rock stratum)是指被两个平行或近平行的界面所限制,由同一岩性组成的层状岩体,主要以岩石的成分、颜色、结构、层理等特征作为划分依据。与地层的概念不同,岩层特指物理实体,并不涉及地质时代的归属问题。岩层的上、下界面分称顶面、底面,统称层面(stratification plane),两者间距离为岩层厚度。天然的层状岩体主要为沉积岩,包括少量的岩浆岩和变质岩。

覆盖大陆面积约 3/4 的沉积岩,绝大多数都是在广阔的海洋及湖泊盆地中形成,原始岩层大多呈水平或近水平状态,只有沉积在盆地边缘、岛屿周围等极少数区域才呈原始倾斜状态。岩层形成后,多数会受到构造运动作用而产生变形、变位,由于构造运动强度及岩层产出特性的差异会形成不同的岩层倾斜程度。根据其倾斜角度的大小,可将岩层分为水平、倾斜和直立三种形态。

1. 水平岩层

水平岩层(acline)是指岩层倾角为 0° 的岩层。绝对水平的岩层极少,通常将倾斜角度小于 5° 的岩层称为水平岩层,又称水平构造。此类岩层一般出现在构造运动轻微或区域内大范围均匀抬升、下降的地区,多分布于平原、高原或盆地中部,岩层时代通常较新。水平构造中岩层形成年代越老,出露位置越低,反之则分布位置越高,如图 3-17(a) 所示。较老的岩层通常只有在下切很深时才会出露。

2. 倾斜岩层

倾斜岩层(cline strata)是指岩层面与水平面有一定夹角的岩层。受地壳长期运动结果影响,自然界绝大多数岩层经历了不同程度的挤压变形、变位,不均匀抬升、下降等地质过程,使当前岩层呈倾斜状态。通常情况下,倾斜岩层仍保持顶面在上、底面在下,即新岩层在上、老岩层在下的产出状态,称为正常倾斜岩层,如图 3-17(b) 所示;但当地质构造活动强烈时,岩层可能发生倒转,出现底面在上、顶面在下,即老岩层在上、新岩层在下的产出状态,称为倒转倾斜岩层,如图 3-18(a) 所示。

倾斜岩层按照倾角大小又可分为缓倾岩层($\alpha<30°$)、陡倾岩层($30°<\alpha<60°$)和陡立岩层($\alpha>60°$)。

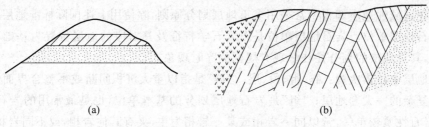

图 3-17 水平与倾斜岩层
(a) 水平岩层；(b) 倾斜岩层

3. 直立岩层

直立岩层(vertical strata)是指岩层倾角等于 90°的岩层。自然界绝对的直立岩层极为少见，习惯上将岩层倾角大于 85°的岩层称为直立岩层，如图 3-18(b)所示。直立岩层通常出现在构造强烈挤压的地区。

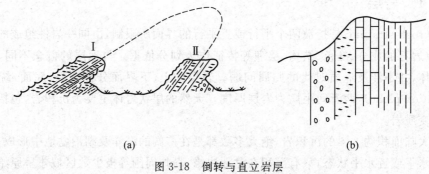

图 3-18 倒转与直立岩层
(a) 岩层倒转；(b) 直立岩层
Ⅰ—正常层序；Ⅱ—倒转层序

3.3.2 岩层产状

岩层产状(attitude of stratum)是指岩层面在三维空间的延伸方向及倾斜程度，通常用走向、倾向和倾角三个要素来描述，其几何意义如图 3-19 所示。产状要素除可用于表达岩层层面的空间形态外，还常用以描述褶皱轴面、节理面、断层面等平面形体的展布状态与特征，具体见后续章节。

1. 产状要素

(1) 走向(strike)。走向是指岩层层面与水平面交线(称走向线)的延伸方向，如图 3-19 中直线 ab 所示。它代表岩层面在空间的水平展布方向。岩层走向可由走向线任意一端的方位值确定，彼此相差 180°，因此走向具有两个彼此不等但相关的方位值。

(2) 倾向(dip direction)。在岩层面上垂直走向且向下倾斜的射线称真倾斜线，而不垂直走向线的则称视倾斜线。真倾斜线在水平面上的投影称倾向线，其方向即为倾向；此外，倾向还可定义为岩层外法线在水平面内的投影，如图 3-19 中射线 cd 所示。倾向代表岩层在空间的倾斜方向，与走向相垂直，且具有唯一性。因而由岩层倾向可确定其走向，但由走向却无法确定岩层的倾向。

(3) 倾角(dip angle)。倾角是指岩层层面与水平面所夹锐角，表示岩层在空间倾斜角度的大小，如图 3-19 中 α 所示。岩层倾角有真倾角(true dip angle)与视倾角(apparent dip

angle)之分，真倾角是真倾斜线与其在水平面内投影的夹角，而视倾角则为视倾斜线与其水平面内投影的夹角，视倾角的量值永远小于真倾角，两者间的几何关系如图 3-20 所示。其中 α 为真倾角，β 为视倾角，θ 为视倾角所在剖面与岩层面走向所夹锐角。则视倾角 β 与真倾角 α 的换算关系式为

$$\tan\beta = \tan\alpha \cdot \sin\theta \tag{3-2}$$

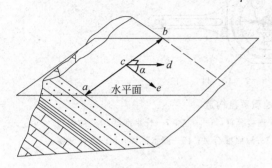

图 3-19　岩层产状要素
ab—走向线；ce—倾向线；cd—倾向；α—倾角

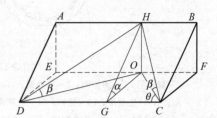

图 3-20　真倾角与视倾角间的几何关系

自然出露的岩层受剖面方位限制往往表现为视倾角，野外对岩层产状的测量通常是测定其真倾向和真倾角。在绘制地质剖面图时，当剖面方向与岩层走向不垂直时，剖面图中岩层表现为视倾角，此时可根据式(3-2)作真倾角与视倾角的换算。

2. 产状的测量与记录

1) 产状的测量

岩层产状要素通常用地质罗盘(geological compass)直接在岩层层面上测量得到，地质罗盘的结构见图 3-21。当地质罗盘使用受限或测量不准时，还可根据钻孔资料，以及岩层在地形、地质图上的表现、视倾角等通过几何分析计算得到。产状测量方法参考图 3-22，具体操作如下。

(1) 岩层走向的测量。使罗盘长边的下棱边紧贴岩层面，将罗盘放平，使圆水准气泡居中，此时罗盘北针所指外表盘刻度即为岩层走向方位值。该值其实为磁北方向与岩层走向线间的夹角。

(2) 岩层倾向的测量。将罗盘上盖板紧贴岩层面，上下、左右调整罗盘主表盘，使圆水准气泡居中，此时罗盘北针所指外表盘刻度即为岩层倾向。与走向类似，倾向方位值也是磁北方向与岩层倾向线间的夹角。

(3) 岩层倾角的测量。将罗盘长边平面紧贴岩层面，调整罗盘位置使其长边与岩层走向垂直，即罗盘面平行于倾向线与反光镜中细实线所组成的平面。实际操作时，可使罗盘面垂直于倾向测量中合页轴的方向。转动罗盘背面倾斜拨片，使得水平长管气泡居中，倾角指示针所指内表盘刻度即为岩层倾角。

需要注意的是：产状测量中得到的走向、倾向方位值分别是岩层走向线、倾向线沿逆时针方向与地磁北间的夹角。各地受经纬位置、地壳磁性磁北漂移等因素影响，磁北方位并不固定，实际工作中，常需根据当地磁偏角(magnetic declination)，用图 3-21 中所示磁偏角调整器进行磁偏角修正，或在内业整理时将磁北方位换算成真北方位。此外，为减少室外工作量，野外

通常仅对岩层倾向、倾角进行测定,走向方位值可在室内通过计算获得。

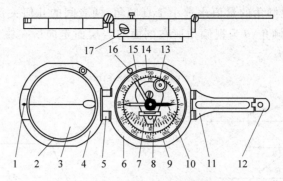

图 3-21 普通地质罗盘构造

1—瞄准钉;2—固定圈;3—反光镜;4—上盖;5—连接合页;6—外壳;7—长水准器;8—倾角指示器;9—压紧圈;10—磁针;11—长照准合页;12—短照准合页;13—圆水准器;14—方位刻度环;15—拨杆;16—开关螺钉;17—磁偏角调整器

图 3-22 产状的测量

2) 产状的记录

岩层产状要素可用文字或符号记录。文字记录有象限角法和方位角法两种,在地质图中,岩层产状通常以符号表示。

(1) 象限角法(quadrant angle method)。以北或南为 0°,向东或向西测量角度,角度取值范围:N0°~90°E、N0°~90°W 或 S0°~90°E、S0°~90°W。通常按走向、倾角、倾向的顺序记录岩层产状。如 N45°E∠30°SE,即走向北偏东 45°,倾角 30°,倾向南东,如图 3-23(a)所示。

(2) 方位角法(azimuth angle method)。以北为 0°,顺时针偏转测量角度,角度取值范围为 0°~

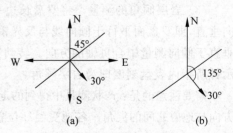

图 3-23 象限角法与方位角法
(a) 象限角法;(b) 方位角法

360°。一般用倾向和倾角表示。如 135°∠30°,前者为倾向方位角,后者为倾角值,即倾向 135°,倾角 30°,如图 3-23(b)所示。

(3) 符号表示法。地质图中常用的产状符号有:①符号"⊥₃₀°",长线表示岩层走向,短箭线表示倾向,数字为倾角值。作图时长、短线应按实际方位绘制。②符号"十"表示岩层产状为水平。③符号"†"表示岩层产状直立,箭头指向新岩层。④符号"⋉₃₀°"表示岩层倒转,箭头指向倒转后的倾向,即老岩层。此外,在地质图中绘制岩层产状符号时,应将走向线与倾向线交点绘制于实际产状测点位置。

3.3.3 岩层露头特征

基岩露头(bedrock outcrop)是指裸露地表,未被第四系松散堆积层覆盖的部分岩体,通常出现在山谷、陡崖、山顶等位置。基岩露头与第四系堆积物在地表的分界线称基岩出露线或第四系界线。岩层面与地面的交线称岩层界线(bed boundary),即通常所说的岩层露头线,其形态取决于岩层产状和地面的起伏状况。地质图中的岩层界线是岩层露头线在水平面内的投影。

1. 水平岩层

水平岩层露头线形态取决于地形的起伏情况,与地形等高线平行或重合。最新岩层位于最高处,呈斑点状;最老岩层位于最低处,呈"之"字形或锯齿状;而中间岩层呈不规则环状或"之"字形(如图 3-24 所示)。

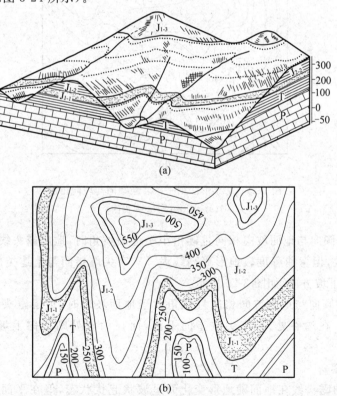

图 3-24 水平岩层出露特征
(a) 立体图;(b) 平面图

2. 倾斜岩层

倾斜岩层露头线受岩层倾角大小及地形起伏情况影响而呈现不同形态特征。岩层倾角越小,露头线形态受地形起伏影响越大,越弯曲;其倾角越大,受地形影响就越小,露头线越接近直线。在地形起伏明显地区,露头线呈 V 字或"之"字形展布,其弯曲规律称 V 字形法则(vee law),具体如下。

(1) 当岩层倾向与地面坡向相反时,岩层露头线与地形等高线弯曲方向一致,但露头线的弯曲程度要小于等高线。在沟谷处,V 字尖端指向沟谷上游,而在山脊处则指向下坡方向,如图 3-25 所示。

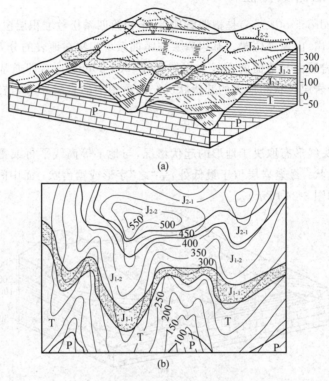

图 3-25 V 字形法则——岩层倾向与坡向相反
(a) 立体图;(b) 平面图

(2) 当岩层倾向与地面坡向相同且倾角小于地面坡角时,地层露头线与地形等高线弯曲方向仍然一致,但弯曲程度较地形等高线大。V 字尖端指向与上述类似,沟谷处指向上游,山脊处指向下坡方向,如图 3-26 所示。

(3) 当岩层倾向与地面坡向相同且倾角大于地面坡角时,地层露头线与地形等高线弯曲方向相反。在沟谷处,V 字尖端指向下游,而在山脊处则指向上坡方向,如图 3-27 所示。

3. 直立岩层

直立岩层的露头线在地面随地形变化而呈波状起伏状态,但在平面地质图中为一条沿走向延伸的直线,不受地形影响,如图 3-28 所示。地层露头线间水平距离等于岩层厚度。

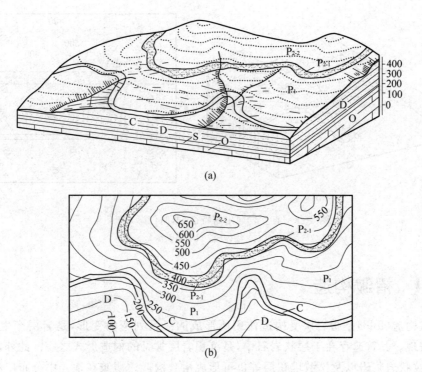

图 3-26 V字形法则——岩层倾向与坡向相同,倾角小于坡角
(a) 立体图;(b) 平面图

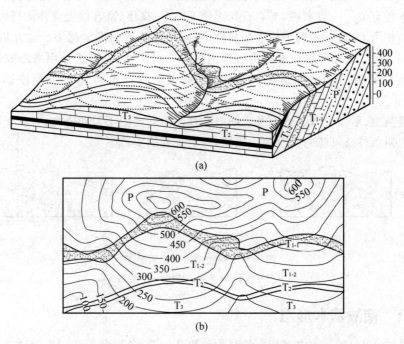

图 3-27 V字形法则——岩层倾向与坡向相同,倾角大于坡角
(a) 立体图;(b) 平面图

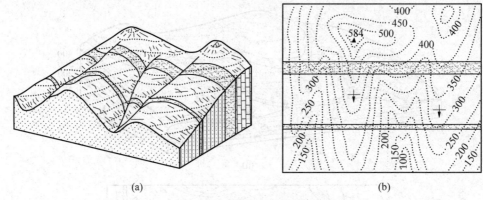

图 3-28　直立岩层出露特征(据谢仁海,2007 年)
(a) 立体图;(b) 平面图

3.4　褶皱构造

褶皱构造(fold)是指岩层受构造作用所形成的一系列弯曲变形,是岩层产生永久塑性形变的表现。其普遍存在于层状岩石中,是沉积岩层常见的构造形式之一。此外,片理状变质岩、流纹状岩浆岩以及松散堆积层等也可形成褶皱构造。褶皱在地壳中分布广泛、形态多样,个体规模差异巨大,大者可横跨数百千米,小者需在显微镜下才能看到。

地壳表层坚硬的脆性岩石之所以能够产生明显的弯曲变形,与岩石的流变性及构造应力的长期作用有关。一般来说,当岩石处于地下高温、高压、富含蚀变流体的环境中时,在缓慢构造应力作用下,岩石表现出较强的塑性,易发生连续弯曲形成褶皱。除此以外,在沉积岩形成初期,固结、胶结程度较弱时也表现出强烈的可塑性,受构造作用易形成褶皱。多数褶皱的形成是受到了水平构造挤压作用,而垂直作用力及力偶也可形成部分褶皱,如图 3-29 所示。

对褶皱类型、形态、产状、成因及空间展布规律等问题的学习和研究,有利于明确工程区域的基本地质条件及可能的工程地质问题,具有重要的实践意义。

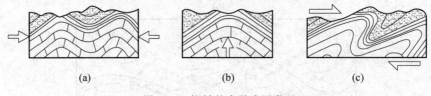

图 3-29　褶皱的力学成因类型
(a) 水平挤压;(b) 垂向力作用;(c) 力偶作用

3.4.1　褶皱基本形态

在褶皱构造中,向上或向下弯曲的结构称褶曲构造,包括背斜和向斜两种基本形式。褶曲是褶皱构造的基本单位,两个或两个以上的连续褶曲组合即为褶皱构造,如图 3-30 所示。

1. 背斜

背斜(anticline)指中部岩层向上凸出弯曲,两侧岩层相背倾斜,在同一水平面上,中心

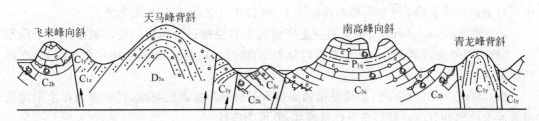

图 3-30 褶皱构造

部分岩层时代较老,两侧岩层对称分布,并依次变新,如图 3-31 所示。

2. 向斜

向斜(syncline)指中部岩层向下凹陷弯曲,两侧岩层相向倾斜,在同一水平面上,中心部分岩层时代较新,两侧岩层亦对称分布,但依次变老,如图 3-31 所示。

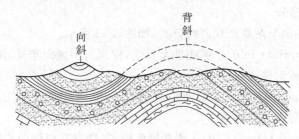

图 3-31 背斜和向斜

背斜形成的上拱及向斜形成的下凹形态,经长期风化剥蚀作用后,并不一定与褶皱初期地形一致,背斜与向斜均可能形成山岭与低地,"背斜成山、向斜成谷"者称顺地形,而"背斜成谷、向斜成山"者称逆地形。事实上,由于背斜上部岩层中广泛存在的拉张裂隙以及褶皱初期相对较高的地势,使其相较于向斜更易遭受风化剥蚀,形成谷地或低地,如图 3-31 所示。

3.4.2 褶曲要素

褶曲构造形体的各组成部分称褶曲要素,通常用以描述褶皱构造的形态特征和空间展布规律。褶曲各要素所代表的部位及特征如图 3-32 所示。

(1) 核部(core)。核部指组成褶曲中心部位的岩体。核部的范围是一个相对概念,没有明确固定的区域。被剥蚀出露地表的褶曲,核部指最中间的岩层。

(2) 翼部(limb)。翼部指褶曲核部两侧的岩体。翼部范围也是相对的,不存在明确固定区域。

(3) 转折端(hinge zone of fold)。转折端是指从褶曲一翼向另一翼过渡的弯曲部分。其形态多为圆滑弧形,有时也呈尖棱状、箱状或扇状。

(4) 枢纽(hinge of fold)。枢纽是指组成褶曲的同一岩层面上最大弯曲点的连线。枢纽可以是直线

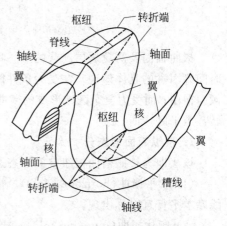

图 3-32 褶曲要素示意图

也可以是曲线或折线;其空间形态可以水平、倾斜或直立,但以倾斜最为常见。

(5) 轴面(axial plane)。轴面是指连接褶曲各岩层枢纽所构成的面。轴面是一个抽象面,大致可将褶曲两翼平分;其形态可以是平面,也可以是曲面,而其空间产状可直立,亦可倾斜或者水平。

(6) 轴线(axial trace)。轴线是指轴面与水平面或垂直面的交线,代表褶曲在水平面或垂直面上的延伸方向。其形态可以是直线,亦可为曲线。

(7) 脊线/槽线(ridge/groove)。它是指背(向斜)中同一岩层面上最高(低)点的连线。

3.4.3 褶曲分类

褶曲可从力学性质、基本形式以及形态特征等方面进行分类。自然褶曲多样的形态反映了其不同的成因类型、力学条件及岩层特性。这里以形态特征为例介绍褶曲的分类。

1. 按横断面形态分

该法即按褶曲轴面与两翼产状进行分类,如图 3-33 所示。

(1) 直立褶曲(upright fold)。褶曲轴面直立,两翼岩层倾向相反,倾角大致相等。因横断面上两翼对称,又称对称褶曲。

(2) 倾斜褶曲(inclined fold)。褶曲轴面倾斜,两翼岩层倾向相反,倾角不等。因横断面上两翼不对称,又称不对称褶曲。

(3) 倒转褶曲(over turned fold)。褶曲轴面倾斜,两翼岩层倾向相同,其中一翼层位发生倒转,老岩层位于新岩层之上。

(4) 平卧褶曲(recumbent fold)。褶曲轴面水平或接近水平,两翼岩层亦接近水平状态,其中一翼层位发生倒转。

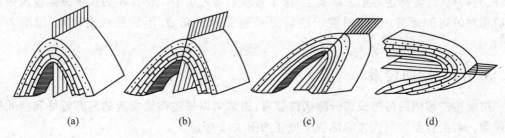

图 3-33 褶曲的横断面形态
(a) 直立褶曲;(b) 倾斜褶曲;(c) 倒转褶曲;(d) 平卧褶曲

褶曲轴面及两翼岩层产状的形态特征代表了褶皱的弯曲程度,是岩层受力方式、大小、时间等因素的具体体现。在受力条件简单的地区,一般会形成两翼岩层倾角舒缓的直立或倾斜褶曲;而受力复杂区域形成的褶曲,通常两翼岩层倾角较大,并可能进一步发展成为倒转甚至平卧褶曲。

2. 按纵断面形态分

该法即为按照褶曲枢纽空间形态进行分类,如图 3-34 所示。

(1) 水平褶曲(horizontal fold)。褶曲枢纽近于水平,呈直线状延伸较远,两翼岩层露头线基本平行且对称出现。

(2) 倾伏褶曲(plunging fold)。褶曲枢纽向一端倾伏,两翼岩层露头线并不平行,呈弧形相交。

（3）倾竖褶曲（vertical plunging fold）。褶曲枢纽、轴面及岩层呈近直立状态。地质图上，岩层露头线呈"之"字形弯曲，且延伸方向与岩层走向一致。

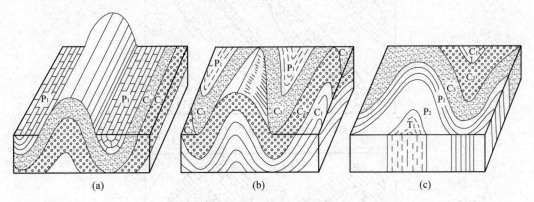

图 3-34　褶曲的纵断面形态
(a) 水平褶曲；(b) 倾伏褶曲；(c) 倾竖褶曲

（4）双倾伏褶曲（double plunging fold）。褶曲枢纽呈上凸或下凹曲线形态。双倾伏褶曲可分为双倾伏背斜和双倾伏向斜两类，其中双倾伏背斜的枢纽两端倾伏，而双倾伏向斜的枢纽两端扬起。地质图上，岩层露头线呈现为封闭曲线。

自然界的褶曲通常以双倾伏褶曲的形式存在，根据其枢纽在水平方向上的延伸距离及地质图上的岩层露头线特征，可进一步分为线性褶曲（linear fold）、短轴褶曲（brachy fold）和近等轴褶曲（anchi-equidimensional fold）三类。

线性褶曲包括线性背斜和线性向斜，是指在枢纽垂直方向上岩层被挤压成紧密褶皱，而在枢纽方向上构造挤压作用弱，褶曲延伸较远，形成宽度窄、延伸长的褶曲形态，褶曲长宽比大于10∶1，如图3-35所示。

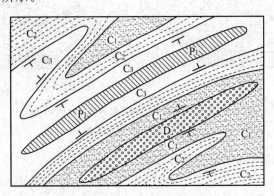

图 3-35　线性褶曲（据徐兆义，2011年）

短轴褶曲可分为短背斜和短向斜，是指枢纽延伸较短，长宽比介于10∶1和3∶1之间，在地质图上，同一岩层露头为呈椭圆形的封闭曲线，如图3-36所示。

近等轴褶曲包括穹窿和构造盆地，长宽比小于3∶1，背斜为穹窿（dome fold），向斜为构造盆地（basin fold），如图3-37、图3-38所示。

水平褶曲的存在表明该区域在枢纽垂直方向受到了较强烈的构造作用，而枢纽平行方向上的构造作用微弱；倾伏褶曲则表明在枢纽的垂直和平行两个方向上的构造作用均较强

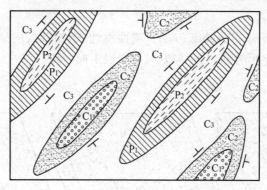

图 3-36 短轴褶曲(据徐兆义,2011 年)

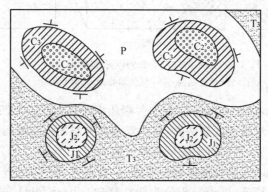

图 3-37 近等轴褶曲(据徐兆义,2011 年)

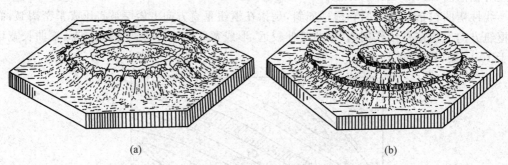

图 3-38 穹窿与构造盆地(据朱志澄,1999 年)
(a) 穹窿;(b) 构造盆地

烈,且垂直方向上的作用时间要早于平行方向。

3. 按弯曲形态分

该法即为按照褶曲的转折端形态进行分类,如图 3-39 所示。

(1) 圆弧褶曲(cylindrical fold)。褶曲两翼岩层呈圆弧状弯曲,通常转折端较宽缓。

(2) 尖棱褶曲(cuspate fold)。褶曲两翼岩层平直相交,挤压紧密,转折端呈尖角状。

(3) 箱形褶曲(box fold)。褶曲两翼岩层近直立状态,转折端平直,形似方箱。

(4) 扇形褶曲(fan fold)。褶曲两翼岩层大致对称呈弧形弯曲,局部层位倒转,转折端平缓,横断面呈扇形。

(5) 挠曲(flexural fold)。水平或缓倾岩层中,某段倾角突然变陡,形成膝状弯曲。

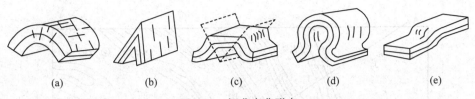

图 3-39　褶曲弯曲形态

(a)圆弧褶曲；(b)尖棱褶曲；(c)箱形褶曲；(d)扇形褶曲；(e)挠曲

3.4.4　褶皱构造类型

在地表一定区域范围内，不同形态、规模、级次的褶皱常相互组合，形成了繁复多样的褶皱形式。不同的褶皱组合形式反映了不同的地壳运动方式、强度及岩层特性。对工程区域内褶皱构造类型的查探和研究，有助于深入理解区域地质构造史、地层空间展布及可能存在的特殊构造等地质情况，对工程选址、选线具有重要意义。

1. 复背斜与复向斜

复背斜(compound anticline)和复向斜(compound syncline)是指大型背斜与向斜的两翼由次级褶曲组成，通常次级褶曲的轴面(或轴线)向复背斜或复向斜的核部收敛，在复背斜中呈扇形，而在复向斜中呈倒扇形，如图 3-40 所示。复背斜与复向斜多是由岩层经过一次或多次强烈挤压而形成，次级褶曲的形态极为复杂。在我国秦岭、天山、喜马拉雅山以及欧洲阿尔卑斯山等山系中，存在此类大型的褶皱构造形式。

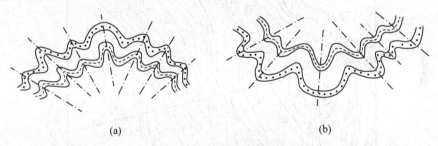

图 3-40　复背斜与复向斜

(a)复背斜；(b)复向斜

2. 隔挡式与隔槽式

这两种形式由一系列轴线在平面上平行延伸的背斜和向斜褶曲组成。其中背斜狭窄、向斜宽缓者为隔挡式，如图 3-41 所示；而背斜宽缓、向斜狭窄者为隔槽式，如图 3-42 所示。这两种褶皱构造形式多出现于构造运动相对缓和的地区。

3.4.5　褶皱构造的识别与工程评价

1. 褶皱构造的识别

褶皱在形成之初，表现为"背斜成山、向斜为谷"的地形。但在长期地表风化剥蚀作用下，原始地面不断被破坏、重塑，而演变为当前地貌形态。通常由于背斜核部张裂隙发育、岩体破碎、地形突出，风化剥蚀作用强烈，易形成沟谷、低地；而向斜核部岩体相对完整，初期地形低，利于堆积，风化剥蚀作用弱，易形成向斜山。因此在野外不能将现代地形与褶皱初始形态直接对接，除一些出露良好的小型褶皱可直接观察到褶曲形态外，多数大型褶皱均已

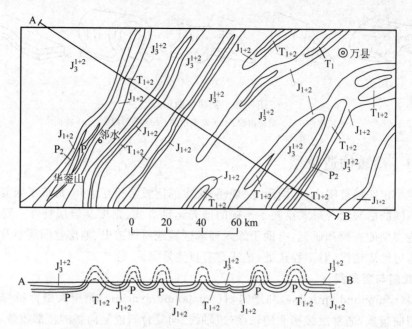

图 3-41　四川盆地东部隔挡式褶皱（据徐开礼，1984 年）

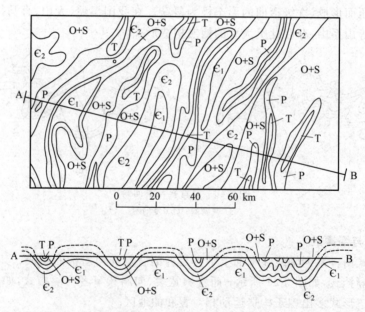

图 3-42　贵州正安一带隔槽式褶皱（据徐开礼，1984 年）

遭到严重剥蚀，地表形态与岩层分布均产生了较大变化。需按一定的辨别方法进行考察、分析，方可获悉褶皱的性质与空间状态。

目前，对大型褶皱构造的考察通常采用穿越法（cross-cutting method）和追索法（walking out method）。穿越法是指沿垂直岩层走向方向进行观察，根据线路通过地带的岩层重复规律与对称性质，判断褶皱构造是否存在，并据岩层出露层序及新老关系判断褶曲所属类型。通过考察、分析两翼岩层产状及其与轴面的空间关系，可进一步判断褶皱的形态特征。追索法是指沿岩层走向方向进行观察的方法,主要用以查明褶皱的延伸方向及其构造变化情况。当岩层彼此平行展布时,表明枢纽水平,为水平褶皱;若两翼岩层弧形交接,则枢纽倾伏,为倾伏褶皱;而当岩层闭合交圈,则为双倾伏褶皱。实际褶皱构造考察中,通常以穿越法为主,追索法为辅。具体流程如图3-43所示。

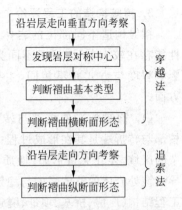

图3-43 野外褶皱构造考察流程

如图3-44所示褶皱构造,首先采用穿越法由南向北垂直岩层走向方向进行考察,可以分别在沟谷底部及山脊发现志留系(S)与石炭系(C)地层两个对称中心,说明该地区存在两个褶曲构造。由沟谷底志留系地层(S)向两侧依次为泥盆系(D)和石炭系(C),岩层依次变新,证明以志留系(S)为核心的褶曲为背斜;而由山脊处石炭系地层(C)向两侧依次为泥盆系(D)以及志留系(S),证明以石炭系地层(C)为核心的褶曲为向斜。考察以志留系地层(S)为核心的背斜以及以石炭系(C)为核心的向斜两翼岩层的产状,发现向斜两翼岩层倾向相反,倾角大致相等,为直立向斜,而背斜两翼岩层倾向相同,一翼倾向正常,另外一翼产生倒转,为倒转背斜。最后采用追索法沿岩层走向方向进行考察,发现此地各岩层近乎平行,考察区域内未见相交,可判定上述向斜与背斜均为水平褶曲。

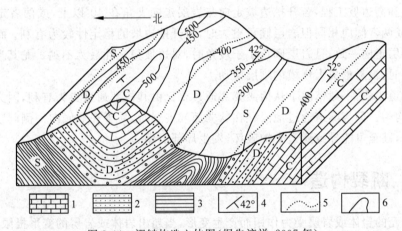

图3-44 褶皱构造立体图(据朱济祥,2007年)

1—石炭系;2—泥盆系;3—志留系;4—岩层产状;5—岩层界线;6—地形等高线

2. 褶皱构造形成年代

褶皱的形成年代,通常可根据地层间区域性的不整合接触关系来确定。褶皱的形成介于不整合面以下最新地层年代与不整合面以上最老地层年代之间。

如图3-45所示,图中存在两个不整合接触面,分别为中侏罗统(J_2)与下伏三叠系(T)地层的接触面,以及上白垩统(K_2)与下伏上侏罗统(J_3)的接触面。此外,除上白垩统(K_2)地层未显现褶曲外,其余地层均存在不同程度的褶皱现象。由此可确定由石炭系(C)、二叠系(P)以及三叠系(T)组成的褶皱至少经历了两次褶皱过程,第一次发生在三叠纪与中侏罗世之间,第二次发生在晚侏罗世与晚白垩世之间;而由中侏罗统(J_2)与上侏罗统(J_3)所组成的褶皱则是在第二次褶皱过程中形成的。

3. 褶皱构造的工程评价

褶皱构造不同部位的岩体，结构、构造与力学性能存在较大差异，对于不同类型的工程建设，其影响程度与方式并不相同，主要表现在以下几个方面。

(1) 褶皱构造的核部与转折端。褶皱构造的核部与转折端是其在形成过程中应力最为集中、复杂的区域，存在大量形态、性质各异的节理、裂隙，导致该处岩体的整体强度与稳定性差，在此布设的工程结构（厂房、桥基、坝址、隧道等）易产生整体或局部的稳定性问题。另外，背斜核部与转折端大量存在的张裂隙容易成为地下水的渗流通道，导致下

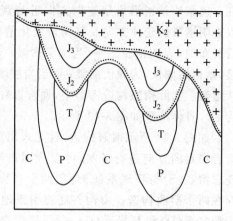

图 3-45　褶皱形成年代判定

部隧道洞壁渗水甚至涌水；在石灰岩地区还会形成岩溶，造成更为严重的工程问题。

(2) 褶皱构造翼部。在褶皱构造翼部进行工程建设时，应注意岩层倾向、倾角与工程临空面的关系，防止沿岩层面的滑塌、掉块。特别是当岩层中存在软弱夹层，或褶皱岩层本身就是性质偏软的薄层岩石（如云母片岩、千枚岩等）时，工程临空面的存在，为岩石块体沿此类软弱层活动提供了充裕的空间和力学条件。

对路堑和高边坡工程，若开挖边坡走向与岩层走向夹角在 40°以上，或两者走向一致但倾向相反，或两者倾向相同但岩层倾角更大时，对开挖边坡的稳定性较为有利；而当开挖边坡走向与岩层走向一致，且岩层倾角小于坡角时，对边坡稳定性最为不利。尤其当岩层中存在软弱夹层时，极易形成大规模的顺层滑动。

而对隧道工程，一般情况下从褶皱翼部通过要比由其核部通过更为有利，因为此处岩体更为完整、均匀。但当隧道通过地段存在软弱面或夹层时，易于在顺倾向一侧洞壁出现明显的偏压现象，甚至可能导致隧道支护破坏，发生局部坍塌。

3.5　断裂构造

构成地壳的岩体或岩层受力作用而产生变形，当超出岩体或岩层的变形极限时，其连续性和完整性就会遭到破坏，产生各种规模不一、形态各异的破裂，称为断裂构造（fracture）。断裂构造是地壳表层岩石圈中常见的构造形式，分布极为广泛，特别是在大型构造带附近，不同成因、级次的断裂常成组、成群出现，使附近岩体形成了复杂多变的岩体结构形态，及强度软弱、各向异性突出的工程特性。其对邻近区域工程选址及建设具有决定性作用。地壳表层的断裂构造，根据断裂面两侧岩体的相对位移情况，可进一步分为节理和断层两类。

3.5.1　节理

节理（joint）又称裂隙（fissure），是指那些破裂后，断裂面两侧岩体没有明显相对位移的断裂构造。此类断裂面称节理面，亦称裂隙面。在地壳表层岩体中，节理的存在极为普遍，形态多种多样，但规模相对较小。节理形体差异较大，一般长数十厘米至数十米，最长可达

上千米,而某些细微节理甚至肉眼无法识别。

1. 节理类型及特征

1) 按成因分类

按照节理成因可分为原生节理和次生节理两大类。

(1) 原生节理(primary joint)。原生节理是指岩石在成岩过程中形成的节理。如沉积岩中的泥裂,玄武岩在冷凝固化过程中形成的柱状节理等,如图3-46所示。

(2) 次生节理(secondary joint)。次生节理是指岩石形成后,在外部因素作用下形成的节理。根据受力源又可分为构造节理(tectonic joint)与非构造节理(nontectonic joint)。

图3-46 玄武岩柱状节理

构造节理是指由构造应力在岩石中形成的节理,是地壳表层分布范围最广且对工程建设影响最大的一类节理。构造节理常有规律地成组出现,相同力学成因且相互平行的节理称为一组节理。同一构造压应力在岩体内形成的两组相交节理,称为一组共轭节理。所交角度中锐角所在方向通常为构造应力作用方向,如图3-47所示。不同构造运动时期形成的节理组常对应错开,可利用切割律判定其形成的先后顺序,如图3-48所示。

图3-47 X形共轭节理

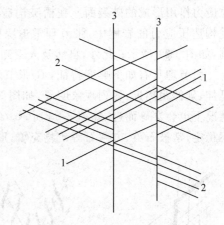

图3-48 对应错开的节理

非构造节理亦称表生节理(hypergene joint),是指由卸荷、风化、爆破等原因形成的节理。此类节理一般无定向性,通常分布在地表浅层,随深度增加节理密度迅速减低,直至完全消失。

2) 按力学性质分类

按照节理形成的力学性质可分为剪节理和张节理。

(1) 剪节理(shear joint)。剪节理通常为构造节理,是岩石在剪应力作用下形成的剪切破裂面。剪节理通常与褶皱、断层等大型地质构造伴生。

剪节理具有如下典型特征:①剪节理产状稳定,在平面与剖面上能够延续较长距离,碎屑岩中的剪节理往往切穿较大碎屑颗粒,如图3-49所示;②节理面光滑,常有微小相对位移、错开现象,在节理面上留有擦痕、镜面等现象;③节理面两壁间距较小,通常呈闭合状态;④多数剪节理由压应力诱导产生,并成对呈X状出现,故亦称共轭X剪节理,常将岩石切割成菱形或棋盘格状块体,如图3-50所示;⑤通常发育较密集,且具等间距分布特征,特别是在软弱薄层岩体中,常呈带状密集分布。

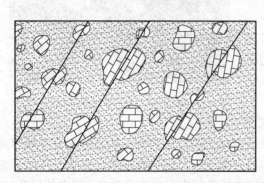

图3-49 剪节理穿砾示意图

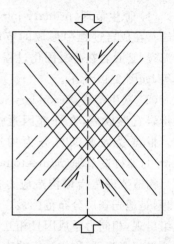

图3-50 压应力诱导剪节理形成

(2) 张节理(tension joint)。张节理既有构造节理,也有原生及表生节理,是岩石受张拉应力作用形成的破裂面。在褶皱构造中,张节理常出现于背斜褶曲的转折端附近;而在受构造压应力的岩体中,张节理常追踪剪节理发育形成锯齿状,或沿剪节理方向呈雁行排列,如图3-51所示;此外,自然及人工卸荷也会在岩体中形成张节理。

张节理具有如下典型特征:①张节理产状不稳定,在平面及剖面上呈弯曲状或锯齿状延伸,延伸距离近,侧列现象明显,如图3-52所示。碎屑岩中的张节理往往绕砾发育,有些情况下也会穿砾而过,如图3-53所示。②节理面粗糙不平,无擦痕。③两壁面间距较大且不稳定,常被石英、方解石等矿物充填,形成岩脉或矿脉。

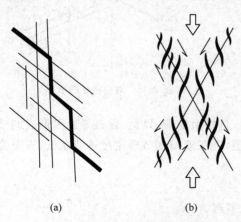

图3-51 压应力诱导张节理形成
(a)追踪张节理;(b)雁列张节理

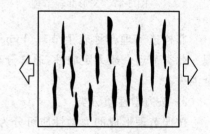

图3-52 张节理的侧列现象

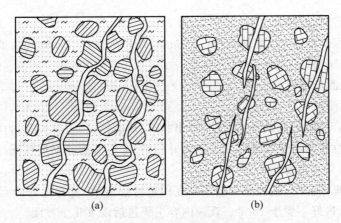

图 3-53 张节理绕砾及穿砾示意图
(a) 张节理绕砾；(b) 穿砾

3) 按节理与相关构造关系分类

根据节理与岩层产状关系可将节理分为走向节理(strike joint)、倾向节理(dip joint)、斜交节理(diagonal joint)及顺层节理(bedding joint)。其中走向节理为节理走向与岩层走向大致平行，倾向节理为节理倾向与岩层走向大致平行，斜交节理则为节理走向与岩层走向斜交，顺层节理是指节理面大致平行于岩层面的节理，如图3-54所示。

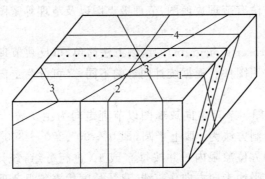

图 3-54 节理与岩层关系
1—走向节理；2—倾向节理；3—斜交节理；4—顺层节理

节理的分布、发育与区域或局部地质构造密切相关，根据节理与褶皱轴的关系可将节理分为纵节理(longitudinal joint)、横节理(transverse joint)及斜节理(oblique joint)。其中纵节理是指节理走向与褶皱轴平行的节理，横节理是指节理走向与褶皱轴垂直的节理，而斜节理则是指节理走向与褶皱轴斜交的节理，如图3-55所示。

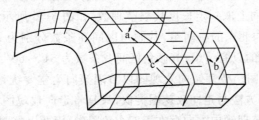

图 3-55 节理与褶皱轴的关系
a—纵节理；b—横节理；c—斜节理

4) 按节理张开程度分类

按节理张开程度可分为：宽张节理（＞5mm）、张开节理（3～5mm）、微张节理（1～3mm）以及闭合节理（＜1mm）。

2. 节理的观测与统计

1) 节理的观测

工程岩体中，节理组、群的分布规律、产出状态、形态特征、组合关系、力学性质等对其整体稳定性和变形性质具有控制性作用。查清并归纳、分析节理的上述特征，对各类工程的设计、施工和运营均具有重要意义。

野外进行节理观测时，观测点一般选择在构造特征清楚、发育良好的露头上，为便于大量观测，露头面积最好不少于 $10m^2$。观测内容主要包括以下几个方面。

（1）了解观测点地质背景。观测地层岩性与地质构造，测量地层产状，选定节理观测点位置。视构造复杂程度确定观测点数量，构造越复杂，所需测点越多。

（2）观察节理性质与发育规律。区别构造节理与非构造节理，判断节理的力学性质。

（3）测量与记录。测量节理的产状、张开宽度、延伸长度、节理密度，观察节理充填物、节理面粗糙度等。

2) 节理玫瑰图

对野外获取的节理原始信息，应及时进行整理、统计，编制相关图件，以供工程勘察、设计与施工使用。常用方法有节理玫瑰图、节理极点图以及节理等密图等，这里介绍节理玫瑰图的作图与分析。

节理玫瑰图（joint rosette diagram）的编制方法简单，可反映节理性质和方位特征形象，是节理统计与分析的常用图件。根据统计内容的不同，又可分为走向玫瑰图、倾向玫瑰图以及倾角玫瑰图。

（1）节理走向玫瑰图。节理走向玫瑰图以节理走向为主要统计内容，反映了节理群整体的走向方位情况。绘制方法为：取上半圆，即 0°～90°、270°～360°两方位象限，将全部节理走向数据换算至该两方位象限内。并按每 5°或 10°进行分组，统计每一组的节理数与平均走向。自圆心沿各组平均走向方向作直线，直线长度代表各组节理数量，以折线连接各条直线端点，即可得到节理走向玫瑰图，如图 3-56 所示。需要特别注意的是，当某些角度范围内无节理时，折线应在该区间回至圆心位置，不可直接略过中间无节理区间连接下一区间节点。

节理走向玫瑰图代表了不同走向节理在水平方位上的分布状态，常用于统计产状直立或近直立的节理。有时为表达最发育节理的倾向和倾角，在节理走向玫瑰图中将该组节理走向沿径向延伸至半圆外，按一定比例划出 10 个刻度，分别代表 0°、10°、20°、…、90°倾角，并在 90°倾角处的垂直方向上取一定长度代表节理数，如图 3-56 所示。图中最发育节理走向区间为 321°～330°，倾向北东的有两组，其倾角区间和条数分别为 21°～30°、25 条和 71°～80°、10 条；而倾向南西的只有一组，其倾角区间及条数为 51°～60°、15 条。

（2）节理倾向玫瑰图。节理倾向玫瑰图以节理倾向为主要统计内容，反映了节理群的整体倾斜方向。其绘制方法与走向玫瑰图类似，只是将走向玫瑰图中的走向平均值代以倾向平均值。此外，由于节理倾向方向存在于四个象限中，因此以整圆绘制玫瑰图。

（3）节理倾角玫瑰图。节理倾角玫瑰图主要反映节理倾向方向的平均倾角大小。其绘

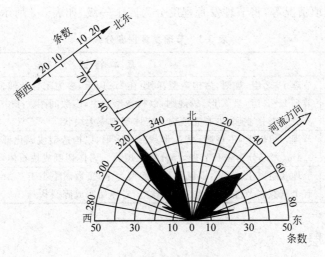

图 3-56 节理走向玫瑰图

制法与上述走向、倾向玫瑰图类似,以 5°或 10°的组内平均倾向为方位,以倾角平均大小为半径,过圆心作径向线,并以折线连接各直线端点,即可得节理倾角玫瑰图。由于倾向玫瑰图无法反映倾角大小,而倾角玫瑰图又不能反映节理数量,实践中常取长补短,将两者结合使用,如图 3-57 所示。

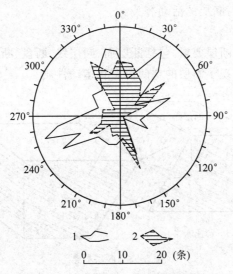

图 3-57 节理倾向及倾角玫瑰图
1—倾向玫瑰图;2—倾角玫瑰图

3. 节理发育程度分级

节理的存在破坏了岩体的整体性,增强了其透水性,并大大加速了风化进程,导致整体强度降低。对于岩体开挖、掘进而言,在某种程度上降低了施工的难度,但也大大降低了岩体工程的稳定性和耐久性。因此,实际工程中应对节理进行深入调查,详细论证其对岩体性质,尤其是特定受载工程结构体的影响,并及时采取应对措施,保证施工和运营安全。

为更方便、准确地将节理调查成果应用于工程实践,通常根据观测所得节理组数、密度、长度、张开度及充填情况等,将节理发育程度分为四个等级,如表 3-3 所示。

表 3-3 节理发育程度分级

节理发育程度等级	基 本 特 征
节理不发育	节理 1～2 组,规则,为构造型,间距在 1m 以上,多为闭合节理。岩体切割成大块状
节理较发育	节理 2～3 组,呈 X 形,较规则,以构造型为主,多数间距大于 0.4m,多为密闭节理,部分为微张节理,少有充填物。岩体切割成大块状
节理发育	节理 3 组以上,不规则,呈 X 形或"米"字形,以构造型或风化型为主,多数间距小于 0.4m,大部分为张开节理,部分有充填物。岩体切割成块石体
节理很发育	节理 3 组以上,杂乱,以风化和构造型为主,多数间距小于 0.2m,以张开节理为主,有个别宽张节理,一般均有充填物。岩体切割成碎裂状

3.5.2　断层

断层(fault)是指岩体受力断裂后,破裂面两侧岩体发生了明显相对位移的断裂构造。断层在地壳岩体中广泛发育,其类型多种多样,形态各异,规模大小不一。大断层可延展数百甚至数千千米,亦可切穿地壳或整个岩石圈层;小断层则在手标本上即可见到。断层主要由地质构造运动引起,有时滑坡、崩塌、陷落等地质现象也可形成断层。断层是一种重要的地质构造类型,中、大型断层对多数工程尤其是重大工程的选址、设计、运营具有控制性作用。此外,大多数地震也与断层的活动有关。

1. 断层要素

断层的各组成部分称断层要素,包括断层面、断层线、断盘、断距等,如图 3-58 所示。各要素的产出状态及特征体现了断层的空间形态和运动性质。

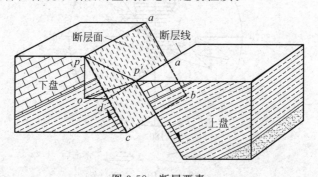

图 3-58　断层要素

op—垂直断距;op'—水平断距;pp'—总断距

(1) 断层面(fault surface)。断层面是指相邻两岩体断开或沿其滑动的破裂面。断层面可以是平面,也可以是曲面,空间状态由其走向、倾向及倾角决定。多数大型断层的断层面往往并非单一裂面,而是具有一定宽度的破碎带,称断层带(fault zone)。其可由一系列近乎平行或相互交织的小断层组合形成,如图 3-59(a)所示;也可由构造岩或破碎岩块充填构成,宽度数米至数千米不等,最宽可达数十千米,如图 3-59(b)所示。

(2) 断层线(fault line)。断层线是指断层面与地平面的交线,是断层在地表的出露线,代表断层面在地面的延伸方向。断层线可以是直线也可以是曲线,取决于断层面的形态、产

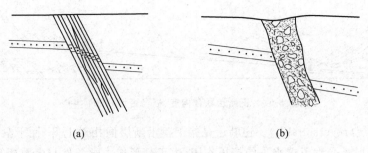

图 3-59 断层带示意图
(a) 小断层组成的断层带；(b) 破碎物质组成的断层带

状及地形起伏状况。

(3) 断盘(fault wall)。断盘指断层面两侧相对移动的岩层或岩体。当断层面倾斜时，位于断层面上方一侧的岩体称上盘(top wall)，位于断层面下方一侧的岩体称下盘(bottom wall)。而当断层面直立或性质不明时，以方位表示断层盘，如东西走向的断层可分出南盘和北盘，有时也根据两盘相对升降情况将其命名为上升盘(upthrow block)和下降盘(downthrow block)。

(4) 断距(fault displacement)。断距是指断层两盘相对错开的距离。岩层或岩体中原来的一点沿断层面错开形成两点间的距离称总断距。但在实际地质调查中很难找到这样的特征点，通常使用特定方向上断层两盘的错动距离。如总断距的水平分量称水平断距，垂直分量称垂直断距；断层走向线上的分量称走向断距，而倾向线上的分量称倾向断距。

2. 断层分类

断层分类涉及断层的几何形态、位移方向、力学成因等诸多因素，并不存在统一的综合分类方案。不同学者、技术人员基于各自视角提出了多种分类方案。

1) 按断层两盘相对位移分类

按断盘相对位移方向，可分为正断层、逆断层以及平移断层等，如图 3-60 所示。

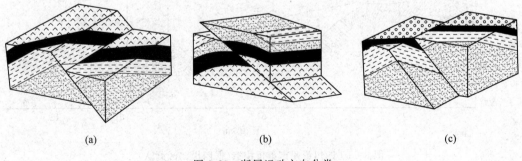

图 3-60 断层运动方向分类
(a) 正断层；(b) 逆断层；(c) 平移断层

(1) 正断层(normal fault)。正断层是指上盘沿断层面相对下降，下盘相对上升的断层。它一般在受张拉或重力作用为主的地层中出现，断层面通常陡直，倾角大多在 45°以上。研究表明，某些断层面陡立的大型正断层，向地下深处产状逐渐变缓，总体呈铲状或犁状；而一些高角度正断层会在地下深处联合形成一个规模巨大的低角度正断层，如图 3-61 所示。在地表形成的共同相对下降盘称地堑(graben)，共同相对上升盘称地垒(horst)。

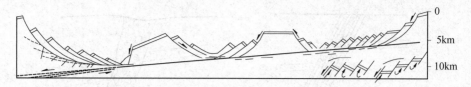

图 3-61 正断层联合构造(据马杏垣,1984 年)

(2) 逆断层(reverse fault)。逆断层是指上盘沿断层面相对上升,而下盘相对下降的断层。其形成一般是受到了近水平的挤压作用,由于其形成力学条件与多数褶皱相同,因而多与褶皱伴生。逆断层面倾角变化范围较大,常将倾角大于 45°的称为逆冲断层(reverse thrust fault);25°~45°之间的称逆掩断层(over thrust fault),常由倒转褶皱发展而来,形成叠瓦构造,如图 3-62 所示;而小于 25°的称辗掩断层,通常为规模巨大的区域性断层,常有时代较老的地层被推覆至时代较新地层之上,形成推覆构造(decken structure),如图 3-63 所示。

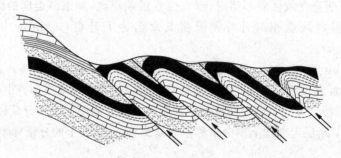

图 3-62 叠瓦构造(据崔冠英,1997 年)

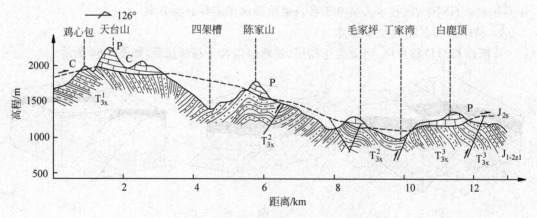

图 3-63 四川彭州市推覆构造(据四川二区测队)

J_{2s}—侏罗系沙溪庙组;J_{1-2z1}—侏罗系自流井群;T_{3x}^{1}—三叠系须家河组上段;
T_{3x}^{2}—三叠系须家河组中段;T_{3x}^{3}—三叠系须家河组下段;P—二叠系;C—石炭系

(3) 平移断层(strike-slip fault)。平移断层是指两盘沿断层走向方向相对水平错动的断层,是受地壳水平剪切或不均匀侧向挤压作用形成的。断层线平直,断层面呈近直立状态,通常可见水平状擦痕。根据两盘相对运动方向,又可进一步分为左行平移断层和右行平移断层。观察者站在一盘上,若对盘向左平移,称左行平移断层;若向右平移,则为右行平移断层。

事实上,多数真实断层并非仅沿断层面倾向或走向滑动,而是兼而有之,即同时具备两种滑动方式。因此,可用复合称谓表达断层性质,如正平移断层、平移逆断层等,前者表示平移断层为主兼有正断层性质,而后者则以逆断层为主兼有平移断层性质。

2) 按断层力学性质分类

断层是构造运动在岩体内生成的压、张或扭应力(剪应力)超出其相应承载极限而产生的断裂、滑移。按其形成的力学原因可分为压性断层、张性断层以及扭性断层。

(1) 压性断层(compression fault)。压性断层走向与压应力作用方向垂直,多以逆断层形式产出,并成群出现,形成挤压构造带。断层带往往由断层角砾岩、糜棱岩和断层泥构成软弱破碎带。在坚硬岩层中,断层面上常可见到反映断层运动方向的擦痕。

(2) 张性断层(tension fault)。张性断层走向亦垂直于张应力作用方向,多以正断层形式出现。断层面粗糙,形状不规则,有时呈锯齿状。断层破碎带宽度变化大,断层带中常有较疏松的断层角砾岩和破碎岩块。

(3) 扭性断层(shear fault)。扭性断层一般为两组共生,呈 X 状交叉分布,且往往一组发育,另一组被抑制,常以平移断层形式出现。断层面平直,产状稳定,延伸极远,断层面上可见近水平擦痕,断层带内有断层角砾岩与破碎岩块。

3) 按断层与相关构造关系分类

根据断层与岩层产状关系,可分为走向断层、倾向断层及斜向断层,如图 3-64 所示;根据断层与褶皱轴关系,可分为纵断层、横断层及斜断层,如图 3-65 所示。图中断层以断层走向线、箭线与四条短线表示,其中箭线代表断层倾向,而四短线所指方向为断层上盘运动方向,这也是地质图中常用的表示方法。

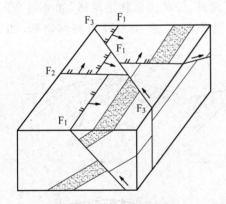

图 3-64 断层与岩层关系

F_1—走向断层;F_2—倾向断层;F_3—斜向断层

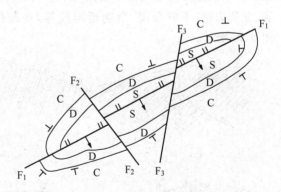

图 3-65 断层与褶曲关系

F_1—纵断层;F_2—横断层;F_3—斜断层

当断层面切割褶曲时,同一地层露头线在上、下盘的宽度或距离会有所不同。背斜上升盘核部同一地层露头线间距变宽,而向斜上升盘核部同一地层露头线间距变窄,如图 3-66 所示。

3. 断层的识别与工程评价

1) 断层的识别

(1) 地貌标志。断层尤其是大型断层的存在,往往会在地貌上有明显表现,这些地貌现

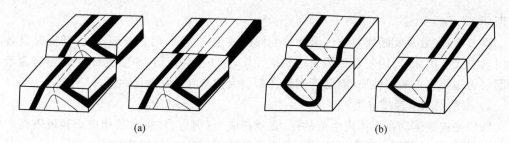

图 3-66 褶曲错断效应
(a) 背斜错断效应；(b) 向斜错断效应

象就成为野外断层识别最直接的标志。

① 断层崖及断层三角面。规模较大的断层，由于两盘差异升降或岩性软硬不同造成截然不同的剥蚀状态，使断层面出露地表，形成断层崖(fault scarp)；断层崖被垂直方向沟谷侵蚀、切割形成一系列断层三角面。

② 错断的山脊与河流。正常延伸的山脊突然被错断，或形成断陷盆地、平原，正常流经的河流产生突然的急转，或河谷形成跌水、瀑布等地质现象说明极可能有断层存在。

③ 串珠状分布的泉水、洼地等。断层切穿地下含水岩层，地下水沿断层带流出地表形成一系列串珠状分布的泉水及洼地；尤其是热泉的线状分布，多反映了现代活动性断层的存在。

(2) 地层与构造线标志。一套正常产出的地层，在走向断层作用下其中一盘抬升，随后遭受剥蚀夷平，在地表往往形成部分地层的重复或缺失现象。需要注意的是，由断层造成的地层重复与褶皱不同，断层造成的地层重复是不对称的，称为顺序重复，如图 3-67 所示；而褶皱两翼的地层重复则是以核部为中心的对称重复。此外，线状或面状地质体，如地层、岩脉、变质岩带、不整合面、早期断层线等，在断层的错动作用下，往往表现为突然错断，如图 3-68 所示。

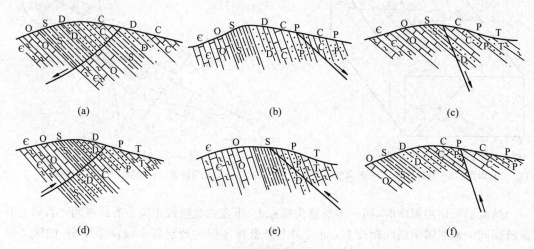

图 3-67 断层造成地层重复与缺失
(a) 正断层一(地层重复)；(b) 正断层二(地层重复)；(c) 正断层(地层缺失)；
(d) 逆断层一(地层缺失)；(e) 逆断层二(地层缺失)；(f) 逆断层(地层重复)

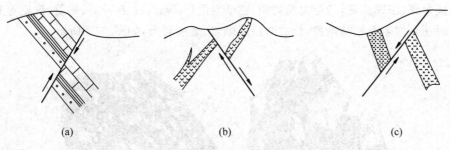

图 3-68 断层造成构造线错断
(a) 岩层错断;(b) 岩脉错断;(c) 早期断层错断

(3) 断层带标志。当前断层带的构造特征是多次构造运动反复叠加、累积的结果,每次运动的构造背景、规模、范围及力学性质并不相同,造成了断层带构造现象繁杂、形态多变的特性。在野外,断层带容易与不整合接触带相混淆,二者的最大区别在于:不整合接触界面处常有风化剥蚀形成的底砾岩,而断层面处则无。

① 镜面、擦痕与阶步。断层面在其两侧岩体的相互滑动和摩擦作用下,形成平滑、光亮的表面,称镜面(specular surface)。通常其上覆有数毫米铁质、碳质或钙质薄膜,成分与两盘岩性关系较大。断层面上平行、均匀、细密排列的沟纹称擦痕(scratch)。镜面与擦痕的形成是由于断盘在相对错动过程中,因摩擦或碎屑刻画而在断层面上留下的痕迹。阶步(step)是指与擦痕垂直的微小陡坎,由断层面局部阻力差异或断层的间歇性运动造成(如图3-69所示)。镜面、擦痕与阶步是断层存在的直接证据,通过擦痕与阶步的形态还可判断断层的运动性质。

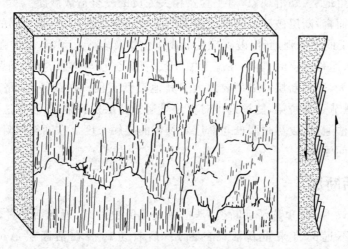

图 3-69 北京西山奥陶系石灰岩断层面上的擦痕和阶步(据李东旭,杨光荣)

② 牵引现象及伴生节理。在断层两盘相对错动过程中,两侧相对软弱的岩体受摩擦拖拽而产生弧形弯曲,称牵引现象,根据弧形弯曲的形态可判断两盘相对运动方向,如图3-70所示;当断面两侧岩质坚硬,或断层运动速度较快时,会在两侧岩体中形成伴生节理,其成因、形态与剪节理中的雁行张节理一致。

③ 断层岩。规模较大的断层常在断层面附近形成断层破碎带,破碎带内岩石因断层的反复运动而不断遭到破碎、搓揉、

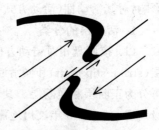

图 3-70 断层的牵引现象

研磨，形成角砾、压碎角砾，乃至泥粉物质，称断层泥（selvage）；在硅质、钙质、铁质等胶结作用下，有时还会发生重结晶现象，形成断层角砾岩、糜棱岩等，如图3-71所示。

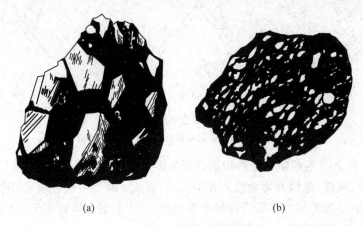

图 3-71　断层构造岩
(a) 断层角砾岩；(b) 断层糜棱岩

2) 断层的工程评价

岩体在断层切割作用下，不仅改变了上下盘原始地层的空间位置和状态，更重要的是在断层面附近形成了结构破碎、性质软弱、地下水发育、易于风化的断层破碎带，降低了附近工程岩体的稳定性，增加了施工难度、风险及后期运营和维护成本。一些断层附近甚至可能会在工程周期内产生地震、蠕滑现象，对工程及相关人员的安全造成威胁。

对地基工程而言，断层破碎带降低了地基的强度和稳定性，且两盘不同的岩性容易形成不均匀沉降；对于地下工程，断层破碎带易形成风化槽及岩溶发育带，岩体强度与稳定性较差，当其为地下水运移通道时，容易在施工中导致坍塌、冒顶与突水、突泥问题；线路工程往往由于空间跨度大，遭遇断层的概率要远大于其他类型工程。在铁路、公路、渠道等线路工程选线，以及关键节点如桥梁、隧道选址时要尽量避开断层发育地带，若无法回避，则宜采取高角度相交的方法通过，以尽量降低与断层破裂带的接触长度。在断裂带附近，应特别注意岩质边坡的稳定问题。

3.5.3　活断层

活断层（active fault）也称活动断裂，是指在人类历史时期、近期活动过，目前还在持续活动，极可能在不远的将来重新活动的断层，后者也称潜在活断层（potentially active fault）。活断层可能造成工程岩体的错动、位移甚至引发区域性地震，对工程建设具有重要影响，对其活动性（活动方式、规模、周期等）的研究是区域构造稳定性研究的主要内容。

1. 活断层的分类

（1）按两盘相对错动方向分类。根据活断层两盘的相对错动方向，可将其分为走滑断层（strike-slip fault）和倾滑断层（dip-slip fault）两大类，走滑断层即平移断层，而倾滑断层又可分为正断层和逆断层。其中走滑断层最为多见，此类断层往往能积蓄较高能量，发生高震级地震。如2008年汶川地震即为走滑型的龙门山大断裂发生错动形成。在倾滑断层中，逆断层较常见，错动时上盘上升，对应地表变形开裂严重，对工程影响比下盘更为不利。

(2) 按活动性质分类。按活断层的活动方式可将其分为蠕变型和突发型。蠕变型活断层又称蠕滑型活断层(creeping-slip active fault),是指只产生连续、缓慢的滑动变形,而不发生地震或只有少数微弱地震的活断层。此类活断层主要发生于断盘岩体强度低,断裂带内含有软弱充填物,或是孔隙水压、地温较高的异常区域内。此时断裂面锁固能力弱,不能积蓄较大应变能,来自地壳运动的能量会被断层连续、缓慢释放。突发型活断层又称黏滑型活断层(stick-slip active fault),是指断层的错动位移是突然产生的,同时产生较强烈的地震。此类活断层主要发生于断盘岩体强度高,断裂带锁固能力强的区域,断层通过不断吸收地壳运动产生的能量,在断裂带附近积蓄了较高的应变能。当某处应力超过岩体的强度极限后,产生的局部快速断裂、位错可能导致更大范围的强烈错动,从而引起大范围能量释放,形成地震。

事实上,绝大多数活断层既非绝对的蠕滑型也非绝对的黏滑型,而是两者兼而有之。如1995年日本阪神地震及2008年汶川地震的发震活断裂就是二者兼而有之,发震前均有震前蠕滑现象。

2. 活断层的特征

(1) 活动的继承性。活断层多数是继承了老的断裂活动,继续演变、发展形成的。当前发生活动的地段过去曾经反复多次发生过同样的活动,称为活断层的继承性。特别是区域性的大断裂,其继承性更为明显。我国的活断层主要是继承了中生代、新生代以来的断裂构造格架,在现代应力场作用下形成的。

(2) 活动的周期性。突发型活断层的活动规律具有明显的周期性,两次错动之间的时间间隔称为活断层的活动周期。确定活断层的活动周期对于地震的预测、预报具有重要意义。由于活断层发生大地震的重复周期往往长达数百年甚至上千年,许多超出了人类历史记载时间,目前一般通过研究近代沉积物及地貌记录确定古地震的发生时间。

(3) 活动速率。世界范围内的统计资料表明:活断层的活动速率一般在每年不足一毫米至数毫米之间,最强也仅有数十毫米。不同活动方式的活断层,其活动速率差异显著。蠕变型活断层错动速率大多相当缓慢,通常年均零点几至数十毫米,而突发型活断层在错断时的速率可高达 $0.5\sim1m/s$。即使同一活断层,其不同部位的活动速率亦不相同。

3. 活断层的识别

(1) 地质标志。通过第四纪堆积物的错断、褶皱、变形等可判断活断层的存在。如图 3-72 所示,第四系地层 Q_3、Q_{3-1}、Q_{4-1} 被断层切断,导致 Q_{3-1} 直接与奥陶系变质灰岩接触,为一条在第四纪期间有过活动的正断层。此外,断层活动形成的相关沉积也是活断层识别的重要标志。如断层上升盘物质经剥蚀、搬运后堆积在断层崖附近,形成楔形或不等边三角形的崩积楔,通常低于上升盘。如图 3-73 所示为天山玛纳斯山前断层崩积楔。

(2) 地貌标志。通过地貌标志研究活断层是一种成熟易行的方法,这里仅就河道地貌形态进行简要说明。通常情况下,河流平水期水位与河床二元结构面基本平齐,若近期发生过区域性的断层活动,二者会产生一定的偏差。地壳上升时,二元结构面高于平水期水位,而在地壳下降时,二元结构面则会低于平水期水位,如图 3-74 所示。

(3) 人工地物标志。我国历史文化悠久,可充分利用历史上人工地物被错断、掩埋的情况来判断活断层的活动方式、时间及规模。如通过对宁夏红果子沟明长城错断情况进行研究,证实了错断点有活动断层通过。山西山阴县城南发现公元1214年的近代文物被埋于地

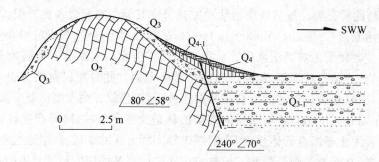

图 3-72　三关口断裂北段剖面(据国家地震局地质研究所,1990 年)
O_2—变质灰岩；Q_3—冲、坡积砾石；Q_{3-1}—冲、洪积砾石；Q_{4-1}—次生黄土；Q_4—地表土

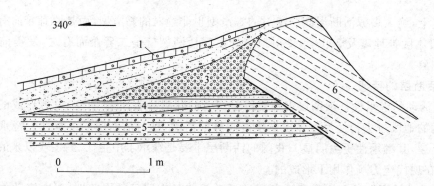

图 3-73　天山玛纳斯山前断层崩积楔(据邓起东等,2001 年)
1—表土层；2—含砾粗砂层；3—砂、砾石崩积楔；4—砂层；5—中粗砾石层；6—渐新-中新统红层

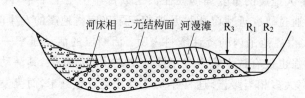

图 3-74　二元结构面与平水期水位关系图
R_1、R_2、R_3—平水期河水水位

下 1.5~1.8m,由此估算出汾渭地堑北端的雁同盆地平均下降速率为 2.2mm/a。

(4) 地球物理化学标志。活断层在活动过程中通常会释放一些特殊气体,如 CO_2、H_2、He、Ne、Ar 等,以及一些微量元素,如 B、Hg、As、Br 等,通过测试土壤或岩体中一些特殊气体及元素含量的变化情况,可判断断层的异常活动。此外,断层活动还会导致重力、磁力和地温异常,通过测量也可获得相关断层的活动信息。

3.6　地质图

地质图(geological map)是反映地质现象和地质条件的图件,通常是将野外测绘、调查的结果按一定比例缩小后,以规定的符号标注在平面图上形成的。地质图是进行地质研究、工程建设所必需的基本资料,掌握其阅读、分析及绘制方法,对正确认识工程区域地质环境、指导工程建设具有重要意义。

3.6.1 地质图分类

根据所反映地质内容侧重点的不同,可将地质图分为如下几个类型。

(1) 普通地质图(general geological map)。它是表示某地区的地层分布、岩性和地质构造等基本地质内容的图件。

(2) 构造地质图(tectonic geological map)。它是反映区域内褶皱、断层等地质构造类型或构造格架规模和分布情况的图件。

(3) 第四纪地质图(quaternary geological map)。它是反映第四系松散沉积物的成因、年代、成分和分布情况的图件。

(4) 基岩地质图(bed-rock geological map)。它是假想将第四系松散沉积物剥除后,仅反映第四系以前基岩的时代、岩性和分布情况的图件。

(5) 水文地质图(hydrogeological map)。它是反映地区水文地质资料的图件,可分为岩层含水性图、地下水化学成分图、潜水等水位线图和综合水文地质图等类型。

(6) 工程地质图(engineering geological map)。它是指各类工程建设专用地质图,如房屋建筑工程地质图、水库坝址工程地质图、矿山工程地质图、铁路工程地质图、公路工程地质图、港口工程地质图以及机场工程地质图等。此外,工程地质图还可根据具体工程项目进一步细分,如铁路工程地质图还可分为线路工程地质图、工点工程地质图。而工点工程地质图又可分为桥梁工程地质图、隧道工程地质图、站场工程地质图等。各工程地质图还包括各自的平面图、纵剖面图和横剖面图等。

工程地质图一般是在普通地质图的基础上,增加各种与工程有关的内容形成的。如在线路工程地质平面图上,应绘制线路位置、滑坡、泥石流、崩塌等不良地质现象的分布情况等;而在隧道工程地质纵剖面图上,应增加隧道位置、围岩类别、地下水位和水量、岩石风化界线、节理产状等地质内容。

实践中最常用的地质图为普通地质图,一幅完整的普通地质图包括地质平面图、地质剖面图和综合地层柱状图。地质平面图主要表达区域地表地质条件,主要涉及地层和地质构造两个方面,通常是将野外地质勘测结果直接绘制在地形图上得到的;地质剖面图主要反映某断面地表以下的地质条件,可通过野外测绘与勘探工作编制,也可在室内根据地质平面图制作,其主要作用是配合地质平面图反映某些重要部位的地质条件,它对区域地层层序、相互交切关系以及构造形态等地质条件的反映比平面图更为直观、清晰;综合地层柱状图是专门反映区域内各地层的年代、厚度、接触关系等特征的图件,不涉及地层构造特征。

3.6.2 地质图的规格

一幅完整的地质图除基本图幅外,还应包括图名、比例尺、方位、图例、责任表(编制单位、负责人员、资料来源等)和编制日期,并附有综合地层柱状图及剖面图。

图名(map title)表示图幅所在地区和图的类型;比例尺(scale)表明图幅反映实际地质情况的详细程度和地质体大小,通常地质图比例尺的大小由工程的类型、规模、设计阶段和地质条件的复杂程度决定;图例(legend)是用不同规格、颜色的花纹和符号表示地层时代、岩性和产状等地质内容。常见地质构造与岩性图例符号如图 3-75、图 3-76 所示。

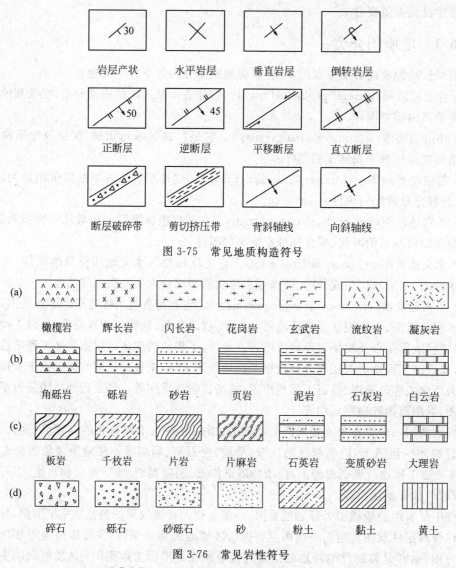

图 3-75 常见地质构造符号

图 3-76 常见岩性符号
（a）岩浆岩类；（b）沉积岩类；（c）变质岩类；（d）松散堆积物类

3.6.3 地质图阅读

1. 地质图的阅读顺序

地质图涉及内容较多，线条、符号、图例复杂，在阅读过程中应遵循由浅入深、循序渐进的原则。一般从阅读、认识地形信息开始切入，结合地质符号、图例逐步了解、掌握图中所反映的构造信息。并能在深入分析、研究地层及构造特征之后，对其所反映的区域地质、构造运动信息有较深的理解和认识。

对地质图的阅读应在了解图名、比例、方位等基本信息基础上，首先阅读地形图，认识区域内地形起伏情况，建立地貌轮廓；其次阅读图例，了解图中涉及地层的类型、岩性、年代及地质构造等信息；最后深入研读区域内地质构造情况，可从以下两方面展开：

首先阅读地层分布、产状、岩性及岩层露头情况等,分析不同时代地层的空间分布规律、接触关系,了解区域地层的基本特点;其次,查找、阅读图中褶皱与断裂构造的几何要素,分析其形态与空间展布特征。

在了解区域内地层岩性、空间分布、厚度,以及古生物、接触关系、褶皱、断裂构造等内容的基础上,进一步对区域构造运动的性质,在空间、时间上的发育、演变规律,地质发展简史等内容进行总结、分析,从而对区域的总体地质状况形成较全面的认识。

2. 地质图读图实例

如图 3-77~图 3-79 所示为黑山寨地区地质图,对其阅读、分析过程如下。

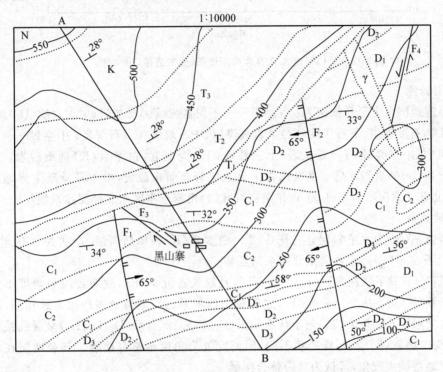

图 3-77 黑山寨地区地质平面图(据朱济祥,2007 年,有改动)

1) 比例尺

地质图平面图、剖面图的比例尺为 1:10000,即图中 1cm 代表实地距离 100m。

2) 地形地貌

本区西北高而东南低,相对高差约 470m。东部有一高程 300m 的山岗。顺地形坡向,沿断层 F_1 和 F_2 有两条北北西方向的沟谷。

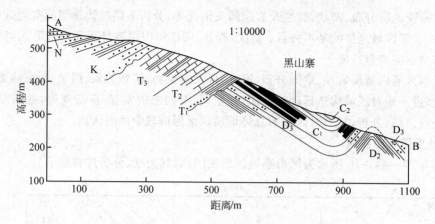

图 3-78 黑山寨地区 A-B 地质剖面图(据朱济祥,2007 年)

3) 地层岩性

本区出露地层由老至新依次为:古生界——下泥盆统(D_1)石灰岩、中泥盆统(D_2)页岩、上泥盆统(D_3)石英砂岩,下石炭统(C_1)页岩夹煤层、中石炭统(C_2)石灰岩;中生界——下三叠统(T_1)页岩、中三叠统(T_2)石灰岩、上三叠统(T_3)泥灰岩,白垩系(K)钙质砂岩;新生界——新近系(N)砂页岩互层。本区内古生界地层分布面积最大,中生界及新生界地层出露在北、西北部。除沉积岩层外,还有花岗岩岩脉(γ)出露于本区东北部泥盆系地层中。

4) 接触关系

区内新近系(N)为水平岩层;三叠系(T)、白垩系(K)为单斜岩层,产状为 $330°\angle 28°$;泥盆系(D)、石炭系(C)近东西向或北东东向延伸。

新近系(N)与其下伏白垩系(K)产状不同,且缺失古近系(E),故两者间为角度不整合接触。白垩系(K)与下伏上三叠统(T_3)之间缺失侏罗系(J),但两者间产状大致相同,故为平行不整合接触;下三叠统(T_1)与下伏石炭系(C_1、C_2)及泥盆系(D_1、D_2、D_3)呈混乱接触状态,中间缺失二叠系(P)地层,且产状不同,因而此处为角度不整合接触。其余地层在地质图中未见有地层缺失现象,可认为其为整合接触。

花岗岩(γ)岩脉切穿泥盆系(D_1、D_2、D_3)及下石炭统(C_1)地层,并侵入其中,形成侵入接触关系。根据切割律,花岗岩的形成应晚于四者中最新地层,即晚于早石炭世(C_1);但花岗岩(γ)并未切穿下三叠统(T_1)地层,两者间为沉积接触,则花岗岩(γ)的形成早于早三叠世(T_1)。因此,花岗岩岩脉(γ)形成于早石炭世与早三叠世之间的某一时段。

5) 地质构造

(1) 褶皱构造

本区内古生界地层由下泥盆统(D_1)至上石炭统(C_2)构成,由北向南形成三个褶曲,依次为背斜、向斜、背斜,褶曲轴均为北东东走向。三个褶曲在由断层 F_2 与图幅右边界组成的区域内表现完整。

东北部背斜核部为较老的下泥盆统地层(D_1),北翼为中泥盆统地层(D_2),南翼由北及南、由老至新依次为中、上泥盆统地层(D_2、D_3)以及下、上石炭统地层(C_1、C_2),岩层产状为 $165°\angle 33°$。

中部向斜核部为较新的上石炭统地层(C_2),北翼由南及北、由新至老依次为下石炭统

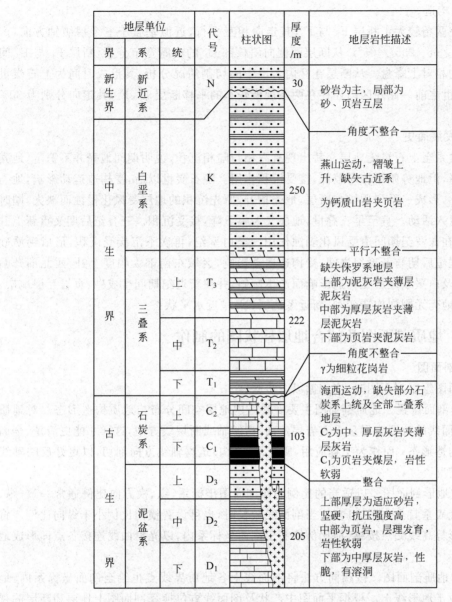

图 3-79 黑山寨地区综合地层柱状图（据朱济祥，2007 年，有改动）

地层（C_1）及上、中泥盆统地层（D_3、D_2），产状 165°∠33°；南翼由北及南、由新至老依次为下石炭统地层（C_1）及上、中泥盆统地层（D_3、D_2），产状 345°∠56°。由于两翼岩层倾向相反，倾角不同，因此为倾斜褶曲。

南部背斜核部为下泥盆统地层（D_1），南北两翼岩层由老至新依次为中、上泥盆统地层（D_2、D_3）和下石炭统地层（C_1），南翼地层产状为 165°∠50°。两翼倾向相反，倾角大致相等，近似为直立褶曲。

据褶曲轴走向及褶皱地层出露情况，可判定以上三褶曲为同一构造运动所形成，压应力主要来自北北西—南南东方向。从褶皱所包含的最新地层（C_2）及未产生褶皱的最老地层（T_1）情况判断，褶皱形成于晚石炭世之后、早三叠世之前的某一时段。

(2) 断裂构造

区内存在两条较大正断层 F_1 与 F_2，其走向相互平行，近似垂直于三个褶皱轴方向，产状分别为 75°∠65°、255°∠65°。从断层两侧向斜核部 C_2 的出露宽窄分析，断层 F_1 与 F_2 间地块为共同的相对下降盘。从断层在区内岩层中的切割情况分析，其形成时间为上石炭世之后、下三叠世之前。此外区内还存在两条规模较小的平移断层 F_3、F_4，其走向分别为 300° 和 20°。

6) 地质发展简史

本区泥盆系至上石炭统地层交替出现有海相与陆相沉积，说明期间地壳并不稳定，地壳运动有升有降，但地势始终相对较低，接受沉积作用。晚石炭世以后，受构造运动影响，地壳发生剧烈变化，形成一系列褶皱与断层，地壳抬升，原先沉积的地层受风化侵蚀而缺失，同时伴随有岩浆侵入活动。直至早三叠世，地层又大幅下降，接受沉积。三叠纪后期又重新上升成为陆地，并在侏罗纪期间遭受风化剥蚀作用。至白垩纪，再次下沉接受沉积，形成钙质砂岩层。至白垩纪后期与新近纪之间，受构造运动影响，区域东南部大幅度上升，西北部升幅较小，三叠系及白垩系地层受构造影响而产生倾斜，并在新近纪期间生成砂、页岩互层地层。新近纪至今，地壳无剧烈构造变动，新近系地层（N）呈近水平状态。

3.6.4 地质剖面图及综合地层柱状图的制作

1. 地质剖面图

根据平面图绘制剖面图时，应遵循以下步骤。

(1) 选择剖面位置。地质剖面图主要反映区内地层空间分布与地质构造形态。对地质研究而言，剖面线的位置应尽量垂直岩层走向、褶皱轴或断层线方向，这样才能更清楚、全面地反映地质构造形态；而作为工程应用，则应沿建(构)筑物轴线方向剖切，以更好反映轴线下部的地质情况。

(2) 制作地形剖面图。以适当的比例制作剖面图坐标系，纵、横方向比例通常一致（纵、横方向分别代表垂直与水平方向）。当剖面线较长时，也可设置横向比例小于纵向比例。将剖面线与地形等高线交点按纵、横比例绘制于剖面坐标系内，以光滑曲线连接各点即形成地形剖面。

(3) 制作地质剖面图。按相同方法将剖面线上各地质界线点也绘至剖面坐标系内，地质界线点应位于地形线上。根据平面图中产状及剖面线方位换算剖面图上地层和断层的视倾角，当纵、横两方向比例尺一致时，可按下式计算：

$$\tan\beta = \tan\alpha \cdot \sin\theta \tag{3-3}$$

式中：β——纵、横比例尺相同时的视倾角；

α——岩层或结构面的真倾角；

θ——剖面线与岩层走向线所夹锐角。

当两个方向比例尺不同时，还应按下式进行再次换算：

$$\tan\beta' = n \cdot \tan\beta \tag{3-4}$$

式中：β'——纵、横比例尺不同时的视倾角；

n——纵向比例/横向比例；

β——纵、横比例尺相同时的视倾角。

根据地形线上地质界线点及计算所得视倾角绘制剖面图中的地层及构造界线,并据规范图例绘制岩性花纹,修饰构造形态,标注图名、比例尺等。对于工程地质剖面图,还应绘制与工程活动有关的风化程度分界线、地下水位线、钻孔位置等必要信息。

2. 综合地层柱状图

综合地层柱状图是将一个地区从老到新出露地层的年代、岩性、厚度、接触关系等信息,按原始形成次序,遵照相关图例、色标以柱状图的形式表示出来。其中并不包含褶皱、断裂等构造信息。对工程活动具有重要意义的软弱夹层,可采用扩大比例或用特定符号予以表示。此外,作为工程应用的综合地层柱状图还应包括岩层工程地质性质的描述等信息。

思考题

1. 地层与岩层有什么区别与联系?
2. 地壳运动有哪些类型及表现方式?
3. 观察周围及新闻媒体上涉及的各类地质作用,并划分其类型。
4. 地层接触关系有哪些?如何运用这些接触关系判断岩层新老关系?
5. 仔细分析地质年代表,发现其中的规律性。
6. 在仅能得到岩层底面或岩层面表现面积较小的情况下如何测量其产状?
7. 思考、总结不同产状岩层与地形组合条件下岩层露头线的表现特征。
8. 总结褶曲、褶皱类型,其在平面地质图中各有什么表现特征?
9. 思考基础、线路及隧道等工程在褶皱强烈地区各自可能遇到的工程地质问题。
10. 思考不同类型节理对岩体工程性质的影响。
11. 如何制作节理玫瑰图?
12. 思考不同类型断层可能引起的工程地质问题。
13. 野外如何识别活动断裂?
14. 如何通过地质平面图制作一幅地质剖面图?
15. 分析本章黑山寨地区的地质演化情况。

4 地貌

地貌(landform)又称地形,是地球表面各种地质体、水体形态的总称,具体指地表以上固定物共同呈现的高低起伏状态。地貌形态复杂多样、规模不等,最大规模的地貌形态是陆地和海洋。陆地上有高大的山脉、高原,数千千米的河流,数百万平方千米的平原、盆地,以及长度、高度不到一千米的沟谷、沙丘;海洋中则有规模巨大的大洋盆地、大洋中脊和海沟等。

地貌按形态特征可分为山地、丘陵、高原、平原、盆地等;按成因类型则可分为构造地貌、气候地貌、侵蚀地貌和堆积地貌等;而根据形成地貌的主营力差异,又可分为重力地貌、流水地貌、岩溶地貌、冰川地貌、风沙地貌、海岸地貌等。由于形成地貌的内、外营力作用性质、强弱和时长不同,地表起伏规模不等,有大地貌、中地貌和小地貌之分。

不同类型、成因的地貌形态其分布规律也不同,以内营力为主的地貌分布与大地构造单元、地壳运动方向以及构造线走向有一定联系。如我国地势自西向东呈明显阶梯式下降,这种地貌分布特征主要与青藏高原在新生代的强烈隆起有关;而以外营力为主形成的地貌,则有与纬度平行及沿山地垂直分布的规律,这种分布与温度、降水等气候条件直接相关。如全球以纬度为界线的不同气候带所对应的不同地貌分布与组合。地貌沿山地垂直分带则是以不同高程的外营力特征来划分的,在高山雪线以上,地表终年积雪,形成冰川地貌;而在冰川外围除融水作用形成的冰水堆积地貌外,还形成了冻土地貌;当海拔进一步降低时,则主要发育流水地貌。

在地貌形态的发育、演变过程中,内、外地质营力共同作用、相互影响、彼此消长,两者在数量和强度上具有同等重要的意义,且总体上处于动态均衡状态。但对具体区域、时期,这两种作用力并不平衡,而是存在优势营力。随时间推移,两者间的优势地位会不断调整甚至完全对调。内、外营力优势地位的反复转变,促使地质结构和地貌形态不断复杂化、多样化。

4.1 重力地貌

斜坡上的风化岩屑、不稳定岩土体在重力辅以流水作用下,以单体落石、碎屑流或整块岩土体的形式沿坡面向下运动,由此产生的一系列地貌形态称为斜坡重力地貌

(gravitational landform)。一般认为,重力地貌包括由崩塌、滑坡、泥石流、错落、蠕动、撒落等地质活动形成的地形形态。其形成和发展大致可分成两个阶段:首先是坡地物质风化,形成大量的松散碎屑;其次是碎屑物质在重力和流水作用下向坡体下方运动,形成重力地貌。

斜坡上块体的运动方式多种多样,有快速运动的崩塌、落石,也有缓慢蠕变的挠曲、倾倒;有破坏力强大的滑坡,也有影响较小的撒落、蠕动。而不同的运动方式产生了不同的重力地貌形态及堆积物。

4.1.1 崩塌

崩塌(collapse)是指位于斜坡上的碎屑或岩石块体,在重力作用下突然向下快速垮落的现象。崩塌借助于近地压缩空气滑行,运动速度极快,一般可达到 5~200m/s,且多发生于 45°以上的高陡硬质岩坡上,没有固定滑动面。主要地质营力为重力,水的存在会加速崩塌形成、扩大规模范围。由崩塌形成的碎屑堆积物质称为崩积物(Q^{col})。

1. 崩塌堆积地貌

崩落体垮落之后所留下的陡崖称崩塌崖(abandoned cliff),崩积物堆积在崩塌崖坡脚处形成倒石堆(avalanche debris cone)。坡脚处近水平地面称基底,由此向上为基坡,是崩塌岩屑物发源地。崩塌不止一次发生,基坡会因此而逐次后退,其坡度也会逐渐放缓,被倒石堆掩埋部分不再产生崩塌破坏,如图 4-1 所示。照此方式发展,基坡会形成上凸形的剖面形态,并最终因基坡上部坡度过小而停止崩塌。

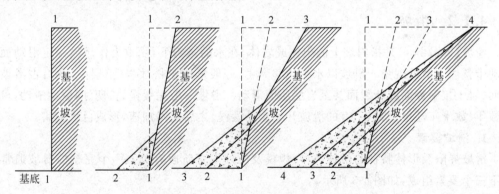

图 4-1 基坡后退与倒石堆发育示意图

倒石堆规模大小不等,一般不超过几百立方米,有时亦可形成几十万立方米的巨大倒石堆。单个倒石堆平面呈半圆形或三角形,当崩塌崖较长时,多个倒石堆连接成带状,顶部呈锯齿状,如图 4-2 所示。倒石堆坡度与崩积物粒度及基坡坡度有关,细粒碎屑物含量大,且基坡坡度较陡时,形成倒石堆的坡度亦较陡。

2. 崩积物的特征

倒石堆多由大小不一、棱角明显的碎石及少量砂、土物质组成,其中碎石成分与陡崖岩性基本一致,而砂、土物质则由其风化而成。倒石堆碎屑颗粒大小混杂、无明显排列层序,由于大块碎石崩落时具有较大动能,可滚落至倒石堆边缘,而较小碎屑则多堆积在倒石堆顶部,整体上呈现出微弱分选性。若倒石堆由多次崩塌堆积形成,则崩塌规模由于斜坡坡度的

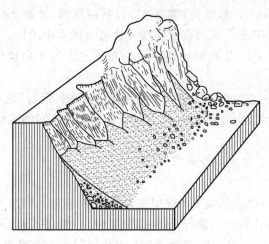

图 4-2 倒石堆

变缓而减小,碎屑粒度也会逐渐变细,从而在剖面上呈下粗上细的分选性。

崩塌会使道路、渠道受损,通过调查倒石堆特征,可判断崩塌的发育阶段,为工程设计、施工提供指导。若倒石堆岩屑为大块碎石,山坡坡度较陡,则崩塌处于发育阶段,修筑道路或渠道时,需对风化岩屑进行清除或固定处理;而当倒石堆表面多为细小岩屑,并有植物生长,甚至发育了土壤,且山坡较为平缓(小于30°)时,则说明崩塌已不再发育,对工程建设的危害也已较小。

4.1.2 滑坡

滑坡(landslide)是指斜坡上的土体或岩体,在水的影响下,受重力作用沿一定滑动面或滑动带整体下滑的现象。滑坡以水平位移为主,一般形成于松散岩、土层中,常沿古滑坡滑动面、岩土接触界面或断裂面甚至岩层层面滑动。滑坡一般呈缓慢、长期、间歇性滑动,可延续数年、数十年甚至上百年,有的滑坡开始运动缓慢,之后突然加速,形成巨大灾害。

1. 滑坡要素

滑坡界限及形体特征与滑坡类型、规模及所处发育阶段有关。一个完整的滑坡通常由以下三个要素组成,如图4-3所示。

1) 滑坡体

滑坡体(landslide-mass)简称滑体,是指在滑坡发生后与母体脱离的滑动块体部分。由于是整体滑动,其内部保留有基本完整的原始层位关系。滑坡体呈舌状,表面起伏不平、裂隙纵横,且规模体积不一,一般为数十至数万立方米,甚至达数亿立方米。滑坡体上树木因旋转滑动而发生倾斜或倒伏,称"醉汉林(drunken forest)";当滑坡形成时间较长时,歪斜的树干会重新向上生长呈弯曲状,称"马刀树(titled trees)"。

2) 滑动面和滑(坡)带

滑坡体与周围未滑岩土体间的界面称主滑动面(principal landslide surface)。主滑面的形态与滑坡体的成分、结构及构造特征有关。均质黏性土和软岩滑坡,主滑面通常呈弧形;沿岩层层面、结构面滑动的滑坡,主滑面为直线或折线形态。在主滑面上往往留有滑动造成的磨光面与擦痕,而紧邻滑动面两侧的岩土体内则存在滑动拖拽现象。主滑面附近的碾压破碎带称滑(坡)带,带内物质受揉皱、碾磨作用而部分糜棱化,往往包含糜棱岩块、岩屑、岩粉、黏土等物质。此外,滑坡体在下滑过程中,由于各部分滑动速度不一,往往形成次一级滑动面,称分支滑动面(branched landslide surface)。

3) 滑(坡)床

滑(坡)床(sliding bed)亦称滑坡基座,指在滑动面之下支撑滑体滑动而本身未移动的部分。滑(坡)床保持了原有岩土体的结构与构造特征,其与滑坡体在平面上的分界线称滑坡周界(sliding boundary)。

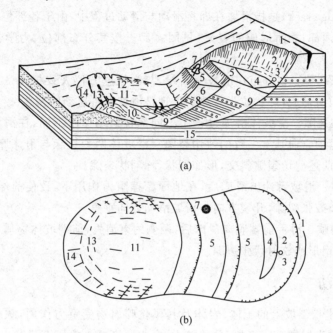

图 4-3　滑坡示意图(据北京大学、南京大学等,《地貌学》,1978 年,有改动)
(a)滑坡立体图;(b)滑坡平面图
1—拉张裂隙;2—滑坡后壁;3—滑坡泉;4—滑坡湖;5—滑坡阶地;6—滑坡体;7—醉汉林;
8—分支滑动面;9—主滑动面;10—滑坡微褶皱;11—滑坡舌;12—平行剪切裂隙、羽状裂隙;
13—滑坡鼓丘与张裂隙;14—扇状张裂隙;15—滑坡床

2. 滑坡微地貌特征

典型滑坡的微地貌形态有滑坡壁、滑坡阶地、滑坡鼓丘、滑坡洼地及各类滑坡裂隙等。但并非所有滑坡均包含全部的微地貌类型,不同类型、物质组成、力学特性的滑坡,其微地貌表现形式与特征并不相同。

1) 滑坡壁

滑坡壁(slide cliff)是指滑坡体滑落后,在滑床顶部未动岩土体上所形成的弧形陡壁,亦称滑坡后壁。平面上多呈圈椅状,高数厘米至数十米不等,坡度一般为 $60°\sim80°$,新近滑坡通常可见新鲜擦痕。其相对高度代表滑坡体下滑的垂直距离。

2) 滑坡阶地

滑坡阶地(catstep)是指滑坡体下滑后在斜坡上形成的阶梯状地形。若滑体内存在多个滑动面,则可形成多级滑坡阶地。滑坡阶地面通常向坡内倾斜,一些规模较大的滑坡会因此形成滑坡湖。例如,宝鸡附近的卧龙寺滑坡,由于含水层被错断出露,在滑坡壁下的滑坡阶地上形成了宽 40m、深 10m 的小型湖泊。

3) 滑坡鼓丘

滑坡鼓丘(slide drumlin)是指滑坡滑动过程中由于滑坡体前端受阻而鼓起的小丘。其内部常见到由滑坡推挤而成的一些小型褶皱或逆冲断层。由于在滑坡体的前端形成了凸起的小丘,滑坡体中部相对低洼的部位常积水成湖,称滑坡洼地(lake due to landslide)。

4) 滑坡裂隙

滑坡裂隙(slide crack)是指滑坡在即将滑动与滑动过程中,由于各部位变形和运动速度的不同,在滑坡体内部、表面形成的裂缝(见图 4-3)。按其分布部位、力学性质的不同可分为以下几种。

(1) 环状拉张裂隙。它分布在滑坡壁后缘,与滑坡壁方位大致相同。其由滑坡体向下滑动产生的张拉力所形成,环状拉张裂隙的出现是滑坡即将启动的预兆。

(2) 平行剪切裂隙。滑坡体滑动过程中不同部位运动速度不同,在滑坡体中部和两侧会形成一系列与运动方向基本一致的剪切裂隙。滑坡体两侧边缘与滑床摩擦,派生一系列平行拉张裂隙,与前述剪切裂隙斜交,形如羽状,称羽状裂隙。

(3) 鼓张裂隙。滑坡舌冲出滑床后,在地面摩擦阻力作用下,致使前端鼓胀隆起,顶部受拉张力作用形成鼓张裂隙,开裂方向与滑坡滑动方向垂直。

(4) 扇状张裂隙。滑舌前端脱离滑床后,两侧约束消失,前端坡体物质向前及左右两侧扩散,在其中形成扇形或放射状张裂隙。

4.1.3 蠕动

蠕动(creep)是指斜坡上的土体、岩体及其风化碎屑物受重力作用,顺坡向下缓慢移动的现象。通常坡体表层蠕动速度快,位移较大,向内逐渐减小并最终消失。虽然蠕动速度很慢,短期不易察觉,但经长期累积,斜坡上就会呈现出明显的变形效果,如路面开裂、电线杆歪斜、树干弯曲、土墙或篱笆向坡下倾斜等,如图 4-4 所示。蠕动变形往往只是边坡变形破坏的初级发展阶段,随其进一步发展,在水、地震等外部因素影响下,可能发生急剧破坏。大量滑坡、崩塌在发生之前都经历过蠕动变形阶段。

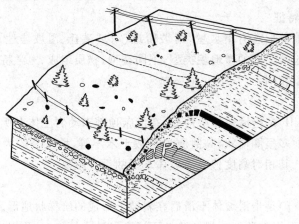

图 4-4　土层与岩体蠕动示意图(据 W. K. Hamblin)

1. 土层蠕动

土层蠕动又称土爬,是斜坡上土体在冻融、气候冷热、干湿变化等作用下发生的胀缩、剪切变形。此外,植物根系生长、动物践踏也会引起土层蠕动。

土层蠕动通过个别岩屑的运动得以体现。冻融时,地面含水土层发生冻结膨胀,土颗粒从 M 位置垂直坡面抬升至 M_1 位置,解冻后受重力支配回落至 M_2 位置,于是岩屑及周围土体顺坡移动了一段距离 MM_2,如图 4-5 所示。地表土受长期冻融循环作用,表层土石体逐渐向坡下移动,其位移量随埋深增加而减小。斜坡上碎屑或黏土颗粒受冷热、干湿变化,在升温或增湿条件下体积膨胀,颗粒间相互挤压,重力作用使下坡移动量大于上坡,如图 4-6(a)所示。而在遇冷或变干时,体积收缩,颗粒间形成孔隙,上部失去支撑,受重力作用而下移,如图 4-6(b)所示。

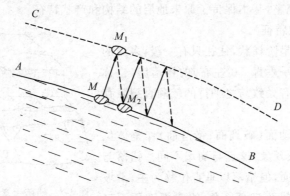

图 4-5 冻融引起土体移动

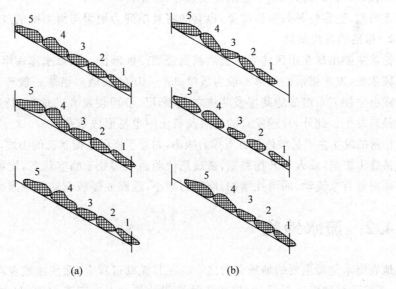

(a)　　　　　　　　(b)

图 4-6 胀缩引起土体移动

(a) 膨胀移动过程;(b) 收缩移动过程

2. 岩体蠕动

岩体蠕动是斜坡上岩体在自身重力作用下,向临空方向发生的一种缓慢变形现象。蠕动既可发生在诸如页岩、千枚岩、黏土岩等由柔性岩层组成的山坡上,亦可发生于块状硬质岩石边坡上。岩体蠕动通常产生于35°～45°陡坡上,其深度与岩性、产状及坡度有关,一般小于3～5m,有时可达40～50m。大坡度的薄层、软岩逆向坡,蠕动深度较大。

造成岩体蠕动的原因是岩体在自重长期作用下,应力超过了岩石或裂隙的弹性极限,从而产生了破裂、滑移变形。在软弱岩层中,首先会产生弧形弯曲的塑性变形,随后出现拉张裂隙,并形成下坡方向的缓慢移动;而在块状硬岩中,岩体蠕动主要表现为由岩块间的滑移、扭转形成的松动、架空现象,岩块自身形态并不发生显著变化。

4.1.4 错落

错落是指陡崖、陡坎沿近似垂直的破裂面发生整体下坐位移。总体上垂直位移大于水平位移,且错落体较完整,基本保持了原来地层的结构和产状特征。

1. 错落体的地貌特征

错落体在形态上呈阶梯状,往往只有一级,多级的情况较少。后缘为近乎垂直(70°左右)的错落崖(也称错落坎),错落崖附近有大致与之平行的较顺直裂隙存在,如图4-7所示。

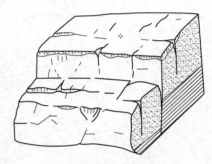

图4-7 错落示意图(据北京大学、南京大学等,《地貌学》,1978年)

错落体沿一定滑动面(破裂面、错落面)作整体位移,无破碎和块石翻滚现象,这点与崩塌不同。错落与滑坡虽都有固定滑动面,但错落以垂直位移为主,滑坡则以水平位移为主。错落沿高倾角、平直滑动面下坐移动,前缘无反倾现象。由于它的形成过程、形态特征更接近滑坡,通常将其归为滑坡类,也有的将其单列为崩塌与滑坡间的过渡类型。

2. 错落的形成条件

错落主要出现在山区峡谷河道两侧受强烈侵蚀部位。新修水库库岸、海蚀崖、湖蚀崖等处也较常见,发生错落的地形一般为坡度35°～40°的坡地。错落一般产生在黏结力较大的土层或由坚硬岩石组成的陡崖或陡坡之上,断层、节理较发育的地方,特别是两组构造线相交处最易发生。此外,片理发育的岩层及黄土中也易形成错落。

错落的发生主要是坡地下方支撑力减小,如处于极限平衡状态的山坡,受河流下切、侧蚀,或波浪撞击影响,或人工开挖路堑,造成隐伏弱面下端处于临空状态,均可引发错落。另外,错落面附近有水流动,润滑性增加,摩阻力减小,地震或爆破震动等原因也可导致错落产生。

4.2 流水地貌

地表流水是最主要的地质营力之一。在其流动过程中,除侵蚀地表岩土体,形成沟谷地形外,还将碎屑物搬运至低处,形成各种堆积地貌。由地表流水作用(包括侵蚀、搬运和堆积)塑造而成的地貌统称流水地貌(fluvial landform)。

地表流水主要来自大气降水,同时也接受地下水及高山冰雪融水补给。地表不同区域降水量及性质各不相同,加之地质条件、岩土性质的差异,形成了多种多样的流水地貌形态。地表水按流动位置不同,可分为坡面水流和沟谷水流。前者包括坡面上的薄层片流和细小股流,往往发生在降雨、雨后及冰雪融化期的较短时间内;这种短期出现的流水形式称暂时性流水。后者是指河谷及侵蚀沟中的水流,在一些降水量小于蒸发量或汇水面积较小的沟谷中,水流往往也是暂时性的,特别是干旱、半干旱地区的沟谷,仅在暴雨或冰雪融化季节才有水流。而在湿润气候地区,河床与沟谷中终年保持有一定流量,称经常性流水。无论是暂时性流水还是经常性流水,都会产生侵蚀、搬运和堆积作用,只是作用方式和强度不同而已。

4.2.1 暂时性流水地貌

地表的暂时性流水包括面流(sheet flow)与洪流(flood flow)。面流是由降雨或冰雪融水在山体斜坡上形成的短暂流水,并随降雨结束或气温降低而停止;洪流是片流汇集于沟谷之中而形成的急速线状水流,并随片流结束而逐渐消失。

1. 面流与面流地貌

1) 面流的洗刷作用

面流是雨水或冰雪融水直接在斜坡地面形成的短期薄层片流和细流。其沿斜坡表面的缓慢流动使得细小碎屑物不断下移,并在坡脚或山坡低凹处堆积下来形成坡积物。面流对整个坡体所进行的这种均匀、缓慢的地质作用称为洗刷作用。尽管其流速慢、动能小,搬运效果差,但由于作用面积巨大,对斜坡的剥蚀作用还是非常显著的。洗刷作用强度与气候、斜坡坡度、岩性及坡面植被覆盖情况有关,通常降雨量大且集中、坡度陡、松散物质多、植被覆盖少的区域,洗刷作用强烈。

2) 面流堆积地貌

自上而下,在坡地的不同区段,面流的侵蚀、堆积作用特征是不同的,对应形成的地貌亦不相同。坡顶分水岭处,地貌以侵蚀浅凹地为主;斜坡中部,面流积聚形成细流,流量、流速亦有所增大,形成侵蚀纹沟;而在坡脚处,斜坡坡度逐渐变缓,面流流速减小,伴随大量水分渗入地下,面流所携带的碎屑物质由大到小逐渐堆积,围绕坡脚处呈裙状覆盖,形如裙边,称坡积裙(talus apron)。坡积裙通常堆积在山麓平原、山间盆地边缘或河谷底部,剖面曲线向下微凹,坡度一般为7°~10°,边缘逐渐变缓,如图4-8所示。

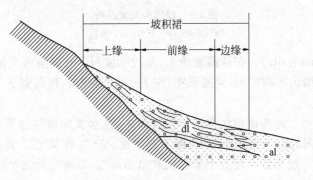

图 4-8 坡积裙结构示意图

坡积裙碎屑物的岩性与坡地基岩一致,主要为块石、碎屑、亚砂土、亚黏土,因其搬运距离近,磨圆度通常较差。坡积裙物质有粗略分选性并稍具层理构造。由坡积裙顶部至前缘,随水流流量减小、流速降低,携带能力减弱,堆积的颗粒物由粗变细,碎石、粗砂逐渐变为细砂、粉砂直至黏土。此外,历次降雨的坡面径流量及侵蚀能力不同,各粒径碎屑物降雨后的堆积范围亦有所不同。降雨量小、强度弱时,细粒物质就会堆积在前期较粗物质之上;反之,大颗粒物质就会被带至坡积裙前缘堆积下来,叠压在前期细颗粒沉积物之上,从而形成了细粒与粗粒碎屑物透镜体。在坡积裙边缘,坡积物会与其他类型沉积物(通常为洪积物)呈交错分布状态。

2. 洪流与洪流地貌

1) 洪流

沟谷水流由面流不断汇集形成,属暂时性线状水流,具有平时沟谷干涸无水,洪水时则水流湍急、碎屑含量大、粒径涵盖范围广等特点。沟谷水流在干旱、半干旱草原以及山麓地带分布尤为广泛,通常发生在暴雨或冰雪消融季节,且可能引发泥石流、滑坡等地质灾害。如我国黄土高原地区,植被稀疏,暂时性线状水流形成的沟谷发展迅速,地面遭受强烈切割作用,沟壑纵横交错,水土流失严重。

根据洪流流态及固体物质含量,洪流可分为暂时性洪流和泥石流。这里仅对暂时性洪流进行阐述,泥石流的相关内容放在第7章讲述。

2) 洪流的侵蚀作用与侵蚀沟

洪流是携带一定量砂石的急性水流,流速高,动能大。流动过程中侵蚀谷底,形成下蚀;随谷底加深,侵蚀沟源头逐渐向上游移动,形成向源性侵蚀(headwater erosion);此外,洪流还不断对沟谷两侧产生拓宽作用,称为侧蚀(lateral erosion)。

按侵蚀沟演变过程中纵、横剖面的形态特征,可将其分为切沟、冲沟和坳沟三个发展阶段,如图4-9所示。

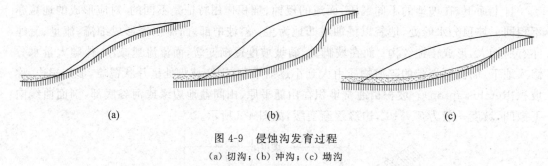

图4-9 侵蚀沟发育过程
(a)切沟;(b)冲沟;(c)坳沟

(1) 切沟(young gully)。在裸露坡地上,水流顺坡而下并聚集成多条股流,侵蚀后形成大致平行的细沟;细沟不断扩大,发展成宽、深1~2m的切沟,横断面呈V形,沟缘明显,沟底大致与坡面平行。

(2) 冲沟(gully)。冲沟由切沟进一步发育而来,在水流向源侵蚀下,沟头不断后退,并产生陡坎和跌水;同时由于侧蚀作用,沟槽不断加宽,呈"宽展V"形。冲沟长度可达数千米至数十千米,宽、深一般为数米至数十米。沟底呈凹曲线,不再与坡面平行。

(3) 坳沟(colgully)。冲沟发育到一定程度,向源性侵蚀和下切侵蚀作用减弱甚至停止,沟底不再加深,坡度趋于平缓,并有一定厚度堆积物;所在坡地亦逐渐变缓。沟谷发育进入衰亡阶段。

需要注意的是,同一冲沟系统,不同区段所处发育阶段并不相同。此外,受气候、地形、土质、植被等因素影响,不同地域侵蚀沟谷的发育程度和演化阶段有一定差异,即使在同一区域,各沟谷也不可能处于完全相同的发展阶段。

在冲沟发育区开展工程建设时,应着重查明冲沟的形成条件、原因,特别是冲沟的发育阶段,再结合工程特点有针对性地进行整治。冲沟的治理应以预防为主,通常采取的措施有填平洼地、调整地表水流、加固沟底和沟壁、沟底铺设排水槽以及人工植被护坡等。此外,工程施工过程中还应尽量减少挖方,对新挖边坡及时进行支护。

3) 洪流的堆积作用与洪积扇

洪流冲出沟口后,地形变缓,流动面积增大,加之部分水流下渗,洪流动能快速减小,携带能力大大降低。内部裹挟的碎屑物质在沟口一定范围内堆积,形成发射状洪积地貌。规模较小的锥形地貌称洪积锥,呈半圆锥状,坡度较大,一般大于10°,面积数百平方米;规模较大的扇形堆积地貌称洪积扇(diluvial fan),如图4-10所示,面积可达数十至数千平方千米,坡度较缓。单个或数个大型洪积扇通过联结可形成广泛的洪积平原(flood plain)。如我国太行山东麓就存在一个由漳河、沙河及槐沙河三个大型冲洪积扇群组成的冲洪积平原。

洪积物堆积于冲沟沟口附近或山地前缘形成洪积地貌。其组成碎屑的粒径差异巨大,矿物成分与物源区一致。由于水流的分选作用,从洪积扇的扇顶至扇缘可粗略划分出三个带。扇顶部分主要为粗大的砾石层堆积,厚度大,磨圆差,分选亦较差,砾石间有泥砂混杂,或存在砂石透镜体;扇中部分为含砾石的砂质沉积,砂层中常见交错层理和砾石透镜体;扇缘部分主要为更细的砂土、粉土、黏土沉积,具水平和波状层理,含砂质或细砾透镜体。

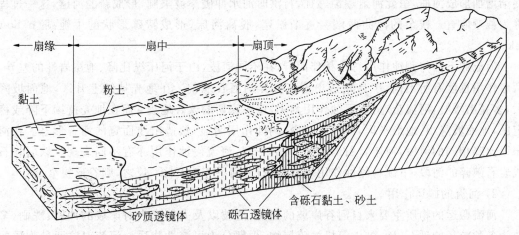

图 4-10 洪积扇结构示意图(据杨子庚,1981年,有改动)

4.2.2 经常性流水地貌

经常性流水地貌通常指由河流作用形成的地貌形式,是地表分布最广泛的地貌类型之一。世界上多数河流主水量来自大气降水,有时地下水、高山雪水也会对河流形成一定补给,通常水量不大,因而河流受地域气候条件的控制明显。湿润气候区,河流终年保持一定流量,称经常性流水河流;干旱区或半干旱区,年降雨量少,蒸发量大,河流会在旱季局部甚至全段断流,称季节性河流。河流在流动过程中不断进行着侵蚀、搬运和堆积作用,形成了分布广泛、形态多样的流水地貌形态。

1. 河流地质作用

流水沿沟谷流动,水流动能(E)与水量(Q)、流速(v)的平方成正比,如式(4-1)所示。显然,流速对河流侵蚀能力的影响要比流量更大。

$$E = \frac{1}{2}Qv^2 \qquad (4-1)$$

在水量、流速加大时,流水侵蚀能力增强,并裹挟侵蚀碎屑物向下游搬运;而在水量、流速减小后,流水的侵蚀、搬运能力减弱,并开始堆积。河流流水作用总是以侵蚀、搬运、堆积三种方式进行,并形成了相应的河谷、河床地貌。

1) 河流的侵蚀作用

水流对河道组成物质的破坏作用称为河流的侵蚀作用,包括机械侵蚀和化学溶蚀两种方式。机械侵蚀包含水流冲击形成的冲蚀作用以及河流裹挟碎屑物撞击、摩擦产生的磨蚀作用;而溶蚀作用是指岩石中的可溶物被河水溶解带走,可溶成分如碳酸盐、硫酸盐及碎屑岩类中的钙、铁质等可胶结物。

河流的侵蚀作用按作用方向不同可分为下蚀作用和侧蚀作用。下蚀作用是水流垂直向下的侵蚀,其效果是加深河床或沟床;而侧蚀作用则是冲蚀河岸,使其变弯、加宽。河流之所以产生侧蚀是因为河流并非直线水流,河道的弯曲、转折会使河水主流线偏向凹岸,并在横断面上形成单向环流,从而不断掏蚀凹岸,同时将碎屑物质堆积于凸岸。此外,山崩、滑坡、支流注入等在河床一侧形成的碎屑堆积物也会引起河道变弯。侧蚀作用会使河道曲率逐渐增加形成河曲,由此河道逐渐靠拢,行洪时河水冲破岸坡限制,形成新的河道,这一过程称为截弯取直。残余的河曲两端会逐渐淤塞,脱离河床,形成特殊形状的牛轭湖(oxbow lake)。

河流的下蚀与侧蚀作用总是相伴而行,在不同河段,由于河床纵比降、地层岩性的差异,两者作用程度有所不同,于是塑造出形态各异的河谷地貌。在地壳持续上升区,地面坡降大,多高山峻岭,河流流速快,下蚀作用为主,造成深切的峡谷地貌;而在地壳持续下降或稳定区,地面坡降小,地形平坦,河流流速慢,侧蚀作用明显,塑造出浅而宽的河谷形态。在河床纵比降相同的河段,河床岩石的软硬、构造不同,河流侵蚀作用亦有不同表现。软弱岩石或岩石破碎的河段,下蚀与侧蚀作用均容易进行,河谷相对开阔;反之,则谷形狭窄。

2) 河流的搬运作用

河流搬运的物质主要来自河谷岸坡的崩落、滑坡以及大气降水对岸坡的冲刷、洗刷,多数为各种粒径的砾石、砂、黏土等机械碎屑物,少部分为可溶性物质。河流对这两种物质的搬运作用分别称机械搬运和化学搬运,其形式有推移、跃移、悬移和溶移。

推移是指砂、砾受水流迎面压力作用而沿河床滚动或滑动。在河床移动的砂、砾质量与其启动水流速度的六次方成正比,因此山区河流在山洪暴发时可以推动巨大石块向下游移动。

跃移是河底砂粒呈跳跃式向前搬运。成因是河底砂粒上下流速差产生压力差使其暂时跃起,并被水流裹挟前进;而处于水体内的砂上下速度相当,压力差消失,砂粒又回落至河床底部。如此反复,则砂粒呈跳跃式向前搬运。

悬移是指较小颗粒在流水中呈悬浮状态搬运。当细小颗粒受向上水流作用力大于或等于自身重力时,小颗粒悬浮在距河床底部一定高度位置,并随水流向下游搬运。

溶移是指水流将溶解物以真溶液或胶体溶液的形式搬运。

3) 河流的堆积作用

河流流水所挟带的物质在一定条件下沉积下来,称河流的堆积作用,形成的堆积物称冲积物。按堆积物沉积时的形态可分为碎屑沉积和化学沉积。碎屑沉积通常是由于水流流速减慢,搬运能力降低引起,而导致水流速度减慢的原因主要有河床坡度降低、河流流量减少、人工筑坝拦水等;而化学沉积多发生在静水状态下,即当河流注入海洋或湖泊,水体的温度、压力、浓度、pH 值等发生改变而产生。

河流的侵蚀、搬运和沉积作用是同时进行的,并错综复杂地交织在一起。在河流的不同河段,三种作用的性质和强度是有差别的。一般情况下,河流上游以侵蚀为主,下游以堆积为主,而在河曲流段则是凹岸侵蚀、凸岸堆积。

2. 河谷地貌

河谷(river valley)是由河流长期侵蚀而成的线状延伸凹地,其底部有经常性流水。河谷长短不一,大型河谷可长达数千千米,如亚马孙河河谷长达 6516km,长江为 6380km。

河谷由谷坡(brae)、谷底(valley bottom)两部分构成。谷底较为平坦,包括河床(river bed)与河漫滩(alluvial flat),其中河床是河流枯水期水流所占据的谷底部分,而河漫滩是指河流洪水期被淹没的河床以外的谷底部分。谷坡分布在河谷两侧,常有阶地发育,如图 4-11 所示。

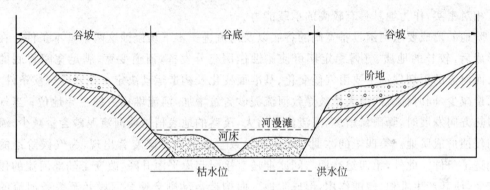

图 4-11 河谷横断面图

河流在不同区段受地层岩性、地质构造及河床坡度等因素影响,河谷形态有较大差别,通常在上游形成 V 形谷,中、下游形成河漫滩河谷,而受构造影响的河漫滩河谷易发展为育有阶地的成型河谷。

(1) V 形谷。它也称未成型谷,在河谷上游或构造运动上升区,河流以向下侵蚀作用为主,河谷横断面呈 V 形,两壁较陡,谷底狭窄,无河漫滩。

(2) 河漫滩河谷。在河流中、下游或构造沉降区,下切作用减弱,侧向侵蚀加强,谷底逐渐拓宽,V 形河谷逐步发展成浅 U 形,并有河漫滩发育。

(3) 成型河谷。河漫滩河谷因构造上升或侵蚀基准面下降,河流重新下切,原河漫滩转为阶地,河流在新基准面上重新开辟谷地,形成阶地,包含有阶地的河谷称成型河谷。

3. 河流阶地

河流下切侵蚀,致使原河谷底部高出一般洪水水位之上,多次下切后,各阶段河床物质呈阶梯状分布在河谷谷坡上,称河流阶地(river terrace)。阶地在形态上由阶地面和阶坡组成,如图 4-12 所示。阶地面受河流沉积作用影响,通常向河道中心与河流下游稍微倾斜;阶坡一般较陡峭。阶地面与阶坡交接处为阶地前缘,受侵蚀作用影响,通常并不明显;阶地后缘往往为崩、坡积物所覆盖。

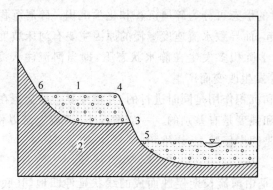

图 4-12 河流阶地要素

1—阶地面；2—基岩；3—阶地斜坎；4—前缘；5—阶地坡麓；6—后缘

河流阶地沿河纵向分布且并不连续，在河道两岸亦不对称，河流凸岸一侧保存相对完整。河谷中常存在多级阶地，自下而上排列，高出河漫滩的最低阶地称一级阶地，向上依次为二级阶地、三级阶地……。相对年龄一般是高处阶地老，低处阶地新，老阶地堆积时间长，物质相对密实，作为地基具有较高的承载能力。

阶地的形成要求河道具备宽阔的谷底以及河流进一步下切侵蚀这两个基本条件。在河流形成后，较长的地质、气候稳定期可使侧蚀作用充分发挥，河道变宽，满足宽阔谷底的要求。而河流的下切侵蚀主要由气候变化、基准面变化及构造运动决定。在寒冷气候条件下，降雨量减少，同时稀疏的地表植被导致河流泥砂含量增加，河流堆积占据主导地位；当气候向湿热方向发展时，降雨量增多，河流流量增大，茂盛的地表植被使河流泥砂含量减少，河流下切侵蚀形成阶地。第四纪的冰期与间冰期导致全球气候冷暖交替出现，为气候阶地的形成创造了条件。此外，第四纪冰期与间冰期还直接引起海平面升降，改变了陆地河流的侵蚀基准面，使其产生堆积、侵蚀作用，形成阶地。而构造运动则会使某河段乃至整条河流的河床产生升降，在侵蚀基准面不变的条件下，河流发生堆积、侵蚀作用，形成阶地。

根据阶地结构、形态特征，可将其分为侵蚀阶地、基座阶地、堆积阶地和埋藏阶地四种类型，其中堆积阶地又分为内叠阶地和上叠阶地，如图 4-13 所示。

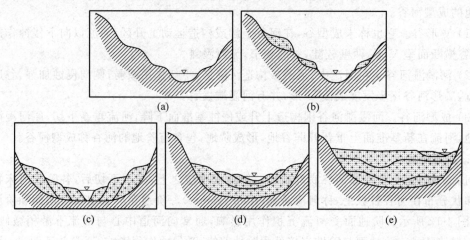

图 4-13 阶地类型

(a) 侵蚀阶地；(b) 基座阶地；(c) 内叠阶地；(d) 上叠阶地；(e) 埋藏阶地

(1) 侵蚀阶地（destructional terrace）。侵蚀阶地的阶地面由基岩构成，其上没有或只有零散冲积物，因此又称基岩阶地。侵蚀阶地主要发育在构造抬升的山区河谷中，此处水流流速大，河床中沉积物很薄，甚至直接裸露基岩，河流强烈下切后形成阶地。

(2) 基座阶地（fundamental terrace）。基座阶地由两层不同物质组成，上层为河流冲积物，下层为基岩或其他成因类型沉积物。基座阶地在开始形成之前，河流已经堆积了一定厚度的冲积物，后期由于某种原因河流下切侵蚀，且侵蚀切割深度超过了原冲积物厚度。

(3) 堆积阶地（accumulation terrace）。堆积阶地全由河流冲积物组成，在河流下游较为常见，且多为时代较新的低级阶地。根据阶地形成时河流下切深度与前期河道冲积物厚度的关系，堆积阶地又可分为上叠阶地和内叠阶地两种。上叠阶地是指阶地形成时河流下切深度较前期堆积深度小，未切穿冲积物；内叠阶地则指阶地形成时的下切深度正好达到前期堆积物的深度。

(4) 埋藏阶地（buried terrace）。埋藏阶地指早期形成的阶地为后期河流冲积物所掩埋。此类阶地有两种形成方式：一种是河谷中已有多级阶地存在，后期地壳下降或侵蚀基准面抬升，河流产生堆积作用，早期形成的阶地全部被埋藏起来；第二种是河流所在地域长期阶段性下降，不同时期冲积物逐层叠加，无阶梯状地形特征。

4. 冲积平原

冲积平原（alluvial plain）是在构造沉降区由河流带来的大量碎屑物堆积而成的。冲积平原沉积范围广、厚度大，如我国的华北大平原，沉积厚度达 5000m 以上，最薄处也有 1500m。根据冲积平原的地貌形态和沉积特征，可分成山前平原、中部平原及滨海平原。

山前平原形成于山前地带，由于地形坡度突然变缓，使出山河流所挟带的碎屑物质迅速沉积下来，形成冲积扇。多条河流的冲积扇相互联结后形成山前倾斜平原。如太行山、燕山的山前倾斜平原以及黄河出孟津后与其他河流共同形成的山前平原。

中部平原是冲积平原的主体，其物质组成主要为冲积物。在河流中下游，由于地形坡度缓，水流速度慢，大量细小碎屑物不断沉积下来，致使河道逐渐淤塞。在洪水期，淤积的河床造成大范围的堤岸溃决、河水泛滥，甚至导致河流改道，久而久之，就形成广泛的中部平原。据 1946 年前的记载统计，黄河溃决泛滥多达 1500 次，大改道亦有 26 次之多。

滨海平原属冲积、海积混合型。沉积颗粒通常较细，因周期性海潮的入侵，常形成海积物与河流冲积物相互叠压的现象。

除此之外，在构造相对稳定区，河流以侧蚀作用为主，导致河谷不断摆动展宽，形成侵蚀型的小型冲积平原。侵蚀型冲积平原的沉积物较薄，主要由河床与河漫滩沉积物组成。

4.3 岩溶地貌

岩溶（karst）是指地下水和地表水对可溶性岩石的化学和物理作用，以及由此产生的地貌、水文现象的总称。由于这种独特的地质现象在欧洲巴尔干半岛的喀斯特高原地区最早引起人们的注意和全面研究，因而岩溶现象又称喀斯特现象。

岩溶可发育于一切由可溶性盐组成的岩层中，但以在碳酸岩中的分布最为广泛。我国是一个岩溶现象十分发育的国家，全国陆地碳酸岩分布面积达 344 万 km^2，出露面积达 91 万 km^2。在我国广西、贵州、云南、四川、湖南、湖北等省区都存在大范围连续分布的碳酸岩,加上温暖、多雨的气候条件,使得这些地区的岩溶现象十分发育。

岩溶与工程建设关系密切。在修建水工建筑物时,岩溶溶洞会导致库水渗漏,轻则造成水资源与水能损失,重则会使水库完全失效;岩溶地区的隧道工程常会遇到由岩溶水引发的突水、突泥问题,而超大型溶洞的出现会导致施工难度、成本成倍增长,甚至不得不重新制订设计方案。

4.3.1 岩溶的形成条件

岩溶的形成必须具备四个基本条件,即岩石的可溶性、透水性,水的溶蚀性、流动性。其中岩石的可溶性、水的溶蚀性决定了岩溶现象是否能够进行,而岩溶的发育程度则取决于岩石的透水性和水的流动性。

1. 岩石的可溶性

岩石的可溶性主要取决于岩石成分、结构和成层条件。岩石成分指岩石的矿物与化学成分;岩石结构指组成岩石的颗粒(或晶粒)的大小、形状和排列;而成层条件则指各岩层的性质与组合状况。

从成分上看,可溶性岩石主要有碳酸盐类、硫酸盐类以及卤盐类。溶解度最大的是卤盐类,其次是硫酸盐类,碳酸盐类最小。但由于卤盐类与硫酸盐类岩石分布范围小,而碳酸岩虽溶解度小,但分布范围广、体积大,因此岩溶地貌多发育于碳酸岩类岩层中。

碳酸岩类岩石的主要成分是方解石($CaCO_3$)和白云石($Ca, Mg(CO_3)_2$),并含有少量 SiO_2、Fe_2O_3、Al_2O_3、黏土矿物等杂质。石灰岩成分以方解石为主,白云岩则以白云石为主,硅质灰岩是含有燧石结核或条带的石灰岩,泥灰岩则为黏土物质与 $CaCO_3$ 的混合物。一般情况下,上述岩石的溶解度从大到小依次为:石灰岩＞白云岩＞硅质灰岩＞泥灰岩。

就岩石结构与成层条件来说,通常晶粒粗大或具有不等粒结构的可溶岩微裂隙发育,易于溶蚀;而细晶粒、均匀致密的可溶岩则不易溶蚀。质地纯厚的碳酸盐岩,无不透水岩层阻隔,裂隙延伸远,岩溶成片发育且较深。而当岩层条件复杂,中间存在隔水层时,则裂隙连续性差,易被充填,地下水运动受到约束,岩溶发育程度低,往往呈带状或零星状分布。

2. 岩石的透水性

水对完整岩石的溶蚀作用只能在表面进行,接触面积小,岩溶发育速度慢;而裂隙发育的岩石,其内部形成了密集且相互连通的地下水渗透网络,大大增加了水与岩石的接触面积,岩溶发育速度快。构造裂隙是地表与地下水沟通、运移的主要通道,一般在断层和裂隙密集带、褶皱转折端附近,岩石破碎,水交替强烈,岩溶现象发育。

3. 水的溶蚀性

碳酸岩在纯水中的溶蚀速度非常微弱,只有当水中含有 CO_2 时,碳酸岩的溶蚀速度才会显著增大,其化学反应方程式为

$$CO_2 + H_2O + CaCO_3 \rightleftharpoons Ca^{2+} + 2HCO_3^- \tag{4-2}$$

该式为可逆反应。当水中 CO_2 含量增多时,化学反应开始向右进行,$CaCO_3$ 会持续分解。当化学反应进行到一定程度,即水中 CO_2 与离子态的 Ca^{2+} 和 HCO_3^- 达到平衡,向右的化学反应便停止。在环境压力降低、温度升高等因素影响下,水中 CO_2 开始逸出,化学反应向左进行,$CaCO_3$ 开始沉淀,这也是泉华形成的原因。

地下水中的 CO_2 主要来源于大气、土壤中有机质的氧化与分解以及岩石矿物的无机反

应。从全球角度来看，有机成因 CO_2 的溶蚀强度要远高于其他两种。另外，水中所含的其他形式有机酸和无机酸也是促进岩石溶解的重要因素。

4. 水的流动性

水的溶蚀能力与其流动性密切相关。当水流停滞时，地下水中的 CO_2 很快与离子态的 Ca^{2+} 和 HCO_3^- 达到平衡，从而丧失进一步溶蚀的能力。而当地下水处于流通状态时，溶蚀环境中已生成的 Ca^{2+} 与 HCO_3^- 离子会不断被水流带离，而饱含 CO_2 的地下水不断补充进来，从而确保化学反应向右进行，碳酸岩被持续溶蚀。

岩溶的形成受可溶岩、溶蚀水这两大基本条件控制，但其分布范围、发育程度及演化规律则与气候、生物和地质构造等因素密切相关。气候对岩溶的影响主要体现在对降水量、溶蚀温度及气压等环境条件的控制作用上，其中降水量决定了水循环的速度和强烈程度，后两者则与水中 CO_2 的含量密切相关；在生物活动旺盛地区，动植物为地下水提供了大量的 CO_2 和有机酸，大大促进了岩溶的发育；而地质构造的影响主要表现为各种裂隙对岩溶发育方式、走向和规模的控制作用上。

4.3.2 地表岩溶地貌

1. 溶沟与石芽

地表水沿可溶岩节理裂隙溶蚀，形成纵横交错的凹槽称为溶沟(lapiaz)。溶沟通常宽数十厘米至数米，深可达数米，长度不等。溶沟间残存的岩石突起为石芽(clint)，在山坡上自上而下，通常依次出露全裸石芽、半裸石芽和埋藏石芽，如图 4-14 所示。石林(stone forest)是一种大型石芽，其间溶沟较深，沟壁陡立，多在热带多雨气候条件下形成，如云南的路南石林。

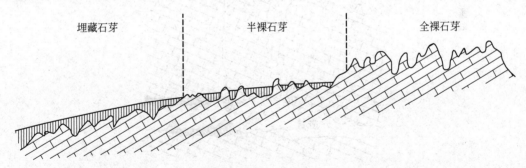

图 4-14　斜坡上石芽分布图(据潘凤英等，1984 年)

溶沟和石芽一般是地表岩溶化初期的产物，其分布特征与地形、地质条件有关。厚层、质纯的石灰岩，石芽发育高大而尖锐；薄层、泥质与硅质灰岩，石芽发育低矮、圆滑；而在节理发育地区，则往往形成格状溶沟。

2. 漏斗与落水洞

漏斗(doline)是岩溶地貌中一种口大底小的圆锥形洼地，其平面轮廓为圆形或椭圆形，直径数十米，深十几米至数百米。漏斗下部常有岩溶管道沟通地下水，在被黏土堵塞后，则会积水成池。

漏斗按成因可分为溶蚀漏斗、沉陷漏斗和塌陷漏斗三种，如图 4-15 所示。溶蚀漏斗是地面低洼处汇集的雨水沿节理、裂隙垂直下渗，不断溶蚀形成的；在有较厚沉积物覆盖的岩溶地区，地表水通过地下裂隙向下渗透，导致部分沉积颗粒物被带走，使地面下沉形成沉陷漏斗；塌陷漏斗多是由于溶洞顶板受地表水渗透、溶蚀或由强烈地震引发塌陷而成。

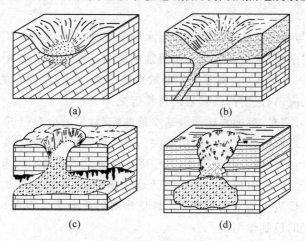

图 4-15　漏斗的类型（据曹伯勋，1995 年）
(a) 溶蚀漏斗；(b) 沉陷漏斗；(c) 塌陷漏斗；(d) 深层岩溶塌陷漏斗

落水洞(ponor)是岩溶区地表水流向地下暗河、地下溶洞的通道，由垂直流水裂隙不断溶蚀、扩大并伴随塌陷而成，如图 4-16 所示。其竖向形态受构造节理裂隙及岩层层面控制，呈垂直、倾斜或阶梯状。洞口常与岩溶漏斗相接，洞底与地下水平溶洞、地下暗河或大型水平裂隙连接，具有吸纳与排泄地表水的功能。

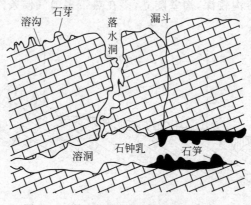

图 4-16　漏斗与落水洞（据曹伯勋，1995）

3. 峰丛、峰林与孤峰

峰丛(peak cluster)、峰林(peak forest)和孤峰(isolated peak)统称峰林地形，是地表岩溶地貌的主要正地形，如图 4-17 所示。单个山峰峰体尖锐，外形呈锥形、塔形，山峰之间发育有洼地、漏斗和落水洞等。

峰林是成群分布的石灰岩山峰，山峰基底分离或微微相连。它是指在地壳长期稳定环境中，石灰岩遭受强烈溶蚀，深切至水平流动带后所形成的山群。峰丛是一种连体峰林，基部完全相连，顶部分散成独立山峰。它与峰林的主要区别在于其基座相对高度大于山峰相对高度。孤峰为散立在溶蚀谷地或平原上的孤立山峰。

一般认为，首先形成峰丛，随溶蚀作用加深，峰丛基座不断缩小或消失形成峰林，峰林进一步发展形成孤峰；但也有观点认为峰丛是在峰林形成后，地壳上升的结果。此外，由于不同区域地壳升降幅度、地质构造、地下水及地表水作用方式不同，峰林地形中的三种地貌形式也会同时出现。

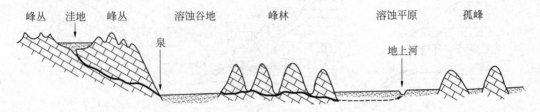

图 4-17　峰林、峰丛和孤峰（据北京大学、南京大学等，《地貌学》，1978）

4. 溶蚀洼地与溶蚀盆地

溶蚀洼地（karst depression）是由低山丘陵和峰林所包围形成的封闭、半封闭状洼地。它由岩溶漏斗进一步溶蚀扩大而成，形状与之相似，但规模远比岩溶漏斗要大，通常直径超过 100m，最大可达 1~2km。溶蚀洼地底部较为平坦，通常发育有落水洞和漏斗，从洼地四壁流出的泉水由此进入地下，有时落水洞和漏斗被崩塌岩块及黏土堵塞，形成岩溶湖。溶蚀洼地在长轴方向多受地质构造控制，常沿断裂带呈串珠状发育。

溶蚀盆地（karst basin）又称溶蚀平原（karst plain），是指岩溶地区一些宽大、平坦的盆地或谷地，代表岩溶发育的晚期阶段。溶蚀盆地常沿地质构造带或岩溶与非岩溶地块接触带发育，宽度数百米甚至数千米，长度可达数十千米。盆地边缘坡体陡峭，底部平坦，常覆盖有溶蚀残留的黄棕色或红色黏土，一些溶蚀盆地底部甚至有地上河，堆积有河流冲积物。

4.3.3　地下岩溶地貌

1. 溶洞

溶洞（karst cave）是地下水沿可溶性岩石的层面、节理或断层溶蚀、侵蚀而形成的地下孔道。溶洞形成初期，地下水沿可溶岩内较小裂隙、孔道流动，水流速度慢，以化学溶蚀作用为主；随着岩溶孔道的不断扩大，地下水流速增大，除溶蚀作用外，还产生了机械侵蚀。在重力崩塌作用的配合下，孔道不断扩大形成溶洞。溶洞在工程中往往会造成地面塌陷、隧道突水等问题，是对岩溶地区工程建设影响最为严重的因素之一。

1) 溶洞的形态

溶洞形态多种多样，规模大小不一，根据洞穴剖面形状可分为水平溶洞、垂直溶洞、阶梯状溶洞、袋状溶洞、多层溶洞及管道溶洞等，如图 4-18 所示。溶洞的形态受地下水动态特征及地质构造控制。地下水垂直向下运动，形成的溶洞多呈垂直状态；地下水水平运移，则形成水平溶洞；构造带的溶洞多平行于地质构造线；而多层溶洞的形成通常与地壳多次间歇抬升有关。

2) 溶洞堆积物

溶洞内的堆积物归纳起来可分为三大类，即化学堆积、机械堆积和生物堆积。其中最为常见的是碳酸钙化学堆积，形成了地下溶洞各种绚丽多彩的地貌形态。

(1) 化学堆积。石灰岩地区的裂隙水中含有大量的 Ca^{2+} 和 HCO_3^- 离子，当水流出裂隙后，CO_2 分压降低，温度升高，水中 CO_2 开始逸出，$CaCO_3$ 沉积下来，从而形成各种形式的石灰华。

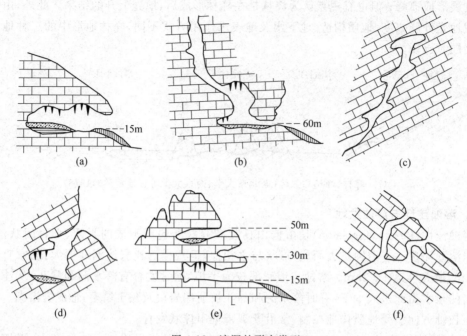

图 4-18 溶洞的形态类型
(a) 水平溶洞；(b) 垂直溶洞；(c) 阶梯状溶洞；(d) 袋状溶洞；(e) 多层溶洞；(f) 管道状溶洞

地下水从岩石孔洞或裂隙中渗出，滞留在洞顶水滴中的 $CaCO_3$ 逐渐沉积并向下伸展悬挂，形如钟乳，称石钟乳（stalactite）。受温度、水量及所含杂质的影响，其横剖面呈颜色深浅不同的同心圆圈层状。洞顶滴落水中析出的 $CaCO_3$ 在洞底逐渐沉积形成石笋（stalagmite）。石笋自下向上生长，剖面呈叠层状。石钟乳与石笋相向生长，连接后称石柱。由裂隙渗水沉积在洞壁上的 $CaCO_3$ 如帷幕般在洞壁上展开，称石幕（apron）。

（2）机械堆积。溶洞中的机械堆积有河湖沉积和崩塌沉积两种形式。其中河湖沉积为具有层理的砂土和砾石堆积物，由地下河、地下湖沉积形成，也可由地表河流在洪水期带入溶洞沉积而成；崩塌沉积是从洞顶、洞壁崩塌下来的碎屑堆积物，常与洞底石灰华、黏土混杂在一起，胶结后形成坚硬的角砾岩。

（3）生物堆积。石灰岩洞常是史前人类的栖息场所，堆积有史前人类遗体及生活遗迹，如北京猿人、山顶洞人等都是在石灰岩洞中发现的。此外，在热带、亚热带的石灰岩洞穴中还会有鸟类及蝙蝠排泄物堆积层。

2. 地下河

地下河（subterranean stream）是石灰岩地区地下水沿裂隙溶蚀而成的汇集与排泄通道。地下河水源主要由地表降水沿岩层、裂隙渗流或地表河流经落水洞进入地下构成。它具有和地表河网水系类似的由干流、支流组成的流域系统，发育有不同规模的瀑布、砂砾堆积等。水文状况也随地表河流洪、枯水期的变化而变化。

地下河常引起地表塌陷而造成灾害，在工业基地、交通枢纽和人口稠密地区研究地下河的分布和发育，进行灾害评价尤为重要。另外，地下河蕴藏了丰富的地下水，也是极具价值的旅游资源。

4.4 冻土地貌

在大陆气候条件下,高纬度的极地、亚极地地区以及中低纬度的高山、高原地区,降水少,无法积雪形成冰川,地温常年处于0℃或0℃以下,形成含冰冻结土层,称为冻土。冬季土层冻结,夏季全部融化的冻土称季节性冻土(climafrost)。上部发生周期性冻融,而下部长期处于冻结状态的冻土称多年冻土(permafrost)。由多年冻土冻融作用产生的地貌形态称为冻土地貌(cryomorphology)。

地球上多年冻土总面积达3500万 km^2,约占陆地面积的25%,主要分布在俄罗斯、加拿大。我国多年冻土面积约215万 km^2,占全国总面积的22.3%,主要分布在东北北部、西北高山及青藏高原地区。

4.4.1 冻土

1. 冻土的结构与构造

冻土(frozen soil)由矿物颗粒、冰、未冻结水和气体组成。其中矿物颗粒是主体,其大小、成分、表面性质及颗粒结构等对冻土性质具有重要影响。冻土中的冰是其存在的基本条件,也是冻土产生各种特殊工程性质的基础。另外受土颗粒静电、水表面张力等因素影响,土孔隙中还存在部分未冻结的水,而未被冰、水充满的孔隙中还会有气体存在。

冻土可分为上下两层,上层为夏融冬冻或昼融夜冻的活动层(active zone),又称交替层,下层是多年冻结不融的永冻层(permafrost horizon)。多年冻土的构造是指活动层与永冻层之间的接触关系。活动层在冬季冻结时与多年冻结层完全连接起来,称为衔接多年冻土;反之,活动层在冬季冻结时不与多年冻土层衔接,间隔有一层未冻结的土层,称为不衔接多年冻土。

地下冰在冻土中的数量、分布及其与其他成分的位置关系构成了各种冻土结构,有三种基本类型,如图4-19所示。

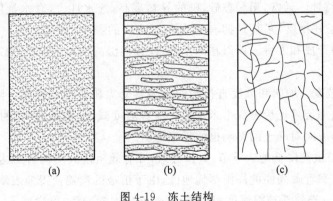

图 4-19 冻土结构
(a) 整体结构;(b) 层状结构;(c) 网状结构

(1) 整体结构(monolithic structure)。此种结构中的冰粒均匀分布于土粒之间,冰与土胶结成整体。通常是温度快速降低,土中水分来不及迁移、集中,即在原地冻结,形成整体结构。

(2) 层状结构(sheet structure)。在冻结速度较慢的单向冻结过程中,伴随水分迁移和外界水的充分补给,冰晶楔入塑性土体形成大致水平分布的冰片甚至冰透镜体和薄冰层,称层状结构。

(3) 网状结构(mesh structure)。土层冻结过程中,冻结面以下土层中水分向上迁移,发生干缩,形成多组垂直于冻结面的裂隙。裂隙中水分在迁移过程中冻结形成细脉冰,与水平冰层相互交织组成网状结构。

2. 冻土的分布规律

冻土在地球上的分布具有明显的纬度和高程地带性,分别可在水平和垂直方向上分出连续多年冻土带和不连续多年冻土带,如图4-20所示。后者又可分为具有岛状融区的多年冻土亚带和具有大面积融区的岛状冻土亚带。所谓融区是指多年冻土带内的融土分布区。具有岛状融区的不连续冻土带,融区一般占总面积的20%~30%;而在岛状冻土区,融区面积可占70%~80%。

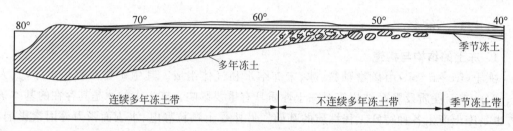

图 4-20 多年冻土分布剖面(据北京大学、南京大学等,《地貌学》,1978年,有改动)

3. 冻土发育影响因素

多年冻土的分布与厚度除受纬度、高程的控制外,还受地质、地貌等自然条件影响,具有一定的非地带性规律。

(1) 气候。大陆性半干旱气候有利于冻土的形成,而温暖湿润的海洋性气候则不利于冻土发育。因此多年冻土与季节性冻土的分界线在欧亚大陆比在北美大陆更靠南。

(2) 岩性和含水量。土颗粒性质、粗细及含水量,决定着土的传热和热容性质,从而影响了土体的冻融特性。通常,粗颗粒砂、砾的导热率高,透水性大,含水量低,不利于冻土发育;细颗粒土则正好相反,尤其是拥有细小孔隙结构的黏土、泥炭土等,持水性好,含水量高,极利于冻土的形成和发育。所以在冻土带,往往潮湿的细粒土地段较砂砾石地段永冻层埋深浅,冻土厚度大。

(3) 坡向和坡度。坡向和坡度直接影响地表接受太阳辐射的程度。阳坡日照时间长,受热多于阴坡,永冻层可比后者深半米左右。随着坡度减小,阳坡、阴坡的日照角度和时间的差异越来越小,坡向对冻土的影响也就越来越弱。

(4) 植被。植被能降低地表季节、昼夜温差,并有效阻碍太阳辐射到达土层。如大兴安岭落叶松、桦林区和青藏高原的高山草甸地区,由于植被的覆盖使得地表季节温差比附近裸露地面低 4~5℃。导致活动层厚度相对减小,永冻层埋深变浅,厚度增大。

4.4.2 冻土地貌形态

1. 石海与石河

基岩经剧烈冻融破坏后产生大量巨石角砾,就地堆积在平坦地面上,形成石海(block

sea)。基岩是形成石海的物质基础,富含节理且硬度较大的块状岩石,如花岗岩、玄武岩以及石英岩等易于在冻融作用下破碎,形成巨砾;而硬度小的岩石,如泥岩、页岩等在冻融作用下往往只能生成粒径细小的碎屑,易于被地表水冲刷带走,或以冻融泥流的形式顺坡下移,难以形成石海。

山坡上冻融崩解产生的大量碎屑滚落至沟谷中,堆积厚度逐渐加大,在冻融和重力作用下发生整体运动,形成石河(block stream)。通常认为,石河的移动是由块石堆积物在重力作用下沿下部湿润的碎屑垫面或永冻层顶面运动产生的。同时温度变化也起到了一定作用,碎屑孔隙中水分的反复冻融导致碎石堆积体不断膨胀、收缩,促使石河向下运动。

2. 冰丘

地下水冻结成冰而使地表鼓起的小丘称为冰丘(hummock)或冻胀丘(heaving knob)。冻土地区永冻层之上的活动层,冬季从地表面开始冻结,土层内的地下水受上下冻结层阻压,流向冻结薄弱地段,并逐渐冻结加厚,当冻结冰层产生的压力超过上覆冰土层强度时,地面隆起成丘,即成冰丘。冰丘上部为泥土层,下部为冰核,故又称冰核丘,如图4-21所示。

一年生的冰丘高数十厘米至数米,夏季冰丘消失,地面下沉,常可引起地面变形、道路翻浆等工程灾害。多年生的冰丘,其冰核形成于永冻层内,由更深处的地下水补给冻结,规模大,维持时间久,可保持几十年甚至上百年,高度可达数十米,直径在百米以上。

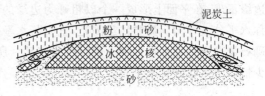

图4-21 冰丘的结构

我国已知最大的多年生冰丘位于青藏公路昆仑山垭口处,高20m、长75m、宽35m,地下冰核厚14m,目前还处于不断发展中。

3. 热融地貌

热融地貌(thaw landform)是由于热融作用而产生的地貌现象。由于气候转暖或人类活动破坏了多年冻土的热平衡状态,引起季节融化层增厚,永冻层上部地下冰发生融化。融化后的土体体积缩小,使上覆土层自行下沉;同时冰变水后,沿孔隙排出,使土层进一步压缩。

不同结构的冻土,热融所产生的压缩、下沉并不相同。一般情况下,整体结构冻土热融后,土体结构变化小,物理力学性质改变不大;而层状和网状结构冻土解冻后,结构变化较大,尤其是层状结构,往往造成大幅度滑塌和沉陷,形成热融滑塌和热融沉陷地貌,造成工程地基失稳。

热融滑塌(thaw collapse)主要发生在斜坡地面,由于地下冰融化后,上部土体沿冻融界面移动形成热融滑塌。热融滑塌自发生到消亡通常历时3~5年,每年春季开始滑塌,至夏季达到高潮,夏末后逐渐停息。我国青藏高原风火山、唐古拉山、祁连山东部、大兴安岭北部等地热融滑塌发育广泛。

平坦地面地下冰的融化,可能导致地表产生各种负地形。由热融沉陷形成的地貌有沉陷漏斗(直径数米)、浅洼地(深度数十厘米至数米,直径达数百米)、沉陷盆地(面积可达数平方千米)等。凹地积水后会形成热融湖,湖水的导热作用会使湖底冻土进一步产生热融沉陷。

4.4.3 构造土

1. 泥质构造土

土层冻结后,若温度继续降低,可引起地面收缩,产生裂隙;或者由于水分冻结迁移,土层干缩,也会形成裂隙,这种裂隙土体称泥质构造土。裂隙在平面上组成多边形,其规模大小不等,直径可从不足 1m 至 200m。活动期的多边形土边缘裂隙一般呈张开状,近似垂直向地下延伸成楔形,而已停止发育的裂隙则常被碎屑物填充。

2. 石质构造土

在颗粒大小混杂且饱水的松散土层中,活动层上部冻结时,含砾石的土层产生冻胀并抬高,砾石下部空间被未冻土填充;冻土融解后,砾石被抬升而不能回归原位。如此反复循环,砾石便被不断挤出地面,这一过程称垂直分选作用。砾石通过垂直分选作用来到地表,冻结时被推挤到以细粒物质为膨胀核心的边缘地带,而在融解时,先融的细粒物质在砾石底部还未融解时又会率先返回原位,并充填砾石移动后的孔隙。如此反复循环,砾石便不断向边缘汇聚,在平面上形成一个以粗砾为边缘的碎石多边形或石环,如图 4-22 所示,这一过程称水平分选作用。需要注意的是,垂直与水平分选作用并非各自独立进行,每次冻融都会使砾石群在垂直和水平方向上同时产生移动。所形成的石环一般直径仅 1~2m,甚至更小,极少情况下可达到百米左右。

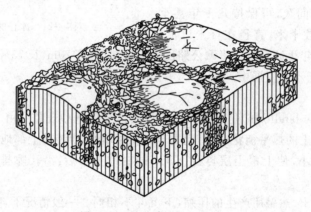

图 4-22　石环(据 C. T. Borge)

4.5 黄土地貌

黄土(loess)是 240 万年以来干旱、半干旱气候条件下形成的广泛分布的松散土状堆积物,物质成分以粉粒为主,质地均匀,富含碳酸盐。黄土具有大孔隙结构,垂直方向节理发育,透水性强,易于湿陷等特殊性质。通常所说的黄土是指由风搬运、堆积而成的原生黄土,黄土形成后,受地面流水的侵蚀、搬运和再沉积作用,形成了略具层理的次生黄土(redeposited loess),又称黄土状土(loess-like soil)。

中国是世界上黄土分布最广、地层最全、厚度最大的国家,约有 63 万 km²,占全国陆地面积的 9.3%。主要分布在昆仑山、秦岭、泰山、鲁山连线以北的干旱和半干旱地区,呈东西向条带分布,尤以黄河中下游地区最为发育。黄土的厚度各地不一,我国黄土最厚达 180~

200m，分布在陕西省泾河与洛河流域的中下游地区，其他地区从十几米到几十米不等。巨厚状黄土为黄土地貌的发育奠定了物质基础。

黄土在堆积过程中、堆积后受外部营力作用形成的地貌形态称黄土地貌(loess landform)。典型的黄土地貌包括黄土沟谷地貌、黄土沟(谷)间地貌、黄土谷坡地貌以及黄土潜蚀地貌。流水在黄土地貌形成过程中的作用非常显著，我国北方黄土地貌就是第四纪时期风积黄土作用和流水侵蚀作用共同塑造而成的。

受特殊气候条件和历史上长期对土地资源不合理利用的影响，我国黄土分布区，尤其是黄土高原地区水土流失严重，对农业生产极为不利。另外，由于黄土特殊的结构和力学特性，容易形成沉陷和崩塌，对工程建设、生产生活影响巨大。

4.5.1 黄土沟谷地貌

黄土地区由于流水的侵蚀作用而呈现千沟万壑的特殊地貌形态。在黄土坡面上，降雨形成的薄片状水流受原始坡面上微小起伏及石块、植物根系等的阻碍作用而产生分异，聚集成多条细小股流，并侵蚀土层形成细小纹沟。由于黄土质地疏松，极易形成纹沟，发育、演变也非常迅速。在降雨的进一步侵蚀作用下，纹沟依次演变成切沟、冲沟直至坳沟等地貌形态，其形态特征与地表暂时流水作用形成的沟谷地貌类似，这里不再赘述。

4.5.2 黄土沟(谷)间地貌

黄土沟(谷)间地貌可分为塬、墚、峁三种类型，是由黄土堆积而成的原始地面经地表水切割、侵蚀，残留部分形成的地表地貌形态。其形成特征与黄土堆积前的地形起伏及黄土堆积后的流水侵蚀有关。

(1) 黄土塬(loess plateau)。黄土塬是在平缓古地面上由黄土堆积而成的大面积平坦高地，经现代沟谷分割后存留下来的高原面，如图4-23所示。塬顶面地势平坦，坡度通常不超过1°，受现代侵蚀作用影响边缘地带坡度稍大，但平均坡度也低于5°。我国黄土高原发育了许多规模较大的黄土塬，如陇中盆地的白草塬、陇东盆地的董志塬、陕北盆地的洛川塬以及晋西的吉县塬等。

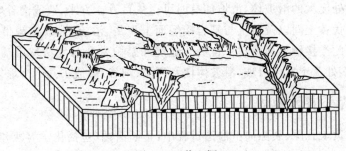

图4-23 黄土塬

(2) 黄土墚(loess ridge)。黄土墚是长条状黄土高地，长数百米至数十千米，宽度仅几十米至数百米，顶面平坦或微有起伏，如图4-24所示。它一般在丘陵长墚的古地面上由黄土堆积或黄土塬受沟谷切割而成。

(3) 黄土峁(loess hill)。黄土峁是顶部浑圆，斜坡较陡的黄土小丘，如图4-25所示。多数由黄土墚进一步切割形成,部分大型峁为晚期黄土覆盖在古丘状高地而成,常成群分布。

图 4-24 黄土墚

图 4-25 黄土峁

黄土墚、峁通常与黄土沟谷系统并存,组成黄土丘陵。黄土丘陵比黄土塬分布广泛,水土流失也更为严重,重力滑坡造成的地质灾害时有发生。

4.5.3 黄土谷坡地貌

黄土谷坡的组成物质在重力和流水作用下产生移动,形成泻溜、崩塌和滑坡地质现象,在此过程中谷坡坡度逐渐变缓。

(1)泻溜。黄土谷坡表面土体受干湿、冷热、冻融等环境交替变化影响,引起表土物质胀缩、破碎,形成的碎土、岩屑受重力作用顺坡而下,称为泻溜。在黏性较大的谷坡上极易发生泻溜,泻落物堆积在沟床两侧,洪水期成为沟谷水流泥砂的主要来源之一。

(2)崩塌。在黄土谷坡上,雨水沿黄土的垂直节理或孔隙下渗,通过潜蚀作用使裂隙进一步扩大,谷坡土体失去稳定而发生崩塌。另外,沟谷水流侵蚀陡崖基部也可引发陡崖失稳定而产生崩塌。一般来说,干黄土具有良好的直立性,在缺少雨水、地面径流及地下水活动的条件下,黄土陡崖能屹立多年不倒。但黄土一旦受湿,其稳定性将大大降低。

(3)滑坡。黄土沟谷中,常见位于谷缘的黄土层整体滑落至谷底,形成谷坡上部圆弧形黄土陡崖与坡脚处庞大的滑坡体,滑坡体有时可达数百万立方米,造成沟谷堵塞。由于地下水容易在不同年代黄土间以及黄土与基岩接触面上聚集、渗流,造成接触带力学性能降低,黄土滑坡常会沿此类接触界面滑动。自然的地震和暴雨常会触发滑坡启动。如1920年的海原地震,造成多处黄土发生滑坡,滑坡体堵塞河流、沟谷,形成了几十个堰塞湖、池。

4.5.4 黄土潜蚀地貌

地表水在沿黄土孔隙、裂隙向下渗透过程中,不断潜蚀(包括化学溶蚀和机械侵蚀)黄土并形成大型空洞,由此导致黄土陷落而形成的地貌为黄土潜蚀地貌。主要包括以下几种地貌形态。

(1)黄土碟。黄土碟是一种近似碟形的凹地,深数米,直径 10~20m,主要发育在平缓地面上。它是由地表水下渗、浸湿黄土后,在重力作用下黄土湿陷、挤密形成。

(2)黄土陷穴。黄土陷穴是黄土区地表的穴状洼地,向下延伸可达数十米,常分布在地表水容易汇集的沟间地边缘和谷坡上部,特别是切沟和冲沟的沟头附近最为发育,是黄土沟谷扩展的重要方式。陷穴按形态可分为竖井状陷穴和漏斗状陷穴。一些陷穴呈串珠状分布,下部有孔道相互沟通,通常分布在坡面长、坡度大的梁、峁斜坡上,往往成为早期切沟沟床的一部分。

(3) 黄土桥。两陷穴之间,由于地下水作用使其沟通,并不断扩大其间的地下孔道,陷穴间残留的土体就形成了黄土桥。

(4) 黄土柱。黄土柱是分布在沟边的柱状残土体,是由于流水不断沿黄土垂直节理潜蚀以及黄土不断崩塌形成的残留土体。黄土柱有柱状和尖塔形,高度一般为几米到十几米。

思考题

1. 总结、分析重力地貌所形成堆积体的工程特性。
2. 总结流水地貌形式,及各自的工程性质?
3. 岩溶地貌的形成需要哪些内外条件?
4. 各岩溶地貌形态可能产生哪些工程地质问题?
5. 由冻土的分布规律分析其构造特征。
6. 冻土地貌类型有哪些?各自可能引发哪些工程地质问题?
7. 分析不同黄土地貌类型可能存在的工程地质问题。

5 岩土的工程性质

岩土体的工程性质包括其工程地质特性与物理力学性质两个方面。其中工程地质特性主要指工程岩土体的成因、矿物成分、空间分布、几何形态、结构构造等宏观地质特征,它决定了工程岩土体对外部荷载的整体响应方式和规律;而岩土体的物理力学性质主要涉及岩土材料的具体工程特性,包括物理性质与力学性质两个方面,是决定岩土体工程响应的内在因素。其中物理性质主要描述岩土材料的组成成分、结构、水理性质等,相应指标有重度、孔隙率、渗透系数等;而力学性质指岩土体的受力与变形规律、强度特征等,常用指标有内摩擦角、黏聚力、抗压强度、抗拉强度等。

工程岩土体是一种特殊的复合材料,不同成因、组成、地域及地质条件所形成的岩土体工程性质差异巨大。为方便工程应用与研究,人们按照其形成原因、力学性质、结构特征等工程特性对岩土介质进行分类。针对不同类型的岩土体,运用不同的定性和定量指标对其工程适宜性及难易程度进行综合评定,并依据评价结果指导有关工程的选址、设计和施工。

5.1 岩石的工程性质

5.1.1 岩石的物理性质

物理性质是岩石的基本工程性质,主要包括重力性质和孔隙性质两个方面。

1. 岩石重度

岩石重度(gravity density)是指单位体积岩石所受的重力,数值上等于岩石试件的重量与总体积的比值,即

$$\gamma = \frac{W}{V} \tag{5-1}$$

式中:γ——岩石的重度,kN/m^3;
$\quad\quad W$——岩石试件的重量,kN;
$\quad\quad V$——岩石试件的体积,m^3。

岩石重度大小与岩石的矿物类型、孔隙性及含水状况有关。完全干燥的岩石重度称干

重度 γ_d，岩石孔隙中充满水时的重度称为饱和重度 γ_m，而在天然含水状态下的重度称为天然重度 γ。通常情况下，$\gamma_m > \gamma > \gamma_d$，而多数岩石质地密实、孔隙少，三种重度量值差异并不大，一般为 23～28.5kN/m³。

2. 岩石比重

岩石比重(specific gravity)又称相对密度，是指岩石固体部分重量与同体积 4℃纯蒸馏水重量的比值，即

$$G_s = \frac{W_s}{V_s \gamma_w} \tag{5-2}$$

式中：G_s——岩石的比重；

W_s——岩石中固体部分的重量，kN；

V_s——岩石中固体部分的体积，m³；

γ_w——4℃时纯蒸馏水的重度，kN/m³。

岩石的比重取决于岩石组成矿物的密度，例如在岩浆岩中，含较多 Fe、Mg 等重元素的基性、超基性岩石的相对密度要比含较多 Si、Al 元素的酸性岩石大。常见岩石的比重通常为 2.50～3.30。

3. 岩石孔隙率

岩石的孔隙率(porosity)又称孔隙度，是指岩石中空隙的体积占岩石总体积的百分比，即

$$n = \frac{V_n}{V} \times 100 \tag{5-3}$$

式中：n——岩石的孔隙率，%；

V_n——岩石中空隙的体积，m³；

V——岩石的总体积，m³。

岩石中的空隙包含孔隙和裂隙，孔隙是指岩石组成颗粒胶结后的残余空间，裂隙是指岩石成岩过程中及形成后受外营力作用而在内部生成的微细裂纹。这里所讨论的孔隙率事实上是包含了孔隙和裂隙两部分的空隙率，但目前人们习惯了用孔隙率代替空隙率。

岩石孔隙率大小主要取决于岩石的结构和构造，同时也受后期埋藏条件、风化作用、构造运动等因素的影响。不同类型岩石的孔隙率差异较大，如新鲜结晶岩类(岩浆岩、变质岩)的孔隙率一般小于3%，沉积岩的孔隙率多数为 1%～10%，某些胶结较差的砂砾岩可达到 10%～20%，甚至更大。一般情况下，孔隙率越大，岩石内部孔隙、裂隙含量越多，岩石的力学性质相对就越弱。因而孔隙率大小可作为衡量岩石工程性质的物理指标之一。

常见岩石的物理性质指标如表 5-1 所示。

表 5-1 常见岩石的物理指标

岩石名称		重度 γ/(kN/m³)	比重 G_s	孔隙率 n/%
岩浆岩	花岗岩	23.0～28.0	2.50～2.84	0.04～2.80
	正长岩	24.0～28.5	2.50～2.90	—
	闪长岩	25.2～29.6	2.60～3.10	0.18～5.00
	辉长岩	25.5～29.8	2.70～3.20	0.29～4.00
	辉绿岩	25.3～29.7	2.60～3.10	0.29～5.00
	玄武岩	25.0～31.0	2.50～3.30	0.30～7.20
	凝灰岩	22.9～25.0	2.50～2.70	1.50～7.50

续表

岩石名称		重度 γ/(kN/m³)	比重 G_s	孔隙率 n/%
沉积岩	砾岩	24.0～26.6	2.67～2.71	0.8～10.00
	砂岩	22.0～27.1	2.60～2.75	1.60～28.30
	页岩	23.0～27.0	2.57～2.77	0.40～10.00
	石灰岩	23.0～27.7	2.40～2.80	0.50～27.00
	泥灰岩	23.0～25.0	2.70～2.80	1.00～10.00
	白云岩	21.0～27.0	2.70～2.90	0.30～25.00
变质岩	片麻岩	23.0～30.0	2.60～3.10	0.70～2.20
	片岩	23.0～26.0	2.60～2.90	0.02～1.85
	板岩	23.1～27.5	2.70～2.90	0.10～0.45
	大理岩	26.0～27.0	2.70～2.87	0.10～6.00
	石英岩	28.0～33.0	2.53～2.84	0.10～8.70

5.1.2 岩石的力学性质

岩石的力学性质指岩石在外载荷作用下的变形和强度特性,前者是在外力作用下岩石的应力-应变关系特征,后者则为岩石抵抗应力破坏的能力。

1. 岩石的变形性质

1）弹性模量

弹性模量(elastic modulus)是指应力与弹性应变的比值,即

$$E = \frac{\sigma}{\varepsilon_e} \tag{5-4}$$

式中：E——弹性模量,MPa；

σ——应力,MPa；

ε_e——弹性应变。

岩石的弹性模量越大,相同荷载下变形越小,则岩石在弹性阶段抵抗变形的能力就越强。

2）变形模量

变形模量(deformation modulus)是指应力与总应变的比值,其中总应变包括弹性应变和塑性应变,即

$$E_0 = \frac{\sigma}{\varepsilon_e + \varepsilon_p} \tag{5-5}$$

式中：E_0——变形模量,MPa；

σ——应力,MPa；

ε_e——弹性应变；

ε_p——塑性应变。

3）泊松比

岩石材料在轴向压力作用下,除产生轴向的压缩变形外,还会产生侧向膨胀。这种横向的正值应变与轴向负值应变的比值称为泊松比(Poisson ratio),即

$$\mu = \frac{\varepsilon_1}{\varepsilon} \tag{5-6}$$

式中：μ——泊松比；

ε_1——横向应变；

ε——纵向应变。

泊松比表示岩石受力后横向的变形性质，其量值越大，相同受力条件下的横向变形就越大。岩石材料的泊松比一般为 0.2～0.4。

2. 岩石的强度性质

1) 抗压强度

抗压强度(compressive strength)一般指岩石的单轴抗压强度，是岩石试件在无侧限条件下所能够承受的最大压应力，即

$$R_c = \frac{P_c}{A} \tag{5-7}$$

式中：R_c——单轴抗压强度，MPa；

P_c——岩石破坏时的压力，N；

A——岩石试件的受力面积，mm^2。

岩石的抗压强度受矿物成分、结构、构造及生成条件等因素控制，不同种类岩石的抗压强度相差较大。可根据岩石饱和单轴抗压强度对岩石坚硬程度进行分级，如表 5-2 所示。

表 5-2 饱和单轴抗压强度与岩石坚硬程度对应表

R_c/MPa	>60	60～30	30～15	15～5	≤5
坚硬程度	硬质岩		软质岩		
	坚硬岩	较坚硬岩	较软岩	软岩	极软岩

2) 抗拉强度

抗拉强度(tensile strength)是岩石在单向拉伸作用下抵抗拉断破坏的能力，以断裂时的最大拉应力表示，即

$$R_t = \frac{P_t}{A} \tag{5-8}$$

式中：R_t——岩石抗拉强度，MPa；

P_t——岩石破坏时的拉力，N；

A——岩石试件的受力面积，mm^2。

岩石抗拉强度的测定，受试验试件加工精度、夹持条件等因素影响，直接拉伸试验成功率较低，一般通过间接拉伸法(巴西圆盘劈裂试验、三点弯曲试验)进行试验。岩石抗拉强度远小于其抗压强度，通常仅为后者的 1/5～1/38，甚至更低。

3) 抗剪强度

抗剪强度(shear strength)是指岩石抵抗剪切破坏的能力，以剪切破坏时的极限剪应力表示。需要说明的是，岩石的抗剪强度与剪切破坏面上的正应力大小有关，正应力越大，抗剪强度越大。用公式表示为

$$\tau = \sigma\tan\varphi + c \tag{5-9}$$

式中：τ——岩石的抗剪强度，MPa；

σ——剪切面上的正应力,MPa;
φ——岩石的内摩擦角,(°);
c——岩石的黏聚力,MPa。

抗剪强度是岩石最重要的工程性质指标之一,实际工程中岩石多表现为剪切破坏。式(5-9)中内摩擦角(internal friction angle)φ和黏聚力(cohesion)c是与抗剪强度有关的岩石内在特性指标,与其类型、结构、构造及生成条件有关。

岩石的力学性质受内部因素和外部条件影响而存在较大差异。通常,在结晶、重结晶条件下生成的岩浆岩类和变质岩类强度要大于一般条件下生成的沉积岩类;岩石各强度指标具有较好的一致性,即抗压强度大的岩石,其抗拉与抗剪强度也较大。个别种类岩石受自身结构、构造影响,并不符合上述规律,如沉积岩中的页岩,变质岩中的片麻岩、板岩等,其整体力学性能均较差,各向异性性质突出。常见岩石的力学指标见表 5-3。

表 5-3 常见岩石的力学指标

岩石名称		抗压强度 R_c/MPa	抗拉强度 R_t/MPa	抗剪强度指标		弹性模量 E/GPa	泊松比 μ
				内摩擦角 φ/(°)	黏聚力 c/MPa		
岩浆岩	花岗岩	100~250	7~25	45~60	14~50	50~100	0.2~0.3
	流纹岩	180~300	15~30	45~60	10~50	50~100	0.1~0.25
	安山岩	100~250	10~20	45~50	10~40	50~120	0.2~0.3
	辉长岩	180~300	15~35	50~55	10~50	70~150	0.1~0.2
	玄武岩	150~300	10~30	48~55	20~60	60~120	0.1~0.35
沉积岩	砂岩	20~200	4~25	35~50	8~40	10~100	0.2~0.3
	页岩	10~100	2~10	15~30	3~20	20~80	0.2~0.4
	石灰岩	50~200	5~20	35~50	10~50	50~100	0.2~0.35
	白云岩	80~250	15~25	30~50	20~50	40~80	0.2~0.35
变质岩	片麻岩	50~200	5~20	30~50	3~5	10~100	0.2~0.35
	大理岩	100~250	7~20	35~50	15~30	10~90	0.2~0.35
	板岩	60~200	7~15	45~60	2~20	20~80	0.2~0.3
	石英岩	150~350	10~30	50~60	20~60	60~200	0.1~0.25

5.1.3 岩石的水理性质

岩石的水理性质是指岩石与水作用时的性质,包括水在岩石中的储存、渗透以及水对岩石工程性质的影响两个方面。主要包括吸水性、透水性、溶解性、软化性、膨胀性、崩解性及抗冻性。

1. 吸水性

岩石在一定条件下吸收水分的性能称为岩石的吸水性,包括吸水率、饱水率和饱水系数三个指标。岩石的吸水性与岩石中空隙的数量、大小、开闭程度、联结及分布情况有关。

1) 吸水率

岩石吸水率(water absorptivity)是指在常压下岩石吸入水的质量与干燥岩石质量的比值,用百分数表示,即

$$w_a = \frac{W_{w_a}}{W_s} \times 100 \tag{5-10}$$

式中：w_a——岩石的吸水率，%；

W_{w_a}——常压下吸入水的质量，g；

W_s——干燥岩石的质量，g。

通常岩石的吸水率越大，其天然含水量越高，水的侵蚀、软化作用表现越强，岩石工程性质受水的影响也就越大。

2）饱水率

岩石饱水率或饱和吸水率（saturated water absorptivity）是指在高压（15MPa）或真空条件下，岩石吸入水的质量与干燥岩石质量之比，用百分数表示，即

$$w_{sat} = \frac{W_{w_{sat}}}{W_s} \times 100 \tag{5-11}$$

式中：w_{sat}——岩石的饱和吸水率，也称饱水率，%；

$W_{w_{sat}}$——高压或真空条件下，岩石吸入水的质量，g；

W_s——干燥岩石的质量，g。

一般认为，在试验高压或真空条件下，水能够进入岩石中所有张开型的空隙中。因此，岩石的饱水率反映了张开型空隙的发育情况，可以用来间接判断岩石抗冻和抗风化能力。

3）饱水系数

岩石饱水系数（water saturated coefficient）是其吸水率与饱水率之比，即

$$k_s = \frac{w_a}{w_{sat}} \tag{5-12}$$

一般情况下，岩石的饱水系数在 0.5~0.8 之间。饱水系数可用于判断岩石的抗冻性，其值越大，抗冻性就越差，通常认为饱水系数小于 0.8 的岩石是抗冻的。常见岩石的吸水性见表 5-4。

表 5-4　常见岩石的吸水性　　　　　　　　　　　　　　%

岩石名称	吸水率 w_a	饱水率 w_{sat}	饱水系数 k_s
花岗岩	0.46	0.84	0.55
石英闪长岩	0.32	0.54	0.59
玄武岩	0.27	0.39	0.69
基性斑岩	0.35	0.42	0.83
云母片岩	0.13	1.31	0.10
砂岩	7.01	11.99	0.60
石灰岩	0.09	0.25	0.36
白云质灰岩	0.74	0.92	0.80

2. 透水性

岩石的透水性用渗透系数（permeability）k 表示，是指岩石允许水通过的能力，其量值主要取决于岩石中空隙的大小及其连通情况。渗透系数的物理意义是水力坡降为 1 时，水在岩石中的渗透速度，单位常用 m/d 或 m/s 等表示。常见岩石的渗透系数见表 5-5。

表 5-5　常见岩石的渗透系数

岩 石 名 称	岩石的渗透系数 $k/(\text{m/s})$	
	室内实验	野外实验
花岗岩	$10^{-11} \sim 10^{-7}$	$10^{-9} \sim 10^{-4}$
玄武岩	10^{-12}	$10^{-7} \sim 10^{-2}$
砂岩	$8 \times 10^{-8} \sim 3 \times 10^{-3}$	$5 \times 10^{-8} \sim 10^{-3}$
页岩	$5 \times 10^{-13} \sim 10^{-9}$	$10^{-11} \sim 10^{-8}$
石灰岩	$10^{-13} \sim 10^{-5}$	$10^{-7} \sim 10^{-3}$
白云岩	$10^{-13} \sim 10^{-5}$	$10^{-7} \sim 10^{-3}$
片岩	10^{-8}	2×10^{-7}

3. 溶解性

岩石的溶解性(solubility)是指岩石溶解于水的性质,常用溶解度或溶解速度来表示。常见可溶性岩石有石灰岩、白云岩、大理岩、石膏和岩盐等。岩石的溶解性除与其化学成分有关外,还和水的性质密切相关,如富含 CO_2 的水具有较大的溶解能力。

4. 软化性

岩石的软化性(softening)是指岩石在水的作用下强度和稳定性降低的性质,以软化系数 K_R 表示。软化系数等于岩石在饱水状态下单轴抗压强度与其在干燥状态下单轴抗压强度的比值,即

$$K_R = \frac{R_w}{R_d} \tag{5-13}$$

式中：R_w, R_d——岩石在饱和与干燥状态下的单轴抗压强度,MPa。

岩石的软化性主要取决于岩石的矿物成分、结构及构造特征,黏土矿物含量高、孔隙率大、吸水率高的岩石易于软化而丧失强度。通常认为：$K_R > 0.75$,软化性弱,抗风化和抗冻性能强；$K_R < 0.75$,软化性强,抗风化和抗冻性能弱。常见岩石的软化系数见表5-6。

表 5-6　常见岩石的软化系数

岩 石 名 称	软化系数	岩 石 名 称	软化系数
花岗岩	$0.72 \sim 0.79$	泥质砂岩	$0.21 \sim 0.75$
闪长岩	$0.60 \sim 0.80$	泥岩	$0.40 \sim 0.60$
闪长玢岩	$0.78 \sim 0.81$	页岩	$0.24 \sim 0.74$
辉绿岩	$0.33 \sim 0.90$	石灰岩	$0.70 \sim 0.94$
流纹岩	$0.75 \sim 0.95$	泥灰岩	$0.44 \sim 0.54$
安山岩	$0.81 \sim 0.91$	片麻岩	$0.75 \sim 0.97$
玄武岩	$0.30 \sim 0.95$	变质片岩	$0.70 \sim 0.84$
凝灰岩	$0.52 \sim 0.86$	千枚岩	$0.67 \sim 0.96$
砾岩	$0.50 \sim 0.96$	硅质板岩	$0.75 \sim 0.79$
砂岩	0.93	泥质板岩	$0.39 \sim 0.52$
石英砂岩	$0.65 \sim 0.97$	石英岩	$0.94 \sim 0.96$

5. 膨胀性

膨胀性(expansibility)是指某些含有黏土矿物的岩石浸水后,黏土矿物吸水膨胀,导致

岩石颗粒间水膜增厚或水进入矿物晶体内部，引起岩石体积膨胀。特别是当岩石含有大量蒙脱石矿物时，岩石的膨胀性更强。膨胀性岩石通常会导致路堑边坡、地下洞室失稳破坏，以及采煤巷道底鼓等工程问题。描述岩石膨胀性的指标可参考本章特殊土中膨胀土的相关内容。

6. 崩解性

岩石被水浸泡后，由于亲水性矿物吸水膨胀、可溶性胶结物溶解等原因，造成岩石结构破坏、组成颗粒及其集合体散落的现象，称为岩石的崩解性(disintegration)。岩石的崩解性用耐崩解指数表示，其测定方法是岩石经过干燥、浸水两个循环后，试件残留质量与原质量之比，用百分数表示，即

$$I_{d2} = \frac{m_r}{m_s} \times 100 \tag{5-14}$$

式中：I_{d2}——岩石二次循环耐崩解指数，%；

m_r——残留试件烘干质量，g；

m_s——原试件烘干质量，g。

7. 抗冻性

自然条件下，存在于岩石空隙中的水冻结膨胀，并在空隙壁上产生冰、水压力，促使岩石结构破坏。岩石抵抗这种冰冻破坏作用的能力，称岩石的抗冻性(frost resistance)，常采用冻融系数和质量损失率两个指标描述。不同行业对上述指标的测试方法和流程大致相同，但在试验温度、控制精度及循环次数等具体细节上有所差异。这里以《工程岩体试验方法标准》(GB/T 50266—2013)为例进行说明。

岩石冻融系数 K_{fm} 的测定是将饱和岩样在(-20 ± 2)℃及(20 ± 2)℃条件下冻融25次，每次冷冻、融解时长4h，冻融次数也可根据需要采用50次或100次。冻融循环前后岩样平均饱和单轴抗压强度之比为岩石冻融系数，即

$$K_{fm} = \frac{\overline{R}_{fm}}{\overline{R}_w} \tag{5-15}$$

式中：K_{fm}——岩石冻融系数；

$\overline{R}_w, \overline{R}_{fm}$——冻融试验前、后试件平均饱和单轴抗压强度，MPa。

岩石冻融质量损失率 M 是指冻融试验前后由岩石碎屑散落而引起的质量损失百分数，按下式计算：

$$M = \frac{m_a - m_f}{m_s} \times 100 \tag{5-16}$$

式中：M——岩石冻融质量损失率，%；

m_a——冻融前饱和试件质量，g；

m_f——冻融后饱和试件质量，g；

m_s——试验前烘干试件质量，g。

在高寒地区，抗冻性是评价岩石工程地质性质的重要指标。岩石的冻融系数和质量损失率大小主要取决于岩石内开型空隙发育程度、亲水性和可溶性矿物含量，以及矿物颗粒间的连接强度。开型空隙越多、亲水性和可溶性矿物含量越多，则冻融系数越小，质量损失率越大，岩石的抗冻性越差。

5.1.4 岩石工程性质的影响因素

在不同工程环境中，岩石(体)所表现出的物理、力学、化学等方面的特征称为其工程性质。不同种类岩石由于组成成分、生成环境、结构、构造等不同，其工程性质存在较大差异；而同类甚至同种岩石成岩后受外界因素影响，其工程性质也会有所不同，甚至差异巨大。影响岩石工程性质的因素很多，归纳起来主要有内因和外因两个方面。内因主要包括矿物成分、结构、构造及形成原因、环境等，而外因则主要涉及水的影响、构造作用、风化侵蚀等。

1. 内部影响因素

1) 矿物成分

岩石的组成矿物对其物理力学性质具有决定性影响。如辉长岩的相对密度大于花岗岩，是因为辉长岩的主要成分为辉石和角闪石，其密度要比组成花岗岩的石英和长石大；又如石英岩的抗压强度比相同结构的大理岩要高得多，是因为组成石英岩的石英比组成大理岩的方解石强度高的缘故。这说明尽管岩石类型、结构、构造形式相同，但如果组成矿物成分不同，岩石的物理力学性质也会有明显差异。

但并不能简单认为由高强度矿物组成的岩石强度一定高。岩石内部应力的传递是通过矿物颗粒间的接触面或胶结物进行的，当其中高强度颗粒不直接接触或胶结物质较软弱时，岩石并不能表现出较高的强度。只有当矿物组分均匀分布，且高强度矿物形成牢固骨架，或胶结物强度高、胶结良好时，岩石才可能表现出高强度特征。

岩石的强度不仅取决于高强度矿物的含量与组合状态，还与其中低强度矿物的类型及特征有关，如其中黑云母和黏土类矿物的含量过高，则岩石强度会降低。这是因为黑云母是硅酸盐矿物中硬度最低、解理最为发育的矿物之一，容易风化剥落，形成强度较低的次生铁氧化物和黏土类矿物；在石灰岩和砂岩中，当黏土类矿物含量大于20%时，岩石的强度和稳定性就会显著降低。

2) 结构

岩石结构特征是影响其物理力学性质的重要因素之一。根据岩石中矿物或碎屑颗粒的联结方式可将岩石分为结晶岩类和胶结岩类。结晶岩类包括大部分的岩浆岩、变质岩及部分沉积岩，而胶结岩类主要指沉积岩中的碎屑岩。结晶联结是在岩浆岩或水溶液中结晶或重结晶形成的，矿物晶体靠直接接触产生的力牢固联结在一起，结合力强、孔隙度小、结构致密，比胶结联结的岩石具有更高的强度和稳定性。

单就结晶岩类而言，晶粒大小对岩石强度有明显影响，通常细粒结构岩石的强度要大于粗粒结构。如粗粒花岗岩的抗压强度一般为118~137MPa，而细粒花岗岩则可达到196~245MPa；又如大理岩的抗压强度一般为79~118MPa，而石灰岩强度可达到196MPa，甚至255MPa。

对于胶结岩类，胶结方式有基底胶结、孔隙胶结和接触胶结三种。基底胶结的碎屑物质散布于胶结物中，碎屑颗粒互不接触，因而岩石孔隙度小，其强度和稳定性完全取决于胶结物的成分。当胶结物与碎屑物质相同时，经过重结晶作用可转化为结晶联结，强度和稳定性大大提高，如石英砂岩转变成石英岩。孔隙胶结的碎屑颗粒直接接触，胶结物质充填于碎屑间的孔隙中，岩石孔隙度较小，强度和稳定性与碎屑及胶结物的成分均相关。接触胶结则仅在碎屑接触处有胶结物联结，相应岩石一般孔隙度较大、吸水率高，而重度较小、强度偏低。

3) 构造

构造对岩石物理力学性质的影响,主要由岩石各组成部分(包括矿物和空隙)的空间排布方式决定。如在具有片状、板状、千枚状、片麻状及流纹状构造的各类岩石中,各组成矿物的空间分布极不均匀。一些强度低、易风化的矿物多沿一定方向富集,呈条带状分布,或形成局部聚集体,使岩石的物理力学性质沿该方向或局部产生较大变化。此外,由于岩石中层理及各种成因空隙的存在,岩石的强度和透水性在不同方向上呈现出明显差异。一般而言,层面与裂隙垂直方向上的强度要大于平行方向上的强度,而透水性则恰好相反。

2. 外部影响因素

1) 水的影响

岩石浸水后,水沿着岩石内孔隙、裂隙侵入岩石内部,在空隙内表面形成水膜,降低空隙闭合后的摩擦效应,水继续沿矿物颗粒接触面向深部侵入,削弱矿物颗粒间的联结,降低岩石宏观强度。因此大部分岩石的饱和强度要小于干燥状态下的强度,如石灰岩和砂岩饱和后,其极限抗压强度会降低 25%~45%,即使是花岗岩和石英岩等致密岩石,被水饱和后的强度也会有一定程度的降低。

水对岩石强度的影响在一定程度上是可逆的,饱水岩石干燥后其强度仍可恢复。但在干湿循环时,某些岩石会发生化学溶解、结晶膨胀等现象,导致结构状态产生改变,从而引起强度永久性降低。

2) 地质构造作用

岩石空隙的大小、形态、分布特征等对其物理力学性质具有重要影响。在地质构造力的长期、反复作用下,岩石内部会形成复杂的构造微裂隙群,与内部已有原生孔隙进行组合、交叉,不仅增大了孔隙率,而且提高了裂隙、孔隙的连通性,从而大大降低了岩石的工程性能。此外,地质构造作用还会在岩石内形成封闭应力,与岩石受工程荷载产生的应力相叠加,极易使内部微裂纹在较小外载作用下开裂、扩展,甚至相互连通,从而降低岩石的宏观强度。

3) 风化侵蚀

长期暴露在地表或浅埋于地下的岩石,受太阳辐射、大气、降水及生物作用,岩石结构逐渐松散、破碎,甚至矿物元素发生次生变化。其中物理风化作用促使岩石内原有裂隙不断扩展,同时产生新的风化裂隙,使岩石组成颗粒之间黏结逐步松散,矿物沿解理面崩解。而化学风化作用则促使岩石中矿物成分发生次生变化,从根本上改变岩石原有地质特征。两种风化作用破坏了岩石的结构、构造和整体性,使其孔隙率、吸水性、透水性大大增加,重度减小,强度和稳定性显著降低。

5.2 岩体结构

岩体(rock mass)是指由一种或多种岩石组成,并由各类结构面及其切割形成的结构体所共同构成,存在于一定地质环境中的地质体。岩体通常含有层面、节理、断层、片理等地质界面(或称结构面),因而是一种多裂隙的不连续介质体。

岩体与岩石(rock)的工程性质尤其是力学特性存在明显差异。岩体为各种结构面所切割,其整体力学强度主要受结构面控制,而通常结构面的力学特性与岩石差异巨大,强度远低于岩石,因而岩体的力学性质普遍要弱于其组成岩石。视岩体中结构面密度、规模、特征等情况不同,岩体力学性质的蜕化程度亦不相同,结构面密度、规模越大,力学性质越弱,则组成岩体的整体力学性质就越差。

从工程地质学的角度来看,岩体的主要特征有以下四点。

(1) 岩体是地质体的一部分,而地质体是不断发展、演变的。因而构成地质体的岩石类型、地质构造、地下水等要素对工程岩体的稳定性、耐久性有重要影响。其次,对岩体工程性质的研究,不仅要研究其现状,也要重视其历史及今后的发展、演化趋势。

(2) 岩体结构面的力学性质相对较弱,其存在导致岩体结构不连续、不均匀,同时产生了复杂的各向异性。岩体工程中的关键结构面往往成为决定工程结构稳定的主控因素。

(3) 岩体受不同性质、特征结构面的组合切割,表现为整体状、层状、块状等不同的结构特征。其各自变形与破坏机制受结构形态影响也各不相同。

(4) 岩体受自重与构造运动作用,在内部形成了复杂的初始应力场,导致其工程特性更为复杂。

5.2.1 结构面

岩体中的结构面包括物质分异面(层面、片理面、沉积间断面等)、各种破裂面(劈理、节理、裂隙、断层面等)以及软弱夹层等,成因不同,结构面的特征与力学性能也各不相同。

1. 结构面成因分类

按地质成因的不同,结构面可分为原生结构面、构造结构面和次生结构面。

1) 原生结构面

在成岩阶段形成的结构面称原生结构面(primary structure plane),按成岩类型又可分为沉积结构面、火成结构面和变质结构面三种类型。

(1) 沉积结构面(sedimentary structure plane),是在沉积岩成岩过程中形成的地质界面,包括层面、层理面、沉积间断面、原生软弱夹层、古风化夹层等。其形成与沉积岩的成层性有关,一般在海相沉积岩中空间展布较稳定,而在陆相沉积岩中常呈斜交或交错状态。软弱夹层是指介于硬岩层之间,力学强度低、变形大、遇水易软化的薄岩层,通常为黏土质岩层,是对岩体稳定性影响最为显著的原生结构面。常见的如碳酸岩中的泥灰岩夹层、砂砾岩中的黏土岩或黏土页岩夹层等。

(2) 火成结构面(igneous rock structure plane),是指岩浆侵入及冷凝过程中所形成的结构面。包括新生岩浆岩与原有岩石的接触面,岩浆岩冷凝形成的节理面,岩浆流动的流层、流线面等。通常火成结构面产状极不稳定,工程性质也不均匀。新老岩石的接触面可形成接触蚀变带或破碎带;岩浆岩冷凝形成的张性节理面通常呈张开状态,透水性强、稳定性差;而喷出岩中的流纹面风化后极易剥离、脱落,形成力学弱面。

(3) 变质结构面(metamorphic rock structure plane),是指在变质作用过程中,矿物定向排列形成的结构面,如片麻理、片理以及板理等。另外变质岩中所夹的薄层云母片岩、绿泥石片岩、滑石片岩等,由于岩质软弱、易于风化,常构成相对软弱的结构面。

2) 构造结构面

构造结构面(tectonic structure plane)是在构造应力作用下形成的断裂面、破碎带、层间错动面的统称。其中劈理(cleavage plane)、节理是形体规模较小的构造结构面,但分布密集且多呈定向排列,常导致岩体产生明显的各向异性。断层是体型规模较大的构造结构面,分布稀疏,常形成一定厚度的软弱构造岩。断层构造面的存在不仅影响岩体稳定,还可能导致隧道突水、突泥等问题,有时甚至会产生构造错动。层间错动是指在构造派生应力作用下,岩体沿原生结构面(通常为岩层层面)发生错动,多发生于褶皱岩层及大断层附近。实际工程中的破碎夹层、泥化夹层多与层间错动有关。

3) 次生结构面

次生结构面(secondary structure plane)是指风化、卸荷及地下水活动等因素在岩体中形成的结构面,如风化裂隙、卸荷裂隙及次生充填夹泥层等。风化裂隙一般分布无规律,且连续性较差,并多有泥质与碎屑填充。风化裂隙常沿已有结构面深度发育,形成风化沟槽、风化囊等构造形式。卸荷裂隙是由于岩体受剥蚀、侵蚀或人工开挖影响,引起垂直、水平方向应力释放,临空面附近岩石卸荷回弹形成破裂面。而岩体中的泥化夹层多是地下水作用于诸如泥岩、页岩、千枚岩等软弱夹层后形成的。

2. 结构面的地质力学类型

按地质力学观点,岩体的地质破坏有三种类型:第一为破坏面,属大面积破坏,以大而粗的节理为代表,由缓慢地质构造作用形成;第二为破坏带,属小面积的密集破坏,以细节理、局部节理、风化节理等为代表,由快速地质构造作用形成;第三为破坏面与破坏带之间的过渡类型,表现为介于两者之间的破坏形态。

奥地利地质学家缪勒(L. Leopold Müller)据此将结构面分成 5 种类型,即单节理、节理组、节理群、节理带以及破裂带或糜棱岩带。在此型基础上,又按节理充填的材料性质、程度及糜棱岩化程度将每种类型分成 3 个细类,如此共将结构面分为 15 个细类,如图 5-1 所示。

3. 结构面特征

结构面特征包括结构面的规模、形态、密集程度、延展性及充填状况等,它们对结构面的物理力学性质具有决定性影响。

1) 结构面规模

不同类型的结构面规模相差较大,据中国科学院地质研究所对结构面规模的划分,从大到小共可分为五个等级。

(1) Ⅰ级结构面。Ⅰ级结构面为区域性断裂破碎带,通常延展数十千米以上,破碎带宽度从数米至数十米不等,直接关系到工程所在区域的稳定性。

(2) Ⅱ级结构面。Ⅱ级结构面为延展性较强、宽度有限的区域地质界面,贯穿工程所在场地,长度可达数百米至数千米,宽一米至数米,如中型断层、层间错动带、软弱夹层等。

(3) Ⅲ级结构面。Ⅲ级结构面为工程岩体范围内的中型结构面,如长度数十米至数百米的小断层、大型节理、风化夹层、卸荷裂隙等,是工程岩体稳定的控制性因素。

(4) Ⅳ级结构面。Ⅳ级结构面为工程岩体范围内的小型结构面,延展性及连通性差,包括长度数米至数十米内的节理、片理、劈理等。这些结构面将岩体切割成形状、大小不一的结构体,是岩体结构研究的重点。

(5) Ⅴ级结构面。Ⅴ级结构面是指延展性、连通性极差的微小裂隙,主要影响岩块的力学性质。

2) 结构面形态

结构面在三维空间展布的几何特征称结构面形态,主要包括以下三种类型。

(1) 平直形。包括大多数的层面、片理、剪节理及原生节理等。

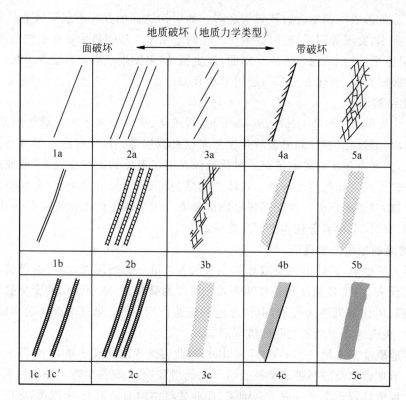

图 5-1 结构面的地质力学分类法

1a—粗节理；2a—粗节理组；3a—巨节理群；4a—带有羽毛状节理的粗节理；5a—破裂带；
1b—充填风化物的粗节理；2b—充填风化物的粗节理组；3b—带有巨节理的破坏带；
4b—带有边缘粗节理的破坏带；5b—近糜棱岩(构造角砾)带；1c—有黏土充填的粗节理；
1c′—由黏土组成破坏带的粗节理；2c—充填黏土的粗节理群；3c—带有糜棱岩的巨节理；
4c—带有粗节理的糜棱岩带；5c—糜棱岩带

(2) 波浪形。如具有波痕的层理，轻度揉曲的片理，呈舒缓波状的压性或压扭性破裂面。

(3) 曲折形。一般呈锯齿状或不规则的弯曲状，如具交错层理或龟裂纹的岩层面，沉积间断面，以及沿已有裂隙发育的次生结构面等。

通常以起伏度、粗糙度表征结构面的凹凸形态，如图 5-2 所示。起伏度(waviness)是指相对较大一级表面的不平整状态，起伏度较大时会影响到结构面的局部产状；粗糙度(roughness)则指相对较小一级表面的不平整状态，对结构面剪切强度具有较大影响。一般粗糙起伏的结构面比平直光滑的结构面拥有更高的抗剪强度。

3) 结构面密集程度

结构面的密集程度反映了岩体的完整性，通常以线密度表示结构面的密集程度。线密度是指单位长度上结构面的条数，其值越大，说明结构面越密集。当线密度较小时，岩体可视为连续介质，其整体力学性能取决于组成岩石的性质；而当线密度很大时，岩体被切割成碎裂状，应视为碎裂介质，此时其整体力学特性主要受结构面控制。

4) 结构面延展性

结构面延展性(ductility)又称贯通性、连续性，是指在一定空间范围内岩体中结构面在

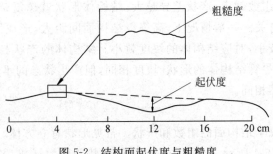

图 5-2　结构面起伏度与粗糙度

走向与倾斜线方向上的连通程度。岩体结构面的延展性有三种情况：非连通、半连通以及连通，如图 5-3 所示。

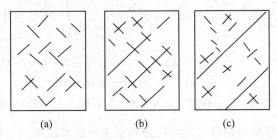

图 5-3　岩体结构面延展性示意图
(a) 非连通节理；(b) 半连通节理；(c) 连通节理

岩体结构面的抗剪强度与其连通程度有关。连通的结构面抗剪强度低；而非连通的短小结构面，受裂隙间岩桥强度控制，抗剪性能较好。

5) 结构面壁面强度

结构面由两个相对的岩面组成，岩体长期受地质作用影响，一些壁面产生了不同程度的磨平或风化效应，强度降低，并进而影响岩体整体的力学性能。壁面的磨平通常由地质构造运动的反复作用引起，在Ⅲ级结构面中表现明显。岩体风化一般通过导水裂隙向内部扩展，因而裂隙壁面接受风化作用的时间最长、强度最大，力学性质自然低于内部岩块。而一些闭合性好的裂隙，外界风化营力很难侵入，力学强度降低不多。

6) 结构面张开度及充填情况

结构面的张开度是指其两壁间垂直距离的大小，据此可将结构面分为闭合型（张开度小于 0.2mm）、微张型（张开度为 0.2~1.0mm）、张开型（张开度为 1.0~5.0mm）和宽张型（张开度大于 5mm）四种。

闭合结构面的力学性质取决于岩石成分与结构面的粗糙程度；总体张开的结构面，由于壁面间存在点接触，其抗剪强度高于完全张开的结构面；完全张开的结构面抗剪强度取决于内部充填物的性质与胶结状况，当充填物中含有黏土质、石膏质、含水蚀变矿物等软弱物质时，其强度显著降低。

5.2.2　结构体

岩体中被不同级别、类型结构面所切割、包围的岩石块体、集合体称结构体，以形状、块度、产状表征。结构体的存在状态受结构面控制。结构体的形状取决于结构面的组数与产状。一般来说,结构面组数越多、产状差异越大,结构体形状就越复杂。结构体的块度大小与结构面等级和间距有关。一般情况下,高等级结构面间距大,形成结构体的块度大,而低等级结构面间距相对较小,对应结构体的块度就小。结构体的产状与结构面组合的空间状态有关。实际工程中,尽管结构体的形状、块度相同,但产出状态的不同,致使其对特定工程结构稳定性的影响并不相同。

1. 结构体形状

结构体的形状取决于结构面的组数和产状。常见形状有立方体、四面体、菱面体、板状、柱状及楔状 6 种,如图 5-4 所示。实际中的结构体形状要更为复杂、多变。

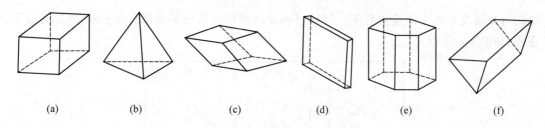

图 5-4　结构体的形状
(a) 立方体；(b) 四面体；(c) 菱面体；(d) 板状；(e) 柱状；(f) 楔状

地壳岩体中,各类结构面的形成与空间分布受主导因素控制而呈现一定的规律性,由此形成的结构体形状也常具有一定的规律性。例如,对于构造作用形成的结构体而言,由于作用程度不同,主要结构体的形状也不相同。在轻微构造变形地区,岩体多发育棋盘格式节理,从而切割出广泛分布的立方体、菱面体状结构体。而在强烈构造变形地区,岩体中结构面组数增多,能够切割出四面体、楔形及锥状、柱状等多种形状结构体。在劈理与薄岩层发育地区,岩体一般呈板状结构。

2. 结构体分级

不同规模结构面的空间展布、组合关系存在较大差异,由其形成的结构体规模也必定相差悬殊。根据结构面的规模大小,可将相应结构体划分成四个等级。

(1) Ⅰ级结构体。Ⅰ级结构体又称断块体,是指由Ⅰ级结构面(区域性大断裂)组合、包围而成的地质体。它由不同时代、不同类型的岩层组成,其中发育有规模不等的褶皱和断裂构造。构造运动过程中,断块体的变形、破坏受周边区域性大断裂制约,其稳定问题即为区域稳定性问题。

(2) Ⅱ级结构体。Ⅱ级结构体又称山体,是指在Ⅰ级结构体内,由Ⅱ级结构面或Ⅱ级与Ⅰ级结构面所包围的地质体。Ⅱ级结构体发育有较小规模的褶皱和断裂,通常与工程项目的整体稳定状况直接相关。

(3) Ⅲ级结构体。Ⅲ级结构体又称块体,是指在Ⅱ级结构体内,由Ⅲ级结构面或Ⅲ级与Ⅱ级甚至Ⅰ级结构面组合包围的地质体。工程岩体一般包括数个至数十个Ⅲ级块体,小者不过数十立方米,大者可达数万立方米。

(4) Ⅳ级结构体。Ⅳ级结构体即为岩块,是指在Ⅲ级结构体内,由Ⅳ级结构面或Ⅳ级与Ⅱ级、Ⅲ级结构面相互组合包围的岩石块体,这是与工程岩体的局部掉块、失稳有关的结构体级别。Ⅳ级结构体内仅存在有Ⅴ级结构面,其岩性相对单一,可视为完整岩石。

5.2.3 岩体结构类型及特征

岩体结构是指组成岩体的各类形状结构体群的空间组合方式和产出状态。岩体的工程性质首先取决于岩体的结构类型及特征,其次才是组成岩体的岩石性质。前者决定了工程岩体的整体变形和破坏方式,而后者仅与局部岩块的破坏有关。实践表明,大多数工程岩体的失效是整体性的结构失稳、破坏,而非由岩块强度所决定的局部破坏模式。

通常岩体结构的基本类型有整体结构、块体结构、层状结构、碎裂结构和散体结构五大类,如表 5-7 所示。

表 5-7 岩体结构类型

岩体结构类型	岩体地质类型	主要结构体形状	结构面发育情况	岩土工程特性	可能发生的岩土工程问题
整体结构	巨块状岩浆岩、变质岩、巨厚层沉积岩	巨块体	以层面和原生构造节理为主,多呈闭合型,结构面间距大于 1.5m。一般为 1~2 组,无危险结构面组成的落石、掉块	整体性强度高,岩体稳定,在变形特征上可视为均质弹性各向同性体	要注意由结构面组合而成的不稳定结构体的局部滑动或坍塌,深埋洞室要注意岩爆
块体结构	厚层状沉积岩、块状岩浆岩、变质岩	块状柱状	只具有少量贯穿性较好的节理裂隙,结构面间距 0.7~1.5m。一般为 2~3 组,有少量分离体	整体强度较高,结构面互相牵制,岩体基本稳定,在变形特征上接近弹性各向同性体	
层状结构	多韵律的薄层及中厚层沉积岩、副变质岩	层状板状	层理、片理、节理裂隙,但以风化裂隙为主,常有层间错动面	岩体接近均一的各向异形体,其变形及强度特征受层面控制,可视为弹塑性体,稳定性较差	可沿结构面滑塌,可产生塑性变形
碎裂结构	构造影响严重的破碎岩层	碎块状	层面及层间结构面较发育,结构面间距为 0.25~0.50m。一般在 3 组以上,有大量分离体	完整性破坏较大,整体强度很低,并受软弱结构面控制,多呈弹塑性体,稳定性很差	易引起规模较大的岩块失稳,地下水加剧岩体失稳
散体结构	断层破碎带、强风化及全风化带	碎屑状	构造及风化裂隙密集,结构面错综复杂,并多充填黏性土,形成无序小块和碎屑	完整性遭到极大破坏,稳定性极差,岩体接近松散体介质	

(1) 整体结构。该类岩体一般岩石坚硬,由单一或强度接近的岩石组合而成,岩体中不存在连续的软弱结构面,裂隙多呈闭合状态,未将岩体切割成分离的结构体。通常情况下,可将其视为均质的连续介质体。由于此类岩体强度高、整体性好,对于一般的边坡、地基和硐室工程是稳定的,但在深埋或高应力地区,容易产生岩爆。

(2) 块体结构。此类岩体受构造作用程度不同,完整性有所差异。对于构造活动微弱,结构面结合较好的岩体,可作为连续介质处理;而对于构造活动强烈,存在明显结构面或破碎带的岩体,则为不连续介质。块状结构体的整体强度较高,岩体的变形、破坏受结构面控制,当结构面延展性较差时,岩石的抗剪强度可发挥作用。与整体结构岩体性质类似,在一般工程条件下,岩体较为稳定,在深埋或高应力硐室施工中,易于产生岩爆。

(3) 层状结构。层状结构岩体主要指岩层厚度较薄的沉积岩或变质岩岩体,岩性组合通常较复杂,有单一岩性组合也有软硬相间岩层的组合。此类岩体受层面构造影响,具有典型的各向异性性质,垂直与平行层面方向的力学性质差异较大,平行层面方向的抗剪强度往往远小于垂直层面方向。实际工程中,层状岩体受构造影响,存在不同程度的层间错动或扭动,通常构成黏结力小、强度低的软弱结构面。

(4) 碎裂结构。该类结构体通常由呈闭合状态的节理、裂隙切割而成。在低围压情况下,呈现明显不连续性,岩体破坏主要受控于结构面的滑移;而在高围压条件下,结构面处于锁闭状态,力学性质接近岩石块体,岩体可视为连续介质。受结构面控制,整体上碎裂结构岩体的强度较低,在实际工程条件下,容易产生坍塌、滑移和压缩变形,且具有明显的流变特性。

(5) 散体结构。该类结构岩体主要见于大型断裂破碎带、岩浆岩侵入破碎带及强烈风化带中。主要特征是结构面的高度密集导致岩体松散解体,结构体呈颗粒状、鳞片状。其力学特征类似于松散连续介质,具有明显的塑性、流变性、高压缩性,遇水或泥化后强度更低,极易产生各类工程事故。

5.3 工程岩体分级

工程岩体组成岩石的种类繁多,结构形式复杂多样,完整程度各不相同,工程应用条件更是千差万别。详细考察、研究每一种组合方式,确定工程方案,显然代价太高,得不偿失。若对各类工程岩体按照某种合理的定性、定量或综合办法进行分级,针对不同等级岩体采取适宜的勘察、设计、施工及维护方案,不仅能够满足绝大多数工程合理、安全、经济等方面的要求,还能为工程量及费用定额的编制提供必要依据。对工程岩体进行分类、分级即是有鉴于此而进行的工程活动。

岩体的分级经历了一个逐渐发展成熟的过程,从早期仅以岩石单轴抗压强度值作为分级指标,发展到目前考虑结构面、地质赋存条件(地下水、地应力)、工程类别等因素的多层次、多参数分类方法,从初期定性指标、标准发展到目前定量、半定量指标、标准,人们对工程岩体的评价更加准确、客观、全面,个人经验对评价结果的影响也越来越小。

目前,岩体的分级方法不下几十种,包括单指标分级和多指标分级两种。比较有代表性的单指标分级法有 RQD 分级法和完整性系数分级法。而多指标分级则有比尼亚夫斯基(Z. T. Bieniawski)提出的节理化岩体地质力学分级,巴顿(N. Barton)等人提出的用于隧道支护设计的岩体工程分级,以及我国学者谷德振提出的岩体质量系数分级等。我国学者在汇集、总结各行各业岩体工程建设经验及分级方法的基础上,编制出一套统一的岩体分级标准规范——《工程岩体分级标准》(GB/T 50218—2014)。在该规范中,对工程岩体级别的划分通过两步进行,首先根据基本质量分级因素确定岩体的基本质量等级,其次结合具体工程类别确定工程岩体的最终级别。规范中对各分级因素的评价采用了定性与定量相结合的方法,两者相互校核、验证,使划分更为全面、客观。下面就对该规范的分级标准和具体方法进行说明。

5.3.1 岩体基本质量分级因素

岩体的基本质量是其独立于岩体外部环境和工程类别的基本特质,主要受组成岩块的岩性、结构构造、物理力学特征,以及结构面性质、数量等内因控制。在《工程岩体分级标准》(GB/T 50218—2014)中,组成岩体的岩块与结构面的特性分别由岩石坚硬程度和岩体完整程度两个指标表征,而这两个指标在规范中均包括定性和定量两种分类标准,方便进行指标的定性、定量分级与对照,减小偶然因素影响。

1. 岩石坚硬程度的划分

岩石的坚硬程度取决于岩石组成矿物成分、结构构造特征、风化程度等,可通过定性与定量两种方法划分。

1) 岩石坚硬程度的定性划分

对于岩石坚硬程度的定性划分,可参考表 5-8。

表 5-8 岩石坚硬程度的定性划分

名 称		定 性 鉴 定	代 表 性 岩 石
硬质岩石	坚硬岩	锤击声清脆、有回弹、震手、难击碎;浸水后,大多无吸水反应	未风化至微风化的花岗岩、正长岩、闪长岩、辉绿岩、玄武岩、安山岩、片麻岩、石英片岩、硅质板岩、石英岩、硅质胶结的砾岩、石英砂岩、硅质石灰岩等
	较坚硬岩	锤击声清脆、有轻微回弹、稍震手、较难击碎;浸水后,有轻微吸水反应	(1) 中等(弱)风化的坚硬岩; (2) 未风化至微风化的熔结凝灰岩、大理岩、板岩、白云岩、石灰岩、钙质砂岩、粗晶大理岩等
软质岩石	较软岩	锤击声不清脆、无回弹、较易击碎;浸水后,指甲可刻出印痕	(1) 强风化的坚硬岩; (2) 中等(弱)风化的较坚硬岩; (3) 未风化至微风化的凝灰岩、千枚岩、砂质泥岩、粉砂岩、砂质页岩等
	软岩	锤击声哑、无回弹、有凹痕、易击碎;浸水后,手可掰开	(1) 强风化的坚硬岩; (2) 中等(弱)风化至强风化的较硬岩; (3) 中等(弱)风化的较软岩; (4) 未风化的泥岩、泥质页岩、绿泥石片岩、绢云母片岩等
	极软岩	锤击声哑,无回弹,有较深凹痕,手可捏碎;浸水后,可捏成团	(1) 全风化的各种岩石; (2) 强风化的软岩; (3) 各种半成岩

表 5-8 中有关岩石风化程度的划分,可参考表 5-9。

表 5-9 岩石风化程度的划分

风 化 程 度	风 化 特 征
未风化	岩石结构构造未变,岩质新鲜
微风化	岩石结构构造、矿物成分和色泽基本未变,部分裂隙面有铁锰质渲染或略有变色
中等/弱风化	岩石结构构造部分破坏,矿物成分和色泽较明显变化,裂隙面风化较剧烈

续表

风化程度	风化特征
强风化	岩石结构大部分破坏,矿物成分和色泽较明显变化,长石、云母和铁镁矿物已风化蚀变
全风化	岩石结构构造完全破坏,已崩解和分解成松散土状或砂状,矿物全部变色,光泽消失,除石英颗粒外的矿物大部分风化蚀变为次生矿物

2) 岩石坚硬程度的定量划分

岩石坚硬程度的定量指标应采用岩石饱和单轴抗压强度 R_c,R_c 应采用实测值。当无条件取得实测值时,也可采用实测的岩石点荷载强度指数 $I_{s(50)}$ 的换算值,按下式计算:

$$R_c = 22.82 I_{s(50)}^{0.75} \tag{5-17}$$

式中:R_c——岩石饱和单轴抗压强度,MPa。

岩石饱和单轴抗压强度 R_c 与岩石坚硬程度的对应关系如表 5-10 所示。

表 5-10 R_c 与岩石坚硬程度对应关系

R_c/MPa	>60	60~30	30~15	15~5	≤5
坚硬程度	硬质岩		软质岩		
	坚硬岩	较坚硬岩	较软岩	软岩	极软岩

2. 岩体完整程度的划分

岩体的完整程度是决定岩体基本质量等级的另一个重要因素。影响岩体完整程度的因素有结构面类型、发育程度及结合程度等。其中,结构面类型决定了结构面性质和发育规模;发育程度主要涉及结构面密度、组数、产状、切割关系等;而结合程度则主要指结构面的张开度、粗糙度、起伏度及充填情况等。

1) 岩体完整程度的定性划分

对岩体完整程度的定性划分可参考表 5-11。

表 5-11 岩体完整程度定性划分

名称	结构面发育程度		主要结构面的结合程度	主要结构面类型	相应结构类型
	组数	平均间距/m			
完整	1~2	>1.0	结合好或结合一般	节理、裂隙、层面	整体状或巨厚状结构
较完整	1~2	>1.0	结合差	节理、裂隙、层面	块状或厚层状结构
	2~3	1.0~0.4	结合好或结合一般		块状结构
较破碎	2~3	1.0~0.4	结合差	节理、裂隙、层面、小断层	裂隙块状或中厚层状结构
	≥3	0.4~0.2	结合好		镶嵌碎裂结构
			结合一般		薄层状结构
破碎	≥3	0.4~0.2	结合差	各种类型结构面	碎裂块状结构
		<0.2	结合一般或结合差		碎裂结构
极破碎	无序		结合很差	—	散体结构

注:平均间距指主要结构面间距的平均值。

表 5-11 中主要结构面的结合程度可按照表 5-12 进行确定。

表 5-12　结构面结合程度的划分

结合程度	结构面特征
结合好	张开度小于 1mm,为硅质、铁质或钙质胶结,或结构面粗糙,无充填物; 张开度 1~3mm,为硅质或铁质胶结; 张开度大于 3mm,结构面粗糙,为硅质胶结
结合一般	张开度小于 1mm,结构面平直,钙泥质胶结或无充填物; 张开度 1~3mm,为钙质胶结; 张开度大于 3mm,结构面粗糙,为铁质或钙质胶结
结合差	张开度 1~3mm,结构面平直,为泥质胶结或钙泥质胶结; 张开度大于 3mm,多为泥质或岩屑充填
结合很差	泥质充填或泥夹岩屑充填,充填物厚度大于起伏差

2) 岩体完整程度的定量划分

岩体完整程度的定量指标应采用岩体完整性指数 K_v,K_v 是指岩体弹性纵波速度与岩石弹性纵波速度之比的平方,应采用实测值,按表 5-13 确定岩体完整程度。当无条件取得实测值时,也可用岩体体积节理数 J_v,并按照表 5-14 确定对应的 K_v,J_v 为单位岩体体积内的节理(结构面)数量。

表 5-13　K_v 与岩体完整程度对应关系

K_v	>0.75	0.75~0.55	0.55~0.35	0.35~0.15	≤0.15
完整程度	完整	较完整	较破碎	破碎	极破碎

表 5-14　J_v 与 K_v 对应关系

J_v/(条/m³)	<3	3~10	10~20	20~35	≥35
K_v	>0.75	0.75~0.55	0.55~0.35	0.35~0.15	≤0.15

5.3.2　岩体基本质量分级

岩体基本质量是岩体的固有特性,也是影响工程岩体稳定的首要物质因素。岩体基本质量由岩石坚硬程度及岩体完整程度两个分级因素的定性与定量指标共同确定。岩体基本质量分级如表 5-15 所示。

表 5-15　岩体基本质量分级

岩体基本质量级别	岩体基本质量定性特征	岩体基本质量指标 BQ
Ⅰ	坚硬岩,岩体完整	>550
Ⅱ	坚硬岩,岩体较完整; 较坚硬岩,岩体完整	500~451
Ⅲ	坚硬岩,岩体较破碎; 较坚硬岩,岩体较完整; 较软岩,岩体完整	450~351

续表

岩体基本质量级别	岩体基本质量定性特征	岩体基本质量指标 BQ
Ⅳ	坚硬岩,岩体破碎; 较坚硬岩,岩体较破碎至破碎; 较软岩,岩体较完整至较破碎; 软岩,岩体完整至较完整	350～251
Ⅴ	较软岩,岩体破碎; 软岩,岩体较破碎至破碎; 全部极软岩及全部极破碎岩	≤250

表 5-15 中"基本质量定性特征"应根据表 5-8 和表 5-11 共同确定,而"岩体基本质量指标 BQ"可通过分级因素的定量指标 R_c 和 K_v 计算得到,具体公式如下:

$$BQ = 90 + 3R_c + 250K_v \tag{5-18}$$

运用该式进行计算时,应符合下列规定:

(1) 当 $R_c > 90K_v + 30$ 时,应以 $R_c = 90K_v + 30$ 和 K_v 代入计算 BQ 值;

(2) 当 $K_v > 0.04R_c + 0.4$ 时,应以 $K_v = 0.04R_c + 0.4$ 和 R_c 代入计算 BQ 值。

当根据"基本质量定性特征"和"岩体基本质量指标 BQ"确定的级别不一致时,应通过定性划分和定量指标的综合分析,确定岩体基本质量级别。当两者的级别划分相差达 1 级及以上时,应进一步补充测试。

5.3.3 工程岩体分级方法

工程岩体的稳定性不仅与岩体本身的基本特征有关,还与岩体所建工程的基本特性有关。对工程岩体的分级应综合考虑影响岩体稳定的内、外因素。内因即岩体的基本质量等级;外因则指工程所属类型、工程轴线与主控结构面的组合关系,以及工程地址的水文地质条件、初始应力状态等。

1. 地下工程岩体级别的确定

地下工程岩体详细定级时,遇有下列情况应对"岩体基本质量指标 BQ"进行修正,并以修正后获得的"工程岩体质量指标值[BQ]",依据表 5-15 确定地下工程岩体级别。

(1) 有地下水;

(2) 岩体稳定性受结构面影响,且有一组起控制作用;

(3) 工程岩体存在有"强度应力比 R_c/σ_{max}"所表征的初始应力状态,如表 5-18 所示,即存在较高初始应力。

"地下工程岩体质量指标[BQ]"可运用"岩体基本质量指标 BQ"按上述三个方面进行修正:

$$[BQ] = BQ - 100(K_1 + K_2 + K_3) \tag{5-19}$$

式中:[BQ]——地下工程岩体质量指标;

K_1——地下工程地下水影响修正系数;

K_2——地下工程主要结构面产状影响修正系数;

K_3——初始应力状态影响修正系数。

修正系数 K_1、K_2、K_3 分别按表 5-16、表 5-17、表 5-18 取值。当无表中所列情况时,修正系数取零。

表 5-16 地下工程地下水影响修正系数 K_1

地下水出水状态	BQ				
	>550	550~451	450~351	350~251	≤250
潮湿或点滴状出水，$p \leqslant 0.1$ 或 $Q \leqslant 25$	0	0	0~0.1	0.2~0.3	0.4~0.6
淋雨状或线流状出水，$0.1 < p \leqslant 0.5$ 或 $25 < Q \leqslant 12$	0~0.1	0.1~0.2	0.2~0.3	0.4~0.6	0.7~0.9
涌流状出水，$p > 0.5$ 或 $Q > 125$	0.1~0.2	0.2~0.3	0.4~0.6	0.7~0.9	1.0

注：(1) p 为地下工程围岩裂隙水压，MPa；
(2) Q 为每 10m 洞长出水量，L/(min·10m)。

表 5-17 地下工程主要结构面产状影响修正系数 K_2

结构面产状及其与洞轴线的组合关系	结构面走向与洞轴线交角小于 30°，结构面倾角为 30°~75°	结构面走向与洞轴线交角大于 60°，结构面倾角 >75°	其他组合
K_2	0.4~0.6	0~0.2	0.2~0.4

表 5-18 初始应力状态影响修正系数 K_3

围岩强度应力比 $\left(\dfrac{R_c}{\sigma_{\max}}\right)$	BQ				
	>550	550~451	450~351	350~251	≤250
<4	1.0	1.0	1.0~1.5	1.0~1.5	1.0
4~7	0.5	0.5	0.5	0.5~1.0	0.5~1.0

对于跨度大于 20m 或特殊的地下工程岩体，除按照本标准确定基本质量级别外，详细定级时，还需采用其他有关标准中的方法进行对比分析，综合确定岩体级别。

2. 边坡工程岩体级别的确定

岩石边坡工程详细定级时，应根据控制边坡稳定性的主结构面类型、延伸性、坡内地下水发育程度、结构面产状与坡面关系等因素，对"岩体基本质量指标 BQ"进行修正，并以修正后获得的"边坡工程岩体质量指标值[BQ]"，按表 5-15 确定岩体级别。

"边坡工程岩体质量指标[BQ]"可按下列公式计算，其中修正系数 λ、K_4、K_5 分别按表 5-19、表5-20 和表 5-21 确定。

$$[BQ] = BQ - 100(K_4 + \lambda K_5) \quad (5\text{-}20)$$

其中：$K_5 = F_1 F_2 F_3$；

[BQ]——边坡工程岩体质量指标；
λ——边坡工程主要结构面类型与延伸性修正系数；
K_4——边坡工程地下水影响修正系数；
K_5——边坡工程主要结构面产状影响修正系数；
F_1——反映主要结构面倾向与边坡倾向间关系影响的系数；
F_2——反映主要结构面倾角影响的系数；
F_3——反映边坡倾角与主要结构面倾角关系影响的系数。

表 5-19　边坡工程主要结构面类型与延伸性修正系数 λ

结构面类型与延伸性	修正系数 λ
断层、夹泥层	1.0
层面、贯通性较好的节理和裂隙	0.9～0.8
断续节理和裂隙	0.7～0.6

表 5-20　边坡工程地下水影响修正系数 K_4

边坡地下水发育程度	BQ				
	>550	550～451	450～351	350～251	≤250
潮湿或点滴状出水，$p_w < 0.2H$	0	0	0～0.1	0.2～0.3	0.4～0.6
线流状出水，$0.2H < p_w \leq 0.5$	0～0.1	0.1～0.2	0.2～0.3	0.4～0.6	0.7～0.9
涌流状出水，$p_w > 0.5H$	0.1～0.2	0.2～0.3	0.4～0.6	0.7～0.9	1.0

注：(1) p_w 为边坡内潜水或承压水头，m；
　　(2) H 为边坡高度 m。

表 5-21　边坡工程主要结构面产状影响修正

序号	条件与修正系数	影响程度划分				
		轻微	较小	中等	显著	很显著
1	结构面倾向与边坡坡面倾向间的夹角/(°)	>30	30～20	20～10	10～5	≤5
	F_1	0.15	0.40	0.70	0.85	1.0
2	结构面倾角/(°)	<20	20～30	30～50	35～45	≥45
	F_2	0.15	0.40	0.70	0.85	1.0
3	结构面倾角与边坡坡面倾角之差/(°)	>10	10～0	0	0～-10	≤-10
	F_3	0	0	0.2	0.8	2.0	2.5

注：表中负值表示结构面倾角小于坡面倾角，在坡面出露。

对于高度大于 60m 或特殊边坡工程岩体，除按本标准确定岩体级别外，还应根据坡高影响，结合工程进行专门论证，综合确定岩体级别。

3. 地基工程岩体级别的确定

地基工程岩体级别按岩体基本质量级别定级，各级岩体基岩承载能力基本值 f_0 可按表 5-22 确定。

表 5-22　基岩承载能力基本值 f_0

岩体级别	I	II	III	IV	V
f_0/MPa	>7.0	7.0～4.0	4.0～2.0	2.0～0.5	≤0.5

5.4 风化作用

地壳表层的岩石受阳光、风、电、大气降水、气温变化及生物活动等外营力作用,通过物理、化学的方式引起岩石结构、构造乃至矿物成分发生改变,并使岩石逐渐发生松散、崩解的破坏过程称为风化(weathering);引起岩石产生这种变化的地质作用称为风化作用(weathering effect);被风化的岩石圈表层称为风化壳(weathering crust)。在风化壳中,岩石经风化作用后形成的松散岩屑和土层残留在原地的堆积物称残积土(saprolite);尚保留有原岩结构和构造的风化岩石称风化岩(decayed rock)。

5.4.1 风化作用类型

1. 物理风化

岩石在风化营力作用下,仅在原位产生单纯机械崩解,而无化学成分改变的过程,称为物理风化(physical weathering)。引起岩石物理风化的因素主要有温差、冻融、盐分结晶等。

1) 温差

温差作用是指岩石受太阳辐射与环境温度影响,在内部形成温度应力而对岩石结构产生的机械破坏作用。岩石是热的不良导体,白天接受太阳辐射及受环境温度影响,表层快速升温继而产生膨胀,而内部温度却上升较慢,基本不膨胀,导致与表面平行微裂隙的产生;夜间岩石表面受环境温度影响而快速降温,使表层岩石体积收缩,而岩石内部降温慢,基本并不收缩,在岩石表层形成拉张力,从而造成垂直表面微裂纹的出现。这一温度升降过程反复进行,两种类型裂纹便不断累积、扩展,导致岩石表层剥落,并逐渐崩解破坏,如图 5-5 所示。另外,组成岩石的不同矿物晶体热膨胀系数不同,即使同种晶体在不同晶轴方向上其热膨胀系数亦不相同。在温度循环变化过程中,矿物颗粒间的胀缩差异也会促使岩石逐渐崩解破坏。

图 5-5　岩石温差风化过程(据严钦尚,1985 年)

2) 冻融

冻融作用是指岩石微空隙或岩体裂隙内的水发生低温相变,体积膨胀,从而在微空隙、岩体裂隙尖端形成张拉作用力,促使微空隙、岩体裂隙扩大,其中裂隙水的冻胀亦称冰劈作用(riving),如图 5-6 所示。冻融作用反复进行,岩石微空隙、岩体裂隙就会不断扩大,并最终导致岩石、岩体结构解体、破碎。

3) 盐分结晶

盐分结晶作用是岩石微空隙中的盐分随外界湿度、温度变化而结晶或潮解,结晶时会在空隙壁面上产生结晶压力,结晶

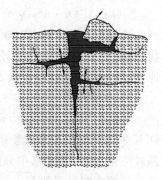

图 5-6　冰劈作用

作用反复进行,从而逐步使岩石崩解、破裂。岩石微空隙中的水溶液,因环境温度升高或湿度减低,其中水逐渐蒸发,盐分开始从饱和溶液中析出并结晶,晶体在生长过程中受空隙空间限制,即在壁面上产生结晶压力,从而使所在微空隙扩展增大;温度降低、湿度增高后,盐晶从大气中吸收水分而潮解,形成盐溶液,并渗透至新扩展空隙中。如此反复循环,岩石中空隙不断扩张、增多,最终可导致岩石结构破坏。

2. 化学风化

在大气、水和水溶液共同作用下,岩石的矿物成分发生化学变化,原始性状产生改变,有时还形成次生矿物的作用过程称为化学风化(chemical weathering)。常见的化学风化类型有溶解作用、水化作用、氧化作用和碳酸化作用等。

1) 溶解作用

溶解作用(dissolution effect)是指岩石中矿物成分直接溶解于水或水溶液而分解的过程。岩石中矿物成分被溶解流失,使岩石空隙增加,颗粒间连接变弱,岩石更易遭受其他风化形式作用。自然矿物中最易溶于水的是卤化盐类(岩盐、钾盐等),其次是硫酸盐类(石膏、无水石膏),再次是碳酸岩类(石灰岩、白云岩等),由以上类型矿物组成或胶结的岩石更易于受溶解作用影响。

2) 水化作用

水化作用(hydration effect)是指岩石中的某些矿物成分与水化合生成新含水矿物的过程。如硬石膏($CaSO_4$)吸水生成二水石膏($CaSO_4 \cdot 2H_2O$),赤铁矿(Fe_2O_3)吸水生成褐铁矿($Fe_2O_3 \cdot nH_2O$)。新生矿物体积往往大于原矿物,在岩石内形成巨大压力,造成岩石结构破碎,风化加速。

3) 氧化作用

氧化作用(oxidation effect)是指某些矿物与氧气或水中游离氧发生化学反应,使其中低价元素转变为高价元素,并形成新矿物的过程。通常低价元素是在地下缺氧条件下形成的,暴露于地表后重新发生氧化反应,如黄铁矿经氧化后生成褐铁矿,同时析出腐蚀性极强的硫酸,能溶解岩石中某些矿物,加速岩石的风化进程。氧化作用的反应式为

$$4FeS_2 + 15O_2 + 11H_2O \longrightarrow 2Fe_2O_3 \cdot 3H_2O + 8H_2SO_4$$

4) 碳酸化作用

碳酸化作用(carbonation effect)是指溶解于水的 CO_2 形成 CO_3^{2-} 和 HCO_3^- 离子,与矿物中的阳离子(K^+、Na^+、Ca^{2+}等)结合生成易溶于水的碳酸岩或碳酸氢盐的过程。如花岗岩中正长石的碳酸化反应为

$$K_2O \cdot Al_2O_3 \cdot 6SiO_2 + CO_2 + 2H_2O \longrightarrow Al_2O_3 \cdot 2SiO_2 \cdot 2H_2O + K_2CO_3 + 4SiO_2$$

其中正长石中的 K^+ 与 CO_3^{2-} 生成易溶于水的 K_2CO_3 随水流失,析出的 SiO_2 呈胶体状,悬浮于水中并流失,部分沉积后形成蛋白石。高岭石($Al_2O_3 \cdot 2SiO_2 \cdot 2H_2O$)残留原地,未经扰动时可保持正长石原有晶形,扰动后形成黏土状堆积。

5) 水解作用

水解作用(hydrolysis)是指矿物(强酸弱碱或弱酸强碱盐类)离子与水分解出的 H^+ 或 OH^- 发生化学反应生成新矿物的过程。自然界的矿物多数为硅酸盐或硅铝酸盐类,属弱酸强碱类化合物,其在水中分解出的强碱离子与 OH^- 生成可溶于水的化合物,并随水流失。正长石的水解过程如下:

$$K_2O \cdot Al_2O_3 \cdot 6SiO_2 + nH_2O \longrightarrow Al_2O_3 \cdot 2SiO_2 \cdot 2H_2O + 4SiO_2 \cdot (n-3)H_2O + 2KOH$$

水解的结果是正长石中的 K^+ 与 OH^- 化合生成易溶于水的 KOH，析出的 SiO_2 在强碱钾盐溶液中无法凝聚沉积，成为胶凝体随水流失，不溶于水的高岭石（$Al_2O_3 \cdot 2SiO_2 \cdot 2H_2O$）则残积下来。

3. 生物风化

生物风化（biological weathering）是指生物生命活动所引起的地表岩石的崩解、破坏过程。按风化作用性质又可分为生物物理风化和生物化学风化，一般来说，两者中生物化学风化作用要更普遍一些。

由生物活动导致的岩石机械破碎过程称为生物物理风化，常见的形式是植物的根劈作用和动物的挖掘、穿凿活动等；由生物活动引起岩石矿物成分改变的过程称为生物化学风化，动植物在新陈代谢过程中及死亡分解后会释放大量有机酸，促使岩石化学成分发生改变。

需要特别说明的是，随着人类活动范围和强度的日益增大，其产生的生物风化效应无时无刻不在强烈改变着地球地貌形态，影响着地球岩石圈层的自然地质进程。人类的工程建设活动造成了大规模的生物物理风化，并大大加速了自然风化进程；而排放入大气、水体中的化学物质则形成了广泛的生物化学风化。

5.4.2 岩石风化的影响因素

1. 气候因素

气候对风化作用的影响主要表现在温度和降水两个方面。温度的高低直接影响着化学反应的速度，温差大小及升降速率则决定了岩石热胀冷缩崩解的强度；降水及其强烈程度控制着化学反应及物理冲刷作用的强弱。此外，气候条件还决定了区域优势风化作用的类型。在寒冷冰冻区通常以冻融作用为主；干旱、半干旱地区以温差风化为主；而在温暖、潮湿地区，动植物及菌类繁盛，化学风化及生物风化作用显著。

2. 地形因素

高程、坡向及坡度等地形条件对风化作用也有影响。高山地区不同高程存在垂直气候分带，导致处于不同高程的岩石风化作用类型不同，风化的速度和发育程度也不相同。山地的阳坡相对阴坡而言，日照时间长，温度高、温差大，生物活动强烈，风化速度较快。陡坡处，通常地下水位较低，覆盖层薄，植被稀疏，物理风化占主要地位；而在缓坡处，通常堆积有较厚土层，地下水位较浅，生物活动强烈，化学及生物风化显著。

3. 地质因素

岩石的成因、成分、结构、构造及地质构造情况等地质因素是影响风化作用的内因，决定了岩石风化作用的类型、速度和发育程度。

成因反映了岩石的生成环境和条件。通常，生成环境与风化条件接近的岩石，其抵抗外部风化的能力要强于两者差异较大的岩石。因此，一般情况下沉积岩的抗风化能力要强于岩浆岩和变质岩。而在岩浆岩中，喷出岩、浅成侵入岩、深成侵入岩的抗风化能力依次减弱。

不同矿物抵抗风化作用的能力并不相同。当岩石中含有较多不稳定矿物时，整体抗风化能力变弱，岩石容易受风化影响而崩解、破坏。常见造岩矿物的抗风化能力由强到弱依次是石英、正长石、酸性斜长石、角闪石、辉石、基性斜长石、黑云母、黄铁矿。对碎屑盐类而言，抗风化能力主要取决于胶结物的性质,硅质胶结、钙质胶结、泥质胶结的抗风化能力依次减弱。

岩石结构、构造的影响表现为:粗粒、不等粒的岩石结构较细粒、等粒结构更易于受风化作用影响,而具有层理、片理等定向排列构造的岩石较均匀颗粒、致密块状构造更易风化。其原因在于拥有前一种结构构造特征的岩石在成岩时,内部产生了大量的原生微裂隙,外界风化营力更易进入,从而加速了风化进程。

在岩体断裂破碎带、节理密集带等地质构造发育部位,裂隙的存在不仅增大了风化营力的作用面积,还更利于水、空气等风化因素的深入,从而加快了岩体的风化进程。因而沿大型裂隙往往形成深入地下的风化囊,各向性质均一的岩石如花岗岩、玄武岩常沿节理形成球形风化。而背斜褶曲核部则由于拉张裂隙的大量发育,常形成"背斜成谷"的地貌现象。

5.4.3 岩石风化评价与处置

1. 岩石风化评价

风化作用改变了岩石的物理、化学性质,导致工程承载能力降低,变形能力增大。不同风化程度岩石的物理性状、力学性质差异巨大,通常风化程度越高,工程性能的损失越严重。在工程建设过程中,合理确定工程岩石的风化程度,对工程设计与施工具有重要意义。根据岩石结构、构造、矿物成分的改变程度,风化岩与新鲜岩的波速比,物理力学性质损失情况等,国家标准《岩土工程勘察规范》(GB 50021—2009)将岩石的风化程度划分为六个等级,即未风化、微风化、中等风化、强风化、全风化和残积土,如表 5-23 所示。

表 5-23 岩石风化程度分级

风化程度	野外特征	风化程度参数指标	
		波速比	风化系数
未风化	岩质新鲜,偶见风化痕迹	0.9~1.0	0.9~1.0
微风化	结构基本未变,仅节理面有渲染或略有变色,有少量风化裂隙	0.8~0.9	0.8~0.9
中等风化	结构部分破坏,沿节理面有次生矿物、风化裂隙发育,岩体被切割成岩块。用镐难挖,岩芯钻方可钻进	0.6~0.8	0.4~0.8
强风化	结构大部分破坏,矿物成分显著变化,风化裂隙很发育,岩体破碎,用镐可挖,干钻不易钻进	0.4~0.6	<0.4
全风化	结构基本破坏,但尚可辨认,有残余结构强度,可用镐挖,干钻可钻进	0.2~0.4	—
残积土	组织结构全部破坏,已风化成土状,锹镐易挖掘,干钻易钻进,具有可塑性	<0.2	—

注:(1)波速比为风化岩石与新鲜岩石压缩波速之比;
(2)风化系数为风化岩石与新鲜岩石饱和单轴抗压强度之比;
(3)岩石风化程度,除按表列野外特征和定量指标划分外,也可根据当地经验划分;
(4)花岗岩类岩石,可采用标准贯入试验划分,$N \geq 50$ 为强风化,$50 > N \geq 30$ 为全风化,$N < 30$ 为残积土;
(5)泥岩和半成岩,可不进行风化程度划分。

不同深度岩体的物理力学性质由于风化作用影响而存在明显差异,根据不同层位岩石的风化程度可将工程岩体在垂直方向上进行风化分带,如图 5-7 所示。岩体风化带的分界是工程实践中的一项重要地质资料,现场划分多依赖工程技术人员的经验判断,加之各地岩性、地质构造、地形和水文条件的不同,导致岩体风化情况复杂化。工程实践中很难形成统一、确切的岩体风化分带。

2. 岩体风化的处置

岩石受风化作用影响,工程性质会产生不同程度的降低,给有关工程设计、施工、后期维护等带来困难,甚至可能引发工程事故。因此工程中常需对已风化及可能风化的工程岩体采取整治措施,以确保工程顺利施工、正常使用。一般的处置措施有以下几种。

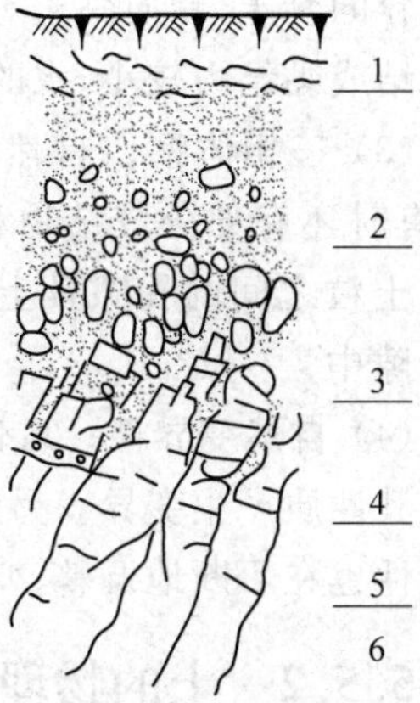

(1) 挖除法。此法适用于风化层较薄的情况,将风化层清除后使工程结构坐落于未风化或微、弱风化的岩体之上;而当厚度较大时,全部挖除代价较高,通常仅将严重影响工程安全的部分剥除,其余部分采用其他工程措施维护。

图 5-7 典型风化剖面示意图
1—残积土;2—全风化;
3—强风化;4—中等风化;
5—微风化;6—未风化

(2) 抹面法。此法是在岩石表面喷涂沥青、有机材料、水泥、黏土层等覆盖层,防止空气、水分与岩石接触或渗入其中。抹面法在岩质边坡工程及石质文物修复、防护方面应用较多。

(3) 胶结灌浆法。即向岩石孔隙、裂隙灌注各种浆液,提高岩石整体性和强度,降低其透水性。该方法也常应用于岩质边坡的维护和石质文物的修复。

(4) 排水法。为减少侵蚀型地下水和地表水对岩石的侵蚀作用,可适当采用排水措施,以减少工程岩体涉水量。

5.5 土的性质与分类

5.5.1 土的成因及特征

土(soil)是指覆盖在地表上呈碎散状,没有胶结或胶结很弱的颗粒堆积物。地壳表层岩石经各类风化营力作用形成大小不等的岩石碎屑与矿物颗粒,这些松散物质在重力、流水、风力、冰川等外力作用下被搬运至别处,并在适当条件下沉积下来,与生物碎屑等颗粒物一起形成了各种类型的土,由于形成时间短,固结不完全,孔隙通常较大,且颗粒间尚未产生胶结作用。在碎屑颗粒的搬运和沉积过程中,由于分选作用形成了土体在成分、结构、构造及性质上的韵律性变化。

土作为自然与工程地质体,具有如下四个基本特征。

(1) 分选性。岩石碎屑被水流或风裹挟搬运,流体速度、流量与搬运能力成正比,当速度、流量在流动过程中逐渐减小、散失时,其所搬运的碎屑物质则沿程按颗粒大小依次沉积,称为水平分选性(horizontal sorting)。在洪积及冲积物中,水平分选性表现明显;在相同的流体环境中,颗粒较大的碎屑物首先沉积,颗粒较小的最后沉积,称为垂直分选性(vertical sorting)。总体而言,自然土体中垂直分选性的表现远弱于水平分选性。

(2) 碎散性。自然土体无论是碎石土、砂土类松散状的无黏性土,还是存在大量细微黏性颗粒的黏土、粉质黏土等黏性土,均由大量不同粒径、不同性质的碎屑颗粒组成。颗粒间无黏结或黏结力较小,水的浸泡通常能使其完全分解,失去黏聚性。

(3) 三相体系。自然界的土通常由固、液、气三相组成。固相部分主要为碎屑状土粒,有时还有部分胶结物和有机质,构成了土的骨架;液相部分主要为水及其溶解物,分布在土粒之间的孔隙及土颗粒周围;气相部分为空气与其他气体,主要分布在土颗粒间的孔隙中。

(4) 自然变异性。风化营力不仅仅作用于表层岩石,还无时无刻不在侵蚀着自然土体,导致其性质产生变异。另外,随着固结时间、固结力、水及其他因素的变化,土体的性状及工程特性也在不断地调整、变化。

5.5.2　土的物理力学性质

1. 土的物理性质

土是由固、液、气组成的三相体系,如图 5-8 所示,土的物理性质指标反映了三相各自及相互间关系的特征,是评价土工程性能的基本指标。描述土物理性质的指标很多,有些指标可通过实验直接获取,而有些指标则只能通过计算得到。各指标间可通过相关关系进行换算,称为土的三项指标换算。相关内容在"土力学"课程中会有详细说明,这里仅对几个关键指标进行简单介绍。

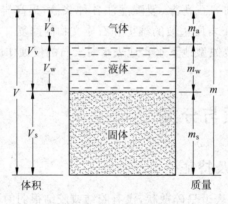

图 5-8　土的三相图

(1) 天然密度(natural density)。土的天然密度指土在天然状态下的密度,单位常以 g/cm³ 表示,其表示式为

$$\rho = \frac{m}{V} \tag{5-21}$$

土的天然密度取决于土粒密度、孔隙体积以及孔隙中水的含量,该指标综合反映了原位土的物质组成情况。

(2) 土粒比重(specific gravity)。土粒比重指土颗粒的质量与同体积纯蒸馏水在 4℃时的质量之比。可由下式计算得到:

$$d_s = \frac{\rho_s}{\rho_{w1}} \tag{5-22}$$

式中:ρ_s——土颗粒密度,g/cm³;

ρ_{w1}——4℃时纯蒸馏水密度,其值为 $1g/cm^3$。

土粒比重在数值上等于土粒密度,为无量纲的量。

土粒比重是描述土的组成矿物重度性质的指标。组成矿物的铁镁质含量越高,密度越大,土粒比重值就越大;相反,矿物的硅铝质含量越高,密度越小,土粒比重就越小。

(3) 含水量(water content)。土的含水量指土中水的质量与土颗粒质量之比,以百分数计:

$$W = \frac{m_w}{m_s} \times 100\% \tag{5-23}$$

含水量是标志土湿度的重要物理指标。天然状态下砂土的含水量不超过40%,而黏土含水量多数为10%~80%,某些大孔隙软土则有可能超过100%。

(4) 孔隙比(porosity ratio)。土的孔隙比指土中孔隙体积与土颗粒体积之比,为无量纲量:

$$e = \frac{V_v}{V_s} \tag{5-24}$$

孔隙比是衡量土层密实程度的指标。一般 $e<0.6$ 的土是密实的低压缩性土,$e>1.0$ 的土是疏松的高压缩性土。另外一个常用的孔隙含量指标是孔隙率 n,其值为孔隙体积与土总体积的比值,它与孔隙比间的换算关系为:$n=e/(1+e)$。

2. 土的力学性质

土的力学性质指土抵抗外力所表现出的力学性能和变形性质,主要包括土在压力作用下的压缩性能和在剪力作用下的抗剪性能。而土的抗拉能力极弱,工程设计中一般认为其值为零,不作为土力学性质的研究重点。这里仅对土的压缩指标及抗剪强度作简单介绍。

1) 土的压缩模量和变形模量

土在压力作用下体积缩小的特性称为土的压缩性。土体的压缩通常由三部分组成:①固体土颗粒被压缩;②土中水及封闭气体被压缩;③水和气体被从孔隙中挤出。试验表明:在一般应力(100~600kPa)条件下,土颗粒和水的压缩量与土的总压缩量相比可忽略不计。因此通常将土的压缩看作土孔隙中一部分水和空气被挤出,封闭气泡被压缩,与此同时,土颗粒在压力作用下不断调整位置、姿态,相互靠拢挤紧,甚至重新排列。当土处于饱和状态时,土的压缩主要是由孔隙中的水被挤出而实现的,渗透系数大的饱和无黏性土,受压后水可以很快排出,压缩过程可在短时间内结束;而渗透系数小的饱和黏性土,在压缩过程中水只能缓慢排出,其压缩稳定时间要远大于无黏性土。

(1) 压缩模量(compression modulus)。压缩模量是指土在完全侧限条件下受压,压应力与压应变的比值,用 E_s 表示,即

$$E_s = \frac{\sigma_z}{\varepsilon_z} \tag{5-25}$$

E_s 的单位为 MPa。由于土并非线弹性材料,其压缩模量会随压应力值的增加而不断变化。工程中常用压应力为 0.1MPa 和 0.2MPa 时的压缩模量来评价土的压缩性。

(2) 变形模量(deformation modulus)。变形模量是指土在无侧限条件下,轴向正应力与正应变的比值,用 E_0 表示,单位为 MPa。一般由现场载荷试验数据计算得到:

$$E_0 = I_0(1-\mu^2)\frac{pb}{s} \tag{5-26}$$

式中：I_0——刚性承压板的性状系数，圆形承压板取 0.785，方形承压板取 0.886；

μ——土的泊松比（碎石土 0.27，砂土 0.30，粉土 0.35，粉质黏土 0.38，黏土 0.42）；

b——承压板直径或边长，m；

p——p-s 沉降曲线线性段的应力，kPa；

s——与 p 对应的沉降值，mm。

载荷试验在现场进行，相较于室内试验，排除了试样提取、制备过程中的应力释放及人工、机械扰动的影响。在现场载荷试验中，当承载板足够大时，土中形成的应力状态与真实基础荷载作用接近，试验结果能较好反映地基的力学性质。

2）土的抗剪强度指标

工程土体的破坏多属剪切破坏，如建筑地基的破坏，天然及人工边坡失稳以及挡土墙的移动、倾倒等。土的抗剪强度是指土体抵抗剪切作用的极限能力，与金属类材料不同，土的抗剪强度与剪切面上的正应力大小直接相关。在外荷载作用下，土中一点某截面上的剪应力超过该截面当前应力状态下所能提供的抗剪强度时，土就沿该截面产生剪切滑移，该点土体即产生剪切破坏。

无黏性土与黏性土的抗剪强度公式可分别表示为

$$\tau_f = \sigma\tan\varphi \tag{5-27}$$

$$\tau_f = c + \sigma\tan\varphi \tag{5-28}$$

其中：τ_f——土的抗剪强度，kPa；

σ——剪切面上的法向应力，kPa；

φ——土的内摩擦角，(°)；

c——土的黏聚力，kPa。

无黏性土指砂土、砾石土等，其抗剪强度由颗粒间内摩阻力提供；黏性土则包括黏土、粉质黏土、淤泥土等，其抗剪强度由内摩阻力和黏聚力两部分构成。内摩阻力由土粒间咬合力和表面摩擦力提供，其大小与颗粒间的正应力呈正比关系；黏聚力则由土颗粒间的静电引力、胶结力以及毛细力组成，有时水的存在会在无黏性土中表现出"假黏聚力"。

土的抗剪强度指标对于无黏性土而言仅包括内摩擦角 φ；而对于黏性土，则有黏聚力 c 和内摩擦角 φ 两个参数。室内可通过简单的直接剪切试验获得，也可由三轴压缩试验得到。

5.5.3 土的工程分类

自然界的土多种多样，其工程性质千差万别，为便于研究和工程应用，需按土的主要性质、特征进行分类。目前国内各行业、部门使用的命名与分类方法并不统一，国际上也是如此，主要原因在于土的性质过于复杂、多变，很难用具体、统一的标准划分。另外，不同行业、部门对土工程性质要求的侧重点不同，制定分类时的标准就不同。由此形成了多种多样的分类体系和方法。

在我国工程实践中，建筑行业应用较多的是国家标准《岩土工程勘察规范》(GB 50021—2001)2009 年版的分类方法。这里就以该规范为例进行说明。

1. 按沉积年代分

（1）老沉积土。第四纪晚更新世及其以前沉积的土应定为老沉积土。由于其沉积年代久远，通常具有较高的强度和较低的压缩性。

(2) 新近沉积土。第四纪全新世中近期沉积的土应定为新近沉积土。一般为欠固结土,强度低。

2. 按地质成因分

根据地质成因可划分为残积土、坡积土、洪积土、冲积土、淤积土、冰积土和风积土。其中部分土的成因和形态特征已经在第 4 章有所述及。

3. 按有机质含量分

按有机质含量 W_u 划分：$W_u<5\%$ 为无机土；$5\%≤W_u≤10\%$ 为有机质土；$10\%<W_u≤60\%$ 为泥炭质土；$W_u>60\%$ 为泥炭。

4. 按颗粒级配和塑性指标分

按颗粒级配可分为碎石土、砂土、粉土和黏性土。

(1) 碎石土(gravel soil)。粒径大于 2mm 的颗粒质量超过总质量的 50% 的土应定为碎石土。进一步分类如表 5-24 所示。

表 5-24　碎石土分类

土的名称	颗粒性状	颗粒级配
漂石	圆形及亚圆形为主	粒径大于 200mm 的颗粒质量超过总质量的 50%
块石	棱角形为主	
卵石	圆形及亚圆形为主	粒径大于 20mm 的颗粒质量超过总质量的 50%
碎石	棱角形为主	
圆砾	圆形及亚圆形为主	粒径大于 2mm 的颗粒质量超过总质量的 50%
角砾	棱角形为主	

注：定名时,应根据颗粒级配由大到小以最先符合者确定。

(2) 砂土(sand soil)。粒径大于 2mm 的颗粒质量不超过总质量的 50%、粒径大于 0.075mm 的颗粒质量超过总质量 50% 的土,应定名为砂土。进一步分类如表 5-25 所示。

表 5-25　砂土分类

土的名称	颗粒级配
砾砂	粒径大于 2mm 的颗粒质量占总质量的 25%~50%
粗砂	粒径大于 0.5mm 的颗粒质量超过总质量的 50%
中砂	粒径大于 0.25mm 的颗粒质量超过总质量的 50%
细砂	粒径大于 0.75mm 的颗粒质量超过总质量的 85%
粉砂	粒径大于 0.5mm 的颗粒质量超过总质量的 50%

注：定名时,应根据颗粒级配由大到小以最先符合者确定。

(3) 粉土(silt)。粒径大于 0.075mm 的颗粒质量不超过总质量的 50%,且塑性指数等于或小于 10 的土,应定名为粉土。

(4) 黏性土(clay)。塑性指数大于 10 的土应定名为黏性土；黏性土应根据塑性指数分为粉质黏土和黏土。塑性指数大于 10 且小于等于 17 的土,应定名为粉质黏土；塑性指数大于 17 的土应定名为黏土。

塑性指数应由相应于 76g 圆锥仪沉入土中深度为 10mm 时测定的液限 w_l,与搓条法测定的塑限 w_p 计算而得,计算式为：$I_p=w_l-w_p$(去掉%)。

5.6 特殊土及其工程性质

特殊土是指那些在形成过程中及形成后受组成成分、堆积状态、地质环境、气候条件乃至次生变化等因素控制,产生了特殊工程性质的土类。通常这些工程特性会对工程安全和适宜性产生不良影响,需在设计、施工及运营过程中采取特别的应对措施,造成工程成本的急剧增加,甚至项目方案的重新评估、设计。

特殊土的形成与地理环境和气候条件紧密相关,其分布具有显著的地域性特征。如湿陷性黄土主要分布在西北、华北等干旱、半干旱地区;多年冻土主要分布在东北、西北高原的高纬度、高海拔地区;而膨胀土则多分布在温暖、湿润的南方和中南地区。此外,特殊土还包括软土、填土、红黏土、盐渍土等,这里仅对几类影响范围广、工程常见的特殊土作简要介绍。

5.6.1 黄土

黄土(loess)是第四纪以来,在干旱、半干旱气候条件下,陆相沉积的一种特殊土,湿陷性是其最显著的工程特性。黄土在天然含水量时,一般具有较高的强度和较小的压缩性。遇水后在自重或自重、外荷载共同作用下土体结构迅速破坏,并产生显著附加下沉的称湿陷性黄土(collapsible loess),无显著附加下沉的称非湿陷性黄土(non-collapsible loess)。根据湿陷时的荷载类型,湿陷性黄土又可分为自重作用下湿陷的自重湿陷性黄土(self-weight collapsible loess)和在自重加外荷载共同作用下湿陷的非自重湿陷性黄土(non-self-weight collapsible loess)。

1. 黄土的特征

除湿陷性这一重要工程特性外,标准黄土还应具有以下五项物理特征。

(1) 颜色为淡黄色、褐色或灰黄色。

(2) 颗粒以粉土颗粒(0.075~0.005)为主,占60%~70%。

(3) 黄土中含有碳酸盐、氯化物和硫酸盐等可溶性盐类,其中碳酸盐含量最多,主要为碳酸钙,含量可达10%~30%,在局部汇集可形成钙质结核——姜石。

(4) 黄土结构疏松、孔隙多,有肉眼可见的大孔隙,孔隙度可达33%~64%。

(5) 黄土质地均匀无层理,但存在柱状节理和垂直节理。天然条件下的稳定边坡可保持近直立状态。

2. 黄土按成因分类

黄土按成因可分为风积、坡积、残积、洪积、冲积等类型。风积黄土分布在黄土高原平坦的顶部和山坡上,厚度大、质地均匀、无层理;坡积黄土多分布在山坡坡脚及斜坡上,厚度不均,基岩出露区常夹有基岩碎屑;残积黄土多分布于基岩山地上部,由表层黄土及基岩风化而成;洪积黄土主要分布在山前沟口地带,一般有不规则的层理,厚度不大;冲积黄土主要分布在大河的阶地上,如黄河及其支流的阶地上,阶地越高,黄土越厚,它有明显的层理,常夹有粉砂、黏土、砂卵石等。

3. 黄土的湿陷性

黄土湿陷性的原因和机理十分复杂,至今学界尚未形成统一观点。目前一般认为黄土的结构特征是其产生湿陷的根本原因。黄土结构疏松、孔隙度大,粉粒之间以可溶盐、结合水及毛细水联结力等胶结在一起,在外部水的溶解和楔入作用下,颗粒间的胶结力迅速降低,由于受自身重力或外荷载作用,颗粒向内部孔隙空间滑移、挤密,从而形成宏观的湿陷现象。

判断黄土是否具有湿陷性,可根据室内压缩试验确定,在一定压力条件下根据测定的湿陷系数(coefficient of collapsibility)δ_s 进行判断,表达式为

$$\delta_s = \frac{h_p - h_p'}{h_0} \tag{5-29}$$

式中:h_p——保持天然湿度和结构的试样,加至一定压力时,下沉稳定后的高度,mm;

h_p'——上述加压稳定后的试样,在浸水(饱和)作用下,附加下沉后的高度,mm;

h_0——试样的原始高度,mm。

试验过程中加载压力的大小与基础的埋深和基底的压力大小有关,具体可参考国家标准《湿陷性黄土地区建筑规范》(GB 50025—2004)的相关规定。

根据 δ_s 值的大小,按照表 5-26 的范围评价黄土的湿陷性。

表 5-26　黄土湿陷性评价表

湿陷性系数	湿陷性评价
$\delta_s < 0.015$	非湿陷性
$0.015 \leqslant \delta_s \leqslant 0.03$	湿陷性轻微
$0.03 < \delta_s \leqslant 0.07$	湿陷性中等
$\delta_s > 0.07$	湿陷性强烈

湿陷性黄土又有自重湿陷性黄土与非自重湿陷性黄土之分。对两者的判定应根据自重湿陷系数(coefficient of self-weight collapsibility)δ_{zs} 进行,其测试方法与湿陷系数 δ_s 相同,表达式为

$$\delta_{zs} = \frac{h_z - h_z'}{h_0} \tag{5-30}$$

式中:h_z——保持天然湿度和结构的试样,加压至该试样上覆土的饱和自重压力时,下沉稳定后的高度,mm;

h_z'——上述加压稳定后的试样,在浸水(饱和)作用下,附加下沉稳定后的高度,mm;

h_0——试样的原始高度,mm。

当 $\delta_{zs} < 0.015$ 时,为非自重湿陷性黄土;当 $\delta_{zs} \geqslant 0.015$ 时,为自重湿陷性黄土。

4. 湿陷性黄土的改良与处置

湿陷性黄土地区地基的湿陷变形是由于地基被水浸湿所引起的一种附加变形,往往是局部的、突发的,而且极不均匀,对建(构)筑物危害大。通常防治或减小建筑物地基浸水湿陷的设计措施包括地基处理措施、防水措施和结构措施三大类,实际工程中通常采用以地基处理为主的综合治理方法,而防水和结构措施仅起辅助消除地基部分湿陷量的作用。

在湿陷性黄土地区,国内外通常采用桩基础、地基处理技术和适用于既有建(构)筑物地基加固、纠倾的化学处理方法。其中地基处理技术方法较多,主要包括垫层法、强夯法、挤密法和预浸水法等。

(1)桩基础。湿陷性黄土场地采用桩基础,桩端必须穿透湿陷性黄土层。施工中可采用钻、挖孔灌注桩,挤土灌注桩以及静压或打入式预制桩等。选择桩型时,应根据工程要求、

场地湿陷类型、湿陷性黄土层厚度、桩端持力层土质情况、施工条件和场地周围环境等因素进行综合判断。

(2) 垫层法。垫层法是先将地基的部分或全部湿陷性黄土挖除,然后用素土或灰土分层夯实作为垫层的方法。这是一种浅层处理湿陷性黄土地基的传统方法,具有因地制宜、就地取材和施工简便等优点,在湿陷性黄土地区得到了广泛应用。垫层法用于处理地下水位以上,地面以下 1~3m 内的湿陷性黄土,通常采用素土垫层,当地基要求同时提高垫层土承载力及增强水稳定性时宜采用灰土垫层。

(3) 强夯法。强夯法又称动力固结法,是利用起重设备将 8~40t 的重锤(最大质量达 200t)起吊至 10~20m 高处(最高达 40m),然后使重锤自由落下,对黄土地基进行强力夯击,以消除湿陷性,降低压缩性,提高地基强度。该法适用于处理地下水位以上,饱和度小于 60% 的湿陷性黄土,处理厚度 3~12m。

(4) 挤密法。挤密法是指利用沉管、爆扩、冲击、夯扩等方法,在湿陷性黄土地基中挤密填料孔,再用素土、灰土,必要时采用高强度混凝土,分层回填夯实,以加固湿陷性黄土地基,提高强度,减少湿陷性和压缩性。挤密法适用于地下水位以上,饱和度小于 65% 的湿陷性黄土,处理厚度 5~15m。

(5) 预浸水法。预浸水法是指对自重湿陷性黄土建筑场地浸水一定时间,以大幅消除黄土湿陷性。通过预浸水可消除地面 6m 以内湿陷性黄土的全部湿陷性,6m 以下的也可大幅减小湿陷性。

(6) 化学加固法。化学加固是将一种或多种化学溶液,通过注液管以自流或外压方式注入土中,溶液本身或其中可溶物与土中化学成分发生反应,将松散土粒或土粒集合体胶结成为整体,从而消除湿陷性,提高土体强度。化学加固主要方法有硅化加固法和碱液加固法。

5.6.2 膨胀土

膨胀土(expansive soil)是在自然地质过程中形成的一种具有多裂隙和显著胀缩性的特殊黏土。主要成分为亲水性黏土矿物——蒙脱石和伊利石,具有超固结性、多裂隙性、遇水膨胀、失水收缩开裂且反复变形等特殊工程性质。膨胀土分布广泛,导致的工程问题和地质灾害频发,使其成为困扰各类浅表轻型工程施工的世界性难题。

膨胀土在世界六大洲中的 40 多个国家都有分布,我国是世界上膨胀土分布最广、面积最大的国家之一,主要分布在华中、华南和西南的 20 多个省、市、自治区,其中以湖北、河南、云南和广西的一些地区最为发育。

1. 膨胀土的特征

我国的膨胀土多形成于第四纪晚更新世及以前,一般分布在二级或二级以上阶地和山前丘陵地区,地形平缓,无明显自然陡坎,其主要物理特征如下。

(1) 膨胀土多为灰白、棕黄、棕红、褐色,颗粒成分以黏粒为主,含量在 35%~50% 以上,粉粒次之,砂粒很少。黏粒的矿物成分多为蒙脱石和伊利石,具有较强的亲水性。

(2) 天然状态下,膨胀土结构紧密、孔隙比小,土体处于坚硬或硬塑状态。其抗剪强度和弹性模量较高,遇水后强度显著下降,黏聚力一般小于 50kPa,有时接近于零,内摩擦角降为几度或十几度。

(3) 膨胀土中发育有不规则分布的裂隙,是不同于其他土的典型特征。膨胀土裂隙可分为原生裂隙和次生裂隙两类。原生裂隙多为闭合的微裂隙,由膨胀土胀缩形成;次生裂隙多为张开状宏观裂隙,肉眼可辨,由风化、减荷、滑坡等原因形成,一般由原生裂隙发育发展而来,具有继承性质。

(4) 膨胀土具有超固结性。与一般土不同,膨胀土的超固结性来自于膨胀土反复胀缩过程中的压密效应。一旦膨胀土被开挖外露,会产生卸荷回弹,形成裂隙,使强度降低。

2. 膨胀土的成因类型

膨胀土可概括为三种成因类型:残积型膨胀土、沉积型膨胀土和热液蚀变型膨胀土。

(1) 残积型膨胀土。残积型膨胀土是热带、亚热带气候区,特别是干旱草原、荒漠区的主要类型,也是膨胀土工程问题和地质灾害最为严重的一种。主要由玄武岩、辉长岩、泥灰岩等母岩在化学风化作用下,内部矿物分解形成次生黏土矿物,残积原地形成。

(2) 沉积型膨胀土。黏土中有效蒙脱石含量大于 10% 的属膨胀土,而蒙脱石是在微碱性且富含 Mg 的地球化学环境中生成的。因此富含蒙脱石及其混层矿物的沉积型黏土主要形成和分布在半湿润、半干旱的暖温带和南北亚热带半干旱草原气候环境的沉积盆地中。其形成方式可以是湖积、滨海沉积,也可以是洪积、坡积或冰水沉积。

(3) 热液蚀变型膨胀土。在地下热水与温泉分布区,由于热水和温泉的作用导致岩石中长石等矿物分解转化为蒙脱石而形成膨胀土。可蒙脱石化的岩石通常仅为中基性的玄武岩、辉绿岩等,加之热液分布并不广泛,因此该类型的膨胀土并不普遍。我国仅在内蒙古阿巴旗第四系玄武岩和温泉发育区有灰绿色热液蚀变型膨胀土存在。

3. 膨胀土的胀缩性

膨胀土的黏土矿物成分中含有较多的蒙脱石、伊利石和多水高岭石,这类矿物具有较强的亲水性,吸水膨胀、失水收缩,并具膨胀—收缩—再膨胀的往复胀缩特性。特别是其中蒙脱石的含量直接决定了膨胀土的胀缩性大小。反映膨胀土胀缩性的常见指标有以下几个。

(1) 自由膨胀率(free swelling rate)。将人工制备的 10mL 磨细烘干土样倒入盛水的 50mL 量筒中,经充分吸水膨胀稳定后,测定膨胀土体积。增加的体积与原体积的比值即为自由膨胀率,用百分数表示为

$$\delta_{ef} = \frac{V_w - V_0}{V_0} \times 100 \tag{5-31}$$

式中:δ_{ef}——膨胀土的自由膨胀率,%;

V_w——土样在水中膨胀稳定后的体积,mL;

V_0——土样原始体积,mL。

《膨胀土地区建筑技术规范》(GB 50112—2013)规定:具有膨胀土工程地质特征、建筑破坏形态,且 $\delta_{ef} \geq 40\%$ 的黏性土,应判定为膨胀土。具体的工程地质特征及建筑破坏形态可参考上述规范。此外,膨胀土的膨胀潜势亦可据自由膨胀率确定。当 $40\% \leq \delta_{ef} < 65\%$ 时,膨胀潜势弱;当 $65\% \leq \delta_{ef} < 90\%$ 时,膨胀潜势中等;当 $\delta_{ef} \geq 90\%$ 时,膨胀潜势强。

(2) 膨胀率(specific expansion)。膨胀率是指原状土或扰动土样在侧限及一定压力条件下,浸水膨胀稳定后,土样增加的高度与原高度之比,用百分数表示为

$$\delta_{ep} = \frac{h_w - h_0}{h_0} \times 100 \tag{5-32}$$

式中：δ_{ep}——某级荷载下膨胀土的膨胀率，%；
h_w——某级荷载下土样在水中膨胀稳定后的高度，mm；
h_0——土样原始高度，mm。

膨胀土的膨胀率取决于试样的含水量和加载压力。试样初始含水量越低，在相同压力下膨胀率越高；初始含水量相同时，加载压力越大膨胀率就越小。

（3）膨胀力（expansive pressure）。以各级压力下的膨胀率 δ_{ep} 为纵坐标，压力 p 为横坐标，将试验结果绘制成 p-δ_{ep} 关系曲线，如图 5-9 所示。曲线与横坐标的交点 p_e 为试样的膨胀力，表示土样在体积不变时，浸水膨胀所产生的最大内压力。

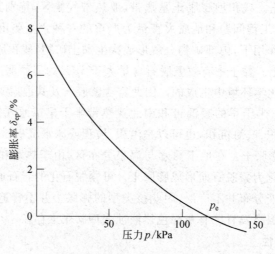

图 5-9　膨胀率-压力曲线示意图

（4）收缩系数（coefficient of shrinkage）。收缩系数是指原状土样在直线收缩阶段，如图 5-10 所示，含水量减少 1% 时的竖向收缩变形的线缩率，按下式计算：

$$\lambda_s = \frac{\Delta \delta_s}{\Delta w} \tag{5-33}$$

式中：λ_s——膨胀土的收缩系数；
Δw——收缩过程中直线变化阶段两点含水量之差，%；
$\Delta \delta_s$——与 Δw 相对应的竖向线缩率，%。

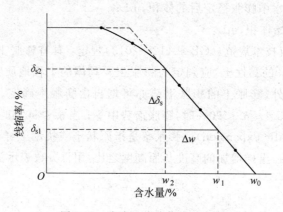

图 5-10　膨胀土收缩曲线示意图

4. 膨胀土的改良与处置

对于膨胀土地基应根据当地气候条件、地基的胀缩等级、场地的工程地质及水文地质条件,以及建(构)筑物的结构类型,结合建筑经验和施工条件,因地制宜地采取治理措施。一般情况下,采用换填非膨胀土及化学方法可以根治膨胀土问题;采用桩基或基础深埋的办法则可大大减少膨胀土对建筑物的危害;而对于上部荷载较轻的小型建(构)筑物,亦可采用浅基础,但必须避免扰动下部膨胀土。目前国内外处理膨胀土地基的方法主要有换填土、化学固化、湿度控制等。此外,还可采用桩基及深基础进行处置。

(1) 换填土。换填土是指将地基范围内影响工程安全的膨胀土全部或部分清除,用稳定性好的土、石回填并压实或夯实。换填土的厚度主要根据膨胀土的强弱以及当地降水引起土体含水量急剧变化带的深度确定。

(2) 化学固化。化学固化是指利用石灰、水泥或其他固化材料与膨胀土中的膨胀矿物发生化学反应,达到减小膨胀性、提高强度的目的。目前的化学改良剂主要有无机类和有机类两种,应用较多的无机类有石灰和水泥等,而有机类则有丙烯盐酸系列、烯系列和铵系列等。

(3) 湿度控制。湿度控制是指通过适当的工程措施控制膨胀土的含水量,保持水分少受蒸发和降雨影响,从而抑制膨胀土的胀缩变形。目前采用的湿度控制方法有预浸水和保湿两种。预浸水是用人工方法增加膨胀土含水量,使其全部或部分膨胀,并在设计、施工及运营过程中采取保湿措施,防止膨胀土收缩影响工程安全。

(4) 桩基础。当膨胀土土层较厚,建(构)筑物等级较高或对变形敏感时,应采用桩基础进行处置。基桩应支承在非膨胀土层或大气影响层以下的稳定土层中,并在基桩设计时考虑桩侧膨胀压力的影响。

5.6.3 软土

在我国沿海及内陆河流和湖泊地区开展工程建设时,经常会遇到第四纪后期由黏性土沉积或河流冲积形成的软土(soft soil)。我国建筑行业建设标准《软土地区岩土工程勘察规程》(JGJ 83—2011)规定:凡天然孔隙比大于或等于 1.0,天然含水量大于液限,具有高压缩性、低强度、高灵敏度、低透水性和高流变性,且在较大地震力作用下可能出现震陷的细粒土应判定为软土。典型的软土有淤泥、淤泥质土、泥炭、泥炭质土等。

1. 软土的特征

软土主要是在静水或缓慢流水环境中沉积的以细粒为主的沉积物。软土形成过程中常有生物化学作用参与,这是因为软土沉积环境的喜湿植物遗体在缺氧条件下分解,参与了软土的形成。我国的软土具有下列特征。

(1) 软土多为灰绿、灰黑色,手摸有滑腻感,有机质含量高时有腥臭味。

(2) 软土的颗粒成分主要为黏粒(伊利石、高岭石)和粉粒(石英、长石、云母等),其中黏粒含量高达 60%~70%,而有机质可达 8%~9%。

(3) 软土有典型的海绵或蜂窝状结构,具层理构造,软土、薄层粉砂、泥炭等相互交替沉积或呈透镜体相间沉积。

2. 软土按成因分类

软土按照沉积环境可分为以下几种类型。

(1) 滨海沉积。滨海沉积软土是在较弱的海浪暗流及潮汐的水动力作用下逐渐淤积而成的,常与较强水动力作用下沉积的较粗颗粒(粗、中、细砂)相互掺杂,使其结构疏松且不均匀,并增强了淤泥的透水性,易于压缩固结,多呈深灰色或灰绿色,常含有贝壳等海生物残骸。

(2) 湖泊沉积。湖泊沉积是近代淡水或咸水湖盆在稳定湖水期逐渐沉积形成的。沉积物与周围岩性基本一致,为有机质和矿物质综合物,沉积物中夹有粉砂颗粒,呈现明显的层理。淤泥结构疏松,呈暗灰、灰绿或暗黑色,厚度一般在10m左右,最厚可达25m。

(3) 河滩沉积。河滩沉积主要包括河漫滩相和牛轭湖相,呈带状或透镜状分布于河流中、下游漫滩及阶地上,成层情况及成分复杂,间或与砂或泥炭互层,厚度变化较大,一般小于10m。

(4) 沼泽沉积。沼泽是在地下水、地表水排泄不畅的低洼地带,蒸发不足以干化浸水地面而形成的。喜水植物繁盛,植物遗体的长期淤积形成了以泥炭为主的沉积物,并夹有软黏土、腐泥和砂层。

3. 软土的工程性质

软土颗粒分散、联结弱,孔隙比多大于1,土质疏松,压缩量大。其天然含水量通常大于30%,甚至高达120%,多呈软塑或半流塑状态,其主要工程性质如下。

(1) 触变性(thixotropy)。原状软土受到振动后,颗粒间联结被破坏,土体强度降低或呈流动状态,称触变或振动液化。软土触变是由于土颗粒周围水分子的定向排列在振动过程中被破坏,土粒悬浮于水中,失去抗剪能力;振动停止后,水分子在土颗粒电场作用下重新排列,土体强度逐渐恢复。软土触变性常用灵敏度 S_t 表示,宜采用现场十字板剪切试验测定,也可用室内无侧限抗压强度试验测定。灵敏度的表达式为

$$S_t = \frac{\tau_f}{\tau_f'} \tag{5-34}$$

式中:S_t——软土触变灵敏度;

τ_f——天然结构软土的抗剪强度,kPa;

τ_f'——结构扰动后软土的抗剪强度,kPa。

软土的灵敏度 S_t 一般为 3~4,个别可达 8~10。根据灵敏度大小可对软土的结构性进行分类,具体分类见表5-27。

表 5-27　软土的结构性分类

灵敏度 S_t	结构性分类
$2 < S_t \leqslant 4$	中灵敏性
$4 < S_t \leqslant 8$	高灵敏性
$8 < S_t \leqslant 16$	极灵敏性
$S_t > 16$	流性

(2) 流变性(rheological property)。在长期荷载作用下,材料的变形过程可延续很长时间,并最终导致破坏产生,这种性质称为流变性。软土在长期荷载作用下,除排水固结引起的缓慢变形外,还会产生渐进而长期的剪切变形,通常此时的抗剪强度仅为快剪时的40%~80%。需要强调的是,由固结引起的变形并不属于软土的流变变形。

(3) 低透水性和高压缩性。软土颗粒细小、亲水性强,孔隙体积小,透水性较弱,加之有

机质分解产生的气体封闭在孔隙内,阻碍水流通过,导致其透水性更差。因而软土排水固结速度慢,但高孔隙率决定了其最终压缩量较大,在建筑长期荷载作用下易产生大变形。

(4) 低强度。软土强度低,无侧限抗压强度为 10~40kPa;不排水直剪试验时,$\varphi=2°$~$5°$,$c=10$~15kPa;排水直剪时,$\varphi=10°$~$15°$,$c=20$kPa。因此,不同条件下软土的强度性质差异显著,在进行相关工程设计时,应根据不同工况取用不同的强度值。

(5) 不均匀性。由于物质来源、沉积环境的改变,软土具有良好的层理性,局部常夹有厚薄不均的密实粗粒粉土或砂层,使其水平与垂直方向的工程性质差异显著,作为建(构)筑物地基时易于产生差异沉降,导致工程失效。

4. 软土的改良与处置

软土强度低、压缩性高,以其作为建(构)筑物地基时可能产生较大沉降或沉降不均匀甚至地基土剪切挤出等问题。在软土地区,大型、重要建(构)筑物通常采用桩基础、沉井基础等深基础形式。但对一般性工程而言,深基础的形式在经济性上并不可取,此时可采用适当的地基处理与改良措施以改善地基土性质,增加稳定性。软土地基通常的处理措施有排水固结、置换、灌入固化物以及加筋等。

(1) 排水固结法。排水固结是在基础建造前,利用土的排水固结特性对软土地基进行加载预压,使土体提前完成固结沉降,以增强地基软土强度,减小变形量。该法适用于处理淤泥质土、淤泥和冲填土等饱和黏性土地基。根据加载方式不同,可分为堆载预压法、真空预压法、降水预压法、电渗预压法及联合加压法等。

(2) 置换法。置换法是指用物理性质较好的岩土材料置换天然地基中部分或全部软弱土体,以形成复合地基或双层地基,达到提高地基承载力、减小沉降的目的。通常采用的处理方式有换土垫层法、强夯置换法、砂石桩置换法及石灰桩法等。

(3) 灌入固化物法。灌入固化物是指向土体中灌入或拌入水泥、石灰或其他化学固化浆材,在地基中形成增强体,达到地基处理目的。属于灌入固化物加固软土地基的方法主要有高压喷射注浆法和水泥土搅拌法。

(4) 加筋法。软土地基加固中的加筋法主要指长短桩复合地基法。长短桩复合地基是随着我国土木工程建设发展涌现出的新工艺、新技术。长短桩通常由刚性的长桩与柔性或散体的短桩两部分组成,长桩可采用钢筋混凝土桩、低强度桩、素混凝土桩或 CFG 桩,而短桩则可采用水泥搅拌桩、二灰桩、碎石桩等。上部荷载由长桩、短桩及桩间土组成的复合体共同承担。

5.6.4 冻土

当土中水的温度低于液-固相变点时,孔隙水便开始结冰,形成的含冰土层称为冻土(frozen soil)。局部土体因水-冰相变,深部水分向冻结部位迁移而产生冻胀。温度回升后,土中部分或全部冰开始消融,土体又会因冰-水相变,局部含水量增大而呈软塑状态,产生融沉。冻土中的冻胀与融沉随昼夜和季节更迭而反复出现,极易引起路面翻浆、沉陷,建筑地基不均匀沉降等工程问题。

1. 冻土的冻胀与融沉

1) 冻土的冻胀

土冻结时,孔隙水冻结成冰,并不断有水分向结冰锋面迁移,致使冻结部位土体不断膨胀,称为土的冻胀。季节性冻土及多年冻土季节融化层的冻胀性,根据其冻胀率(frost heaving ratio)η可分为不冻胀(Ⅰ)、弱冻胀(Ⅱ)、冻胀(Ⅲ)、强冻胀(Ⅳ)和特强冻胀(Ⅴ)五个等级,如表5-28所示。冻土层的平均冻胀率η按下式计算：

$$\eta = \frac{\Delta_z}{Z_d} \times 100 \tag{5-35}$$

式中：η——冻土的平均冻胀率,％;

Δ_z——地表冻胀量,mm;

Z_d——设计冻深,mm,$Z_d = h - \Delta_z$;

h——冻土层厚度,mm。

表5-28 季节冻土与季节融化层土的冻胀性分级

土的名称	冻前天然含水量 w/%	冻结期间地下水位距冻结面的最小距离 h_w/m	平均冻胀率 η/%	冻胀等级	冻胀类别
碎(卵)石、砾、粗砂、中砂(粒径＜0.075mm,含量≤15%)、细砂(粒径＜0.075mm,含量＜10%)	不考虑	不考虑	$\eta \leq 1$	Ⅰ	不冻胀
碎(卵)石、砾、粗砂、中砂(粒径＜0.075mm,含量≤15%)、细砂(粒径＜0.075mm,含量＜10%)	$w \leq 12$	＞1.0	$\eta \leq 1$	Ⅰ	不冻胀
		≤1.0	$1 < \eta \leq 3.5$	Ⅱ	弱冻胀
	$12 < w \leq 18$	＞1.0			
		≤1.0	$3.5 < \eta \leq 6$	Ⅲ	冻胀
	$w > 18$	≤0.5	$6 < \eta \leq 12$	Ⅳ	强冻胀
粉砂	$w \leq 14$	＞1.0	$\eta \leq 1$	Ⅰ	不冻胀
		≤1.0	$1 < \eta \leq 3.5$	Ⅱ	弱冻胀
	$14 < w \leq 19$	＞1.0			
		≤1.0	$3.5 < \eta \leq 6$	Ⅲ	冻胀
	$19 < w \leq 23$	＞1.0			
		≤1.0	$6 < \eta \leq 12$	Ⅳ	强冻胀
	$w > 23$	不考虑	$\eta > 12$	Ⅴ	特强冻胀
粉土	$w \leq 19$	＞1.5	$\eta \leq 1$	Ⅰ	不冻胀
		≤1.5			
	$19 < w \leq 22$	＞1.5	$1 < \eta \leq 3.5$	Ⅱ	弱冻胀
		≤1.5			
	$22 < w \leq 26$	＞1.5	$3.5 < \eta \leq 6$	Ⅲ	冻胀
		≤1.5			
	$26 < w \leq 30$	＞1.5	$6 < \eta \leq 12$	Ⅳ	强冻胀
		≤1.5			
	$w > 30$	不考虑	$\eta > 12$	Ⅴ	特强冻胀

续表

土的名称	冻前天然含水量 w/%	冻结期间地下水位距冻结面的最小距离 h_w/m	平均冻胀率 η/%	冻胀等级	冻胀类别
黏性土	$w \leqslant w_p + 2$	$\geqslant 2.0$	$\eta \leqslant 1$	I	不冻胀
		$\leqslant 2.0$	$1 < \eta \leqslant 3.5$	II	弱冻胀
	$w_p + 2 < w \leqslant w_p + 5$	$\geqslant 2.0$			
		$\leqslant 2.0$	$3.5 < \eta \leqslant 6$	III	冻胀
	$w_p + 5 < w \leqslant w_p + 9$	$\geqslant 2.0$			
		$\leqslant 2.0$	$6 < \eta \leqslant 12$	IV	强冻胀
	$w_p + 9 < w \leqslant w_p + 15$	$\geqslant 2.0$			
		$\leqslant 2.0$	$\eta > 12$	V	特强冻胀
	$w > w_p + 15$	不考虑			

注：(1) w_p 为塑性含水量，%；w 为冻层内冻前天然含水量的平均值；
　　(2) 盐渍化冻土不在表列；
　　(3) 塑性指数大于 22 时，冻胀性降低一级；
　　(4) 粒径小于 0.005mm，含量大于 60% 时，为不冻胀土；
　　(5) 当充填物的质量大于全部质量的 40% 时，碎石土的冻胀性按充填物土的类别判定。

实践证明，土的冻胀程度除与气温条件有关外，还与土的颗粒组成、冻前含水量及地下水有关。相同条件下，粗粒土比细粒土冻胀程度小，冻前含水量小的土冻胀程度小，无地下水补给的土冻胀程度小。

2) 冻土的融沉

在无外载条件下，冻土融化所产生的沉降称为融沉。多年冻土根据融沉系数（thaw-subsidence coefficient）可分为不融沉（I）、弱融沉（V）、融沉（III）、强融沉（IV）和融陷（V）五级，如表 5-29 所示。冻土平均融沉系数 δ_0 按下式计算：

$$\delta_0 = \frac{h_1 - h_2}{h_1} \times 100\% = \frac{e_1 - e_2}{1 + e_1} \times 100 \tag{5-36}$$

式中：δ_0——冻土的平均融沉系数，%；
　　　h_1、e_1——冻土试样融化前的高度（mm）和孔隙比；
　　　h_2、e_2——冻土试样融化后的高度（mm）和孔隙比。

表 5-29　多年冻土的融沉性分级

土的名称	总含水量 w/%	平均融沉系数 δ_0/%	融沉等级	融沉类别
碎石土，砾、粗砂、中砂（粒径<0.075mm）的颗粒含量不大于 15%	$w < 10$	$\delta_0 \leqslant 1$	I	不融沉
	$w \geqslant 10$	$1 < \delta_0 \leqslant 3$	II	弱融沉

续表

土 的 名 称	总含水量 w/%	平均融沉系数 δ_0/%	融沉等级	融沉类别
碎石土,砾、粗砂、中砂(粒径<0.075mm)的颗粒含量大于15%	$w<12$	$\delta_0 \leq 1$	I	不融沉
	$12 \leq w < 15$	$1 < \delta_0 \leq 3$	II	弱融沉
	$15 \leq w < 25$	$3 < \delta_0 \leq 10$	III	融沉
	$w \geq 25$	$10 < \delta_0 \leq 25$	IV	强融沉
粉砂、细砂	$w<17$	$\delta_0 \leq 1$	I	不融沉
	$17 \leq w < 21$	$1 < \delta_0 \leq 3$	II	弱融沉
	$21 \leq w < 32$	$3 < \delta_0 \leq 10$	III	融沉
	$w \geq 32$	$10 < \delta_0 \leq 25$	IV	强融沉
黏性土	$w < w_p$	$\delta_0 \leq 1$	I	不融沉
	$w_p \leq w < w_p+4$	$1 < \delta_0 \leq 3$	II	弱融沉
	$w_p+4 \leq w < w_p+15$	$3 < \delta_0 \leq 10$	III	融沉
	$w_p+15 \leq w < w_p+35$	$10 < \delta_0 \leq 25$	IV	强融沉
含土冰层	$w \geq w_p+35$	$\delta_0 > 25$	V	融陷

注：(1) 总含水量 w 包括冰和未冻水；
(2) 本表不包括盐渍化冻土、冻结泥炭化土、腐殖土、高塑性黏土。

2. 冻土病害的防治措施

控制冻土冻胀和融沉的主要因素是水、温度及冻土土质，因此冻土病害的防治应基于这三个方面展开，基本原则是排水、保温及改善土体性质。

(1) 排水。水是冻胀、融沉产生的决定性因素，防治冻土病害必须严格控制土中水分。相关措施可归结为降低地下水位、降低季节冻结层范围内土体的含水量、隔断外来水补给三个方面。实际可行的措施有：在地面修建一系列排水沟、槽，拦截地表周围的来水；聚集、排除建筑物地面及内部的水，不使其渗入地下；在地下修建截水盲沟、渗沟等拦截周围地下来水；降低地下水位，防止地下水向地基汇集等。

(2) 温度控制。应用聚苯乙烯泡沫保温板或 EPS 保温板等保温隔热材料，防止地基土温度受建(构)筑物影响，最大限度地减小冻胀和融沉。对青藏公路冻土病害的调查表明：凡采取措施保证永冻层上限不变或略有上升的路基，就基本稳定；相反，永冻层上限下移的路基普遍存在严重的病害。实践表明，采用通风路堤设置护道、埋设热棒、利用片石护坡以及铺设隔热保温材料等温度控制措施，能有效保持永冻层上限基本稳定，减缓路基破坏进程。

(3) 改善土质。通常可通过以下三种途径改善冻土的土质：换填土、基土强夯与化学改性。换填土是运用砂、砾石、卵石等不冻胀土代替天然地基的细颗粒冻胀土，是最常用的冻害防治措施。夯击可使土骨架压缩，孔隙率减小，含水量及渗透能力降低，在一定程度上延缓甚至阻止了冻结过程中水的自由移动。化学改性可以通过以下三种途径实现：①在土中加入 $NaCl$、$CaCl_2$ 和 KCl 等盐类，以降低水的冰点，减轻冻害；②采用柴油等化学表面活性剂作疏水物质改良土体，减少地基含水量；③利用顺丁烯聚合物等使土粒聚集起来，以降低冻胀影响。

5.6.5 填土

填土(earth fill)是在一定的地质、地貌和社会条件下由人类生产、生活有意或无意堆积形成的一类特殊土。近现代以来,随着城市人口的增多、城镇建设的展开,人们在工程建设中遇到了越来越多的填土问题。各地区城镇由于发展历史、生活习惯、地形地貌的不同,填土的堆填方式、物质组成、固结程度及分布特征等方面均存在较大差异,由此导致填土的基本工程特性大不相同。

填土的工程评价主要应考虑填土成分、分布和堆积年代,并结合填土的均匀性、压缩性和密实度等情况综合进行。由于填土堆积情况极为复杂,在评价过程中有时还应按厚度、强度和变形特性分层或分区开展。

1. 填土的分类

填土根据物质组成和堆填方式可分为素填土、杂填土、冲填土以及压实填土。压实填土是素填土按一定标准控制材料成分、密度、含水量,进行分层压实或夯实而成的,主要应用于各类路基工程中。这里对前三种填土进行说明。

(1) 素填土(plain fill)。素填土由天然土经人工扰动和搬运堆积而成,不含杂质或含杂质很少,一般由碎石、砂或粉土、黏土等一种或几种材料组成。按主要组成物质可分为碎石素填土、砂性素填土、粉性素填土、黏性素填土等。

(2) 杂填土(miscellaneous fill)。杂填土为含有大量建筑垃圾、工业废料或生活垃圾等杂质的填土。按其组成物质成分和特征又可分为:①建筑垃圾土。主要由碎砖、瓦砾、朽木、混凝土块等建筑垃圾夹杂土类组成,有机质含量较少。②工业废料土。由现代工业生产的废渣、废料堆积而成,如矿渣、煤渣、电石渣以及其他工业废料夹杂少量土类组成。③生活垃圾土。填土由大量从居民生活中抛弃的诸如炉灰、布片、菜皮、陶瓷片等废物夹杂土类组成,通常含较多有机质和未分解的腐殖质。

(3) 冲填土(hydraulic fill)。冲填土又称吹填土,是由水力冲填泥砂形成的填土,是沿江、沿海地区常见的人工填土类型。主要是由于整治、疏通江河航道或因工农业生产需要,而填平或填高江河附近某些地段,运用高压泥浆泵将挖泥船挖出的泥砂排送到需加高地段或泥砂堆积区,经沉淀排水后形成大片冲填土层。上海、天津、广州等地河流两岸及滨海地段不同程度分布着此类土。近年来,由于政治、经济需要,我国在南海美济岛、渚碧岛、永暑岛等地也进行了吹填施工,形成了大面积的冲填土。

2. 填土的工程性质

一般来说,填土特别是新近堆积的填土,由于物质组成复杂,堆积时间短,往往具有显著的不均匀性、低强度以及高压缩性,一些填土还可能会存在湿陷性。而短期内堆积的填土处于欠固结状态,在自重作用下会不断自我压密、沉陷。

1) 素填土的工程性质

素填土的工程性质取决于其均匀性和密实度。在堆填过程中,未经人工压实的素填土一般密实度较差;而堆积时间较长的素填土,在自重压密作用下,也能达到一定的密实度。工程中一般认为,堆填时间超过十年的黏性及超过五年的砂性素填土,其密实度能够满足一般建筑地基的承载要求。

2) 杂填土的工程性质

杂填土的物质来源、堆积状况、组成成分、颗粒结构复杂,工程性质差,且分布极不均匀,通常具有如下特征:①性质不均匀,厚度、密度变化大。由于杂填土的堆积条件、时间,特别是物质来源、组成成分差异较大,造成杂填土性质不均匀,密度变化大,分布范围和厚度变化缺乏规律性。②变形大,并有湿陷性。杂填土往往是一种欠压密土,一般具有较高的压缩性。部分新堆填的杂填土除存在由自重引起的沉降外,还会有湿陷变形及生活垃圾有机质分解引起的变形。③压缩性大,强度低。杂填土的物质成分异常复杂,不同物质成分直接影响土的压缩性和强度。一般情况下,建筑垃圾、工业废料土的压缩性低于生活垃圾土,而强度高于后者。④孔隙大,渗透性不均匀。杂填土由于组成物质的结构复杂多样,孔隙通常较大,但分布极不均匀,造成渗透性质的不均匀。在地下水较浅地区,地下水位以上杂填土中常存有鸡窝状上层滞水。

3) 冲填土的工程性质

冲填土的主要工程性质有:①不均匀性。冲填土中的颗粒物质主要有砂粒、粉粒和黏粒,随着泥砂来源的变化,其颗粒组成和结构不断发生改变,由此造成了冲填土在纵横方向上的不均匀性,土层多呈透镜体或薄层状出现。②透水性弱,排水固结差。冲填土一般含水量大,呈软塑或流塑状态。当黏粒含量较多时,水分不易排出,土体呈流塑状态;后期由于水分蒸发,表层土产生龟裂,但下部土层仍处于流塑状态,扰动后会产生触变。因此冲填土多属于未完成自重固结的高压缩性软土。

3. 填土地基的利用与处理

利用填土作为地基时,宜采取一定的建筑和结构措施,提高和改善建筑物对填土地基不均匀沉降的适应能力。如使建筑形体尽可能简单,以适应不均匀沉降,采用面积大、刚性好的片筏、十字交叉等基础形式,以及适当加强上部结构刚度和强度等措施。

对填土地基进行处理时,处理方式的选择宜参照以下条件确定。

(1) 换土-垫层法适用于地下水位以上的填土,可减少和调整地基的不均匀沉降。

(2) 对于浅埋的松散低塑性或无黏性填土,适宜采用机械碾压、重锤夯实和强夯的处理办法。

(3) 挤密土桩、灰土桩适用于地下水位以上填土的处理,而砂、碎石桩则适用于地下水位以下填土的处理,两者的处理深度一般为 6~8m;此外,还可用 CFG 桩、柱锤冲扩桩等地基处理方法,以提高填土地基承载能力,减小地基变形。

思考题

1. 从影响岩石工程性质的内外因素着眼,思考岩石物理性质、力学性质与水理性质之间的正反向关系。
2. 思考岩体结构面性质是如何影响岩体的整体工程性质的。
3. 影响岩体基本质量分级的因素有哪些?
4. 结合不同类型工程特性,总结、分析岩体基本质量分级与最终分级之间的差异。
5. 影响岩石风化的因素有哪些?分别阐述这些因素对物理风化及化学风化的影响。
6. 总结各特殊土的主要工程特性及其处置方法。

地 下 水

6.1 自然界的水循环

自然界中的水分布于大气圈、水圈和岩石圈之中,分别称为大气水、地表水和地下水。本章主要探讨的地下水是自然界中水的一部分,它与大气水、地表水构成了相互联系的统一体。地下水的形成与自然界中其他形式水的运移、变化密切相关,对其进行研究时,必须密切关注与之形成补给、径流和排泄关系的大气水和地表水。

自然界中的水并非处于静止状态,而是在太阳辐射、重力等因素作用下,有规律地运移,并相互转化,这一过程称为水循环(hydrologic cycle)。如图 6-1 所示,水在太阳辐射热作用下从河湖海及岩土表面、植物叶面不断蒸发和蒸腾,以蒸汽形式进入大气,并随之运移,在适当条件下,凝结成固态或液态水,并以不同形式(雨、露、霜、雪、雹等)降落到海面或陆面上。降至陆面的水一部分就地蒸发,一部分转为地面径流并汇入江河湖海,而其余部分则渗入地下形成地下水。地下水在径流过程中,一部分会再度蒸发,另一部分则会排泄进入江河湖海。这种蒸发、降水、径流的过程,在全球范围内周而复始地不断进行,构成了自然界极为复杂的水循环过程。地球外圈层中水循环的上限可达地面以上 16km,即大气对流层处,而下限可至地面以下 2km 左右,该范围内岩土体孔隙、裂隙发育。

自然界中的水循环按其作用范围可分为大循环和小循环。大循环是指大气圈、水圈和岩石圈之间,整个地球范围内的水循环,又称海陆循环;小循环指陆地或海洋自身范围内的水循环,即内陆水循环和海上水循环。

(1) 海陆循环(continental-oceanic cycle)。海洋表层水从太阳获得能量,并通过蒸发作用进入大气,经过大气环流扩散至海洋和陆地上空后,在一定条件下凝结,并以降水的形式回归到地球表面,使陆地水资源得以不断补充;陆地表面因降水而产生径流,汇流后或经地壳表层蓄留后回归入海。这样就形成了海洋和陆地间的水循环运动,通常将这种水循环过程称为大循环。

(2) 内陆循环。降落至陆地的水,部分或全部由陆面、水面蒸发以及植物的蒸腾作用形成水汽,被气流带至高空后冷却凝结,再以降水形式返回陆面。

（3）海上内循环。由海洋蒸发的水汽进入大气后在高空凝结，又以降水形式回落至海洋，形成海上内循环。

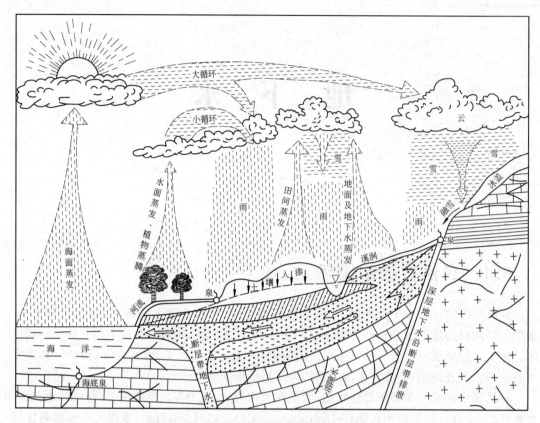

图 6-1　水循环示意图（据西北农学院、华北水利水电学院，1981 年）

水既是人类生产、生活不可或缺的宝贵资源，又是一种重要的地质作用媒介。在与地表地质体相互作用过程中，不断促使其几何、物理性质乃至化学成分发生改变，并降低其强度和稳定性，由此形成各种不良自然地质和工程地质灾害，如滑坡、岩溶、潜蚀、土壤盐渍化、地基沉陷、道路冻胀等，对工程建设及其使用维护造成危害。此外，地下水中含有的腐蚀性化学成分还会对工程结构中的钢筋混凝土形成腐蚀作用，导致结构失效。

6.2　岩土中的地下水

6.2.1　岩土空隙

构成地壳的岩土体，无论是松散的土层，还是坚硬的岩体，内部均存在着数量不等、大小不一、形状各异的各类空隙（void）。对于某些硬质土和岩石而言，空隙既包括组成颗粒之间的孔隙，又涵盖各种原因形成的裂隙。岩土体中空隙的多少、大小、形状、连通状况及分布规律等对地下水的分布、运移具有重要影响。通常按空隙发育的岩土类型及形态特征将其分为松散岩土中的孔隙、硬质岩石中的裂隙和可溶岩中的溶隙三种类型，如图 6-2 所示。

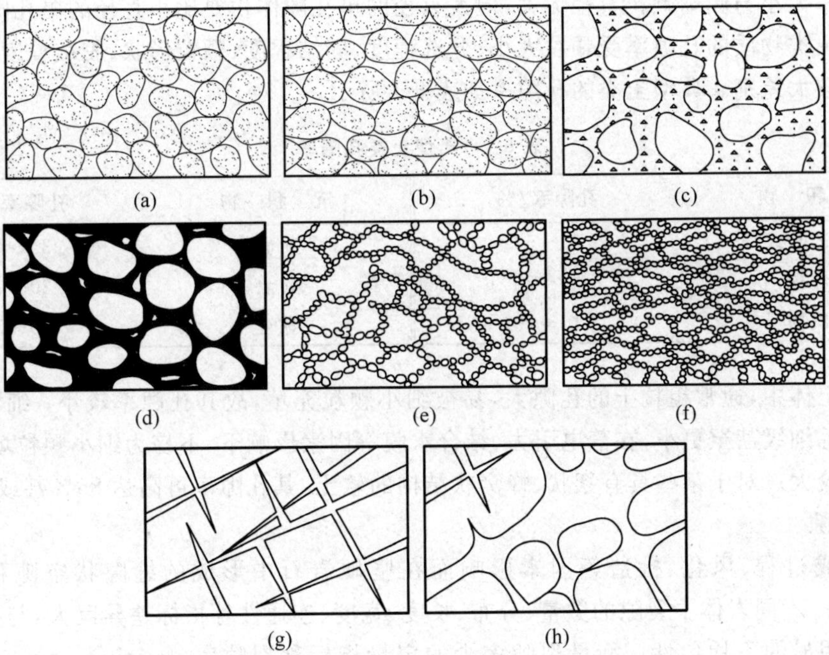

图 6-2 岩土中的各种空隙(据王大纯等,1980 年)

(a) 松砂；(b) 密砂；(c) 含泥、砂砾石土；(d) 砂岩；(e) 黏土；(f) 压密黏土；(g) 裂隙岩体；(h) 溶隙岩体

1. 孔隙

松散岩土介质由大小不等的颗粒组成,在颗粒或颗粒集合体间普遍存在着孔隙(pore)。衡量孔隙多少的定量指标称孔隙率(porosity),可表示为

$$n = \frac{V_n}{V} \times 100\% \tag{6-1}$$

式中：n——孔隙率；

V_n——孔隙体积；

V——总体积。

岩土介质的孔隙率与组成颗粒的密实程度有关。假设固体颗粒为等径圆球,按正位(即四方体形)排列时,其孔隙率为 47.64%；而按错位(即四面体形)排列时,则其孔隙率降为 25.95%；其他排列方式的孔隙率介于两者之间,平均约 37%。具体排列方式见图 6-3。

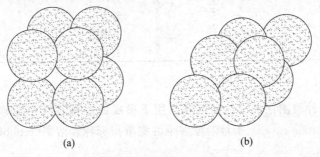

图 6-3 岩土介质颗粒排列方式

(a) 正位排列；(b) 错位排列

孔隙率大小与圆球颗粒直径无关，但大直径的单孔隙体积要比小直径的单孔隙体积大。

松散土类物质的孔隙率受颗粒大小、分选程度、固结程度、颗粒形状、胶结程度等因素影响而呈现较大差别。典型土类的孔隙率如表 6-1 所示。

表 6-1 典型土类孔隙率

沉 积 物	孔隙率/%	沉 积 物	孔隙率/%
良好分选砂或砾	25～50	粉砂	35～45
砂砾混合物	20～35	粉土	30～40
冰渍堆积物	10～20	黏土	40～50

天然土体中，通常粗粒土的孔隙大，易被细小颗粒充填，故其孔隙率较小；细粒土的孔隙多为亚毛细级甚至更小，在静电引力、结合水膜等因素影响下，不易为细小颗粒填充，因而其孔隙率较大。对于某些具有絮状、蜂窝状结构的软土，其孔隙率可高达 85％甚或更高。

2. 裂隙

受形成过程、风化、构造等因素影响而在坚硬岩石中形成的缝隙状空隙称为裂隙（fracture）。不同岩体中裂隙的数量、分布、长度、宽度、连通性等指标差异巨大，与孔隙相比具有更为明显的不均匀性。衡量裂隙多少的定量指标称裂隙率（fracture porosity），可表示为

$$n_T = \frac{V_T}{V} \times 100\% \tag{6-2}$$

式中：n_T——岩石裂隙率；

V_T——裂隙体积；

V ——岩石总体积。

常见岩石的裂隙率如表 6-2 所示，表中所列均为岩石裂隙的平均值。对于局部岩体而言，裂隙发育可能存在较大差异，一些部位可能小于百分之一，而一些部位则可能高达百分之几十。

表 6-2 常见岩石的裂隙率

岩石名称	裂隙率/%	岩石名称	裂隙率/%
各种砂岩	3.2～15.2	正长岩	0.5～2.3
石英岩	0.008～3.4	辉长岩	0.6～2.0
各种片岩	0.5～1.6	玢岩	0.4～6.7
片麻岩	0～2.4	玄武岩	0.6～1.3
花岗岩	0.02～1.9	玄武岩流	4.4～5.6

3. 溶隙或溶穴

可溶岩中的各种裂隙在水流长期溶蚀作用下形成的一种特殊空隙称为溶隙（corroded fissure）或溶穴（solution cave）。衡量溶隙多少的定量指标称岩溶率（rate of karstification），可表示为

$$K_K = \frac{V_K}{V} \times 100\% \tag{6-3}$$

式中：K_K——岩石岩溶率；

V_K——溶隙或溶穴体积；

V——岩石总体积。

溶隙可继续发育为溶洞、暗河、天然井、落水洞等多种形态。它与裂隙相比在形态、大小等方面的变化更大，溶隙率亦对应产生极大变化。常见相邻岩体的岩溶率却截然不同，且同一地点不同深度的岩体也存在极大的变化。

6.2.2 地下水的存在状态

岩、土空隙中的水主要有气态、液态和固态三种形式，其中液态水又可分为结合水、毛细水和重力水。除此之外，在一些岩石中还存在着少量矿物结合水，主要形式有沸石水、结晶水和结构水。这里主要探讨岩、土空隙中的气态水、固态水和液态水。

1. 气态水

在未饱和的岩、土空隙中存在的水蒸气为气态水。它可由大气中的水蒸气进入地下形成，也可由地下液态水蒸发形成。岩、土介质中的气态水与大气中的水蒸气联系紧密，可随空气流动而运移，亦可在本身水汽压力或绝对温度影响下产生迁移。当空隙中水汽达到饱和或气温下降后，气态水便凝结形成液态水；而在水汽减少或气温升高时，岩、土介质中部分液态水亦会转化为气态水。岩土空隙中的气态水与液态水之间始终随水汽饱和度和温度变动而保持着动态平衡。

2. 固态水

当岩土体温度低于 0℃ 时，空隙内部分或全部液态水就会结晶转化为固态水。由于水在结晶过程中会产生体积膨胀，因而在高纬度或高海拔地区，如我国的东北、青藏高原地区形成了具有冻胀性的多年冻土和季节性冻土。

3. 结合水

结合水（bound water）通常指束缚于岩土颗粒表面，不能在重力作用下自由运动的水。水分子为偶极体，在静电引力作用下，带有电荷的岩、土颗粒会在表面吸附水分子形成结合水层如图 6-4 所示。根据吸附作用的强弱，结合水又有强结合水和弱结合水之分。

（1）强结合水（firmly bound water）又称吸着水（hydroscopic water），水分子在岩、土颗粒分子引力、电荷力作用下，不断被吸附至颗粒表面，随着水分子的增多逐渐形成一层连续水膜，其厚度达数个水分子直径，与岩、土颗粒之间的吸引力超过一万个大气压，远大于水分子所承受的重力。因此，不同于一般的液态水，强结合水密度达 $2g/cm^3$ 左右，在 $-78℃$ 仍不会结晶，且具有固体特有的抗剪强度特征，其剪切模量可达 20MPa。此外，强结合水不受重力影响，通常不能移动，不能被植物根系吸收，只有在受热超过 105～110℃ 时，才会变成气态水脱离固体颗粒。

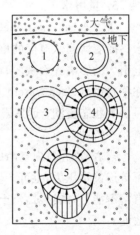

图 6-4　岩土中水的状态

1—具有不完全吸着水量的颗粒；
2—具有最大吸着水量的颗粒；
3、4—具有薄膜水的颗粒；
5—具有重力水的颗粒

（2）弱结合水（loosely bound water）又称薄膜水（film water），当岩、土空隙中相对湿度较大时,颗粒可以在强结合水水膜外吸附更多水分子,形成数个至数百个水分子直径厚度的水膜。薄膜水仍不能在重力作用下自由移动,亦不能传递静水压力,其密度在 1.3～1.774g/cm³ 之间,结晶点为 -15℃,具有一定的抗剪强度,外层可被植物吸收利用。此外,由于固体颗粒和水分子间引力与距离成反比,当两颗粒靠近时,薄膜水会由厚处向薄处迁移,直至两者厚度相等。

强结合水和弱结合水均属分子水,其在岩、土中的含量取决于颗粒的比表面积。颗粒越细,比表面积越大,其含量也就越多。如黏土中所含的强、弱结合水可分别达 18%、45%,而砂土则分别不到 0.5%、2%。强、弱结合水含量对细颗粒岩土介质,特别是黏性土与黏土质岩的持水性、给水性及透水性影响巨大,随含水量变化,此类岩土介质的可塑性、体积胀缩性以及孔隙度等物理性质也将产生较大改变。然而,对于具裂隙、溶隙的坚硬岩类而言,含水量则微不足道,无实际工程意义。

4. 毛细水

毛细空隙是指岩、土介质中直径小于 1mm 的孔隙及宽度小于 0.25mm 的裂隙。受水表面张力作用而充填于岩、土介质毛细空隙中的水,称为毛细水(capillary water)。毛细水同时受重力和毛细力作用,其上升高度及速度取决于岩、土空隙的大小,而空隙大小又与岩、土颗粒粒径密切相关,颗粒越细,孔隙越小,毛细水上升高度也就越大,但其上升速度越慢。当毛细水上升到一定高度后,毛细力与重力相等,上升过程停止,此时的上升高度称最大毛细上升高度。

毛细水可传递静水压力,并可被植物吸收,对岩、土介质性质影响较大。地下水埋藏较浅时,由于毛细水上升,可能形成地基土冻胀、地下室返潮,危及房屋基础、公路路面等工程设施;毛细水的蒸发可促使地下盐分不断向地表迁移,导致土壤盐渍化。

5. 重力水

重力水(gravitational water)是地下水存在的最主要形式,通常所说的地下水即为重力水。随着薄膜水厚度的增加,岩、土颗粒与水分子间的引力越来越小,处于颗粒外围的水,静电引力的影响大大减弱,在重力作用下,可在岩、土空隙中自由流动,此部分水即为重力水,亦称自由水(free water)。靠近岩、土颗粒表面的重力水受静电引力影响,水分子排列整齐,呈层流状态流动;远离岩、土颗粒表面的重力水仅受重力作用,这部分水在流速较大时呈紊流状态流动。

当岩、土介质内空隙完全为水所饱和时,颗粒间除结合水外均为重力水。此时的重力水可传递静水压力,也可产生浮力及孔隙水压力,流动的重力水还可产生动水压力。重力水具有溶解能力,能够对岩、土介质形成物理、化学侵蚀,可导致其结构、构造乃至化学成分发生改变。

6.2.3 岩土的水理性质

岩、土介质与水作用时所表现出的控制水分储存、运移的性质称为水理性质,主要包括容水性、持水性、给水性、透水性和毛细性。岩土的水理性质与其内空隙的大小、数量、形态、连通程度等因素密切相关,不同空隙状态的岩、土介质,其容水、持水、给水和透水的能力均有所不同。

1. 容水性

岩、土介质内能容纳一定水量的性质称为容水性。衡量容水性的定量指标为容水度 (water capacity)，即岩土中所容纳水的体积与其原始总体积之比。通常情况下，容水度在数值上等于孔隙率，当岩、土介质中含膨胀性矿物时，充水后空隙体积增大，此时容水度将大于孔隙率。

2. 持水性

岩、土介质在重力作用下仍能保持一定水量的性质称为持水性。衡量持水性的定量指标称为持水度 (specific retention)，即在重力作用下岩土仍能保持的水量体积与其原始总体积之比。在重力影响下，岩土空隙中尚能保持的水主要为结合水和毛细水。因此，岩、土介质中组成颗粒的比表面积越大，结合水与毛细水的含量就越高，持水度也就越大。如黏性土、淤泥质土的持水度均较大，与其容水度相当。

3. 给水性

饱水岩、土在重力作用下，能自由排出一定水量的性质称为给水性。衡量给水性的定量指标称为给水度 (specific yield)，其在数值上等于容水度减去持水度。不同岩、土介质的给水度不同，具有开放性裂隙的硬质岩体及粗粒松散碎石持水度极小，其给水度接近容水度；而具有闭合裂隙的岩、土介质，其持水度接近容水度，给水度极小甚至接近于零。表6-3给出了不同岩性给水度的参考值。

表6-3 不同岩性给水度参考值

岩 性	给 水 度	岩 性	给 水 度
黏土	0.01~0.035	细砂	0.08~0.11
粉质黏土	0.03~0.045	中细砂	0.085~0.12
粉土	0.035~0.06	中砂	0.09~0.13
黄土	0.025~0.05	中粗砂	0.10~0.15
粉砂	0.06~0.08	粗砂	0.11~0.15
细粉砂	0.07~0.10	砂卵石、砾石	0.13~0.25

4. 透水性

岩、土介质可透过水的性质称为透水性。衡量透水性的定量指标称为渗透系数 (coefficient of permeability)（用 K 表示），其量值与岩、土介质的孔隙性质及渗流液体的物理性质有关，孔隙、裂隙越大，连通性越好，K 值就越大。水的渗透系数比石油大，这是由于水比石油稠度小，流动时阻力较小。渗透系数的单位与渗流速度相同，即为 cm/s、m/h、m/d 等。常见松散土体渗透系数的经验值如表6-4所示。

表6-4 常见松散土体渗透系数经验值

土 类	渗透系数/(m/d)	土 类	渗透系数/(m/d)
粉质黏土	0.001~0.1	中砂	5.0~20.0
粉土	0.1~0.5	粗砂	20.0~50.0
粉砂	0.5~1.0	砾石	50.0~150.0
细砂	1.0~5.0	卵石	100.0~500.0

地下水沿岩、土介质内孔隙、裂隙流动形成渗流,因此其渗透性取决于内部孔隙、裂隙的大小、数量、形态以及连通程度。松散沉积物的孔隙特征取决于组成颗粒的大小、均匀程度以及不同粒径颗粒的相对含量。例如砂、砾石的孔隙度一般为30%左右,由于孔隙较大,地下水容易沿大孔隙流动,透水性较强;一些黏土的孔隙度虽然高达50%以上,但由于孔隙细小,且多被分子水和毛细水所占据,重力水难以穿越这些微小孔隙,透水性较弱,某些情况下可视为不透水。

5. 毛细性

土的毛细性是指水在毛细张力(负压)作用下,沿土中毛细孔隙向各个方向运移的特性。在地下潜水面以上,水在毛细张力作用下所上升的最大高度称毛细上升高度,可由下式进行测算:

$$h_c = \frac{0.03}{D} \tag{6-4}$$

式中:h_c——毛细上升高度,m;

D——毛细孔隙平均直径,mm。

土的毛细性与其结构、粒度、矿物组成、水溶液的化学成分和浓度等有关,并受气温和蒸发状况的影响。通常,砂土的毛细性服从孔隙越小毛细上升高度越高的规律;而黏性土则受结合水填充孔隙的影响,其毛细上升高度反而较细砂土、粉土类低。

6.2.4 含水层与隔水层

1. 含水层

可以给出并透过相当数量水的岩土层称含水层(aquifer)。构成含水层的必备条件有以下几个。

(1) 储水空间。地下水的储量与岩土层的孔隙特征密切相关。砂砾石含水层孔隙较大,水量丰富;孔隙率较大而孔隙细小的黏土层,由于其孔隙多被结合水占据,通常不能构成含水层。

(2) 储水构造。岩土层要保存其内的地下水,还必须具备有利于地下水聚集、储存的地质构造条件。如在透水性良好的岩土层(即具备储水空间的岩土层)下有隔水(不透水或弱透水)层存在,在水平方向上有隔水层阻挡等,此时运移于孔隙中的重力水才能长久储存起来,形成含水层。若地质构造不利于地下水储存,只能作为暂时的透水通道,则此类岩土层称为透水不含水岩土层。

(3) 补给水源和补给。岩土层具备了良好的储水空间和构造条件,且具备充足的补给水源和良好的补给条件时才能构成含水层。

2. 隔水层

不能给出及透过水的岩土层称为隔水层(aquiclude),而给出及透水量微小的岩土层亦可看作隔水层。隔水层可不含水,如胶结紧密完整的坚硬岩层;亦可含有一定量的水,但不允许相当数量的水透过,如黏土。一般认为渗透系数小于0.001m/d的岩土层为隔水层。

实际上,含水层与隔水层的划分是相对的,没有绝对的界线和定量指标,自然界中没有绝对不透水的岩土层,只有透水性强弱之分。如第四系湖相沉积区,细砂、粉细砂构成含水层,黏土层作为隔水层;而在冲、洪积扇中上部,砂、砾石构成含水层,粉质黏土、粉土等作为隔水层。

6.3 地下水的分类

地下水的性质、状态受诸多因素影响,各因素组合更是错综复杂。人们出于不同的研究和应用目的,根据这些影响因素提出了各种各样的分类方案。但概括起来主要有两种:一种是根据地下水的某种单一因素或特征进行分类,如按硬度分类,按地下水起源分类等;另一种是根据地下水的若干特征综合考虑分类,如按地下水的埋藏条件可分为包气带水、潜水和承压水。常见地下水的类型及特征见表 6-5。

表 6-5 地下水的类型及特征

类型		分布	水力特征	补给区分布区	动态特征	含水层形态	水量	污染情况	成因
包气带水	孔隙水	松散沉积层	无压	一致	随气象、季节变化明显,一般为暂时性水	层状	水量较小,波动幅度大	易受污染	地表水渗入、毛细作用
	裂隙水	基岩风化裂隙带				脉状、带状			
	岩溶水	岩溶垂直入渗带				脉状局部含水			
潜水	孔隙水	松散沉积层	无压	一致	季节因素影响明显	层状	受颗粒级配影响	较易污染	其他形式水渗入
	裂隙水	裂隙破碎带				带状、层状	水量较小		
	岩溶水	岩溶区				层状、脉状	水量较大		
承压水	孔隙水	松散沉积层	承压	不一致	受当地气象影响小,水状态稳定	层状	受颗粒级配影响	不易污染	入渗与构造
	裂隙水	向斜、单斜、断裂带				脉状、带状	水量不大		
	岩溶水	岩溶区岩层或构造盆地岩溶区				层状、脉状	水量较大		

6.3.1 按埋藏条件分类

1. 包气带水

包气带(aeration zone)亦称非饱和带(unsaturated zone),是沟通、联结地表水与地下潜水的岩土层,在水文循环中起着重要的作用。包气带水通常指位于该区域内的地下水,即位于潜水面以上、地表以下岩土层中的水,主要包括土壤水和上层滞水,如图 6-5 所示。

(1) 土壤水(soil water)。土壤水埋藏于包气带土层中,主要以结合水、毛细水形式存在。其补给方式包括大气降水入渗、水汽凝结及潜水自下而上毛细作用补给。土壤水主要消耗于直接蒸发和地表植物的蒸腾作用,受气候、气象条件影响,水量、盐分变化剧烈。当包气带土层透水较少,气候又潮湿多雨或地下水位较浅时,地面易形成沼泽;当地下水埋藏不

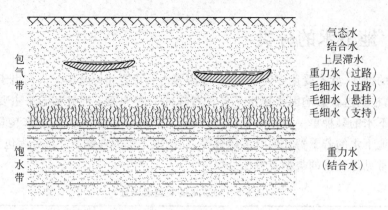

图 6-5　包气带及饱水带

深,毛细水带可直达地表时,土壤水的强烈蒸发会导致盐分在地表不断累积,形成盐渍土。研究、控制包气带水量、盐分变化规律,对指导农业生产及建(构)筑物基础维护等具有重要意义。

(2) 上层滞水(vadose water)。上层滞水是存在于包气带中,局部隔水层之上的重力水。上层滞水接近地表,补给区与分布区一致,接受当地大气降水或地表水补给,以蒸发的形式排泄。雨季获得补充,积存一定水量,旱季水量逐渐消耗,甚至干涸。上层滞水一般含盐量较低,易受污染。在松散沉积层、裂隙岩层及可溶性岩层中均可能存在上层滞水。由于水量不大,且随季节变化明显,只能作为小型供水水源。对上层滞水探查不清,可能会危及基坑工程建设,导致突发涌水事故。

2. 潜水

1) 基本概念

潜水(phreatic water)是埋藏在饱水带中,地表以下第一个具有自由水面的含水层中的重力水,如图 6-6 所示。一般多储存在第四系松散沉积物中,也可形成于裂隙性及可溶性岩层中。潜水与大气圈层、地表水联系密切,是水循环过程中的重要一环。

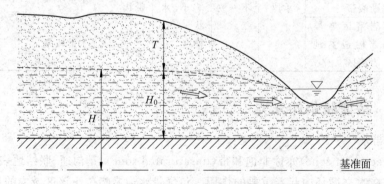

图 6-6　潜水埋藏示意图
T—潜水埋深；H_0—含水层厚度；H—潜水位

潜水的自由表面称为潜水面(level of saturation),潜水面上任一点的标高称为该点的潜水位(phreatic level),潜水面到地表的铅直距离称为潜水的埋藏深度(water table depth),潜水面到隔水层的铅直距离称为潜水的含水层厚度(magnitude of water carrier),

如图 6-6 所示。潜水的埋藏深度及含水层厚度等特征受气候、地形及地质条件影响，存在较大变化。在平原地区，潜水埋藏深度较浅，通常为数米至十几米，甚至可能为零，含水层厚度差异较小；而在切割强烈的山区，埋藏深度可达数十米甚至更深，含水层厚度差异亦较大。潜水的埋藏深度、含水层厚度不仅因地而异，即使在同一地区，随季节变化亦会产生显著不同。雨季潜水面上升，埋藏深度变小，含水层厚度增大，而旱季则刚好相反。

潜水在重力作用下由高向低流动称潜水流（disappearing stream）。在其渗透路径上，任意两点间的水位差与水平距离之比称为潜水流在该处的水力坡度（hydraulic gradient）。通常潜水流的水力坡度较小，平原地区常为千分之几，山区可达百分之几。潜水含水层的分布范围称潜水分布区，大气降水与地表水入渗补给潜水的地区称潜水补给区，一般情况下，潜水的补给区与分布区基本一致。潜水流出处称潜水排泄区。

总体上，潜水具有如下典型特征：①与大气相通，具有自由水面，为无压水；②补给区与分布区基本一致，直接接受大气降水补给，旱季时会以蒸发形式排泄；③动态受气候影响大，具有明显的季节性变化特征；④易受地面污染影响；⑤水质变化大，湿润气候、强烈切割地形时，易形成低盐淡水，干旱气候、平坦地形时，常形成高盐咸水。

2）潜水面特征

潜水面形状是潜水的主要特征之一。其形态不仅反映了外界因素的影响，亦显示了潜水的某些自身特性，如流向、水力坡度等，通常非水平面，而是呈向排泄区倾斜的曲面形态。

潜水面受地表地形、含水层岩性及厚度、隔水底板起伏等因素影响，其形态因时因地而异，如图 6-7 所示。潜水面与地表地形大体一致，地面坡度陡，潜水面坡度就大，但潜水面坡度总是小于相应的地面坡度；当含水层的岩性、厚度沿水流方向发生变化时，潜水面形态、坡度也相应发生变化。在含水层透水性增强或厚度增大地段，潜水面趋于平缓，反之则变陡；在隔水层底板隆起地段，潜水流中途受阻，此时水流厚度变薄，潜水面上扬，接近地表，甚至溢出成泉。

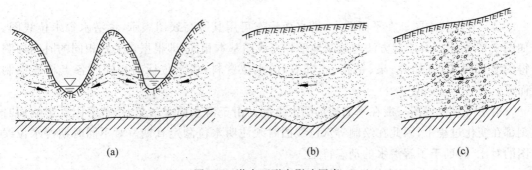

图 6-7 潜水面形态影响因素
(a) 地表地形影响；(b) 含水层厚度影响；(c) 地层透水性影响

此外，气象、水文因素也会直接影响潜水面形态。如大气降水、蒸发作用等使潜水面上升、下降，地表水体变化引起潜水面形状改变（见图 6-8）。人为修建水库、渠道，以及抽取、排除地下水等，亦会引起地下水位的升降，改变潜水面形态。

3）潜水面的表示方法

潜水面在水文地质图上的表示方法有两种形式，分别为剖面图和等水位线图。为清晰表达潜水面形态特征，实际中两种图示方法经常配合使用。

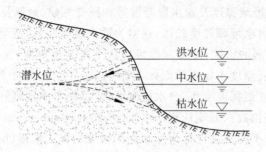

图 6-8　河水位变化与潜水面关系

(1) 剖面图。作图方法为：首先根据钻孔、试坑等地层柱状图资料，按一定比例在代表性方位上绘制地质剖面图；作剖面图上各井、孔位置处的潜水位，连出潜水面，即成潜水剖面图，亦称水文地质剖面图（见图 6-9）。该图可反映潜水面与地形、含水层岩性及厚度、隔水层等的相互变化关系。

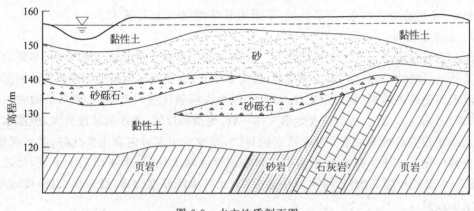

图 6-9　水文地质剖面图

(2) 等水位线图。在平面图中，潜水面形态可用其等高线图表示，称潜水等水位线图，如图 6-10 所示。其绘制方法与绘制地形等高线图基本相同，即根据在大致相同的时间内测得的潜水面各点（如井、泉、钻孔、试坑等）的水位资料，将水位标高相同的各点相连绘制而成。

潜水等水位线图一般在平面地形图上绘制。由于潜水面受气象、季节等因素影响而时刻都在变化过程中，因此在绘制等水位线图时须注明水位测定日期。对不同时期等水位线图的对比，有助于了解潜水的动态特征。

4) 潜水的补给、径流与排泄

大气降水通过包气带向下渗透是潜水的主要补给（recharge）方式，此时潜水的分布区与补给区保持一致。大气降水下渗补给的水量与大气降水的性质、地表植物覆盖情况、地面坡度、包气带岩土层的透水性及厚度等多种因素有关。

时间短、水量小的降水，补给量小，有时甚至不能下渗到达潜水面；短时的大暴雨，大部分降水以地表径流的形式排泄，对潜水的补给亦不多；只有长时间的连绵细雨对潜水的补给效果才最好。植被茂盛、坡度较小的地区，降水不易流失，有利于潜水补给。包气带岩土层透水性越大、厚度越小，大气降水对潜水的补给效果就越好。

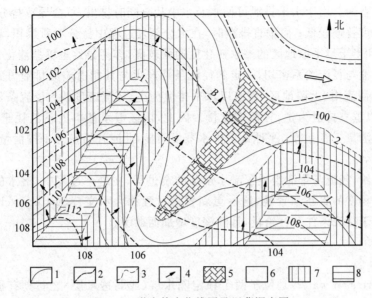

图 6-10 潜水等水位线图及埋藏深度图

1—地形等高线；2—等水位线；3—等埋深线；4—潜水流向；5—潜水埋藏深度为零区（沼泽区）；
6—埋深 0～2m 区；7—埋深 2～4m 区；8—埋深大于 4m 区

此外潜水还可从地表水、其他地下水等得到补给。如在一些大河的中下游，特别是在洪水季节，河水水位高于两岸地下潜水位，此时地表水就成为潜水的补给来源（见图 6-11）；有时潜水还可从承压水、岩溶水等处得到补给。此时潜水分布区与补给区不再一致。

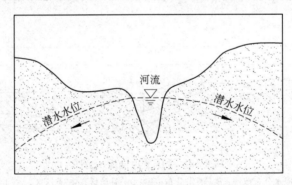

图 6-11 地表水补给潜水示意图

潜水由补给区流向排泄区的过程称为径流（runoff）。径流是连接补给和排泄的中间环节，除某些构造封闭的自流盆地以及地势平坦地区的潜水外，地下水均处于不断的径流过程之中，径流的强弱决定着含水层的水量和水质。影响潜水径流的主要因素有地形坡度、切割程度以及含水层透水性等，地面坡度越大，地形切割越强烈，含水层透水性越好，径流条件就越好，反之则越差。

含水层失去水量的过程称为排泄（discharge）。潜水的排泄主要有垂直排泄和水平排泄两种方式。埋藏较浅、气候干燥时，潜水通过上覆岩土层不断蒸发而排泄，称为垂直排泄。垂直排泄是平原和干旱地区潜水排泄的主要方式。潜水以地下径流的方式补给相邻地区含水层，或直接出露地表补给地表水而排泄，称为水平排泄。水平排泄在地势陡峻的河流中、上游区域最为普遍。由于水平排泄可使水及水中盐分同时排出,不会导致盐分聚集,因而山区潜水的矿化度普遍较低;而垂直排泄时,在水分蒸发过程中盐分不断累积,导致矿化度升高,因而干旱和半干旱平原地区的潜水矿化度通常较高,容易导致土壤盐渍化。

潜水的排泄与径流关系密切,一定的径流条件产生与其相适应的排泄方式。如径流条件好的山区及河流中、上游地区,潜水以水平排泄为主,径流速度快;径流条件较差的平原及河流下游,以垂直排泄为主,径流速度慢。因此,山区潜水基本上不消耗于蒸发,其补给量、径流量、排泄量三者互等;平原地区潜水蒸发明显,此时补给量等于排泄量,而径流量小于补给量。

潜水的补给、径流与排泄组成了潜水运动的全过程,在这一过程中,潜水的水质和水量不断得到不同程度的更新和置换,这一更新置换过程称为水交替(water exchange)。水交替的强弱取决于径流条件和补给量,且随深度增加而减缓。

3. 承压水

1) 基本概念

承压水(artesian water)是位于两个稳定隔水层(或弱透水层)之间具有承压性质的重力水(见图 6-12)。承压含水层上部的隔水层称为隔水顶板(positive confining bed),下部的隔水层称为隔水底板(negative confining bed),顶、底板间的垂直距离为承压含水层厚度。当钻孔揭穿承压含水层的隔水顶板时,即现地下水,此时水面高程为初见水位;此后钻孔内水位不断上升,一定高度后稳定下来,此时水面高程为稳定水位,亦即承压水位(piezometric level);隔水层底面至承压水位面的垂直距离为承压水头(artesian pressure head),高出地面的称正水头,低于地面的称负水头。当两个隔水层间的含水层未被水充满时,则称之为层间无压水。

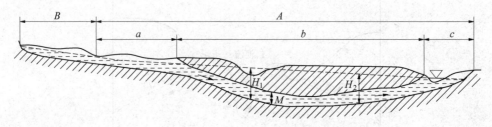

图 6-12 承压盆地剖面示意图

A—承压水分布范围;B—潜水分布范围;a—补给区;b—承压区;c—泄水区;
H_1—正水头;H_2—负水头;M—承压水厚度

承压水的埋藏条件,决定了它与潜水相比具有不同的特征:①承压水具有承压性。其顶面为非自由水面,承受的压力来自于补给区的静水作用及上覆地层重力。由于上覆地层压力固定,承压水压力的变化与补给区水位变化直接相关。补给区水位上升时,静水压力增加,承压水对上覆地层的托举力随之增大,承压水位上升;反之,承压水位降低。②承压水一般只通过补给区进行补给,其分布区与补给区不一致,通常补给区远小于分布区。③承压水厚度及动态特征较稳定,受气象、水文因素的季节性变化影响不显著。④承压水水质不易受污染,可作为良好的供水水源。

2) 储水构造

承压水的形成取决于地质构造条件,在适宜的蓄水构造条件下,孔隙水、裂隙水及岩溶水均可能形成承压水。承压水的蓄水构造可分为两类：一类是向斜盆地型蓄水构造，又称承压（或自流）盆地；另一类是单斜蓄水构造，又称承压（或自流）斜地。

(1) 承压盆地

承压盆地(artesian basin)的补给区一般位于盆地边缘地势较高处，含水层出露地表，可直接接受大气降水和地表水的入渗补给；承压区一般位于盆地中部，分布范围广，地下水承受一定的静水压力；排泄区一般位于盆地边缘低洼地带，常以上升泉的形式排泄于地表。

一般承压盆地内有数层具有不同承压水位的含水层，如图 6-13 所示。蓄水构造与地形一致时称正地形，此时下层承压水位高于上层承压水位；蓄水构造与地形相反时称负地形，其下层承压水位低于上层承压水位。承压水位的不同造成了含水层间透过弱透水层或断层产生水力联系，并形成承压含水层间的补给、排泄关系。

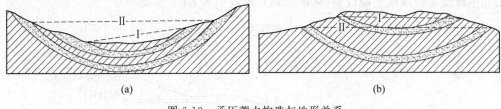

图 6-13　承压蓄水构造与地形关系
(a) 正地形；(b) 负地形
Ⅰ—上层承压水位；Ⅱ—下层承压水位

(2) 承压斜地

承压斜地(dipping artesian aquifer)的形成有三种情况。

① 含水层为断层所截，形成的承压斜地。单斜含水层的上部出露地表成为补给区，下部被断层切割，若断层导水，断层出露的位置又较低时，承压水可通过断层排泄于地表，此时补给区、排泄区位于承压区两侧，与承压盆地相似；若断层不导水，则向深部循环的地下水受阻后在补给区以泉水形式排泄，此时补给区与排泄区处于相邻地段（见图 6-14）。

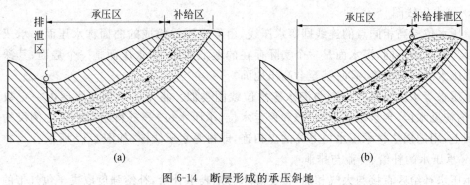

图 6-14　断层形成的承压斜地
(a) 断层导水；(b) 断层不导水

② 含水层岩性发生相变、尖灭，或裂隙随深度增加而闭合，透水性逐渐减弱成为不透水层，形成承压斜地（见图 6-15）。其水文特征与阻水断层形成的承压斜地相似。

③ 侵入岩体阻截形成承压斜地。岩浆岩岩体（如花岗岩、闪长岩等）侵入透水性较强的岩层，当处于含水层下游时，起阻水作用而形成承压斜地。如山东济南城区地下为寒武、奥陶系地层，地形、岩层均倾向市区方向。市区北侧被闪长岩侵入体所阻截，来自南面千佛山

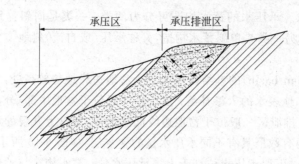

图 6-15 岩性变化形成的承压斜地

一带石灰岩补给区的地下水便汇集于侵入体接触带,形成承压斜地。地下水通过近 20m 厚的第四系覆盖层出露地表而成泉(见图 6-16),形成了著名的"泉城"。

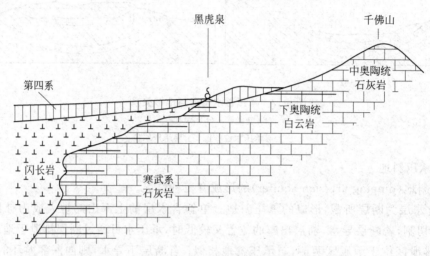

图 6-16 济南市(千佛山—趵突泉)水文地质剖面图

3) 等水压线图

承压水位标高相同点的连线即等水压线,由等水压线组成的曲面称水压面。承压水的水压面与潜水面不同,潜水面是一个实际存在的地下水面,而水压面是一个势面,其深度不反映承压水的埋藏深度,有时甚至会高出地面。

承压水等水位线图的绘制与潜水等水位线图类似。将某一承压含水层内一定数量各井、孔的初见水位(含水层顶板高程)和稳定水位(承压水位)等资料绘在一定比例尺的平面地形图上,用内插法将承压水位等高的点相连,即得等水压线图,如图 6-17 所示。

4) 承压水的补给、径流与排泄

承压水补给区直接与大气相通,接受降水与地表水补给,补给强度取决于包气带的透水性、降水特征、地表水流量及补给区范围等。有时承压水亦接受上下含水层间的越流补给。

承压水的排泄存在如下形式:①承压含水层排泄区裸露地表时,以泉水形式排泄并补给地表水;②承压水位高于潜水位时,排泄于潜水成为潜水补给源;③在正负地形条件下,形成向上或向下的越流排泄。

承压水的径流条件取决于地形、含水层透水性、地质构造以及补给区与排泄区间的承压水位差等因素。其富水性则取决于承压含水层的分布范围、深度、厚度、孔隙率、补给来源

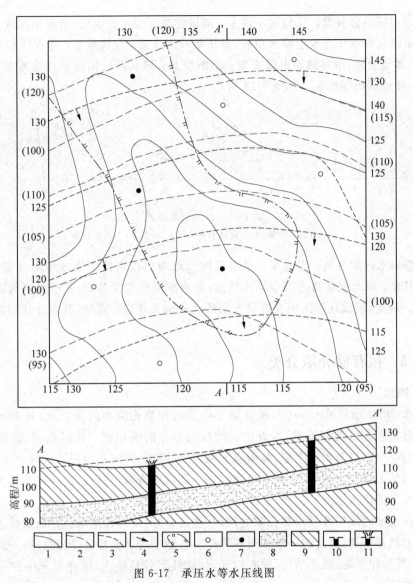

图 6-17 承压水等水压线图

1—地形等高线；2—含水层顶板等高线；3—等水压线；4—地下水流向；5—承压水自溢区；6—钻孔(平面图)；
7—自喷钻孔(平面图)；8—含水层；9—隔水层；10—钻孔(剖面图)；11—自喷钻孔(剖面图)

等。通常情况下,承压水含水层分布范围广、埋藏浅、厚度大、孔隙率高时,水量丰富且稳定。

4. 泉

地下水在地表的天然露头称为泉(spring),上层滞水、潜水及承压水均可在适宜条件下涌出地表形成泉。泉是地下水的一种重要排泄方式,是认识、研究地下水状态的依据之一。山区地面切割强烈,利于泉水出露;而平原地区堆积物深厚,河流切割效应弱,地下水不易出露。泉水可作为生活用水,一些出水量大的泉还可作为灌溉水源及动力源。

泉的类型众多,从不同角度可作不同分类。

(1) 据补给源及水流特征分类。①上升泉(ascending spring):接受承压水补给,在静水压力下自下而上涌出地表;②下降泉(descending spring):接受潜水或上层滞水补给,在重力作用下自上而下流出地表。

(2) 据出露原因分类。①侵蚀下降泉：河流切割至潜水含水层，潜水出露成泉；②侵蚀上升泉：河流切穿承压含水层隔水顶板，承压水喷涌成泉；③接触泉：透水性不同的岩土层接触，地下水流受阻，沿接触面出露成泉；④断层泉：导水断层错断承压含水层，地下水沿断层上升，在地面出露成泉。如图6-18所示。

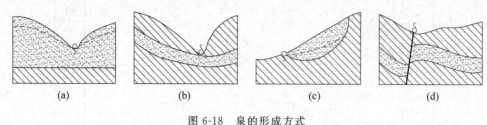

图 6-18　泉的形成方式
(a) 侵蚀下降泉；(b) 侵蚀上升泉；(c) 接触泉；(d) 断层泉

(3) 据泉水温度分类。①冷泉：泉水温度大致相当或略低于当地年均气温，多由潜水补给；②温泉：泉水温度高于当地年均气温，多由深层自流水补给，其形成多与岩浆及地热活动有关。因此，温泉往往出现在近代火山活动或深大断裂分布区，其内往往溶解有多种矿物成分。

6.3.2　按存储介质分类

1. 孔隙水

孔隙水(inter-granular water)是埋藏于松散沉积物孔隙中的重力水，其含水层主要是第四纪松散沉积物以及新近纪、古近纪少数胶结不良的沉积物。我国东部、北部的河谷地区、山前倾斜平原，以及松辽平原、黄淮海平原、江汉平原、河流三角洲等区域，广泛分布着各种成因类型的第四纪沉积物，埋藏着丰富的地下孔隙水资源，它们已成为这些地区十分重要的工农业及生活供水水源。

孔隙含水层的成层性及内部孔隙的均匀、连通分布，使得孔隙水具有成层性、均布性，含水层内水力联系密切，具有统一潜水面等特征。孔隙水的这些特征是相对的，不同成因类型的含水层，其地貌形态、地质结构、颗粒粒度、分选性等各具特点，赋存于其中的孔隙水特征亦会有所差异。

1) 洪积物中的地下水

洪积物由山区洪流中砂石在山口处堆积而成，广泛分布于山间盆地和山前平原地带。在地貌上呈现以山口为顶点的扇形称洪积扇，越接近山口处坡度越大，向外则渐趋平缓。据洪积扇组成物质粒径、地下水运移规律等，可将其划分为三个带，如图6-19所示。

(1) 上部径流带。组成物质主要为厚层砂、砾石，厚度大、透水性强；地下水为埋藏较深的潜水，接受大气降水及河水补给；地形坡度较大，径流条件好，水质好。

(2) 中部溢出带。由粗、细沉积物交错组成；含水层厚度减小，埋深变浅，径流变弱；潜水运移过程中受黏土层阻挡，水流抬升贴近地面，易形成沼泽或溢出泉。此外，黏性土夹层的存在，使得潜水含水层下多存在有承压水。

(3) 下部垂直交替带。组成物质主要为亚黏土、黄土状土、亚砂土、细粉砂等互层；地下水受平缓地形、蒸发、河流下切等影响，而埋藏变深，径流变缓，矿化度增高。

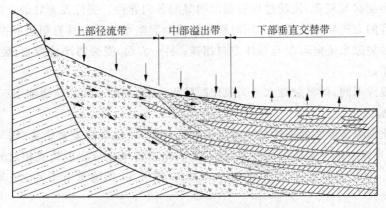

图 6-19　洪积物中地下水分带示意图

2) 冲积物中的地下水

冲积物是由经常性水流作用形成的沉积物，河流不同地段的沉积物特征各不相同，其内地下水的赋存、运移状态亦各不相同。山区河流沉积物多为卵砾石、砂砾石，地貌上多构成阶地，因而含水层分布范围不大，但透水性强，富水性好。平原地区河流冲积物较厚，其内潜水主要接受大气降水补给，径流速度慢，蒸发排泄明显；由于历史上平原地区河流的经常性改道，在深部形成一系列"舌"状砂质沉积，常构成平原地区的承压含水层，各含水层间透过隔水性稍差的部位保持着一定的水力联系。

3) 湖积物中的地下水

湖积物属静水沉积，沉积物通常分选良好、层理细密。湖岸区受湖浪冲击、淘洗而形成砂堤，常埋藏有潜水；湖心区以细粒淤泥质黏土沉积为主，夹有薄层细砂或中细砂透镜体，可赋存一定的承压水，但水量小、水质差，应用价值不大；湖口三角洲区沉积颗粒较大，常含有水量较丰富的潜水和承压水。

4) 黄土中的地下水

黄土以粉土颗粒为主，垂直裂隙发育，其在垂直方向上的渗透性远大于水平方向。黄土区通常为新构造运动上升区，侵蚀作用强烈，加之黄土厚度大，结构疏松，无连续隔水层，因而地下水往往埋深较大，可达到数十米甚至上百米。

黄土区地下水分布与黄土地貌、地质条件密切相关。黄土塬表面宽阔平坦，有利于降水的入渗与保持，可形成较丰富的地下水；而黄土梁、峁表面地形起伏大，受水面积小，同时地形切割强烈，不利于地下水赋存，常为缺水区；梁、峁间的宽浅沟谷常能汇集部分地下水，埋藏较浅，可作为小型生活用水水源。

2. 裂隙水

埋藏于基岩裂隙中的地下水统称裂隙水(fissure water)，其埋藏分布与裂隙自身的发育特征密切相关。岩层中裂隙的发育、分布错综复杂，主要表现为空间展布的非均匀性和方向性，因此裂隙水在空间分布上亦表现出类似特性。同一岩层由于裂隙发育的差异，不同地段的导水性、储水性并不相同，甚至同一地段的相邻钻孔出水量亦存在较大差别。在裂隙发育密集、均匀且开启性、连通性较好的情况下，裂隙水呈层状，形成具有良好水力联系和统一地下水面的层状裂隙水；若裂隙发育不均匀，连通条件差时，往往形成水力联系差且无统一地下水位的脉状裂隙水。

裂隙水运动状况复杂,流动过程表现出明显的各向异性。裂隙发育好的方向导水性强,而裂隙不发育的方向导水性就弱。同时裂隙产状对裂隙水运动也具有明显的控制作用:一方面局部地段裂隙水流向可能与总体方向相逆;另一方面,受裂隙产状控制,裂隙水往往具局部承压现象。

按裂隙成因不同,可将裂隙水分为风化裂隙水、成岩裂隙水和构造裂隙水三类。

1) 风化裂隙水

岩体风化裂隙密度常随深度增加而迅速降低,浅部风化裂隙发育密集、均匀,多埋藏有水力联系好、具统一地下水位面的潜水,其下未风化或弱风化母岩则构成相对隔水底板,如图 6-20 所示。风化裂隙水分布广、埋藏浅、水质好、易开采,但通常由于风化壳厚度有限,一般水量并不大。

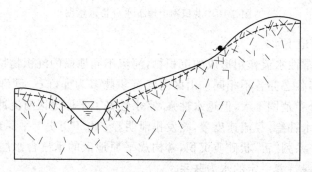

图 6-20 风化裂隙水

风化裂隙水的分布受气候、岩性、地形条件等诸多因素影响。

在气候干燥、温差大的地区,岩石的热胀冷缩、水冻胀等物理风化作用强烈,常形成开放性风化裂隙,裂隙水含量较大,但随深度增加而迅速减少;而在湿热气候地区,岩石的化学风化作用占主导地位,泥质次生矿物及化学沉淀物常充填裂隙而降低其导水性,此时表层强风化带的透水性反而不如深部弱风化带。

结构致密、成分均匀且以稳定矿物为主的岩类(如石英岩),风化裂隙难以发育,风化裂隙水往往很少;泥质岩石虽易风化,但裂隙常被泥质风化物所充填而不导水;由多种矿物组成的粗粒结晶岩(如花岗岩、片麻岩等),不同矿物热胀冷缩程度不一,风化裂隙发育且开放性好,风化裂隙水主要存在于该岩石中。

山区剥蚀作用强烈,风化壳往往发育不完全,厚度小且分布不连续,同时山区地形坡度大,不利于降水入渗,故而风化裂隙水少。地形低缓、剥蚀作用微弱地区,风化壳发育、保存完整,若地形条件也有利于汇集降水,则可形成一定规模的风化裂隙含水层。

2) 成岩裂隙水

在各类岩石的成岩裂隙中,喷出岩、侵入岩的成岩裂隙最具水文地质意义。陆上喷溢的玄武岩浆在冷凝收缩时,所形成的发育均匀、连通性好的开放性柱状裂隙网络常构成储水丰富、导水通畅的裂隙含水层;此外,侵入岩与围岩的接触带常在高压及冷凝收缩作用下形成大量开放性裂隙而成为裂隙含水带。

3) 构造裂隙水

构造裂隙是岩体在构造运动中受地应力作用产生的,大量、广泛存在于地壳表层岩体中。而其内部赋存的构造裂隙水不仅分布广泛,而且在特定条件下可能大量富集,对工农业生产尤其是工程建设而言具有特殊的重要意义。

不同性质的构造裂隙所含裂隙水的特征亦不相同。压性、扭性或压扭性构造裂隙多呈闭合状态,裂隙含水量小、透水性差,能起一定的隔水作用;而张性、张扭性构造裂隙多呈开放状态,透水性好,蓄水量大,可起到良好的含水与导水作用。

构造裂隙受构造应力作用多具一定的方向性,常沿某一方向极为发育,而沿另一方向不发育。由此构造裂隙水具有以下三种分布状态:①脉状分布:多存在于硬质岩石的开放性裂隙中,通常水量较小,分布不均匀,连通性差,无统一水位,各处裂隙水具有独立的补给源和排泄条件;②带状分布:多分布于断裂破碎带中,一般接受大气降水及地表水补给,水量大、延伸远、水位一致,受倾斜构造带影响,浅部为潜水型,深部为承压水型;③层状分布:主要分布于软、硬互层的岩体中,受构造作用,硬质岩形成裂隙含水层,软质岩则形成相对隔水层,多呈承压水型,其水量、水质取决于硬岩中裂隙的发育程度、岩石性质和埋藏条件等。

3. 岩溶水

赋存和运移于溶蚀洞隙中的地下水称为岩溶水。就其埋藏条件而言,岩溶水可以是上层滞水、潜水或承压水。岩溶上层滞水的形成与可溶岩层中透水性小的地质透镜体有关,这些透镜体可以是原岩中的泥质夹层,也可以是溶蚀残余物充填裂隙、溶洞而成;当可溶岩大面积出露地表时,岩溶水主要为潜水,如我国云贵高原石灰岩覆盖区及广西石灰岩覆盖的低山丘陵区,就广泛发育着岩溶潜水;当可溶岩被不透水岩土层所覆盖,充满地下水时便形成了岩溶承压水,我国北方奥陶系以及南方石炭、二叠和三叠系石灰岩中都埋藏有岩溶承压水。

1) 岩溶水的分布特征

岩溶含水层是一种极不均匀的含水介质,其富水性在水平与垂直方向上均存在极大变化。相同地段,一些区域可能干涸无水,而一些区域则可形成水量极为丰富的岩溶地下水脉或地下暗河,所谓岩溶地下水脉,是指岩溶发育强烈,且呈脉络状分布的富水条带。岩溶地区的地下水通过地表众多裂隙和小型溶洞汇集于巨大岩溶通道中成为岩溶地下河,其流量可达数立方米至数百立方米每秒,甚至更大,运移速度也比其他类型地下水更快。它对工农业生产及生活而言具有重要的开采价值,同时也对岩溶地区工程建设特别是隧道工程施工形成了巨大威胁。

2) 岩溶水的补给、径流与排泄

大气降水是岩溶水的主要补给源,降水后地表水通过地表各种岩溶通道迅速补给地下水,形成了水位、水量变化幅度大,并且对大气降水反应极为灵敏的动态特征。由于运移条件的差异,地下岩溶水的径流性质变化显著。在大孔洞中常为无压水流,而在小断面裂隙处则变为有压水流,即便在同一含水层中,有压与无压水流亦同时并存;而水流的层流与紊流状态随径流条件不同可能随时转化。岩溶水常常集中排泄,多以暗河形式排入地表水体,或在可溶岩与非可溶岩接触处、山前地带以及构造断裂带等处以泉水形式排泄。我国许多著名大泉多属此类岩溶泉,如北京的玉泉山泉、济南的趵突泉、山西的晋祠泉、云南的六郎洞泉等。溢出地表的泉水往往形成大小河流、湖泊,如玉泉山泉补给昆明湖,六郎洞泉形成六郎洞河等。

岩溶水排泄量随含水层埋深、位置的不同而存在较大差异。裸露地表可溶岩的泉水流量,随季节改变较大,可由数十升、数百升每秒至数十立方米每秒;半裸露的可溶岩中泉水流量较为稳定,而隐伏状态的可溶岩层出水量则更为稳定。这是由于半隐伏、隐伏状可溶岩层的地下水补给区相对较远且宽阔,岩溶水系统具有较强的调蓄能力。

3) 岩溶水的化学特征

岩溶水的水质较好,化学成分通常比较稳定,多为重碳酸钙型水,有时会有硫酸钙型水,在某些岩溶地区深部溶蚀地层中,也会有氯化钙、氯化钠型高矿化水。在自流盆地或自流斜地中,一定条件下,岩溶水的化学成分表现出垂直分带性;但当水交替条件好时,这一垂直分带现象会在一定程度上减弱。

6.4 地下水的物理与化学性质

地下水参与自然界水循环,其在岩土空隙中存储、运移时不断与周围介质相互作用,形成了自身特有的物理、化学性质,同时这一循环运动过程又使其物理、化学性质随时随地发生着变化。地下水的物理、化学性质在一定程度上反映了其形成环境和形成过程,对地下水物理、化学性质的研究有助于查明地下水的形成规律,更好地利用地下水资源,消除潜在灾害、威胁。

6.4.1 地下水的物理性质

1. 温度

地下水温度与其埋藏深度、补给条件及地质条件等因素有关。接近地表的地下水受气温影响显著;埋深 3～5m 时,温度具有昼夜变化规律;埋深 5～50m,即年常温带以内,具有年变化规律;而年常温带以下,地下水温度随深度增大而升高,变化规律取决于地热增温率。同时地下水温度受补给、地质条件影响显著,如新火山活动区、多年冻土区或高寒山区等地下水温度异于普通地区。

根据地下水温度可将其分为:过冷水(低于 0℃)、冷水(0～20℃)、温水(21～42℃)、热水(43～100℃)、过热水(高于 100℃)。地下水温度对其中盐类含量影响较大,水温升高时,化学反应速度及盐分溶解度也相应增高。

2. 颜色

地下水通常无色,当其中含有较多离子、悬浮物或胶体物质时,则会呈现各种颜色。如含硫化氢的水呈翠绿色,含氧化铁的水呈褐红色,含腐殖质的水常呈黄褐色等。

3. 透明度

地下水的透明度与水中固体物质、有机质、胶体物质的成分、含量有关。根据透明度可将地下水分为四个等级,见表 6-6。

表 6-6 地下水透明度分级

透明度分级	野外鉴别特征
透明	无悬浮物及胶体,60cm 水深可见 3mm 粗线
微浊	有少量悬浮物,大于 30cm 水深可见 3mm 粗线
浑浊	有较多悬浮物,半透明状,小于 20cm 水深可见 3mm 粗线
极浊	有大量悬浮物或胶体,似乳状,水深很小也不能看清 3mm 粗线

4. 气味

地下水通常无气味,当其中含有离子、气体时,则表现出某种特殊气味。如含亚铁盐较多时,具有铁腥气味或墨汁气味;当水中含有硫化氢(H_2S)气体时,有臭鸡蛋气味;含有腐殖质时,有腐草气味。气味的强弱与温度有关,低温下不易辨别,加热到40℃时气味最显著。

5. 味道

地下水的味道取决于水中的化学成分。如含有较多二氧化碳(CO_2)时清凉爽口;当含有大量有机物时,有较强甜味,但对人体有害;含硫酸钠($NaSO_4$)和硫酸镁($MgSO_4$)时口味苦涩;含氯化钠($NaCl$)时有咸味。浓度越大味感越强,水温低时味感不明显,在20~30℃时味感显著。

6. 密度

地下水的密度取决于水中的盐分含量,盐分越多,密度越大,高时可达$1.2\sim1.3g/cm^3$。

7. 导电性

地下水的导电性取决于其中所含电解质的数量、质量,即各种离子的含量及其离子价。离子含量越多,离子价越高,水的导电性越强。

8. 放射性

地下水的放射性取决于水中所含放射性元素的数量。地下水或强或弱具有一定的放射性,但通常极为微弱。如堆放的废弃核燃料会使得周围岩土体及其中水体带有放射性;储存和运移于放射性矿床及酸性火成岩分布区的地下水,放射性一般较强。

6.4.2 地下水的化学性质

地下水的化学成分复杂,其中溶解有各种离子、分子、化合物、气体及生物成因物质,组成地壳的87种稳定元素中,目前已在地下水中发现了62种。通常在地壳岩土体中分布广、含量高的元素如O、Ca、Mg、Na、K等在地下水中亦最为常见;由于各元素在水中的溶解度不同,因此一些元素虽在地壳中分布广泛,但在地下水中却不多,如Si、Fe等;而一些元素在地壳中极少,但在地下水中却大量存在,如Cl元素。地下水中的化学元素多以离子、化合物分子及气体状态存在,且以离子态为主。

1. 地下水的化学成分

1) 地下水中的离子

地下水中含有数十种离子,常见阳离子有H^+、Na^+、K^+、Mg^{2+}、Ca^{2+}、Fe^{2+}、Fe^{3+}等,常见阴离子有OH^-、Cl^-、SO_4^{2-}、NO_3^-、HCO_3^-、CO_3^{2-}、SiO_3^{2-}等。其中分布最广、含量最多的离子有氯离子(Cl^-)、硫酸根离子(SO_4^{2-})、重碳酸根离子(HCO_3^-)、钠离子(Na^+)、钾离子(K^+)、钙离子(Ca^{2+})、镁离子(Mg^{2+})七种。

(1) 氯离子。氯离子在地下水中分布广泛,低矿化水中其含量为每升数毫克至数百毫克,而高矿化水中则高达每升数毫克至数十克。沉积岩地区氯离子主要来源于岩盐或其他氯化物的溶解,岩浆岩地区则主要来自氯矿物的风化溶解。

(2) 硫酸根离子。低矿化水中其含量一般为每升数毫克至数百毫克,而在中等矿化水中硫酸根离子是含量最多的阴离子。硫酸根离子主要来自含水石膏($CaSO_4 \cdot H_2O$)或其他含硫酸盐沉积岩的溶解;硫化物如黄铁矿(FeS_2)的氧化亦能生成大量SO_4^{2-}进入地下水。

(3) 重碳酸根离子。该离子广泛存在于地下水中,但普遍含量不高,一般在 1g/L 以内,是低矿化水中含量最多的阴离子。在沉积岩地区主要来源于碳酸类岩石,如石灰岩、白云岩、泥灰岩的溶解,在岩浆岩和变质岩地区硅铝酸盐的风化溶解也会生成 HCO_3^-。

(4) 钠离子。钠离子在地下水中分布广泛,低矿化水中含量为每升数毫克至数十毫克,高矿化水中可达每升数十克,是地下水中最主要的阳离子成分。在沉积岩地区主要来源于岩盐及其他钠盐的溶解,而在岩浆岩和变质岩地区则主要来自于含钠矿物的风化溶解。

(5) 钾离子。钾离子来源与钠离子相似,但在地下水中其含量仅为钠离子的 4%~10%。主要由于钾离子易被植物所吸收,易被黏土吸附,以及易生成不溶于水的次生矿物。

(6) 钙离子。钙离子是低矿化水中最主要的阳离子,其含量一般不超过每升数百毫克。地下水中钙离子来源于碳酸盐类岩石及含石膏沉积物的溶解,以及岩浆岩、变质岩中含钙矿物的风化溶解。

(7) 镁离子。地下水中镁离子来源与钙离子相近,镁离子在低矿化水中的含量比钙离子要少,部分原因是地壳组成中 Mg 元素比 Ca 元素少。

通常情况下,随着总矿化度(含盐量)的变化,地下水中占主要地位的离子成分也会发生改变。低矿化度水中常以 HCO_3^-、Ca^{2+}、Mg^{2+} 为主;中等矿化度水中,阴离子常以 SO_4^{2-} 为主,主要阳离子则为 Na^+ 或 Ca^{2+};而高矿化度水则以 Cl^- 和 Na^+ 为主。地下水矿化度与离子成分间的这种对应关系,取决于水中盐类溶解度的不同。总体来说,氯盐溶解度最大,硫酸盐次之,碳酸盐较小,钙的硫酸盐特别是钙、镁的碳酸盐溶解度最小。随矿化度增大,钙、镁的碳酸盐首先达到饱和并沉淀析出,矿化度继续增大时,则钙的硫酸盐亦饱和析出,因而在高矿化度水中,易溶的氯和钠便占据优势。

2) 地下水中的气体

地下水中常见气体有 O_2、N_2、CO_2、H_2S 等。通常地下水中气体含量不高,仅数毫克至数十毫克每升,但这些气体成分可很好地反映地下水的形成环境,某些气体还会影响盐类在水中的溶解及其化学反应,从而影响地下水中元素的迁移和富集。

(1) 氧气和氮气。地下水中的 O_2 和 N_2 主要来源于大气,它们随同大气降水及地表水补给地下水,与大气圈联系密切的地下水含 O_2 和 N_2 较多。溶解氧含量越高,地下水所处环境越有利于氧化作用进行;在较封闭环境中,O_2 耗尽留下 N_2,形成还原环境。

(2) 硫化氢。地下水中 H_2S 的出现,其意义恰好与出现 O_2 相反,说明地下水处于缺氧的还原环境。在封闭环境中,有机质中 SO_4^{2-} 在微生物作用下还原生成 H_2S,因此 H_2S 多出现于存在封闭地质构造的深层地下水(如油田水)中,其在油田水中含量较高时,可作为找油的间接标志。

(3) 二氧化碳。地下水中的 CO_2 主要有两个来源:一种由有机物氧化(植物的呼吸及有机残骸的发酵)形成,当这种作用产生于大气、土壤及地表水中时,生成的 CO_2 随水入渗进入地下水,浅部地下水中的 CO_2 主要是这一成因;另一种是深部变质作用形成,即碳酸盐类岩石在深部高温作用下分解生成 CO_2。地下水中含 CO_2 越多,其溶解碳酸盐岩类及风化结晶岩类的能力便越强。近代工业的发展,使大气中人为 CO_2 含量显著增加,特别是在工业集中区,补给地下水的大气降水中 CO_2 含量往往较高。

3) 地下水中的胶体

地下水中的胶体包括有机和无机两类。有机胶体在地球表面分布广泛,尤其在热带、沼泽地带的地下水中含量很高。一些溶解度较低的无机化合物却能以胶体形式进入地下水，并随其运移，如 Fe_2O_3、$Fe(OH)_3$、Al_2O_3、$Al(OH)_3$、H_2SiO_3 等。一些胶体性质不稳定，易生成次生矿物而沉淀，如 Al_2O_3 胶体易形成水矾土、叶蜡石沉淀。

2. 地下水的化学性质

1) 地下水的酸碱性

地下水的酸碱性主要取决于水中氢离子(H^+)浓度，常以 pH 值表示，即 $pH=lg[H^+]$。根据地下水的 pH 值大小将其分成：强酸性(pH 值<5)、弱酸性(pH 值=5～7)、中性(pH 值=7)、弱碱性(pH 值=7～9)、强碱性(pH 值>9)。地下水 pH 值多在 6.5～8.5 之间，煤系地层、硫化物矿床附近地下水 pH 值较低(pH 值<4.5)，沼泽附近地下水 pH 值通常在 4～6 之间。

2) 地下水的总矿化度

地下水中所含各种离子、分子及化合物的总量称为总矿化度(total salinity)，以 g/L 表示，包括所有处于溶解及胶体状态的成分。为便于比较，习惯上以 105～110℃时将水灼干后所得干涸残余物的总量表示总矿化度；也可将分析时所得离子、分子及化合物含量相加，求得理论干涸残余物总量。但应注意，因为在灼干时有近一半的重碳酸根分解成 CO_2 和 H_2O 逸出，所以相加时 HCO_3^- 应取其质量的一半。地下水按总矿化度分类见表 6-7。

表 6-7 地下水按总矿化度分类表

类 别	总矿化度/(g/L)	类 别	总矿化度/(g/L)
淡水	<1	盐水(高矿化水)	10～50
微咸水(低矿化水)	1～3	卤水	>50
咸水(中等矿化水)	3～10		

3) 地下水的硬度

地下水的硬度(hardness of groundwater)取决于地下水中钙离子(Ca^{2+})、镁离子(Mg^{2+})的含量。硬度有总硬度、暂时硬度、永久硬度之分。总硬度相当于水中 Ca^{2+}、Mg^{2+} 的总量；水煮沸后，部分重碳酸盐失去 CO_2 而沉淀，减少的这部分 Ca^{2+}、Mg^{2+} 含量称暂时硬度；总硬度与暂时硬度之差为永久硬度，即水煮沸后未发生沉淀的那部分 Ca^{2+}、Mg^{2+} 含量。

我国目前采用德国度表示地下水硬度，1 德国度相当于 1L 水中含有 10mg 的氧化钙(CaO)。根据地下水硬度可将其分为五级，见表 6-8。

表 6-8 地下水的硬度分类表

类 别	德 国 度	$Ca^{2+}+Mg^{2+}$/(mEq/L)	CaO 摩尔浓度/(mol/L)
极软水	<4.2	<1.5	<0.00075
软水	4.2～8.4	1.5～3.0	0.00075～0.0015
微硬水	8.4～16.8	3.0～6.0	0.0015～0.0030
硬水	16.8～25.2	6.0～9.0	0.0030～0.0045
极硬水	>25.2	>9.0	>0.0045

6.5 地下水的地质作用

地下水对其所流经岩土层的破坏与建造作用称为地下水的地质作用。地下水在流动过程中会对周围岩土体产生物理化学的破碎与分解作用,并将破坏产物从一处搬运至另一处,在适宜条件下沉积下来。因而地下水的地质作用包括了剥蚀作用、搬运作用和沉积作用。

6.5.1 剥蚀作用

地下水剥蚀作用又称潜蚀作用,按作用方式不同,又可分为机械潜蚀与化学溶蚀作用。

(1) 机械潜蚀。即地下水在流动时对周围土石介质的冲刷破坏作用。土石体中地下水的渗流,水体分散、流速缓慢、动能小,机械冲刷力微弱,仅能裹挟松散堆积物中部分泥质、粉质颗粒。长期作用下,也可使其孔隙扩大、结构疏松,形成地下空洞,甚至引发地面陷落,出现落水洞和洼地,此类现象常见于黄土发育区。地下水中,岩溶区地下河的机械潜蚀与地表河流类似,具有较大的动力,机械潜蚀作用明显。

(2) 化学溶蚀。即地下水对岩土介质中可溶成分的溶解破坏作用。化学作用是地下水地质作用的主要形式。地下水中普遍含有一定数量的二氧化碳,可溶解岩土(石灰岩、黄土等)中的碳酸盐类使其转变为可溶于水的重碳酸盐,并随水流流失。裂隙发育的石灰岩更易受溶蚀作用影响,导致裂隙不断扩大形成溶隙、溶穴。在石灰岩地区,化学溶蚀作用可形成如溶沟、石芽、落水洞、溶洞、暗河、地下湖和石林等岩溶地貌;在钙质或硫酸盐含量较高的黏土岩中,化学溶蚀作用可产生土洞、土林等地貌形态;近年研究发现,红层边坡、隧道的破坏与地下水的化学溶蚀亦有着极为密切的联系。

6.5.2 搬运作用

搬运作用指地下水将其剥蚀产物沿垂直或水平方向进行搬运。由于地下水径流缓慢,机械搬运力较小,通常仅能挟带粉砂、细砂前行;只有较大洞穴中的地下河才具有足够的机械动能搬运粒径较大的砂和砾石,并产生类似地表河流的分选、磨圆作用。

地下水主要进行化学搬运。其溶质成分取决于地下水流经区的岩石性质和风化状况,通常以重碳酸盐为主,氯化物、硫酸盐、氢氧化物较少,搬运物呈真溶液或胶体溶液状态。地下水的化学搬运能力与温度、压力等条件有关,随地下水温度升高、压力加大而增大;其化学搬运物除少数沉积在包气带中、下部外,大部分汇集至饱和带,并最终输入河流、湖泊和海洋,全世界河流每年输入海洋的 23.4 亿 t 可溶物中的大部分来源于地下水。

6.5.3 沉积作用

地下水的沉积作用包括机械沉积作用和化学沉积作用,以化学沉积作用为主。

地下河流到平缓、开阔的洞穴后,动能减小,裹挟于其中的砾石、砂和粉砂便依次沉积下来。由于总体动能较小,地下河机械沉积物具有粒细、量少、分选及磨圆性差等特征,且沉积物中可能混杂有溶蚀崩落所产生的角砾状崩积物。

含有溶解物的地下水在运移过程中,由于温度、压力改变,可形成化学沉积。如由于温度升高或压力降低,二氧化碳逸出,重碳酸钙分解形成沉淀;或由于水温骤降、水分蒸发,水中溶解物达到过饱和状态而沉淀。溶质在土粒间沉淀,可将松散沉积物胶结为坚硬岩石,如铁质、钙质、硅质胶结等;溶质在岩石裂隙内沉淀,可构成脉体(vein)。如由碳酸钙组成的方解石脉,由二氧化硅组成的石英脉。

6.6 地下水对土木工程的影响

土木工程建设中,地下水是重要的工程对象与不可忽略的致灾因素。地下水对工程建设的影响主要包括:侵蚀钢筋混凝土结构,引起滑坡、崩塌、地裂缝、地面沉陷、采空区活化等不良地质现象,导致砂土液化、流砂、管涌、基坑突水、隧道突泥等工程灾害。

6.6.1 侵蚀混凝土

土木工程建(构)筑物,如房屋桥梁基础、地下洞室衬砌、边坡支挡结构等在运营过程中会与地下水保持长期接触。地下水中某些化学成分会与混凝土组分产生化学反应,溶解其结构性成分,使其强度降低;或生成膨胀性新化合物,促使混凝土开裂破坏。地下水对混凝土的侵蚀主要有以下几种类型。

1. 溶出侵蚀

硅酸盐水泥遇水硬化,生成氢氧化钙($Ca(OH)_2$)、水化硅酸钙($2CaO \cdot SiO_2 \cdot 12H_2O$)、水化铝酸钙($2CaO \cdot Al_2O_3 \cdot 6H_2O$)等物质。地下水在流动过程中,特别是有压流动时,以上生成物中的 $Ca(OH)_2$ 及 CaO 成分会被不断溶解带走,使混凝土强度下降。这种溶解作用不仅与混凝土的密度、厚度有关,而且与地下水中 HCO_3^- 含量关系密切,这是因为水中 HCO_3^- 能与混凝土中 $Ca(OH)_2$ 化合生成 $CaCO_3$ 沉淀,充填混凝土孔隙并在混凝土表面形成一层保护膜,防止 $Ca(OH)_2$ 被溶出。反应式为

$$Ca(OH)_2 + Ca(HCO_3)_2 \longrightarrow 2CaCO_3 \downarrow + 2H_2O \tag{6-5}$$

因此,地下水中 HCO_3^- 含量越高,水的溶出侵蚀性越弱,当 HCO_3^- 含量低于 2mg/L 或暂时硬度小于 3 度时,地下水具有溶出侵蚀性。

2. 碳酸侵蚀

地下水中含有以分子形式存在的游离 CO_2,其与混凝土中 $CaCO_3$ 的化学反应是一种可逆反应,即

$$CaCO_3 + CO_2 + H_2O \Longleftrightarrow Ca(HCO_3)_2 \Longleftrightarrow Ca^{2+} + 2HCO_3^- \tag{6-6}$$

当 CO_2 含量较多时,反应向右进行,$CaCO_3$ 不断被溶解;当 CO_2 含量少时,或水中 HCO_3^- 含量高时,反应向左进行,析出固体 $CaCO_3$。而当 CO_2 与 HCO_3^- 的含量达到平衡时,化学反应保持平衡状态,此时的 CO_2 含量称为平衡 CO_2。若地下水中游离 CO_2 含量超过平衡 CO_2 含量,超出部分称为侵蚀性 CO_2,它会使混凝土中 $CaCO_3$ 被溶解,直至达到新平衡为止。由此可见,侵蚀性 CO_2 含量越多,地下水对混凝土的侵蚀性也就越强;同时地下水流量、流速大时,CO_2 会不断得到补充,化学平衡无法保持,侵蚀作用会不断进行。

3. 硫酸盐侵蚀

地下水中 SO_4^{2-} 超过一定量后会对混凝土造成侵蚀破坏。通常,水中 SO_4^{2-} 含量超过 250mg/L 时,就可能与混凝土中 $Ca(OH)_2$ 反应生成石膏,石膏在吸收结晶水生成二水石膏的过程中,体积膨胀至原来的 1.5 倍;SO_4^{2-}、石膏还可与混凝土中的水化铝酸钙作用,生成

水化硫铝酸钙,其结晶水分子多达 31 个,增大至原体积的 2.2 倍。水化硫铝酸钙又被称为水泥细菌。具体反应方程式如下:

$$3(CaSO_4 \cdot 2H_2O) + 3CaO \cdot Al_2O_3 \cdot 6H_2O + 19H_2O \longrightarrow 3CaO \cdot Al_2O_3 \cdot 3CaSO_4 \cdot 31H_2O \tag{6-7}$$

当 SO_4^{2-} 含量高于 3000mg/L 时,地下水具有硫酸盐侵蚀性。在可能产生硫酸盐侵蚀时,应使用含水化铝酸钙极少的抗硫酸水泥,可大幅提高混凝土抵抗硫酸盐侵蚀的能力。

4. 一般酸性侵蚀

地下水 pH 值小时,酸性强,酸类与混凝土中的 $Ca(OH)_2$ 作用,可生成各种钙盐,如 $CaCl_2$、$CaSO_4$、$Ca(NO_3)_2$ 等,若生成物易溶于水,则混凝土就会被侵蚀。化学反应方程式如下:

$$Ca(OH)_2 + 2HCl \longrightarrow CaCl_2 + 2H_2O \tag{6-8}$$

$$Ca(OH)_2 + H_2SO_4 \longrightarrow CaSO_4 + 2H_2O \tag{6-9}$$

$$Ca(OH)_2 + 2HNO_3 \longrightarrow Ca(NO_3)_2 + 2H_2O \tag{6-10}$$

一般认为 pH 值小于 5.2 时的地下水具有侵蚀性。

5. 镁盐侵蚀

地下水中的镁盐($MgCl_2$、$MgSO_4$ 等)与混凝土中的 $Ca(OH)_2$ 作用时,生成易溶于水的 $CaCl_2$ 及易产生硫酸盐侵蚀的 $MgSO_4$,同时降低 $Ca(OH)_2$ 含量,引起混凝土中其他水化物的分解破坏。一般认为 Mg^{2+} 含量大于 1000mg/L 时有侵蚀性,而通常地下水中的 Mg^{2+} 含量都低于此值。

地下水对混凝土的侵蚀性除了与水中各化学成分的单独作用及相互影响密切相关外,还与建筑物所处环境、水泥品种等因素有关,必须加以综合考虑。此外,地下水中的 H^+、Cl^- 及 SO_4^{2-} 等离子还会对钢筋产生腐蚀作用。

6.6.2 地下水位变化引起的工程地质问题

1. 地下水位上升

在地质、水文、气象等自然条件,以及水利工程建设、引水、灌溉等人类活动影响下,地表及地下水的径流条件发生了改变,导致局部区域潜水位上升,可能引起的一系列工程问题主要有以下几种。

(1) 增强地下水腐蚀性。当地下潜水位上升接近地表时,在毛细作用下表土层因过湿而逐渐沼泽化,或在强烈蒸发作用下,盐分在土壤表层聚积形成盐渍土。这不仅改变了岩土体原有的物理力学性质,而且大大提高了潜水的矿化度,增强了其对建筑材料的腐蚀性。

(2) 引发不良地质现象。在河谷阶地、斜坡地带,地下潜水位上升时,岩土体浸润范围扩大,湿度增加,可能引起岩土介质软化、膨胀、崩解及胶结盐分溶解等,导致其结构破坏、强度降低,促使斜坡岩土体产生变形、崩塌、滑移等不良地质现象。

(3) 产生流砂、管涌、砂土液化。在粉细砂、粉土为主的场地,地下潜水位上升,在基坑开挖时可能引发流砂、管涌,从而导致基坑底鼓、侧壁变形、坍塌,而在地震时有可能引起砂土液化,导致地基失效。①流砂(quick sand):指松散细颗粒土被地下水饱和后,在动水压力作用下,产生悬浮流动现象。流砂多发生于颗粒级配均匀的粉、细砂等砂性土中,表现为所有物质同时从一管状通道中被渗透水流冲出。流砂的发展对工程危害极大,可能导致基础滑移、不均匀下沉,基坑变形、坍塌等。②管涌(piping effect):指斜坡或地基土在具有某种渗透速度的渗流水作用下,其内细小颗粒被逐渐裹挟带走,孔隙不断增大,从而形成穿越土体的细管网状渗流通路,促使斜坡、地基变形、失稳。管涌通常由工程活动引发,在有地下水出露的斜坡、岸边地带也时有发生。③砂土液化(liquefaction):指饱和粉细砂或轻亚黏土在地震作用下瞬时失去强度,由固态变成液态的力学过程。砂土液化主要是在静力或动力作用下,砂土中孔隙水压力骤升,土体抗剪强度降低并趋于消失引起的。破坏性地震发生过程中,砂土液化会导致地下砂层中的孔隙水、砂颗粒喷出地表,引起地基失效;同时地层中固、液物质的缺失导致地基沉陷,使地面建筑物倾倒、下沉、开裂,道路路基滑移,桥梁落架等。

(4) 影响地下洞室和基础安全。地下水通过裂隙、断裂破碎带、落水洞、溶洞等通道涌入洞室,造成洞内充水淹没,称为突水。水量大小取决于流动通道发育程度、降水量、洞顶地面地形及洞体岩性等因素;此外,地下水在渗流过程中,还会冲刷、软化断裂、裂隙及溶洞内松散堆积物,使之随水涌出并堵塞洞室,称为突泥。地下水位上升,还可使基础所受浮托力增大,降低地基土与基础底面及其自身抗剪强度,影响建筑物稳定性。

2. 地下水位下降

集中、过量抽取地下水,在河流上游人工改道、修建水库、筑坝截流、新建或扩建水源地,在含水层中进行地下洞室、地铁或深基础施工等,往往会引起含水层水位下降,导致地面沉降、地表塌陷、海水入侵、地裂缝产生,以及地下水质恶化、水资源枯竭等一系列不良工程、环境地质问题。

(1) 海水入侵。近海地区的潜水、承压含水层往往与海水相连。自然状态下,陆地含水层通常保持较高水头并不断向海洋排泄,阻止海水入侵。大量开发地下水会引发大面积地下水位下降,导致海水向地下水开采层入侵,破坏淡水水质。

(2) 地面沉降与地裂缝。地下水过度开采及施工降水可导致含水层孔隙水压力降低,土层颗粒间有效应力增加而产生压缩变形,当压缩变形超过一定量时便表现为地面沉降;当这一沉降因地质、水文及施工因素而非均匀分布时,则会导致地裂缝产生。近年来,大量地铁修建、深基坑开挖,极大地改变了局部地下水位,若处理不当,将会引起附近地面沉降、开裂,既有建筑物基础变形、上部结构开裂等;同时,在我国西安、山西、河南、江苏、山东等省发现了大量与地下水位大幅下降有关的地裂缝。

(3) 地下水资源枯竭与水质恶化。盲目开采地下水,当开采量大于补给量时,地下水资源就会逐渐减少乃至枯竭,造成泉水断流、井眼干枯,地下水中有害离子量增多,矿化度升高。

思考题

1. 思考水循环在地质循环中的作用。
2. 从土中液态水的存在状态分析冻土的冻结过程。
3. 岩土体各水理性质之间有何对应关系?
4. 思考包气带水、潜水、承压水可能造成的工程地质问题。
5. 描述潜水、承压水的补给、径流与排泄过程。
6. 对比地下水与地表水的地质作用。
7. 思考、总结地下水与土木工程建设的关系。

7

不良地质现象

不良地质现象(undesirable geological phenomena)亦称地质灾害(geological hazard),是指由自然地质作用、人类活动造成的地质环境恶化、质量降低,并直接或间接危害人类安全,给社会发展和经济建设造成损失的地质事件。主要包括由地球内外地质营力引起的自然地质灾害(natural geological hazard),如火山活动、地震、滑坡、崩塌、泥石流等;以及由人类工程活动诱发的人为地质灾害(man-made geological hazard),如工程开挖诱发的崩塌、滑坡,水库蓄水诱发的地震,过量抽取地下水引起的地面沉降等。随着人类社会的发展和进步,人类的活动范围及工程能力越来越大,由人为地质灾害所引起的损失已经超过了纯自然的地质灾害。

我国地处欧亚、太平洋及印度洋板块交会处,地质构造复杂、山地众多,是世界上地质灾害发生频率最高的国家之一,主要形式有崩塌、滑坡、泥石流、岩溶和地震等,每年造成的国民经济损失高达数百亿元。随着我国西部大开发战略的推进,以及"一带一路"倡议的不断落实,我国在西部、西南部等地质灾害频发区的工程建设活动也更加频繁,由此所引发的不良地质现象也会日趋严重。因此,学习、研究不良地质现象尤其是人类工程活动所诱发的地质灾害机制、防治措施等,在今后相当长时期内具有特别重要的意义。

对于地质灾害的防治,应坚持以预防为主、避让与治理相结合和全面规划、突出重点的原则。对纳入《地质灾害防治条例》的地质灾区应限制不合理工程建设,防止、减少人为灾害产生。综合考虑不同区域地灾特征、社会发展水平,统一规划、分步实施,对重点区域进行重点防治,最大限度减少人民生命和财产损失。

7.1 崩塌

崩塌(collapse)的运动方式以自由坠落为主,产生前坡体变形不明显,可预见性差、突发性强。崩落的碎石块体运移速度快、冲击力强,对坡脚处建(构)筑物具有强烈的破坏作用。崩塌规模大小悬殊,斜坡上个别或少量岩块的滚落称为落石(rock fall),是规模最小的崩塌;小型崩塌通常涉及数十至数百立方米岩土体;大型崩塌可达数万至数千万立方米;而规模极大的崩塌称为山崩(avalanche),如1967年四川雅砻江岸坡崩塌,崩落岩块达

6800万 m³,在河谷中堆起 175m 的块石堤坝,江水因此断流 9 天。根据崩塌体的物质成分及发生的地形地貌不同,将发生在土体中的崩塌称土崩,主要指黄土崩塌;发生在岩体的称岩崩;而当崩塌产生在河流、湖泊或海岸上时,则称为岸崩。

1980 年 6 月 3 日,湖北省远安县盐池河磷矿受采空区及降雨影响,突发巨型岩石崩塌。海拔 830m 的鹰嘴崖部分山体从 700m 处俯冲至 500m 的谷地,形成的堆积物南北长 560m、东西宽 400m、厚度达 30m,体积近 100 万 m³,造成 307 人死亡,并在盐池河上筑起高 38m 的堤坝,形成了崩塌湖。2004 年 12 月 11 日 22 时许,甬台温高速乐清段 K256+065—K256+135 左侧突发山体崩塌,堆积物长 65m、宽 40m,体积达 1.5 万 m³,覆盖了双向车道,造成 70m 左右高速公路被掩埋,如图 7-1 所示。灾害虽未造成人员伤亡,但导致该段公路长期无法正常使用,直至 2005 年 4 月 30 日才恢复正常通车。

图 7-1　甬台温高速乐清段崩塌(图片源自互联网,感谢作者)

7.1.1　崩塌的影响因素

1. 地形地貌

江、河、湖、海及冲沟的高陡岸坡地区易发生崩塌,而一般斜坡坡度大于 55°、高度超过 30m 的地段有利于崩塌形成。此类地貌中,高陡的岸坡往往受卸荷作用影响,而普遍发育有平行于岸坡的竖向裂隙,在坡脚水流切割作用影响下,易产生崩塌。特别是在河流、沟谷凹岸陡坡段,流水侧蚀作用强烈,极易发生崩塌。此外,坡度大于 60°的高陡边坡、孤立的山嘴、凹形陡坡以及铁路、公路、各类建筑边坡也是崩塌形成的有利地形。

2. 岩性条件

组成岸坡的岩土性质对崩塌的形成具有明显的控制作用。通常由坚硬岩土体组成的高陡边坡易产生崩塌,如由石灰岩、砂岩、花岗岩、石英岩及初具岩性的密实黄土等组成的陡坡。而易于风化的软弱岩石通常构成低缓坡地,不利于崩塌形成,人工削坡后形成的高陡边坡易产生崩塌。另外由软硬岩相间构成的坡体,因差异风化作用,使硬岩凸出而软岩内凹,悬空的硬岩块体易发生崩塌,如图 7-2 所示。

3. 地质构造

岩体中各种不连续面的存在是崩塌产生的基本条件,当其产状组合有利于崩塌时,就成为崩塌发生的决定性因素。如图 7-3 所示,中厚层灰岩中出现节理 1、2 所示的产状组合时,就极可能会产生崩塌。通常在区域构造线、断裂带、褶皱核部等区域附近的岩体内节理、裂隙发育,岩体较破碎,易形成有利于崩塌的结构面组合。

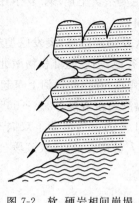
图 7-2 软、硬岩相间崩塌

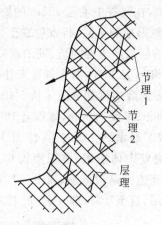
图 7-3 节理组合崩塌

4. 水的条件

水是诱发崩塌最常见的因素。据统计,80%的崩塌、落石发生在雨季,特别是大雨过后不久,降雨时间越长、强度越大,崩塌、落石发生的概率也就越高。此外,在地下岩体裂隙中渗流的地下水在一定程度上增大了岩体自重,软化了岩体强度,并在岩体裂隙中产生了动、静水压力,促使岩体中节理、裂隙扩张、连通,诱使崩塌产生。

5. 地震作用

地震时地壳的强烈振动会使斜坡岩体瞬时承受巨大的惯性荷载,同时降低结构面的结合强度,而水平地震力会促使坡体向临空面运动,由此导致崩塌、落石大量出现。在山区,通常地震烈度大于 7 度时会产生大量的崩塌和落石。

6. 人为因素

人类的各类工程建设活动,如筑路、采矿、堆渣、爆破等会在一定程度上破坏坡体的原始平衡状态,当新的平衡不能及时形成时,便发生崩塌、落石现象。有时人类工程的运营活动也会诱发崩塌、落石,如水库的蓄(泄)水,机车运行、工厂锻轧引起的振动等。

7.1.2 崩塌成因与评价

1. 崩塌的形成原因

崩塌产生的形式多种多样,但其基本成因无非包括三种:一是由岩体中发育的节理、裂隙引起;二是由软、硬互层岩层的差异风化引起;三是由岩体底部陷落引起。

(1) 节理、裂隙切割坡体。上部岩体沿一条或多条临空滑移面滑动,重心滑出坡体后突然崩落形成崩塌;另外,坡体被陡倾裂隙深切时,在重力及其他外力作用下逐渐向坡外倾斜、弯曲,并导致下部弯曲折断,进而倾倒产生崩塌,如图 7-4(a)所示。

(2) 软、硬岩互层坡体。在外界风化营力作用下,软岩风化速度快,形成凹陷,硬岩层因失去底部支撑而逐渐发育出竖向拉裂隙,或使已有裂隙受拉扩张,并最终因拉张断裂而形成崩塌。

(3) 陡坡下部岩体强度丧失。当岩体下部存在洞穴或采空区时,坡体大面积产生下沉、陷落,并将临空面附近受高倾角裂隙切割的岩体向外排挤,导致其产生倾倒崩塌,如图 7-4(b)所示;当坚硬岩层下部存在软弱层时,上部岩体的重力作用会使其产生塑性蠕变而逐渐被挤出,导致上部岩体不均匀下陷形成崩塌。

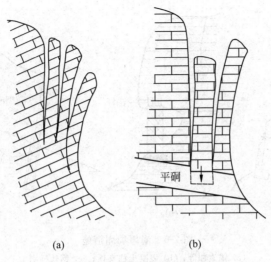

图 7-4　崩塌成因类型
(a) 弯折崩塌；(b) 挤压倾倒崩塌

2. 崩塌稳定性评价

对崩塌的稳定性评价可采用工程地质类比法(engineering geological analogy method)和力学分析法(mechanical analysis method)进行。工程地质类比法是指对已知崩塌或附近崩塌区及稳定区的山体形态、斜坡坡度、岩体构造，结构面的分布、产状、闭合及充填情况进行调查对比。分析当前山体的稳定情况、危岩分布范围等，判断其产生崩塌、落石的可能性及破坏力。而力学分析法是指根据崩塌的形成机理，在分析潜在崩塌体及落石受力条件的基础上，运用"块体平衡理论"计算其稳定性，在计算过程中需考虑地震力、风力、爆破震动、地面及地下水冲刷、动静水压力、冻胀力等因素的影响。

7.1.3　崩塌的防治技术

崩塌的防治应根据其规模及危害程度采取不同的工程措施。对于大型崩塌，一般的工程措施往往难以根治或代价极大，应尽量采取绕避措施。而对于中、小型崩塌则可根据具体工程条件采用坡体加固、修筑拦挡构筑物、清除危岩体及防排水等措施。

1. 坡体加固

对易于风化的挖方陡坡地段，可采用砂浆抹面、挂网锚喷等措施；而当陡坡岩体中存在张开的节理、裂隙或空洞时，则可采用片石填塞、水泥砂浆镶补、勾缝，水泥护坡，砌石护面等措施防止裂隙和空洞的进一步扩张；对于突出陡坡的悬空危岩体或底部失去支撑的危岩体，可采用混凝土柱支顶、嵌补、钢轨插别等措施；而当岩体中发育有大量节理、裂隙时，则可采用锚固、注浆加固等措施。各类加固措施如图 7-5 所示。

2. 修筑拦挡构筑物

对于中、小型崩塌可通过修筑遮挡、拦截构筑物达到防治目的。通常中型崩塌地段，在绕避措施不经济的情况下，可采用明洞、棚洞等遮挡构筑物(见图 7-6(a)、(b))；而在小型崩塌及落石区段，则可通过修筑拦石墙(见图 7-6(c))，SNS 柔性主、被动防护网等拦截构筑物拦挡崩落块石，如图 7-7 所示。

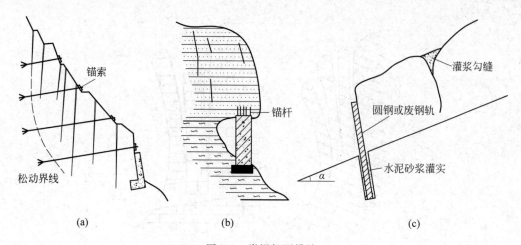

图 7-5 崩塌加固措施
(a) 锚索加固；(b) 混凝土柱支顶；(c) 钢轨插别

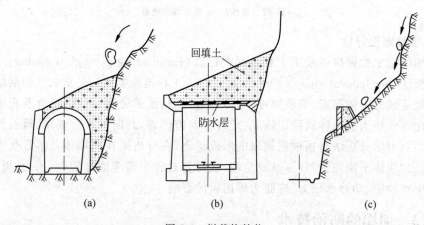

图 7-6 拦截构筑物
(a) 拱式明洞；(b) 板式棚洞；(c) 拦石墙

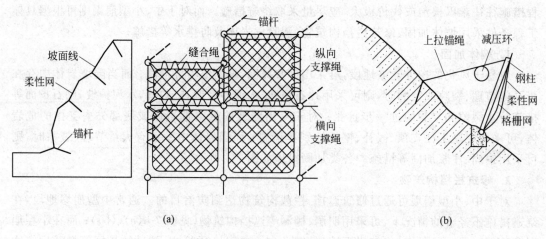

图 7-7 SNS 柔性主、被动防护网
(a) SNS 主动防护网；(b) SNS 被动防护网

3. 清除危岩

当陡坡上潜在崩塌体体量不大且母岩风化程度不严重时,可采用局部清除危岩体的办法。清除后还需对坡体采取适当的防护加固措施。

4. 防排水

地表水与地下水通常是崩塌、落石产生的诱因。在潜在崩塌地段的上方应修建截水沟,防止周围地表水流入坡体,而在潜在崩塌区可用黏土或水泥砂浆填封地表节理、裂隙,防止雨水灌入;对于坡体内部的地下水则可通过在临空面一侧打设排水孔予以排出。

7.2 滑坡

滑坡(landslide)是指斜坡上岩土体在重力作用下沿着一定弱面向下滑动的现象。它在形式上与崩塌类似,主要区别在于:①滑坡以水平位移为主;②滑坡始终沿固定弱面进行;③滑坡可在瞬间完成,亦可持续数年或更长时间;④除滑动边缘外,大部分滑体保持相对完整。滑坡的这些典型特征使其有别于崩塌、错落等斜坡破坏现象。滑坡按成因可分为自然滑坡与人工滑坡,按物质组成又可分为岩质滑坡和土质滑坡。

滑坡是山区工程建设中常见的地质灾害形式之一,常使铁路、公路及河流航道运输受阻,大型滑坡还会摧毁厂矿、村镇,造成重大人员及财产损失。我国西南地区(云贵川藏)是滑坡分布的主要区域,滑坡的发生具有规模大、类型多、分布广、频度高等特征。云南省几乎所有公路均有滑坡灾害发生,贵州的炉榕公路,四川的川藏、成阿公路等均遭受过严重的滑坡灾害,此外成昆、宝成铁路亦多次受到严重滑坡危害。

1963年10月9日,意大利瓦依昂(Vajont)大坝南侧库岸发生大规模快速滑坡,如图7-8所示,滑坡体长1.8km、宽1.6km,总体积超过$2.4 \times 10^8 m^3$,运动速度达30m/s,掀起的库浪超出坝顶125m,约有2500万m^3的库水翻坝而过,摧毁了下游3km处的隆加罗市(Longarone)及数个村镇,造成2000余人遇难。2003年7月13日00:20湖北秭归县千将坪镇发生高速滑坡,如图7-9所示,滑坡体冲入青干河中,激起近30m高库浪,打翻青干河上渔船22艘,造成14人死亡,10人失踪,近千人受灾,直接经济损失达5735万元。

图7-8 瓦依昂(Vajont)水库滑坡全貌

图7-9 千将坪滑坡全貌(图片源自互联网,感谢作者)

7.2.1 滑坡滑动条件与影响因素

1. 滑坡滑动条件

滑坡是由于斜坡上岩土体的力学平衡条件被打破而形成的。由于斜坡地形地貌、坡体岩土性质、地质构造、滑动历史等因素的不同,滑动面的几何形态也各不相同,通常有直线形、折线形、曲线形和圆弧形等,不同滑动面形态的滑坡运动特征有所差异,但其基本的力学平衡原理与滑坡滑动条件却是一致的。这里以直线形和圆弧形滑动面为例进行介绍。

1) 直线形滑面

当斜坡上岩土体沿直线 AB 滑动时,滑坡体的受力状态如图 7-10 所示。在力学平衡状态下,由重力 G 产生的滑动力 T 等于或小于滑动面上能够提供的抗滑力 F,稳定系数 K 则以两者之比表示:

$$K = \frac{总抗滑力}{总滑动力} = \frac{F}{T} \tag{7-1}$$

理论上,$K<1$ 时,斜坡力学平衡被打破,斜坡发生滑动;$K \geqslant 1$ 时,斜坡处于稳定或极限平衡状态。

2) 圆弧形滑面

对于圆弧形滑动的情况,这里以瑞典条分法 (Fellenious 法) 为例进行介绍。如图 7-11 所示, AB 为假定的滑动面,滑动中心为 O,圆弧半径为 R。土条自重为 W_i,其在土条底部对滑动面的分力为:$N_i = W_i \cos\theta_i$, $T_i = W_i \sin\theta_i$,其中 T_i 为土条 i 的下滑力。由摩尔-库仑准则可知,土条 i 底面所能提供的最大抗剪力为

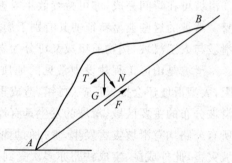

图 7-10 直线形滑动力学平衡条件

$$\overline{T}_i = (c + \sigma_i \tan\varphi) l_i = c l_i + N_i \tan\varphi \tag{7-2}$$

将所有土条下滑力、抗剪力对圆心 O 取矩,得

$$K = \frac{\sum (c l_i + N_i \tan\varphi)}{\sum T_i} = \frac{\sum (c l_i + W_i \cos\theta_i \tan\varphi)}{\sum W_i \sin\theta_i} \tag{7-3}$$

同样,$K<1$ 时,滑坡发生滑动;$K \geqslant 1$ 时,斜坡处于稳定或极限平衡状态。

由以上分析可知,滑坡的滑动取决于下滑力(矩)与抗滑力(矩)之间的对比关系,而这决定于滑坡体的几何形态、物质成分及内部结构等因素,当坡体内部总剪切力大于总抗剪力时,滑坡体就开始启动。

2. 滑坡的影响因素

1) 地形地貌

斜坡的地形地貌反映了斜坡的坡体形态、成因、形成历史及发展趋势等方面的内容,对斜坡当前及今后的稳定状况有重要影响。通常人工开挖的高陡边坡要比低矮斜坡更易发生滑坡;而自然山地缓坡地段由于地表水流缓慢、易于入渗,更利于滑坡的形成和发生。此外,洼形汇水斜坡、河流凹岸陡坡及上陡下缓的堆积物坡地等也是滑坡易于发生的地段。

2) 地层岩性

地层岩性是滑坡产生的物质基础。虽然几乎各地质时代、各种岩性的坡体均会产生滑

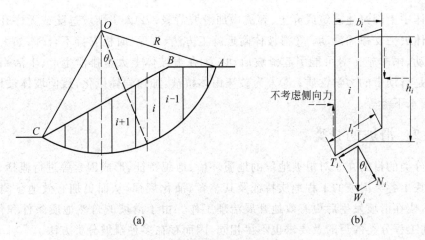

图 7-11 圆弧形滑动力学平衡条件
(a) 坡体土条划分；(b) 土条 i 受力分析

坡，但滑坡还是更易于发生在具有有利滑动面的坚硬岩体，由泥岩、页岩、千枚岩、片岩等构成的岩体，以及具有胀缩性的黏土、黄土和黄土类土、坡脚堆积物等土体中。这些物质有的与水作用容易膨胀或软化，有的结构疏松、透水性好，有的则遇水易崩解。

3) 地质构造

地质构造与滑坡的孕育和发展密切相关，主要表现在：①构造破碎带为滑坡产生了大量的碎屑物质；②各种构造结构面（如断层面、节理面、层间错动面、不整合面等）控制着滑坡滑动面的空间位置和滑坡范围；③地质构造在一定程度上决定了滑坡区地下水的类型、分布、状态和运动规律，对滑坡的形成、演化具有重要影响。

4) 水的作用

滑坡区的地表及地下水对滑坡的形成、启动具有重要影响，大多数滑坡的滑动都是在水的直接或间接影响下产生的。水对滑坡的作用主要表现在：①水侵入岩土体孔隙、裂隙中增加了滑坡体的质量；②地下水对滑动带的浸润使其抗剪强度降低，与坡体、滑带的长期作用，改变了岩土体的结构及强度性质；③地下水在坡体孔隙、裂隙内储存、流动所产生的动、静水压力有利于滑坡的产生；④浸没坡体阻滑段的河、湖及库水所产生的浮托力会减小滑带土的最大抗剪力，有利于滑坡产生。而当地表水水位涨落明显时，还会在坡体内形成动水压力，影响滑坡稳定。

滑坡区地表及地下水变化受降雨控制明显，许多滑坡发生在雨后，尤其是长时间的连绵细雨，滑坡岩土体极易浸水饱和，使其强度降低，从而产生滑动。

5) 地震作用

地震是滑坡滑动的重要触发因素，许多大型滑坡的形成和启动均与地震有关。地震对滑坡稳定性的影响主要包括：①地震加速度及滑体惯性力会对坡体受力产生不利影响；②地震会引起滑体尤其是滑带物质内孔隙水压力急剧增高，导致岩土物质抗剪强度降低；③地震还会引起滑坡岩土体结构、构造产生变化，导致坡体物质结构松动，破裂面、弱面产生错位等。

6) 人为因素

人为因素主要指对滑坡滑动有影响的不当人类工程活动，主要包括以下几个方面：

①在滑坡体中上部修建建筑或弃土、弃渣增加滑坡荷载;②人工削坡过陡或无序开挖坡脚,使上部坡体失去支撑而滑动;③滑坡体附近施工方法、程序、时机安排不合理,如大爆破、大型机械振动、雨季施工等可能引起滑坡启动;④在滑坡体上大量排泄生产、生活用水,降低滑体尤其是滑动带的力学性质;⑤人为破坏山体植被,加速岩体风化,致使坡体被地表水冲刷切割、雨水下渗等。

7.2.2 滑坡的分类

滑坡分类的目的在于对滑坡地段的地质环境、地貌特征、形成因素等进行概括、对比,以便更好反映出各类滑坡的工程地质特征及其孕育、演化规律,从而更加有效地预测、预防滑坡的发生,或在滑坡发生后更有效地开展治理工作。由于滑坡的自然地质条件和作用因素复杂,不同工程分类的目的及要求也不尽相同,因而存在多种滑坡分类方法。

1. 按坡体物质组成分类

(1) 堆积层滑坡。堆积层滑坡是指发生于各类松散堆积体内的滑坡。多发生在河谷缓坡地带或山麓崩积、坡积及其他重力堆积体中,其产生往往与地下水、地表水活动有关。滑坡体的滑动多沿下伏基岩顶面或不同地质年代、成因的堆积物接触面进行。滑坡体厚度一般从数米到数十米。

(2) 黄土滑坡。黄土滑坡是指发生于不同时期堆积的黄土层中的滑坡。其产生常与黄土中的竖向裂隙及黄土对水的不稳定性有关,多见于河谷两岸高阶地的前缘斜坡上,常成群出现,且多为中深层滑坡。其中一些滑坡滑动速度快,变形急剧,破坏力强,带有一定的崩塌性质。

(3) 黏土滑坡。黏土滑坡指发生在均质或非均质黏性土层中的滑坡。其滑动面多呈圆弧形,滑动带呈软塑状。黏土通常具有明显的干湿效应,干燥时收缩形成张裂纹,遇水后呈软塑状态,抗剪强度急剧降低。因此黏土滑坡多发生在久雨或其他来源水长期作用后,多为中、浅层滑坡。

(4) 岩质滑坡。岩质滑坡指发生在各种基岩岩层中的滑坡。多沿岩层层面、构造弱面或两者的组合弱面产生滑动。沿岩层层面滑动的称顺层滑坡(consequent landslide),多发生于岩层倾角小于且接近坡角的条件下;而切穿层面滑动的称切层滑坡(insequent landslide),如图7-12所示,多沿倾向坡外的一组或多组节理形成的贯通滑动面产生滑动。

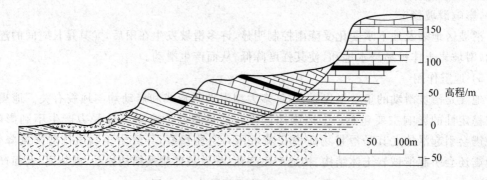

图7-12 切层滑坡(据 Ward,1945 年)

2. 按力学特征分类

(1) 牵引式滑坡(drag-type landslide)。由于人为或自然因素对滑坡坡脚的切割作用，下部坡体首先变形滑动，上部坡体因失去支撑而相继下滑。牵引式滑坡通常移动速度较慢，当坡体较长时，滑动过程常会逐次向上延伸，导致滑坡规模越来越大。

(2) 推动式滑坡(push-type landslide)。在人工不当加载及自然地质作用下，上部坡体首先变形滑动，并推动下部坡体向下滑移。推动式滑坡通常移动速度较快，但涉及的滑动范围相对要小。

3. 其他分类方法

滑坡还可按其几何形态及发生年代分类，如表 7-1 所示。

表 7-1 滑坡分类表

划分依据	名 称	基 本 特 征
滑体厚度	浅层滑坡	滑坡体厚度小于 6m
	中层滑坡	滑坡体厚度为 6~20m
	厚层滑坡	滑坡体厚度为 20~50m
	巨厚层滑坡	滑坡体厚度大于 50m
滑体体积	小型滑坡	滑坡体体积小于 3 万 m^3
	中型滑坡	滑坡体体积 3 万~50 万 m^3
	大型滑坡	滑坡体体积 50 万~300 万 m^3
	巨型滑坡	滑坡体体积大于 300 万 m^3
发生年代	古滑坡	全新世以前产生的滑坡，现代已相对稳定
	老滑坡	全新世以来产生的滑坡，主要滑坡形迹显著
	新滑坡	近 50 年来产生的滑坡，滑坡要素清晰

7.2.3 滑坡发育过程及野外识别

1. 滑坡发育过程

典型滑坡的演化、发生是一个累进性的变形破坏过程，往往具有反复周期性的特征。根据每一期滑坡活动时的力学及运动学特征可将其整个发展过程划分成三个阶段：蠕动变形阶段、滑动破坏阶段和渐趋稳定阶段。

(1) 蠕动变形阶段。滑坡体在自然及人为因素影响下，坡体强度逐渐降低，内部应力逐渐累积，斜坡内局部因剪切力超过抗剪强度而首先变形。随着变形的累积，滑坡后缘开始出现拉张裂缝，并逐渐加宽，两侧的羽状裂缝逐渐形成并贯通，滑坡前缘岩土体因受推挤而鼓起，并开始出现鼓胀裂缝，滑坡体内泉水开始出现不稳定及浑浊现象。该阶段一般持续时间较长，短者数天、数月，长者可达数年之久。

(2) 滑动破坏阶段。滑动面贯通，滑坡开始整体向下滑动。滑坡后缘迅速下陷，滑坡体分解成数块，并在坡面上形成阶梯状地形，滑坡体上树木东倒西歪形成"醉汉林"，建(构)筑物严重变形以致倒塌、损毁。在滑坡滑动过程中，还可能因剪切带强度快速降低而促使滑坡加速，形成高速滑动。该阶段滑坡滑动速度通常较快，有时甚至可达数十米每秒，形成巨大气浪。

(3) 渐趋稳定阶段。滑坡体滑动后，重心降低并形成了特殊的滑坡地貌。与此同时，地层的整体性被破坏,岩土体变得松散破碎,含水量、透水性增强。在自重、流水等作用下,坡体上的各种裂隙逐渐被填充,松散的岩土体逐渐被压密,整体强度逐渐增加、恢复,坡体稳定性也大为提高,坡体上的"醉汉林"重新垂直向上生长,形成"马刀树"。滑坡体的压密过程通常较缓慢,需持续数年甚至更长时间。

2. 滑坡的野外识别

滑坡的野外识别分临滑识别和滑后识别。处于临滑状态的滑坡通常有一些先兆现象,可据此判断坡体的稳定状态。如坡体内地下水位发生显著变化,坡体上干涸的泉眼重新出水但水质浑浊,坡脚处湿地增多、范围扩大;斜坡上部不断下陷,坡顶及外围开始出现弧形裂缝;坡面树木开始倾斜,建(构)筑物不断开裂;斜坡前缘土石零星掉落,坡脚附近土石被挤压,并出现大量鼓胀裂缝等。

对于早前滑动过的老滑坡、古滑坡而言,在长期的稳定过程中,许多典型的地物、地貌及构造标志逐渐消失殆尽,滑坡体逐渐融入周围地形、地貌而难以辨别。但在后期自然营力尤其是人工扰动下极有可能重新发生滑动,给工程建设及人们生命财产安全造成危害。因此有必要在工程规划、设计阶段即对其进行早期排查,尽早采取工程措施,减少损失。对老滑坡、古滑坡的识别可从以下几方面进行。

(1)地形地貌及地物标志。滑坡常在坡体上形成圈椅形、马蹄形环谷地貌,并有双沟同源现象(见图7-13)。有的坡体上还有积水洼地、地面裂缝、异常台坎等现象。新近滑动的滑坡其植被情况与周围区域不同,树木歪斜凌乱,有"醉汉林"或"马刀树"(见图7-14)存在,有时坡体上可见鼓张、剪切裂隙,坡体下部存在鼓丘及向外突出的滑舌。

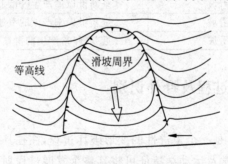

图 7-13 双沟同源

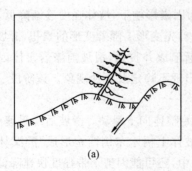 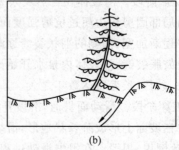

图 7-14 滑坡体植被
(a)醉汉林;(b)马刀树

(2) 岩土结构及地层标志。滑坡范围内岩土因滑动常出现扰乱松动现象。岩质滑坡可能出现岩层层位、产状不连续,地层缺失甚至局部新老倒置的现象;构造不连续,如断裂、裂隙不连贯,发生错位等;坡体上常见有泥土、碎屑充填或未充填的张性裂隙,且普遍发育小型坍塌。

(3) 水文地质标志。滑坡地段原含水状况在其滑动过程中被完全破坏,使其成为独立的含水介质体,水文地质条件亦变得异常复杂,无规律可循,出现潜水位不规则、流向紊乱,坡体下部有成排泉水溢出等现象。

以上各种现象是滑坡滑动后地质条件变异的产物,相互之间有着紧密的内在联系。在具体实践过程中应综合考察、分析各种异常现象,相互印证,才能进行正确判断,切忌根据单一标志轻率得出结论。

7.2.4 滑坡稳定性评价

滑坡稳定性评价的目的是通过定性、定量分析对既有边坡的稳定情况作出评判,为边坡治理提供合理的决策与设计依据。定性分析(quantitative analysis)是对影响坡体稳定的主要因素、可能的破坏方式、边坡失稳机制,以及失稳后重新平衡坡体的成因、演化史等进行综合分析,并对当前边坡的稳定状况及可能的发展趋势给出定性的说明与评价。主要的评价方法有自然历史分析法、工程类比法、赤平极射投影法等。定量分析(qualitative analysis)则是运用极限平衡法、数值模拟、概率分析等计算方法确定边坡的稳定情况,主要指通过计算得到滑坡的稳定系数,根据稳定系数数值大小评判滑坡的稳定情况。

1. 自然历史分析法

自然历史分析法(physicogeologic analysis method)是一种定性评价方法。主要通过研究滑坡体所处自然地质环境、斜坡地貌、地质结构、变形破坏形迹等内容,分析坡体形成的地质历史、发展演化阶段以及影响稳定的主、次要因素等,并据此对当前坡体的稳定状况给出初步评价。这一方法实际上是通过追溯滑坡的发生、发展演化过程来评价其稳定状态,对研究滑坡区域性的稳定规律尤为适用,通常运用于工程项目的初期勘察、评价阶段。

2. 工程类比法

工程类比法又称工程地质比拟法(engineering geological analogy method),即将所要研究的斜坡或拟设计的人工边坡与已研究过的斜坡或已施工过的人工边坡进行类比,以评价斜坡的稳定性或确定人工开挖边坡的坡角、坡高等内容。其实质是将已有的研究、设计、施工经验运用于条件相似的对象边坡中。类比时必须全面分析、比较坡体的工程地质条件和影响稳定性的主导因素,相似度越高,则类比依据越充分,结果也就越可靠。

3. 定量分析法

极限平衡分析法(stability analysis of limit equilibrium method)是最常用的边坡稳定性定量分析方法。其基本原理是将坡体视作若干相互接触的刚体条块群,在假设各条块间传力方式的基础上,利用条块与滑动面间的剪切关系,分析各条块及整体的静力平衡状况,从而得到滑坡体的稳定系数或推力曲线。根据条块间力的假设不同,极限平衡分析法有:瑞典法、简化 Bishop 法、Janbu 法、Sarma 法和传递系数法等。

本章在分析滑坡滑动条件时已对极限平衡法有所涉及,这里重点介绍我国规范中关于折线型滑动面的稳定分析方法——传递系数法。

如图 7-15 所示,按滑坡体顶底面几何特征及滑动面力学参数情况进行滑体条块分割,假设某条块对下一条块的作用力平行于本条块滑动面,并通过传递系数 ψ_j 传递。将所有条块的下滑力与抗滑力换算至条块 n 的滑动方向,综合可得滑坡稳定系数 K：

$$K = \frac{\sum_{i=1}^{n-1}\left(R_i \prod_{j=i}^{n-1}\psi_j\right) + R_n}{\sum_{i=1}^{n-1}\left(T_i \prod_{j=i}^{n-1}\psi_j\right) + T_n} \tag{7-4}$$

$$\psi_j = \cos(\theta_i - \theta_{i+1}) - \sin(\theta_i - \theta_{i+1})\tan\varphi_{i+1} \tag{7-5}$$

$$R_i = N_i \tan\varphi_i + c_i L_i \tag{7-6}$$

式中：K——滑坡稳定系数；

θ_i——第 i 条块滑动面与水平面的夹角,(°)；

R_i——作用于第 i 条块的抗滑力,kN/m；

N_i——第 i 条块滑动面的法向分力,kN/m；

φ_i——第 i 条块滑动面的内摩擦角,(°)；

c_i——第 i 条块滑动面的黏聚力,kPa；

L_i——第 i 条块滑动面长度,m；

T_i——作用于第 i 条块滑动面上的滑动分力,kN/m,与滑动方向相反时取负值；

ψ_j——第 i 条块剩余下滑力传递至第 $i+1$ 条块时的传递系数($j = i$)。

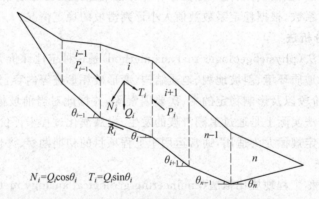

图 7-15 传递系数法计算简图

在进行滑坡整治工程设计时,需计算各条块的剩余下滑力,并绘制滑坡推力曲线。依据推力曲线所反映的滑坡推力量值、分布确定采用的整治方式、布设位置、结构尺寸等。剩余下滑力可采用下式计算：

$$P_i = P_{i-1}\psi_{j-1} + K_t W_i \sin\theta_i - W_i \cos\theta_i \tan\varphi_i - c_i L_i \tag{7-7}$$

式中,K_t 为滑坡推力安全系数,应根据滑坡现状及其对工程的影响等因素来确定。对于建筑地基基础设计而言,设计等级为甲级的建筑物 K_t 宜取 1.25,设计等级为乙级的宜取 1.15,而设计等级为丙级的宜取 1.05。

7.2.5 滑坡的防治技术

在滑坡区尤其是大、中型滑坡区进行工程建设时,首先应对滑坡积极避让,对于避让不及的滑坡应以预防为主,治早、治小相结合。滑坡的失稳是一个由量变到质变的缓慢过程,在其发育初期及早发现并采取干预措施,可取得良好的工程与经济效果;滑坡的发生是多因素耦合的灾变过程,对其治理应考虑采取排水、卸载、支挡等措施相结合的综合防治方法;对于滑坡的整治,应根据滑坡威胁对象的重要性及保护时限采取根治与分期治理相结合的方法;此外,滑坡的治理还应与国土资源的开发利用相结合,与城镇、道路景观相结合。

对于滑坡整治应考虑滑坡的类型、成因、形态,工程地质与水文地质条件,滑坡稳定性、涉及建(构)筑物情况,施工影响等多方面的因素,选择适当的工程措施与施工技术方案。目前滑坡的防治技术主要有排水、力学平衡和滑带土改良三种类型,这里对几种具有代表性的技术方法进行简单介绍。

1. 排水

滑坡体的排水包括排除、拦截滑体及周围区域的地表水和地下水,减小水对坡体稳定的不利影响。

(1) 排除地表水。对于坡体以外的地表水,可在滑坡潜在边界以外根据来水方向修建截水沟,坡体较陡时可平行设置多道;对于坡体上的地表水,要防止其深入坡体内部,可采取填塞裂缝、清除地表积水洼地、在坡体上设置树枝状排水沟等方法,如图7-16所示。

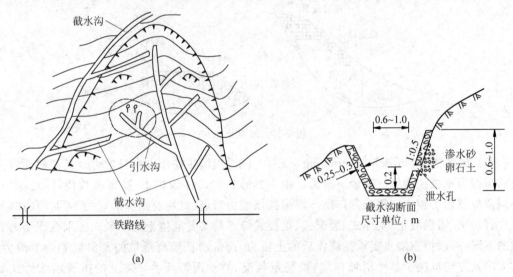

图 7-16 地表水排水系统
(a) 滑坡地表水排水系统;(b) 截水沟断面

(2) 排除地下水。排除滑坡体内的地下水时应根据其类型、埋藏条件以及施工条件等因素综合考虑。对埋深较浅的地下水可采用边坡渗沟、截水盲沟(见图7-17)以及兼具支撑功能的支撑盲沟(见图7-18)等措施;而对于埋藏较深的地下水则可采用集水井、排水廊道、水平(垂直)排水钻孔等。

2. 力学平衡

力学平衡法是通过改变坡体形态、修建支挡结构物使坡体达到力学平衡,主要措施包括减载反压,修建抗滑挡墙、抗滑桩、利用锚杆、锚索锚固,以及采用由锚杆(索)、抗滑桩、抗滑挡墙等构成的联合支护系统等。

(1) 减载反压(unloading and banket)。减载是指将滑坡体后缘部分坡体物质削去以降低滑坡的下滑力,同时结合坡脚反压措施,将削减的岩土体堆筑于滑坡坡脚,以起到反压抗滑的作用,如图 7-19 所示。这一措施对滑动面上陡下缓的滑坡效果显著。

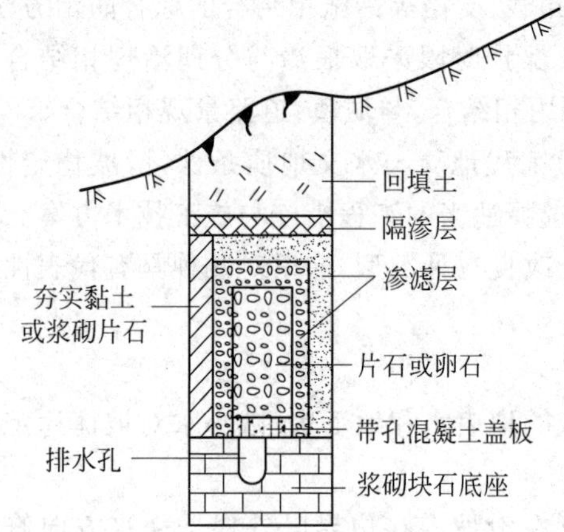

图 7-17 截水盲沟

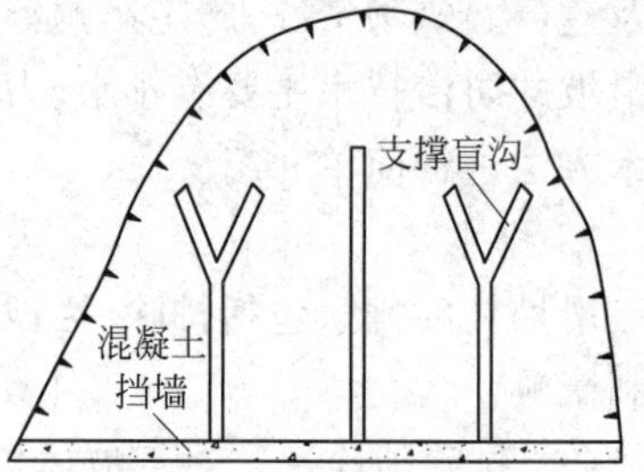

图 7-18 支撑盲沟

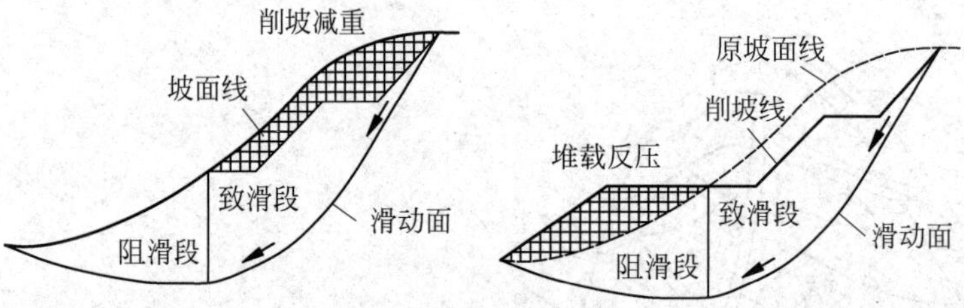

图 7-19 减载反压

(2) 抗滑挡墙(anti-slide retaining wall)。抗滑挡墙主要依靠自身重力及其与底面岩土体的摩擦力来抵抗滑坡的剩余下滑力。由于其施工对山体破坏小,稳定收效快,因此在中、小型滑坡整治工程中应用非常广泛。根据挡墙受力特点、材料及结构形式的不同,可将其分为片石圬工、素混凝土、实体式、装配式、桩板式等。其与普通挡土墙的最大区别在于受力方式的不同,一般挡土墙主要承受墙体后的土压力,而抗滑挡墙所抵抗的是滑坡剩余下滑力,其大小及方向取决于整个滑坡体规模、稳定状况、滑动面特征等。常见的抗滑挡墙形式如图 7-20 所示。

(3) 抗滑桩(anti-slide pile)。抗滑桩是一种将桩打入滑坡滑动面以下稳定岩土层中,利用其侧向抗力平衡滑坡下滑力的结构(见图 7-21)。通常设置在滑坡的阻滑段,并在垂直主滑方向上成排布设。有时也将多排桩通过刚性承台连接起来,形成刚性排架联合受力。由于抗滑桩抗滑能力大,施工安全、方便、扰动小,在滑坡治理尤其是对中、大型滑坡的整治过程中被广泛采用。

(4) 锚固(anchoring)。锚固主要指利用预应力锚杆、锚索将不稳定坡体与下部滑床联系起来,从而将滑坡推力传递至稳定岩土体中。施加在锚杆(索)上的预应力还增大了滑动面的法向压力,提高了抗滑能力。预应力锚索具有结构简单、施工安全、坡体扰动小等特点,在对大型、特大型滑坡的治理中应用广泛。实际工程中,通常将预应力锚杆(索)与锚墩、抗滑桩、格构梁等联合使用,利用后者将力传递至滑坡体上,如图 7-22 所示。

(5) 联合支护(combined landslide control)。在滑坡整治过程中往往采取多种支护措

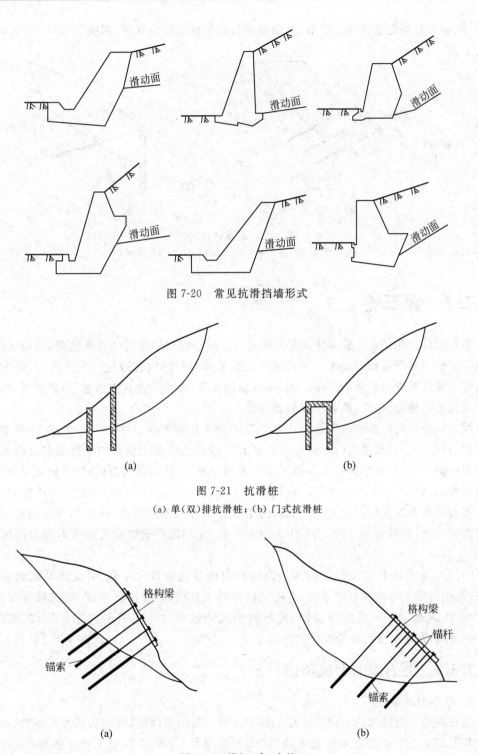

图 7-20 常见抗滑挡墙形式

图 7-21 抗滑桩
(a) 单(双)排抗滑桩；(b) 门式抗滑桩

图 7-22 锚杆(索)支护
(a) 锚索格构梁；(b) 锚杆-锚索格构梁

施联合的方式,尽可能地发挥各支护方式的优点,如锚索与抗滑挡墙的联合支护,如图 7-23(a)所示。此外,一些联合支护形式还会形成联合受力,使支护结构上力的分布更加合理,能够更有效地发挥其抗滑潜力,如锚索与抗滑桩的联合支护,如图7-23(b)所示。

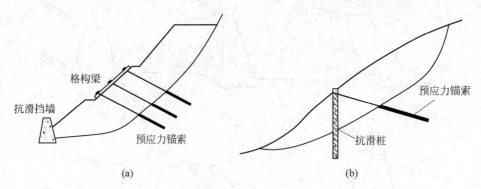

图 7-23　锚索联合支护
(a) 锚索与抗滑挡墙联合支护;(b) 锚索与抗滑桩联合支护

7.3　泥石流

泥石流(debris flow)是一种含有大量泥、砂、碎石等固体物质的特殊洪流,是山区沟谷、坡地常见的一种严重地质灾害。泥石流通常在暴雨或积雪快速融化时突然发生,暴发时洪流携带大量松散碎屑物质沿陡峻山涧、峡谷急泄而下,会将沿途村镇房舍、道路桥梁、通信电力等设施瞬间摧毁、掩埋,具有极强的破坏性。

泥石流是一种山区地质灾害。从世界范围看主要分布在北纬30°~50°,这一纬度带中的中国、日本、美国、俄罗斯(南部)、法国、意大利等都是泥石流发育的主要国家。在这一纬度范围内,泥石流又主要分布在各挤压造山带和地震带,特别是构造破碎带,如太平洋山系、喜马拉雅山系和阿尔卑斯山系等。我国是一个多山的国家,山区面积多达70%左右,是世界上泥石流最为发育的国家之一。泥石流主要分布在我国的西南、西北和华北山区,华东、中南部分山地,以及东北辽西、长白山区也有分布,尤其以西藏东南及川滇黔等地山区最为常见。

2010年8月7日22时,甘南藏族自治州舟曲县突降特大暴雨,引发县城北面的罗家峪、三眼峪等四条冲沟泥石流下泄,并由北向南冲入县城,致使沿河房屋、设施被冲毁,并造成1557人遇难、284人失踪的惨剧,泥石流形成的堆积体还阻断了白龙江,形成堰塞湖。图7-24所示为此次泥石流发生后的情形。

7.3.1　泥石流的形成条件

1. 基本形成条件

泥石流与一般洪流的不同之处在于其中含有大量的固体碎屑物质,且暴发突然、流动快速。其形成必须具备三方面的基本条件,即物源条件、地形条件和水动力条件,三者缺一不可。

1) 物源条件

物源条件是指流域内应有丰富的松散固体碎屑物,并能源源不断地补给泥石流。松散固体物质主要包括断层带破碎物、风化碎屑物、崩坡积物、滑坡堆积物、沟谷洪积物等,与地

7 不良地质现象

图 7-24 舟曲泥石流现场（图片源自互联网，感谢作者）

质构造、地形地貌密切相关的碎屑物质。因此泥石流流域范围内松散物质是否丰富很大程度上取决于其所处的地质环境。泥石流活跃区多集中在地质构造复杂、新构造运动和地震活动强烈的山区地带，新近的构造运动及地震活动会使山坡岩体产生强烈破碎，加速岩体风化并导致崩塌、滑坡类地质事件频繁发生，同时由于碎屑物堆积时间短、胶结程度弱，极易被洪流所裹挟形成泥石流。

2) 地形条件

泥石流的形成要求其流域地形能够迅速汇集大量雨水或雪水，并能在短时间内使其拥有巨大动能。因此，泥石流多形成于地形陡峻、沟床纵坡大的山地，流域形态多呈瓢形、掌形或漏斗形。此类地形由于地形陡峭，通常植被不甚发育，岩体风化、剥蚀严重，碎屑物质丰富，同时较大的汇水面积及陡峻的地形有利于地表水迅速汇集，形成洪峰。一条典型的泥石流沟，从上游到下游通常可分为三个区段：形成区、流通区和沉积区。如图 7-25 所示为甘肃省一条典型泥石沟流域形态。

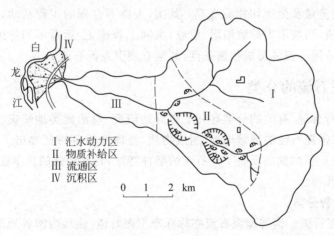

图 7-25 武都甘家沟泥石流流域形态（据中国科学院兰州冰川冻土研究所，
甘肃交通科学研究所，1982 年，有改动）

(1) 形成区(forming area)。该区通常位于泥石流沟的中、上游,由汇水动力区和物质补给区组成。汇水动力区山坡坡度在30°以上,能够迅速汇集水流形成洪峰;而物质补给区一般位于汇水区下游,坡面风化侵蚀强烈,崩坡积物及滑坡堆积体随处可见,可为泥石流提供充足的碎屑物质补给。该区通常坡度稍缓,一般大于14°。

(2) 流通区(flowing area)。该区为泥石流的流通、搬运通道。一般位于泥石流沟中、下游,多为狭窄而深切的峡谷,谷壁陡峻、谷床坡降大,常有跌水、陡坎出现,两岸岩坡稳定,能较好约束泥石流,使之保持较大泥深和流速。有些非典型泥石流沟的流通区并不明显。

(3) 沉积区(depositing area)。该区位于泥石流沟下游,是泥石流物质的停积场所,多为开阔平坦的山前平原或河谷阶地。由于地形豁然开阔,泥石流到此后流体开始以扇形向前分散,动能也随之急剧减小,其所挟带碎屑物质呈扇形堆积下来,称泥石流扇(debris flow fan)。有时泥石流物质冲入河道,经河水冲刷后会形成大面积的边滩和心滩。

3) 水动力条件

水不仅是泥石流的重要组成部分和搬运介质,对泥石流的孕育和形成也起着至关重要的作用。水的侵蚀作用形成了大量的崩坡积物及滑坡物质,为泥石流提供了丰富的碎屑物质;同时水的浸泡作用大大降低了碎屑物的胶结强度,并产生浮托力,在泥石流形成过程中推动碎屑物质快速瓦解并启动。

形成泥石流的水源主要来自集中暴雨、冰雪融水及湖库溃决三种形式,其中暴雨是最常见的一种。在夏季季风的影响下,我国大部分地区的降雨集中在5—9月份,占全年降雨总量的60%~90%,并且常以集中暴雨形式出现。在一些山区,连续数天甚至数小时的降雨量就可达到100~1000mm,为泥石流的形成创造了良好的条件。因此,雨季是我国泥石流最容易发生的季节。

2. 人类活动的影响

随着人类活动能力和范围的不断扩大,人为因素已日渐成为影响泥石流孕育和发生不可忽略的一个方面。首先,人类滥砍滥伐森林、破坏植被、过度放牧、开垦陡坡,使得坡地碎屑物质直接裸露地表,增加了碎屑物质供给量。同时由于丧失了树木植被对地表水的涵养作用,地表水的径流量和流速均相应提高;其次,人类不合理的工程活动,如采矿、筑路、修渠过程中随意弃渣,切坡不当导致崩塌、滑坡,水利工程施工、运营不当导致水库溃决等,均会在一定程度上给泥石流的形成创造条件,甚至直接引发泥石流。

7.3.2 泥石流的分类

对泥石流进行合理、有效的分类有利于更好地研究、整治此类地质灾害。多年来,各国学者、研究机构根据泥石流的流域地貌、组成物质、流体性质等特征提出了多种不同的分类方案,这些分类法从不同侧面反映了泥石流的某种特性,具有较强的科学性和实用性。常见分类形式有以下几种。

1. 按流域地貌分类

(1) 沟谷型泥石流。沟谷型泥石流亦称标准型泥石流,流域内沟谷地形明显,主沟内有多条支沟发育,整体呈扇形。流域面积通常可达十几至数十平方千米,可明显区分出形成区、流通区和沉积区,沉积区域形态亦呈扇形。该型泥石流具有完整的发生、运动和堆积过程。如图7-25所示的甘肃武都甘家沟泥石流流域形态即为沟谷型泥石流。

(2) 河谷型泥石流。流域形态多呈狭长形,面积可达几十至上百平方千米。形成区多位于溪沟或河谷上游,沟谷内时常有水,水源补给较充分。固体物质主要来自中游地段的滑坡和崩塌堆积,分布较分散。泥石流沿河谷既有冲刷又有堆积,因而流通区与沉积区的区分不甚明显,并形成了逐次搬运的"再生式泥石流",如图 7-26(a)所示。

(3) 山坡型泥石流。其发生和运动多沿山坡或在坡面的小型冲沟进行,并堆积在坡脚或冲沟口处。流域呈斗状,面积通常小于 $1km^2$,沟谷短浅但坡度较大,没有明显的流通区,形成区与堆积区往往直接相连,如图 7-26(b)所示。

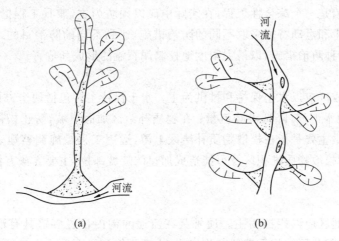

图 7-26　河谷型及山坡型泥石流
(a) 河谷型泥石流;(b) 山坡型泥石流

2. 按成因分类

(1) 暴雨型泥石流。此种泥石流是指以暴雨形成的地表径流为主要水源的泥石流,其内固体物质主要来源于残坡积物、崩滑堆积物以及黄土等第四纪堆积物,有时也包括人为堆放的各类废渣。此类泥石流在我国分布极为广泛,尤其是在内陆西南山区,发生频率高、危害严重。

(2) 冰川型泥石流。此种泥石流是指以冰川和积雪消融为主要水源的泥石流,其内固体物质主要为冰碛物及部分重力堆积物。此类泥石流在我国主要分布在西部高原和高山地区,泥石流暴发猛烈、持续时间长,但分布区域人烟稀少,通常危害并不大。

(3) 溃决型泥石流。此种泥石流是指以人工湖、库或天然高山冰湖、冰碛湖、崩滑堰塞湖等的溃水流为主要水源的泥石流,其内固体物质主要为人工排渣或自然堆积物。此类泥石流暴发频率低,但来势迅猛、规模大,一旦形成灾害,造成的损失往往较大。

3. 按组成物质分类

(1) 泥流。泥流是指固体物质主要由细粒泥砂及少量岩石碎屑组成的泥石流,其流体黏度大,呈不同稠度的泥浆状。在我国主要分布在黄土高原地区及黄河的各大支流流域,如渭河、湟水、洛河、泾河等。

(2) 泥石流。泥石流是指固体物质主要由泥砂、碎石及巨大漂砾组成的泥石流,颗粒粒径极不均匀,堆积物常形成牢固联结的土石混合物。我国的西藏波密、四川西昌、云南东川及甘肃武都等地区的泥石流多属此类。

(3) 水石流。水石流中的固体物质主要为不均匀的粗大碎屑物,黏土含量极少,在泥石流运动过程中极易被冲洗掉。在我国主要分布在干燥、寒冷,以物理风化为主的北方地区和高海拔地区,如陕西华山、北京密云山区、辽西山地等。

除此之外,还可按泥石流的物质状态分为黏性、稀性泥石流;按流域面积大小分为特大型、大型、中型和小型泥石流;按暴发频率分高频、低频泥石流等。

7.3.3 泥石流的防治技术

泥石流的防治是一个综合性工程,在实际中应以预防为主,兼具工程措施,针对泥石流在不同区段的产生和运动特征采取不同的防治措施,达到不同的防治目的。对具体工程而言,应综合运用各种防治措施,以最大限度地控制泥石流的形成和危害。

1. 形成区

在泥石流形成区应以水土保持和排洪为主。水土保持主要包括两个方面:在汇水区广种植被,延迟地表水汇流,降低洪峰流量;在物质补给区加固岸坡,防止松散堆积体直接遭受洪流冲刷。排洪主要是指在松散物质补给区上游,运用工程措施调整地表径流的流量和流速,使主流远离松散物质堆积区及可能造成加速的陡坡部位,主要方法有修建环山排洪渠或泄洪隧道。

2. 流通区

在泥石流流通区应以拦挡为主。通常会在流通冲沟内设置多道具有泄水功能的拦渣坝,以将泥石流大部分固体物质截留在沟床之内,而不能到达下游或沟口的居民区或线路通过区。常见拦渣坝形式有重力式和格栅式两种,如图7-27所示。重力坝抗冲击能力强,多道设置可有效拦截大部分固体物质;格栅坝可有效截留大粒径固体物质,并排走流水,其应用广泛,但应特别注意其抗冲击能力,类似格栅坝作用的还有缝隙坝、耙式坝、梳齿坝等。

(a) (b)

图 7-27 泥石流拦渣坝
(a) 重力式拦渣坝;(b) 格栅式拦渣坝

3. 沉积区

在泥石流沉积区应以排导为主,排导工程主要指利用天然沟道或由人工挖筑形成具有一定过流能力的开敞式构筑物,其作用在于将泥石流顺利排入下游非危害区,防止其漫流改道,减小冲刷、淤积的破坏性。主要的工程措施有导流堤、急流槽和束流堤等,其中导流堤、急流槽可用以调整泥石流流向和流速,而束流堤可防止其漫流淤积。此外,对于危害严重且不易防治的泥石流沟,可通过修建明洞渡槽(见图 7-28)的方式保护沉积区的线路工程。具体做法是沿线路工程修建明洞,并在明洞上方构筑排导槽,使上游泥石流通过排导槽越过线路所在位置。

图 7-28 映秀镇烧房沟泥石流明洞渡槽(新华社,王程,2011 年)

7.4 岩溶

岩溶现象是由于地下水、地表水对可溶性岩的长期溶蚀而形成的,因而溶蚀性水和可溶性岩石是岩溶形成的基本物质基础。岩溶早期也称喀斯特(karst)现象,我国在 1966 年第二届全国岩溶会议上决定采用"岩溶"一词取代"喀斯特"。

在岩溶地区,岩溶水是重要的地下水资源,可作为优良的工农业及生活饮用水,含量特别丰富的地区还可用以发电。但岩溶的存在对工程建设却十分不利,常会引起诸如地面塌陷、水库渗漏、基坑洞室涌水、坝基溶蚀导致溃坝等工程事故。因此,在实践中必须全面查清、掌握工程场地的岩溶发育条件、产生机理、分布范围、空间形态等特征,对其工程地质条件做出准确评价,以防止岩溶地质灾害发生。

7.4.1 岩溶发育的影响因素

岩溶的发育受岩石可溶性、岩体结构、水的溶蚀性和流动性等多方面条件的控制,能够影响上述各条件的因素均会对岩溶的发育形成影响。总体来说,这些影响因素主要包括气候、生物、地形地貌、地质构造及地壳运动。

1. 气候

气候对岩溶发育的影响主要体现在降水量和气温上。水是岩溶作用中化学反应产生的基本介质,降水量大的地区,地表、地下径流量大,水交替条件好,相应的溶蚀能力强;而温度的高低直接影响了 CO_2 在水中的溶解度、岩溶化学反应的速度,以及生物新陈代谢的快慢。通常温度升高,水中 CO_2 的溶解度降低,但化学反应的速度却显著提高,温度每升高 1 倍,可使化学反应的速度增加 10 倍;而生物尤其是植物、微生物的新陈代谢速度也在相当程度上决定着水的溶蚀能力。因此,在温暖潮湿的热带、亚热带地区,岩溶通常较为发育,而在寒冷干燥的高海拔地区,岩溶则相对不发育。如我国南方地区降水丰沛、气温高,年均降水量普遍在 1000mm 以上,北方地区普遍温度较低,年均降水量一般均小于 700mm,因而南方地区的岩溶现象普遍较北方发育。

2. 生物

随着岩溶研究的深入,人们发现生物在岩溶的形成和演化过程中发挥着巨大的作用。

这种作用主要体现在植被对岩溶区水文系统的调节作用，以及植被、微生物对水体中 CO_2 及其他有机酸浓度的影响上；此外，殖居于碳酸岩上的藻类、苔藓、地衣等生物还能直接提高岩溶的发育速度，或在一定条件下改变其生长形态。

3. 地形地貌

地形地貌是影响岩溶区地表及地下水交替的重要因素。区域或局部地貌形态反映了地表水的网络形态及地下水的分布、流通规律，因而对岩溶的发育起着控制性的作用；而地表坡度的陡缓则决定了降雨入渗比例，从而影响岩溶的发育形态。

一般来说，地形较低的区域，汇水面积大，利于岩溶发育；陡坡处地表水汇集快、入渗少，多发育溶沟、溶槽、石芽等；而在地势平缓处，地表径流排泄较慢、入渗多，常发育岩溶漏斗、落水洞和溶洞等。

4. 地质构造

褶曲、节理和断层等地质构造形式决定着地下水在岩体内的流动方向，不同地质构造引导形成的岩溶形态、部位及发育程度并不相同。

背斜转折端附近张节理发育，地表水易沿其向下渗漏，因而多形成岩溶漏斗、落水洞等垂直洞穴；而向斜核部裂隙呈闭合状态，往往成为沿岩层面运移裂隙水的汇集点，汇聚后沿褶曲轴向流动或向地表河流排泄，因而此处岩溶多以水平溶洞或暗河形式出现；褶曲翼部岩层呈倾斜状态，是地下水径流的主要通道，岩溶现象一般也较为发育，且越邻近褶皱核部发育越充分。

张性断裂破碎带受张拉作用影响，宽张裂隙发育、断层角砾岩结构疏松，极利于地下水的渗透溶解，是岩溶强烈发育的地带；而压性断裂带中常充填有断层泥，胶结紧密、孔隙率低，地下水渗透缓慢，岩溶发育相对较差。但在压性断层的上升盘，由于错动过程中的振动效应，邻近断裂带附近往往次级断裂发育，且多呈张开状态，有利于岩溶的发育；扭性断层的岩溶发育状况介于压性和张性断层之间。

5. 地壳运动

地下水对可溶性岩的侵蚀作用受侵蚀基准面的控制，而侵蚀基准面的变化则由地壳升降运动决定。因而，当地壳处于相对稳定期时，侵蚀基准面稳定不变，地下水以水平运动为主，岩溶主要发育为溶洞、暗河等水平结构形态；而当地壳抬升时，侵蚀基准面下降，地下水以垂直运动为主，岩溶主要发育为岩溶漏斗、落水洞等垂直结构形态；当地壳抬升、稳定交替变化时，会在地层中形成水平与垂直溶洞的交替变化，并呈现多层溶洞的形态，如图 7-29 所示。

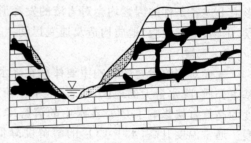

图 7-29　多层溶洞

7.4.2　岩溶的分布规律

岩溶地貌包括地表岩溶地貌和地下岩溶地貌，其在空间上的分布和递变规律分别与地表、地下岩溶水的分布及运移特征有着成因上的联系，因而对地表、地下岩溶现象分布规律的研究需结合地表、地下水的相关特征展开。

1. 岩溶的地表分布规律

在岩溶地区,地表岩溶水会根据地貌形态由分水岭向河谷与侵蚀基准面方向汇集,越接近河谷与侵蚀基准面时,水交替就越强烈,由此岩溶的发育也就越充分。因而,由河谷或侵蚀基准面向分水岭方向,地表岩溶依次发育为溶蚀盆地、溶蚀洼地、石林、溶沟、石芽、岩溶剥蚀面,如图 7-30 所示。

图 7-30 岩溶分布规律示意图(李尚宽,1982 年)

1—溶沟;2—石芽;3—溶蚀漏斗;4—溶蚀洼地;5—落水洞;6—溶洞;7—溶柱;8—天生桥;9—地下河及伏流;10—地下湖;11—石钟乳;12—石笋;13—石柱;14—隔水层;15—河流阶地;Ⅰ—岩溶剥蚀面;Ⅱ—强烈剥蚀面上发育溶沟、石芽及岩溶漏斗;Ⅲ—石林丘陵;Ⅳ—溶蚀洼地、谷地;Ⅴ—溶蚀盆地

2. 岩溶的地下分布规律

地下岩溶水的赋存和运移可明显分成四个带,即垂直循环带、季节循环带、水平循环带和深部循环带,由此形成了地下岩溶特征明显不同的四个区域,如图 7-31 所示。

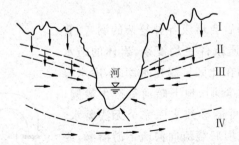

图 7-31 岩溶水垂直分带

Ⅰ—垂直循环带;Ⅱ—季节循环带;Ⅲ—水平循环带;Ⅳ—深部循环带

（1）垂直循环带是指地表以下至雨季潜水位之间的地带。降雨时渗入地下的雨水沿节理、裂隙向下流动，并在此过程中不断溶蚀裂隙壁面，扩展裂隙空间，尤其是在近垂直裂隙交会处，极易形成落水洞、竖井、溶蚀漏斗等地貌现象。

（2）季节循环带是指雨季潜水位与旱季潜水位之间的地带。雨季时该带处于潜水位以下，地下水以水平运动为主，并不断溶蚀裂隙壁面，形成近水平的溶洞；旱季时该带处于潜水位以上，地下水以垂直运动为主，形成落水洞。因此在季节循环带内，水平溶洞与落水洞交错相连，形成形态复杂、高低曲折、时宽时窄的地下洞穴系统。如图7-32所示为北京房山区上方山云水洞剖面图。

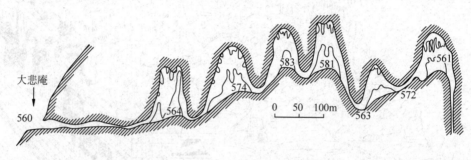

图7-32　北京房山区上方山云水洞剖面图

（3）水平循环带是指旱季潜水位以下，受河流排泄作用影响范围内的地带。该带常年有水，地下水主要向河床方向作近水平运移，因而岩溶以近水平形态发育为主，形成水平或近水平状溶洞、暗河及地下湖泊等。随着地下溶蚀空间的增大，上部岩层因失去支撑而坍塌，在地表形成大片洼地，称溶蚀洼地。

（4）深部循环带位于水平循环带以下，地下水运移不受当地溶蚀基准面影响，其流向取决于更大范围的地质地貌条件或溶蚀基准面，水流通常较为缓慢，岩溶发育微弱，以溶隙、溶孔为主，仅有少数在构造条件影响下经长期发育才形成较大的深部溶洞。

7.4.3　岩溶工程地质问题及防治

岩溶的存在使得工程场地岩土体的均匀性、规律性丧失，使地表、地下水的径流复杂化，尤其是造成其分布的极不均匀。由此会导致各种各样的工程地质问题的产生，特别是在勘查、认识不充分的情况下，极易造成工程事故。

1. 岩溶渗漏问题

碳酸岩层经岩溶作用后会形成各种复杂的洞穴、管道系统，使岩体的水文地质条件更趋复杂，岩体的透水性增大且极不均匀。因而在此区域修建水库时，库水容易沿溶蚀裂隙、岩溶管道、溶洞、地下暗河等产生渗漏，轻者会损失蓄水量，重者可能导致水库完全无法蓄水。库区的渗漏可通过坝基或坝肩绕流向河流下游渗漏，或通过库岸经河间地块向邻谷、低地或干流渗漏，亦可通过河湾地段向本河流下游渗漏，如图7-33所示。

水库渗漏形式错综复杂，防渗工程处理难度大，因

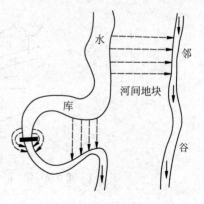

图7-33　水库渗漏方式

此应慎重选址,施工前应进行详细的规划、勘查和论证工作。库区一旦存在渗漏问题,须在查清渗透边界条件的前提下,根据工程对象特点选择合理的处置办法。常用的防渗方法有铺盖法、堵塞法、灌浆法、截水墙法、围井或隔离法等。

2. 岩溶地基稳定问题

岩溶的存在使岩土体的空间分布、结构构造、力学性质等特征产生了强烈的变异,对工程建(构)筑物地基稳定性影响极大。岩溶地基的变形、破坏方式主要有以下三种。

(1) 地基不均匀沉降。当地基下伏有石芽、溶沟、落水洞、漏斗等现象时,会造成基岩顶面起伏较大,导致上覆土体厚薄不均,在建(构)筑物附加荷载作用下容易产生不均匀沉降,从而导致建(构)筑物倾斜、开裂。

(2) 地基滑动。当建(构)筑物砌筑在落水洞、漏斗附近时,地基土在自重、建(构)筑物荷载及其他因素影响下会沿溶蚀斜坡发生长期缓慢的移动。这种变形短期内难以察觉,经长期积累后可对工程建(构)筑物造成危害,如路基变形、桥墩移位等。

(3) 溶洞地基。当地下溶洞埋深较浅,覆盖层较薄时,在建(构)筑物的附加荷载作用下,溶洞顶板常因厚度不足而产生洞顶坍塌陷落,影响建(构)筑物安全。溶洞顶板的稳定性与基底溶洞地质条件及建(构)筑物情况有关,涉及溶洞的岩石性质、结构面分布及组合关系、顶板厚度、溶洞形态、水文地质条件以及建(构)筑物的基础形式、荷载条件等。

对岩溶地基的防治首先应设法避让,无法避让时可采取适宜的工程措施进行处置。对地基不均匀沉降,当土层较浅时,可挖掉大部分土层,重新平整基岩面,也可采用换填法或灌浆法加固土层;而当土层较厚时,可设置桩基础,将基底荷载直接传递至基岩,也可将基底做成台阶状,使临近点可压缩层厚度相对一致或呈渐变状态。而当地基有滑动风险时,可将地基土视为沿下层基岩面滑动的滑坡,采用抗滑桩、抗滑挡墙等滑坡整治措施进行治理。对于溶洞地基,则可采用溶隙灌浆、加刚性垫板等溶洞顶板加固方法,亦可扩大基础面积,减轻顶板单位荷载,或采用填充洞穴或做洞内支撑的方式。

3. 岩溶地面塌陷问题

当地下岩溶溶洞埋藏较深,且具有较厚的覆盖层时,在自身重力、地下水、振动、建(构)筑荷载、溶蚀等因素作用下,常会引起地面的突然塌陷,导致建(构)筑物基础下沉,甚至整体下陷倒塌,道路及市政管线破坏,毁坏农田水利设施。

关于岩溶地面塌陷的形成机理目前争论颇多,主要有地下水潜蚀论、真空吸蚀论等。前者认为:由于自然或人为原因导致地下水动力条件发生改变,水力梯度、流速增大,对上覆第四系土形成潜蚀,并在溶洞基岩面周围形成土洞,随着土洞体量的进一步扩张,当"拱"顶土体强度无法继续支撑上部土层自重时,便形成地面塌陷,如图7-34所示。而真空吸蚀论则认为:在地下相对密闭的岩溶水中,当地下水大幅下降时,地下水面与覆盖层底板之间形成"负压腔",并不断吸蚀掏空上部土体,形成土洞,土洞进一步扩展,在内外压力差的作用下会突然造成地面塌陷。

当前在我国西南地区城市及周边区域大量发生的岩溶地表塌陷多与地下水的过量抽采或采矿排水有关。因此预防此类问题的发生应避免地下水的不合理开采、利用,特别是避免集中、快速地抽采地下水,在可能形成"负压腔"的部位安置通气管,避免负压出现;有时亦可采用钻孔注浆的方式,填充地下洞穴、溶隙。

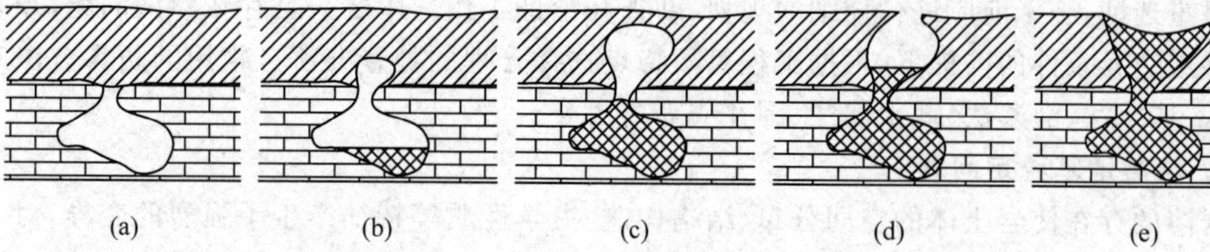

图 7-34　岩溶地表塌陷发育过程

(a) 土洞未形成之前；(b) 土洞初步形成；(c) 土洞向上发展；(d) 地表形成塌陷；(e) 形成蝶形洼地

4. 基坑与洞室的突水问题

在岩溶区建(构)筑物基坑开挖或隧道掘进过程中，当挖穿地下暗河、蓄水溶洞、承压水岩溶管道等地下含水量较大的岩溶空洞时，可能产生突水、突泥现象，给施工带来严重困难，甚至导致设备与人员损失。此外，当开挖的洞室与地表有溶蚀管道连通时，暴雨过程中亦可能产生突然的涌水现象，当开挖遇到岩溶暗河时更是如此。

实际工程中，当涌水量较小时，可采用注浆堵水，亦可利用洞室中心沟或侧沟进行排水；涌水量较大时，可用平行导坑排水；而当涌水量特别大时，只能采取避让措施。此外，还可根据地下岩溶水的径流路径设置截水盲沟、截水墙、截水盲洞等拦截地下水。由于岩溶水在地下的径流情况极为复杂，在采取截排水措施时应特别注意地面企业、居民用水及环境问题。

7.5　地震

地震(earthquake)是指地下深处由于某种原因导致岩层发生突然破裂、滑移，或由地下岩体塌陷、火山喷发等地质现象所释放的能量以弹性波的形式传递至地表的现象。地震可引起地表产生迅速而强烈的无规则振动，导致地面开裂、错动、隆起、沉陷，并能引发诸如崩塌、滑坡、泥石流、海啸等多种次生灾害(secondary hazard)，导致各类建(构)筑物产生变形、开裂乃至倒塌，造成巨大的生命和财产损失。

地球上每年约发生 500 万次地震，其中绝大多数因能量微弱而不为人所感知，人们能够感觉到的地震约有 5 万次，能够造成震害的约 1000 次，而造成较大破坏的仅十余次(其中 7 级以上地震仅十余次，而 8 级以上地震仅一两次)。我国地处太平洋地震带及地中海至中亚地震带之间，是典型的多震国家，地震活动具有震源浅、强度大、频度高、分布广的特点。无论历史上还是当前，我国都是地震灾害最严重的国家之一。我国早期的强震有 1303 年山西洪洞赵城地震、1556 年的陕西华县地震、1920 年的宁夏海原地震等，近期的强震有 1966 年的邢台地震、1975 年的海城地震、1976 年的唐山地震、2008 年的汶川地震等(见图 7-35)。

7.5.1　地震的基本概念

通常在大地震前后会有多次属于同一震源体的中小地震相继发生，称为地震序列(earthquake sequence)。在地震序列中，最大的一次地震称为主震(main shock)，主震之前发生的地震称为前震(foreshock)，之后发生的地震称为余震(aftershock)。若主震震级很突出，其释放的能量占全序列总能量的绝大部分，则称为主震型地震(main shock type

图 7-35 地震灾害
(a) 1976 年唐山地震；(b) 2008 年汶川地震

earthquake)，这是破坏性地震中常见的一种类型；若主震震级不突出，主要能量由多个震级相近的地震释放出来，则称为震群型或多发型地震(swarm type earthquake)；若地震前后中小地震非常稀少甚至没有，地震能量近乎通过主震一次释放出来，则称为孤立型或单发型地震(isolated type earthquake)。

地震时地壳内部引发振动的部位称为震源(earthquake focus)，震源在地面的垂直投影称为震中(earthquake epicenter)，震中至震源的距离称为震源深度(depth of seismic focus)，地面上一点至震中的距离称为震中距(epicentral distance)，而地震影响程度相同的各点连线称为等震线(isoseismic line)，如图 7-36 所示。人们常根据震源深度将地震分为浅源地震(shallow-focus earthquake)(<70km)、中源地震(intermediate-focus earthquake)(70~300km)、深源地震(deep-focus earthquake)(>300km)，其中浅源地震对地表建(构)筑物危害最大，同时其释放的能量也最多，占所有地震总能量的 85%。

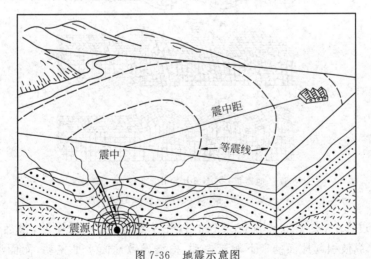

图 7-36 地震示意图

1. 地震波

地震的能量是以弹性波的形式向四周传播的，这种弹性波称为地震波(seismic wave)。在地球内部传播的波称为体波(body wave)，体波到达地面后，经反射、折射后形成沿地面附近岩土体传播的波，称为面波(surface wave)。体波直接由震源产生，而面波则是由体波形成的次生波。

体波包括纵波(longitudinal wave)和横波(tangential wave)。纵波又称压缩波(compressional wave)或 P 波,通过介质体积的扩张与收缩传递,质点的振动方向与波的前进方向一致。由于质点开始简谐运动的时刻先后不一,因而在某一瞬时沿波传播方向介质会形成疏密相间的分布形态,如图 7-37(a)所示。纵波振幅小、周期短、传播速度快,在近地表岩石中可达 5~6km/s,可通过固体和液体介质传播。横波又称剪切波(shear wave)或 S 波,通过介质的形状改变进行传播,质点的振动方向与波的传播方向垂直,包括水平与垂直两种振动模式,如图 7-37(b)所示。与纵波相比,横波振幅较大,周期较长,传播速度相对较慢,在近地表岩石中的传播速度为 3~4km/s。由于其传播依赖介质的剪切性质,因而无法在抗剪能力极小的液体中传播,仅能通过固体传播。

面波又称长波(long wave),是体波到达地表后激发的次生波,仅限于地表运动,在地面以下则迅速消失。面波可分为两种,一种是在地面上作蛇形运动的勒夫波(Love wave)也称 Q 波,由横波激起,质点在水平面内作垂直于波传播方向的水平振动,如图 7-37(c)所示;另一种为在地面滚动传播的瑞利波(Rayleigh wave),亦称 R 波,由纵波激起,质点在平行于波传播方向的垂直平面内作椭圆运动,椭圆长轴垂直于地面,如图 7-37(d)所示。面波振幅最大,波长最长,衰减及波速也最慢,如瑞利波波速为横波波速的 0.9 倍。

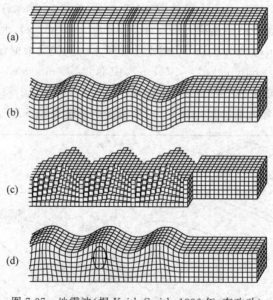

图 7-37 地震波(据 Keith Smith,1996 年,有改动)
(a)纵波;(b)横波;(c)勒夫波;(d)瑞利波

一次地震过程中,典型地震仪记录到的首先是纵波,其次为横波,最后才是面波,如图 7-38 所示。纵波引起地面的上下颠簸振动,横波导致地面水平晃动,而面波则会引起地面的上下、左右、前后起伏,且波长较长,容易与建(构)筑物形成共振。横波和面波振幅大、周期长、衰减慢,通常是造成地震破坏的主因。随着距离的增加,地震的能量不断耗散,振动也逐渐减弱,破坏能力也随之减小、消失。

2. 地震震级

震级(magnitude)是表示地震大小或强度的等级,以符号 M 表示,其量值由震源释放能

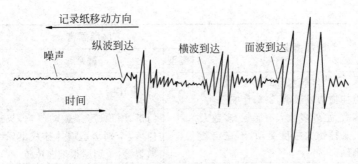

图 7-38 典型地震波记录(据 B.W. Murck,1997 年)

量的多少决定,能量越大,则震级越大,一次地震的震级只有一个。地震震级的原始定义是 1935 年 C.F. Richter 在研究美国南加利福尼亚地震时给出的,规定距震中 100km 处标准地震仪在地面所记录的最大振幅(A,以微米表示)的对数值即为地震震级 M,即

$$M = \lg A \tag{7-8}$$

事实上,地震记录地点的震中距不可能正好为 100km,因此运用上式计算地震震级时需作一定的修正。

震级与震源释放能量大小有关,根据观测数据得到震级(M)与能量之间的关系式为

$$\lg E = 11.8 + 1.5M \tag{7-9}$$

因此,1 级地震的能量约为 2×10^6 J,震级每增加一级,对应的能量约为原来的 32 倍。而一个 7 级的破坏性地震所释放的能量相当于近 30 颗 2 万 t TNT 当量的原子弹所具有的能量。地震震级在理论上可以无限大,但实际中却存在上限,原因在于地壳中岩体强度有限,不可能无限制地积累弹性变形能。目前记录到的最大震级为 8.9 级,1960 年发生于智利。

3. 地震烈度

地震烈度(seismic intensity)是指某一地区地面及建(构)筑物遭受一次地震影响的强烈程度。烈度大小不仅取决于地震能量,同时也与震源深度、震中距、地震波传播介质等因素有关。一次地震只有一个震级,但却会在不同区域形成不同的地震烈度。通常情况下,震源深度越深,震中距越远,地震烈度越小;而在相同震源深度和震中距的情况下,坚硬基岩场地的烈度较松软土场地小。我国地震部门常采用以下经验公式表示震中烈度(I_0)与震级(M)的关系:

$$M = 0.66 I_0 + 0.98 \tag{7-10}$$

实际烈度划分时,常根据人的感觉、家具和物品的振动、建(构)筑物及地面的破坏情况等定性指标进行判定。我国及世界上的大多数国家均采用 12 度烈度表。我国烈度等级的划分见表 7-2。

表 7-2 地震烈度鉴定表

地震烈度	地震情况	房屋震害		峰值加速度/(m/s²)
		类型	震害程度	
Ⅰ	人无感	—	—	—
Ⅱ	室内个别静止中的人有感觉	—	—	—
Ⅲ	室内少数静止中的人有感觉。悬挂物微动	—	门、窗轻微作响	—

续表

地震烈度	地震情况	房屋震害 类型	房屋震害 震害程度	峰值加速度 /(m/s²)
Ⅳ	室内多数人、室外少数人有感觉，少数人梦中惊醒。悬挂物明显摆动,器皿作响	—	门、窗作响	—
Ⅴ	室内绝大多数、室外多数人有感觉，多数人梦中惊醒。悬挂物大幅度晃动,不稳定器物摇动或翻倒	—	门窗、屋顶、房架颤动作响,灰土掉落,个别房屋墙体抹灰出现细微裂缝,个别屋顶烟囱掉砖	0.31 (0.22～0.44)
Ⅵ	多数人站立不稳,少数人惊逃户外。家具和物品移动；河岸和松软土出现裂缝,饱和砂层出现喷砂冒水；个别独立砖烟囱轻度裂缝	A	少数中等破坏,多数轻微破坏和(或)基本完好	0.63 (0.45～0.89)
Ⅵ		B	个别中等破坏,少数轻微破坏,多数基本完好	
Ⅵ		C	个别轻微破坏,大多数基本完好	
Ⅶ	大多数人惊逃户外,骑自行车的人有感觉,行驶中的汽车驾驶人员有感觉。物体从架子上掉落；河岸出现塌方,饱和砂层常见喷水冒砂,松软土上地裂缝较多；大多数独立砖烟囱中等破坏	A	少数毁坏和(或)严重破坏,多数中等和(或)轻微破坏	1.25 (0.90～1.77)
Ⅶ		B	少数中等破坏,多数轻微破坏和(或)基本完好	
Ⅶ		C	少数中等和(或)轻微破坏,多数基本完好	
Ⅷ	多数人摇晃颠簸,行走困难。干硬土上亦出现裂缝,饱和砂层绝大多数喷砂冒水；大多数独立砖烟囱严重破坏	A	少数毁坏,多数严重和(或)中等破坏	2.50 (1.78～3.53)
Ⅷ		B	个别毁坏,少数严重破坏,多数中等和(或)轻微破坏	
Ⅷ		C	少数严重和(或)中等破坏,多数轻微破坏	
Ⅸ	行动的人摔倒。干硬土上多处出现裂缝,可见基岩裂缝错动,滑坡、塌方常见；独立砖烟囱多数倒塌	A	多数严重破坏和(或)毁坏	5.00 (3.54～7.07)
Ⅸ		B	少数毁坏,多数严重和(或)中等破坏	
Ⅸ		C	少数毁坏和(或)严重破坏,多数中等和(或)轻微破坏	
Ⅹ	骑自行车的人会摔倒,处不稳状态的人会摔离原地,有抛起感。山崩和地震断裂出现,基岩上拱桥破坏；大多数独立砖烟囱从根部破坏或倒毁	A	绝大多数毁坏	10.00 (7.08～14.14)
Ⅹ		B	大多数毁坏	
Ⅹ		C	多数毁坏和(或)严重破坏	
Ⅺ	地震断裂延续很长；大量山崩、滑坡	A	绝大多数毁坏	—
Ⅺ		B		
Ⅺ		C		
Ⅻ	地面剧烈变化,山河改观	A	几乎全部毁坏	—
Ⅻ		B		
Ⅻ		C		

注：(1) 表中给出的"峰值加速度"为参考值,括弧内给出的是变动范围。
(2) 表中房屋震害类型,A类指木构架和土、石、砖墙建造的旧式房屋；B类指未经抗震设防的单层或多层砖砌体房屋；C类指按照Ⅶ度设防的单层或多层砖砌体房屋。

作为工程中的抗震设防标准,地震烈度又可分为基本烈度、场地烈度和设防烈度。

(1) 基本烈度(seismic basic intensity)是指一个地区在50年期限内,在一般场地条件下可能遭遇的超越概率为10%(重现期为475年)的地震作用。其确定是在研究区内及相邻区域地震活动规律的基础上,对地震危险性做出的综合性平均估计以及对未来地震破坏程度的预测,目的是作为抗震标准为工程设计提供依据。1992年国家地震局和建设部新颁布的《中国地震烈度区划图》中使用的即为基本地震烈度。

(2) 场地烈度(seismic site intensity)亦称小区域烈度,是指在建(构)筑物场地范围内,因地质条件、地形地貌条件、水文地质条件不同而引起的基本烈度降低或提高后的烈度水平。其值通常要比基本烈度提高或减低0.5~1度。如基岩区的场地烈度比松散土层区低,孤立突出的山丘、山梁、河谷边岸的场地烈度高于低洼沟谷区域,地下水丰富地区的场地烈度高于地下水贫乏的地区。

(3) 设防烈度(seismic precautionary intensity)是指按国家规定的权限批准作为一个地区抗震设防依据的地震烈度,一般情况下取地震风险水平为50年超越概率10%的地震烈度。但对于抗震特殊设防类建(构)筑物(如超高层建筑、核电站、特大桥梁、大型水电工程等)其抗震设防要求较高,应选用较低地震风险水平的地震烈度,并通过专门的地震安全性评价确定,如三峡水电工程中水工建筑的设防烈度采用100年超越概率2%的地震烈度。

7.5.2 地震类型

地震按其形成原因可分为自然地震(natural earthquake)与人工地震(man-made earthquake)。自然地震是目前灾害性地震活动的主要类型,包括构造地震、火山地震、陷落地震;随着人类活动能力的增强,人工地震也越来越多,影响越来越大,主要包括人工诱发地震和人工引发地震。

1. 自然地震

(1) 构造地震(structural earthquake)。构造地震是指由地壳活动引起的地下岩层错动、断裂而形成的地震。此类地震发生次数最多,约占全球地震活动总数的90%以上,破坏力最强,是目前人类主要研究和预防的地震类型。构造地震的孕育、发生过程大致为:地壳板块间持续相对运动,会在板块结合部位及内部大型断裂带上产生形变并积蓄大量应变能,一旦应力超过岩体或断裂面的极限强度,随即发生大范围的突然断裂或错动,并释放大量能量,其中部分以弹性波形式到达地面的能量形成了地震。地壳岩体中先期断裂带的强度往往相对较低,更易滑动形成地震。事实上,地震常发生于先期断裂带的端点、转折处及不同断裂的交会处。由于地壳运动缓慢,应力积累往往需要较长时间,加之地壳岩体组成、结构、构造复杂,目前的理论很难预测其发生的时间、地点、规模等内容,有人甚至认为地震是随机事件,无法进行准确预测。

(2) 火山地震(volcanic earthquake)。火山地震是指由于火山活动时岩浆喷发冲击岩体,或高压引起局部应力变动而导致小构造活动引发的地震。此类地震可发生于火山喷发前,亦可产生于火山喷发中。通常震源限于火山活动地带附近,深度不超过10km,影响范围小,数量较少,仅占地震总数的7%左右。此种地震主要发生在日本、意大利、印度尼西亚等国。

（3）塌陷地震(collapse earthquake)。塌陷地震指因岩层崩塌陷落而形成的地震，此外巨型崩塌、滑坡所引起的地震也可归入此类。主要发生在石灰岩岩溶区，由于石灰岩岩层长期受地下水溶蚀形成溶洞，洞顶塌落形成地震。塌陷地震一般震源浅、能量小，影响范围及危害亦较小，数量仅占地震总数的3%左右。

2. 人工地震

（1）诱发地震(induced earthquake)。人类的工程活动如水库蓄水、油田注水等引起深部岩体的强度或应力条件发生变化，并导致先前积蓄的应变能释放，从而形成地震。诱发地震中最常见的是由水库蓄水所引起的地震。如我国著名的广东新丰江水库地震，最大震级达6.4级；印度科因纳水库地震，震级达6.5级，并造成数千人伤亡，水坝及附属设施严重受损。

（2）引发地震(initiated earthquake)。引发地震是指人类进行地下核爆炸、集中爆破及采空区塌陷等直接引发的地震效应。如2016年9月9日朝鲜核试验所引发的5级地震。

7.5.3　地震分布

构造地震数量多、危害大，是目前地震研究的主要类型，这里所讨论的地震分布是指构造地震的分布。构造地震并非均匀地分布于地球的各个角落，而是集中于某些特定的条带上或板块边界附近，这些地震聚集带称为地震带(earthquake zone)。

1. 全球地震分布

地震在世界范围内的分布极为广泛，几乎没有国家不受地震的影响。地震不仅发生在陆地上，也会形成于大洋底部，其分布受构造条件控制，多与近代造山运动和地壳大断裂带重合。世界范围内的主要地震带有：环太平洋地震带、地中海—喜马拉雅地震带、大洋中脊和大陆裂谷地震带。

（1）环太平洋地震带沿南北美洲西海岸向北至阿拉斯加，经阿留申群岛至堪察加半岛，再转向西南，沿千岛群岛至日本列岛，随后分为两支，一支向南经马里亚纳群岛至伊里安岛，另一支向西南经我国台湾省、菲律宾、印度尼西亚至伊里安岛，两支交会后经所罗门群岛至新西兰。该地震带地震活动性最强，全球80%的浅源地震、90%的中源地震及几乎全部的深源地震均集中于此带内，其释放的能量占全球地震总能量的80%。

（2）地中海—喜马拉雅地震带主要分布于欧亚大陆，亦称欧亚地震带。该带西起大西洋亚速尔群岛，经地中海、希腊、土耳其、印度北部、我国西部及西南地区，过缅甸至印度尼西亚与环太平洋地震带汇合。该带地震活动性也较为强烈，环太平洋地震带之外的几乎所有地震均发生于此带，其释放的地震能量约占全球地震总能量的15%。

（3）大洋中脊和大陆裂谷地震带。大洋中脊地震带呈线状分布于各大洋中部，带内地震多为弱震且小于5级，极少达到7级。与大陆地震不同的是，由于洋壳较薄，该处地震多发生于地幔顶部，震源深度小于30km。大陆裂谷地震带分布于各大陆中部的大型活动断裂带上，如东非裂谷带，以及我国西部、中亚的若干活动断裂带。

2. 中国地震分布

我国地处环太平洋地震带与地中海—喜马拉雅地震带之间，是一个地震多发的国家。我国陆地上主要分布有5大地震带。

（1）东南沿海及台湾地震带。属环太平洋地震带，其中台湾地震最为频繁。

(2) 郯城—庐江地震带。自安徽庐江向北至山东郯城一线,并穿越渤海,经营口与吉林舒兰、黑龙江依兰断裂连接,是我国东部的强地震带。

(3) 华北地震带。北起燕山,向南经山西至渭河平原,形成S形地震带。

(4) 南北向地震带。北起贺兰山、六盘山,横越秦岭,过甘肃文县沿岷江向南经四川盆地西缘,直达滇东地区。

(5) 西藏—滇西地震带。属地中海—喜马拉雅地震带。

此外,我国还有河西走廊地震带、天山南北地震带及塔里木盆地南缘地震带等。

7.5.4 地震效应

地震效应(earthquake effect)是指在地震影响范围内地壳表层岩土体及人工建(构)筑物出现的各种变形与破坏现象。对工程建(构)筑物而言,地震效应可分为场地破坏效应和振动破坏效应,前者指地震对建(构)筑物场地的破坏,后者则指地震对建(构)筑物本身的破坏。由地震效应引起的各类破坏亦称震害(earthquake hazard),按其形成方式可分为直接震害和间接震害。直接震害是指由地震直接引起的生命及财产损失,如各类人工建(构)筑物的变形、破坏,以及与人类生产、生活直接相关的自然环境改变所造成的损失。间接震害是指由地震引发的其他类型灾害所造成的损失,如地质灾害(如滑坡、崩塌、泥石流、地面塌陷等)、火灾、水灾(如海啸、堰塞湖溃坝)、流行病、核泄漏等。

1. 场地破坏效应

场地破坏效应按其形成条件、破坏方式、规模范围等,又可分为断裂效应、斜坡效应和地基效应。

(1) 断裂效应指地震导致地表岩土体出现开裂、错动等断裂现象,而跨越这些断裂的建(构)筑物则会因此遭到严重破坏。场地的断裂效应有两种基本形式:地震断层和地震裂缝。前者由地震断层错动直接引发,后者则由地震波作用形成。地震断层在震源较浅且覆盖层不厚的地区常表现为一条绵延数十至上百千米的狭长断裂带,方向与发震断层一致;而在震源较深,覆盖层较厚时,地震断层往往表现为数条大致平行的地裂缝带,如1966年邢台地震,地表地震断层由四个带组成,宽度近20km。地震裂缝的产生受地震波传播方向、能量大小、地质条件、地形地貌等因素控制,主要表现为地表的张性开裂与错动。

(2) 斜坡效应指地震引起的斜坡岩土体变形乃至失稳现象,由此引发上部及附近建(构)筑物的破坏。由地震引发的大规模崩塌、滑坡、溜滑等地质现象不仅会掩埋村镇、中断交通、破坏水利电力工程,还可能会阻塞河流形成堰塞湖(barrier lake),给下游村镇造成更大威胁。此外地震振动对山区岩土体的松动效应及所产生的崩滑松散堆积体还可能与暴雨、库水、雪水等组合形成泥石流,造成新的破坏。如2010年甘肃舟曲泥石流的产生就被认为与2008年汶川地震有着一定的因果联系。

(3) 地基效应指地震导致地基土体压密、下沉、液化、塑流等现象,从而引起基础及上部建(构)物产生强烈下沉、不均匀沉降、水平滑移等破坏形式。尤其是砂土液化极易导致地基土产生整体的剪切失效。其形成是由于振动使饱和砂土中的孔隙水压力瞬时急剧上升,砂粒间有效应力降低甚至完全消失,并处于悬浮状态,从而失去抗剪能力,在水平力作用下产生剪切破坏。

2. 振动破坏效应

振动破坏效应指地震力(seismic force)和振动周期(period of vibration)对建(构)筑物的直接破坏,是地震效应中的主要震害,约有95%的人员及财产损失由振动破坏效应引起。

(1) 地震力破坏效应。地震力是地震波传播过程中施加于建(构)筑物的惯性力,不同方向传播的地震波会形成不同方位的惯性力,从而使建(构)筑物产生水平振动破坏、垂直振动破坏、剪切破坏等不同的破坏方式。建(构)筑物所受惯性力的大小与其自身质量及地震加速度大小有关。例如,地震时建(构)筑物作水平向振动,则其最大水平加速度为

$$\alpha_{\max} = \pm A\left(\frac{2\pi}{T}\right)^2 \tag{7-11}$$

式中:T——振动周期,s;
A——水平振幅,m。

在此地震加速度作用下,建(构)筑物所承受的最大水平惯性力为

$$F = \frac{W}{g} \cdot \alpha_{\max} = K_H \cdot W \tag{7-12}$$

式中:W——建(构)筑物自身重力,kN;
g——重力加速度,m/s²;
K_H——水平地震系数。

由于地震垂直加速度仅为水平加速度的1/3～1/2,且建(构)筑物竖向安全储备较大,因此在抗震设计时通常仅考虑水平地震惯性力。当$K_H>1/100$时,建(构)筑物开始产生破坏,此时地震烈度相当于7度;而当$K_H>1/20$时,建(构)筑物将产生严重破坏。

(2) 振动周期破坏效应。地震时,建(构)筑物地基及其自身受地震波冲击而产生振动,当地基土和建(构)筑物自身的振动周期与地震振动周期相近或相等时,将产生共振效应(resonance),此时地基土或建(构)筑物振幅加大,导致其产生倾斜或结构受力破坏。通常建(构)筑物越高,其自振周期越长,因而长周期的地面振动常使高层建筑物产生破坏,而低层建筑物却安然无恙。另外,震中距越大、松散堆积物越厚,地面振动周期就越长,越容易出现高层建筑物的共振现象。如1985年墨西哥大地震,距震中400多千米且坐落于1000多米厚松散堆积层上的墨西哥城中,9～15层高楼的破坏最为严重。

7.6 采空区

地下矿产资源被采出后所留下的空洞区,以及其围岩破坏失稳所导致的上部岩层垮落、开裂、弯曲下沉直至地表的变形破坏区,统称采空区(mined-out area)。按照当前开采的状态可将采空区分为老采空区、现采空区及未来采空区。老采空区指历史上开采过,现已停止开采的场地;现采空区指地下正在开采的场地;未来采空区则指地下存在有价值的矿层,目前尚未开采,而规划将会开采的场地。

我国各类矿产资源丰富,尤其是地下煤炭资源,开采历史悠久,产出大,采后留下的大面积采空塌陷区给工程建设带来了巨大隐患。我国许多煤炭生产基地如淮南、淮北、徐州、太原、焦作、平顶山、抚顺等,由于开采塌陷引起了一系列的环境与工程问题,如地面下沉积水、房屋倒塌、道路桥梁开裂、耕地退化等(见图7-39),严重影响人们生产生活,并造成重大经

济损失。

(a)   (b)

图 7-39   煤矿采空区地表变形破坏
(a) 房屋开裂；(b) 地表台阶

随着我国基础设施建设的加速、城镇化建设的推进，建设用地矛盾日益突出，闲置老采空区土地资源的整合再利用已成为势在必行的课题。目前在采空区场地进行工程建设已取得一定进展，并有了许多成功实例，如修建村落、热电厂、高速公路等。但基本的勘察、评价、设计、建设理论、方法和技术问题并未得到解决，复杂采空区场地及高标准、大型建(构)筑的建设仍是空白。

7.6.1   采空区岩土体变形破坏特征

地下矿体采出后，采空区域周围岩层因失去支撑而产生弯曲和破坏，这一过程随着工作面的推进而不断重复、发展，由此导致采场围岩直至地表岩土体的移动、变形和破坏现象及过程称为岩层移动(strata movement)。而由此在地面形成的弯曲、开裂现象和过程称为地表移动(surface movement)。

以水平状煤层开采为例，当地下煤层被采出后，采空区域直接顶板岩层在自重及上覆岩层作用下产生向下的移动和弯曲，当其内部拉应力超过岩层抗拉强度后，直接顶板岩层首先断裂、破碎，并相继垮落至原矿体空间。而直接顶板上部的岩层则以铰支梁或悬臂梁弯曲的形式沿层理面法线方向移动、弯曲，进而产生断裂、离层。随着工作面的推进，受采动影响的岩层范围不断扩大，当开采范围足够大时，岩层移动发展至地表，并在地表形成一个比被开采煤体区域大的沉陷盆地。

1. 采空区岩体破坏分带

根据采空区岩层的变形、破坏情况，通常可将其分成三个带：垮落带、裂隙带和弯曲带(见图 7-40)。

(1) 垮落带(caving zone)是指煤体采出后，在自重及上覆岩层压力作用下直接顶板岩层产生拉裂破碎并形成塌落的范围。垮落带内岩块大小不一，无规则地堆积在采出煤体及上方一定范围内，岩块间存在较大空隙，表现出一定的碎胀性，从而使上部岩层垮落能够自行停止。垮落带高度主要取决于煤层采出厚度及上覆岩层的碎胀性质，一般为煤层采厚的

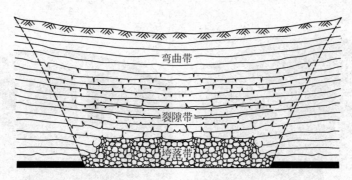

图 7-40 采空区岩体破坏分带

3~5 倍。薄煤层开采时垮落高度较小,通常为采厚的 1.7 倍左右;煤层顶板坚硬时,垮落带高度为采厚的 5~6 倍;煤层顶板软弱时,垮落带高度为采厚的 2~4 倍。

(2)裂隙带(fractured zone)是指采空区岩层中产生裂缝、离层乃至断裂但仍保持原层状结构的岩层范围。裂隙带位于垮落带之上,其内岩层产生了较大的弯曲变形和断裂破坏,存在垂直及平行层面的两种裂隙形式。垮落带与裂隙带合称"两带",其间没有明显的界线,均属于开采破坏影响区。一般情况下,距开采煤层越远,破坏程度就越小。当采深较小、采高较大,且采用全部垮落法管理顶板时,裂隙带甚至垮落带可发育至地表。"两带"发育高度与煤层上部地层岩性也有关系,在软弱岩层条件下,"两带"高度为采高的 9~12 倍,中硬时为 12~18 倍,而坚硬时可达 18~28 倍。

(3)弯曲带(bend zone)是指断裂带之上至地表产生弯曲的岩层范围。弯曲带内岩层在自重作用下产生沿层面法线方向的弯曲,岩层移动连续而有规律,并保持其整体性和成层性,不存在或极少存在离层、裂隙,岩体结构破坏轻微。在地表有时会产生拉伸裂缝,但通常表现为上大下小,且至一定深度会自行闭合,一般不与裂隙带沟通。

2. 地表移动及影响因素

1)地表移动特征

地表移动是指地下开采面积达到一定范围后,岩层移动发展到地表,使地表产生相应移动和变形的过程和现象。开采引起的地表移动受多种采矿和地质因素影响而呈现不同的规律性,因而随开采深度、开采厚度、采煤方法及煤层产状等因素不同,地表移动和破坏形式也不完全一致。在开采深厚比较大时,地表移动和变形在空间和时间上是连续的、渐变的,具有明显的规律性;而当采厚比较小或存在较大地质构造时,地表的移动和变形在空间和时间上将不再连续,可能出现较大裂隙或沉陷坑。地表的移动和破坏形式主要有以下几种。

(1)地表移动盆地(ground subsidence basin)。在开采影响波及地面后,受采动影响的地表向下沉降,从而形成一个比开采面积大的沉陷区,称地表移动盆地,如图 7-41 所示。地表移动盆地在形成过程中改变了原有的地面形态,并引起了地表高低、坡度和水平位置的变化,因而对盆地范围内的生态环境及各类建(构)筑物带来了不同程度的影响。

(2)裂隙与台阶(crack and bench)。在地表移动盆地外边缘区,由于拉张效应而产生的裂隙通常平行于采空区边界发展,并随工作面向前推进而先张后合。裂隙深度、宽度与地表移动变形值及第四系松散物质厚度、成分密切相关,在相同地表变形条件下,黏性土中裂隙的发育程度要小于砂质土。在煤层开采深厚比较小时,地表裂缝宽度可达数百毫米,裂缝

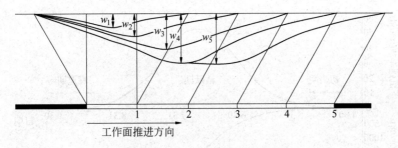

图 7-41　地表移动盆地形成过程

两侧可能出现落差,形成台阶状地形,台阶落差取决于地表移动值的大小。

（3）塌陷坑(collapse pit)。塌陷坑多出现于急倾煤层开采与浅部缓倾煤层不均匀开采条件下。在特殊地质条件如断层、溶洞的影响下,采空区地表也可能会出现塌陷坑,如图 7-42 所示。

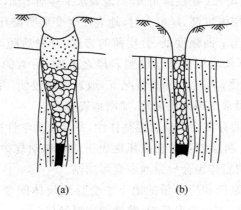

图 7-42　塌陷坑
(a) 坛式塌陷坑；(b) 井形塌陷坑

2) 地表移动的时间规律

按地表移动盆地最大下沉点的移动速度,地表移动可分为三个阶段,分别为初始期、活跃期和衰退期,统称地表移动延续时间。初始期指从地表下沉 10mm 至下沉速度 50mm/月的阶段；活跃期指地表下沉速度大于 50mm/月(煤层倾角＜45°)或大于 30 mm/月(煤层倾角≥45°)的时间段；衰退期则指下沉速度小于 50mm/月至 6 个月累积下沉量不超过 30mm 的阶段,衰退期结束后可认为地表沉陷达到了相对稳定。如图 7-43 所示为某矿综采工作面地表测点移动延续时间曲线。

地表移动在不同阶段的移动量值并不相等。其中初始期和衰退期的地表移动量各占总移动量的 5% 左右,活跃期最大,约占 90%。从移动的时间跨度来看,衰退期地表移动时间最长,比初始期与活跃期之和还要长。而衰退期结束后的地表移动主要是破裂岩体和上覆岩层结构在自身重力作用下的逐步压密变形的结果,这一过程受外部环境影响较大,如抽排地下水、地震活动、建(构)筑物加载等。

3) 地表移动的影响因素

（1）矿层。矿层埋置越深,开采后变形扩展至地表所需时间越长,地表变形量越小,也更为平缓均匀,但地表移动盆地范围相对较大；矿层厚度越大,开采后变形空间越大,会导致采

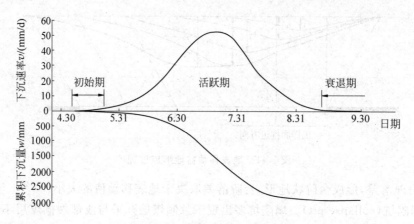

图 7-43 地表移动延续时间曲线

空区变形加剧,地表变形值增大;矿层倾角大时,地表水平移动增加,易形成裂缝、台阶。

(2) 岩性。当上覆岩层强度高、厚度大时,地表产生变形所需开采面积大、时间长,易产生突发急剧变形而形成灾害;而强度低、分层薄的岩层,开采后随即产生较大的地表变形,变形相对均匀、裂缝少;厚软岩层覆盖于硬脆岩层之上时,后者的急剧破坏会被前者所缓冲、掩盖,地表变形相对平缓;与上面相反情况下,地表变形较快,并伴随有裂缝产生;软硬相间且倾角较大时,层面间常出现离层现象,加剧地表变形。

(3) 地质构造。裂隙的存在会影响岩层整体性,并导致力学性质降低,从而促使采空区地表变形加速、范围增大;断层的存在会破坏地表正常的移动规律,改变移动盆地的大小、形态和位置,断层带破碎的岩体也会导致地表变形加剧。

(4) 地下水。渗入裂隙带和垮落带的地下水会导致块体间摩擦力及含泥岩石强度降低,从而加速地表变形发展,扩大变形范围,并增加变形量值。

(5) 开采与顶板管理。不同的开采方式、开采面积、工作面推进速度、顶板管理方式等均会影响地表变形的形态、范围、大小和速度。

7.6.2 采空区场地稳定性及建设适宜性评价

1. 采空区场地稳定性评价

根据《煤矿采空区岩土工程勘察规范》(GB 51044—2014),采空区场地稳定性可分为稳定、基本稳定和不稳定三个等级。其评价应考虑采空区类型、开采方法及顶板管理方式、终采时间、地表移动变形特征、采深、顶板岩性及松散覆盖层厚度、煤(岩)柱稳定性等因素,采用定性与定量相结合的方式进行。主要评价方法有开采条件判别法、地表移动变形判别法、煤(岩)柱稳定分析法。在应用时,可根据采空区勘察资料,选择适宜的评价方法。

1) 开采条件判别法

开采条件判别法应以工程类比及本地区经验为主进行判别,当无类似经验时,则宜以采空区终采时间为主要判别因素,结合地表移动变形特征、顶板岩性及松散层厚度等因素分别按表7-3、表7-4、表7-5进行综合判别。

表 7-3 按终采时间确定采空区场地稳定性等级

稳定等级	不稳定	基本稳定	稳定
采空区终采时间 t/d	$t<0.8T$ 或 $t\leqslant 365$	$0.8T\leqslant t\leqslant 1.2T$ 或 $t>365$	$t>1.2T$ 或 $t>730$

注：T 为地表移动延续时间，无实测资料时按《煤矿采空区岩土工程勘察规范》(GB 51044—2014)附录 H 中 H.0.6 确定。

表 7-4 按地表变形特征确定采空区场地稳定性等级

稳定等级	不稳定	基本稳定	稳定
地表变形特征	非连续变形	连续变形	连续变形
	抽冒型或切冒型	盆地边缘区	盆地中间区
	地面有塌陷坑、台阶	地面倾斜、有地裂缝	地面无地裂缝、台阶、塌陷坑

表 7-5 按顶板岩性及松散层厚度确定采空区场地稳定性等级

稳定等级	不稳定	基本稳定	稳定
顶板岩性	无坚硬岩层分布或为薄层或软硬岩层互层状分布	有厚层状坚硬岩层分布且 15.0m>层厚>5.0m	有厚层状坚硬岩层分布且层厚≥15.0m
松散层厚度 h/m	$h<5$	$5\leqslant h\leqslant 30$	$h>30$

2) 地表移动变形判别法

地表移动变形判别法适用于规则开采且顶板垮落充分的情况，以地面下沉速度为主要指标确定采空区场地稳定性，并结合表 7-6 中其他参数综合判别。表中地表移动变形值宜采用场地实际监测结果，亦可采用经现场核实与验证后的地表变形预测结果。

表 7-6 按地表移动变形值确定采空区场地稳定性等级

稳定状态	评价因子				备注
	下沉速率 v_w	倾斜 Δi /(mm/m)	曲率 ΔK /(10^{-3}/m)	水平变形 $\Delta\varepsilon$ /(mm/m)	
稳定	<1.0mm/d,且连续 6 个月累计下沉<30mm	<3	<0.2	<2	同时具备
基本稳定	<1.0mm/d,但连续 6 个月累计下沉≥30mm	3～10	0.2～0.6	2～6	具备其一
不稳定	≥1.0mm/d	>10	>0.6	>6	具备其一

3) 煤(岩)柱稳定分析法

当采空区下方存在煤(岩)柱时，采空区场地的稳定性取决于下部煤(岩)柱在上覆岩层重力作用下的稳定状况。采空区场地的稳定性可按表 7-7 判别。

表 7-7　按煤(岩)柱安全稳定性系数确定采空区场地稳定性等级

稳定状态	不稳定	基本稳定	稳定
煤(岩)柱安全稳定性系数 K_P	$K_P<1.2$	$1.2 \leqslant K_P \leqslant 2$	$K_P>2$

采用条带式开采时,表中煤(岩)柱安全稳定系数 K_P 可按下式计算:

$$K_P = \frac{\gamma_0 H_1 (A+B)}{A\sigma_m} \tag{7-13}$$

式中：γ_0——上覆岩层的平均重度,kN/m^3；

　　　H_1——煤(岩)柱埋深,m；

　　　A——保留煤(岩)柱条带的宽度,m；

　　　B——采出条带宽度,m；

　　　σ_m——煤(岩)柱的极限抗压强度,kPa。

当采空区场地出现下列情形时宜划为不稳定地段：①采空区垮落时,地表出现塌陷坑、台阶状裂缝等非连续变形地段；②特厚煤层和倾角大于 55°的厚煤层浅埋及露头地段；③由于地表移动和变形引起边坡失稳、山崖崩塌及坡脚隆起地段；④非充分采动顶板垮落不充分、采深小于 150m,且存在大量抽取地下水的地段。

2. 采空区场地建设适宜性评价

采空区场地工程建设的适宜性评价,应以采空区场地的稳定性为主控因素,并考虑采空区剩余移动变形,与拟建工程间相互影响程度以及工程造价等方面的因素综合进行评价。

在采空区不稳定场地进行工程建设时需采取一定的结构和地基处理措施,此类措施的实施必定导致工程建设成本的增加。与通常情况相比,土建投资不超过 15% 时可认为拟建工程"适宜"修建；土建投资超过 15% 但不超过 30% 时,则认为"基本适宜"修建；而土建投资超过 30% 时则认为"适宜性差"。

考虑工程要素的采空区场地适宜性评价分级如表 7-8 所示。

表 7-8　采空区场地工程建设适宜性评价分级表

级别	分级说明
适宜	采空区垮落裂隙带密实,对拟建工程影响小；工程建设对采空区稳定性影响小；采取一般工程防护措施(限于规划、建筑、结构措施)可以建设
基本适宜	采空区垮落裂隙带基本密实,对拟建工程影响中等；工程建设对采空区稳定性影响中等；采取规划、建筑、结构、地基处理等措施可以控制采空区剩余变形对拟建工程的影响,或虽需进行采空区地基处理,但处理难度小,且造价低
适宜性差	采空区垮落不充分,存在地面发生非连续变形的可能,工程建设对采空区稳定性影响大或者采空区剩余变形对拟建工程的影响大,需规划、建筑、结构、采空区治理和地基处理等的综合设计,处理难度大且造价高

表 7-8 中采空区对工程建设的影响程度,应根据采空区场地稳定性、拟建工程重要程度和变形要求、场地地表变形特征及发展趋势、地表移动变形值等因素进行判别,判别方法较多,这里仅对其中两种进行列表说明,如表 7-9、表 7-10 所示。

表 7-9 按场地稳定性及工程重要性等级划分采空区对工程的影响程度

影响程度 \ 工程条件 \ 场地稳定性	拟建工程重要程度和变形要求		
	重要拟建工程、变形要求高的工程	一般拟建工程、变形要求一般的工程	次要拟建工程、变形要求低的工程
稳定	中等	中等~小	小
基本稳定	大~中等	中等	中等~小
不稳定	大	大~中等	中等

表 7-10 根据采空区地表剩余变形值确定采空区对工程的影响程度

影响程度	地表剩余变形值				备注
	下沉值 ΔW /mm	倾斜值 Δi /(mm/m)	水平变形值 $\Delta \varepsilon$ /(mm/m)	曲率值 ΔK /(10^{-3}/m)	
大	>200	>10	>6	>0.6	具备其一
中等	100~200	3~10	2~6	0.2~0.6	具备其一
小	<100	<3	<2	<0.2	同时具备

表 7-10 中拟建工程对采空区稳定性的影响程度,应根据建筑物荷载及影响深度采用荷载临界深度判别法、附加应力分析法等进行判别。

荷载临界深度判别法主要针对浅埋的穿巷、房柱及单一巷道的采空区场地。原处于自然稳定状态下的巷道顶板,在建(构)筑物荷载作用下有可能会失去平衡。巷道顶板岩层力学性质越好、埋深越大,则建(构)筑物荷载的影响也就越小;反之影响越大,稳定性越差。规定巷道顶板在上覆岩层及建(构)筑物荷载作用下,所受压力为零时的埋置深度为荷载临界深度,计算模型如图 7-44 所示。

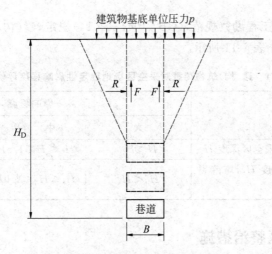

图 7-44 荷载临界深度计算模型

根据刚体力学平衡计算得到建(构)筑物荷载临界影响深度:

$$H_D = \frac{B\gamma + \sqrt{B^2\gamma^2 + 4B\gamma p \tan^2(45° - \varphi/2)}}{2\gamma \tan\varphi \tan^2(45° - \varphi/2)} \tag{7-14}$$

式中：B——巷道宽度；

　　　γ——顶板以上岩层重度，kN/m^3；

　　　p——建(构)筑物基底单位压力，kPa；

　　　φ——顶板以上岩层的内摩擦角，(°)。

附加应力分析法主要针对采场采空区场地。该法认为建(构)筑物荷载所产生的附加应力可导致采空区垮落裂隙带强烈压缩，甚至丧失既有平衡状态，影响建(构)筑物稳定。通常认为地基附加应力小于其自重应力的10%时，对采空区垮落裂隙带的影响可忽略不计，该深度即为建(构)筑物荷载影响深度 H_a 如图7-45所示。

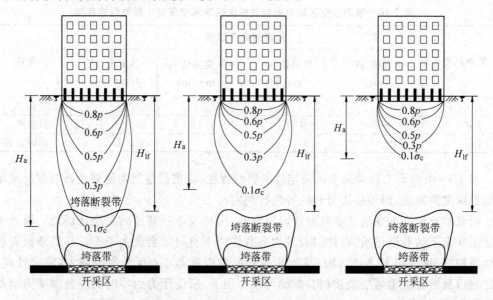

图7-45　建(构)筑物附加应力影响与采空区垮落裂隙带的关系(据李宏杰，张彬，李文等，2016年)

《煤矿采空区岩土工程勘察规范》(GB 51044—2014)规定，建(构)筑物荷载对采空区稳定性的影响程度评价如表7-11所示。

表7-11　建(构)筑物荷载对采空区场地稳定性影响程度评价标准

评价因子	影响程度		
	大	中等	小
荷载临界影响深度 H_D，采空区深度 H	$H<H_D$	$H_D \leqslant H \leqslant 1.5H_D$	$H>1.5H_D$
建(构)筑物荷载影响深度 H_a，垮落裂隙带深度 H_{lf}	$H_{lf}<H_a$	$H_a \leqslant H_{lf} \leqslant 2.0H_a$	$H_{lf}>2.0H_a$

7.6.3　采空区整治措施

在采空区上进行工程建设时，需采取一定的措施来保证建(构)筑物安全。目前主要的处置措施有三大类：地基处理措施、建(构)筑措施及结构措施。

其中建(构)筑措施是指根据地下采空区状况，合理规划、布局建(构)筑物群；形体设计力求简单、对称、等高，减少特殊受力点；合理预设变形缝，疏导地基变形。结构措施指根据建(构)筑物功能、使用要求及采空区的变形特征,设置刚柔并济或可后期调节的基础结构形式;增强建(构)筑物上部结构的整体刚度与变形协调能力,采用轻质高强材料,减小结构内部应力积累。

常见采空区地基处理的方法和措施有全部填充法、局部支撑法、覆岩离层注浆法和沉降潜力释放法等。

(1) 全部充填法的原理是采用注浆充填、水力充填、风力充填等方法填实地下采空空洞及上覆岩土体内裂隙,以防止老采空区沉陷。其中注浆充填应用最为广泛,效果也最好,其做法是将混合有水泥黏合剂的颗粒材料通过液压管道输送系统压入地下空洞和裂隙内,充填材料主要成分为砂、碎石、粉煤灰、水泥浆等。

(2) 局部支撑法的具体做法是对采空区域进行局部充填或支护,减小采空空间跨度,防止顶板垮落。常用的方法有采用注浆柱、井下砌墩柱和大直径钻孔桩或直接采用桩基础,即将建(构)筑物基础全部穿过地下采空区域,坐落于稳定岩层中,从而减小采空区后期变形影响。

(3) 覆岩离层注浆法主要针对采深相对较大、煤柱稳定性好的采空区,运用注浆技术加固断裂带和弯曲带岩体,使之形成一个刚度大、整体性强的岩板结构,以保证地表建(构)筑物安全。

(4) 沉降潜力释放法的原理是提前释放老采空区的沉降潜力。在进行工程建设之前采取强制措施加速老采空区地下垮落裂隙带压密过程,消除对地表稳定威胁较大的地下空洞。可采取的具体方法有井下复采、爆破、堆载预压、高能强夯和水诱导沉陷等。

思考题

1. 思考边坡、崩塌、滑坡之间的区别与联系。
2. 思考建立崩塌成因类型与整治措施之间的大致对应关系。
3. 野外如何识别滑坡?
4. 思考建立推动式、牵引式滑坡与整治措施之间的对应关系。
5. 泥石流形成的基本条件有哪些?与之对应应分别采取怎样的预防措施?
6. 岩溶区的主要工程地质问题有哪些?应如何防治?
7. 能否根据地震波传播及破坏特性建立震前的短期预报方法?谈一谈想法与思路。
8. 基本烈度、场地烈度与设防烈度间有何区别与联系?
9. 地震有哪些破坏效应?
10. 采空区场地稳定性与哪些因素有关?如何评价?

8

岩土工程勘察方法与技术

    岩土工程勘察(geotechnical investigation)是开展土木工程建设的基础工作，其目的在于查明建设场地的工程地质条件，分析、评价存在的工程地质问题，为工程规划、设计及施工提供可靠的指标参数和实施方案。

    具体任务可归纳为：①阐明建设场地的工程地质条件，指出不良地质现象的发育情况及其对工程建设的影响，评价场地的稳定性；②查明工程范围内岩土体的分布、性状及地下水条件，提供工程建设所需的地质资料和岩土技术参数；③分析场地存在的工程地质问题，开展定性、定量评价，为工程设计与施工提供地质依据；④根据场地地质条件，对建(构)筑物布局、设计、岩土体加固处理、不良地质现象整治等进行论证，并提出建议；⑤论证工程施工、运营对周围地质环境的影响，并提出保护措施和建议。

    岩土工程勘察工作应分级、分阶段开展。勘察工作的等级由工程重要性、场地复杂程度和地基复杂程度三方面共同决定。工程规模越大或越重要，场地地质条件及岩土体空间分布、性状越复杂，建(构)筑物基础形式越复杂，勘察等级越高，所需投入的勘察工作量也就越大。而勘察工作的阶段划分与工程设计的阶段性是相适应的，通常由可行性研究勘察(feasibility investigation)(选址勘察)、初步勘察(preliminary investigation)、详细勘察(detailed investigation)及施工勘察(construction investigation)四个阶段组成。为满足工程设计与施工的需求，勘察的广度、精度、深度应随阶段变化而逐步提高。

8.1 工程地质测绘

    工程地质测绘与调查(engineering geological survey)通常在岩土工程勘察的早期阶段(可行性研究或初步勘察阶段)进行，也可用于详细勘察阶段对某些专门地质问题进行补充调查。其本质是运用地质、工程地质理论对地面地质现象进行观察、描述，分析其性质、规律，进而推断地下的地质情况，为后期勘探、试验工作奠定基础。其主要工作内容是在地形图上填绘测区内各工程地质要素，包括场地的地层岩性、地质构造、地形地貌、水文地质条件、不良地质现象、天然建材等，并收集及调查测区自然地理条件、地区建设经验、建(构)筑物破坏情况、人类活动对场地稳定性影响等方面的内容。工程地质测绘所需仪器设备简单、资金耗费少、工作周期短,是认识建设场地工程地质条件最为经济、有效的方法。高质量的测绘工作能较准确地得到地表及地下地质信息,可大大减少勘探、试验工作,为合理布设其他勘察工作提供依据。

8.1.1 测绘范围及内容

1. 测绘范围

目前关于工程地质的测绘范围并没有统一的规定,通常要求以解决实际工程问题为前提,涵盖建设场地及附近的相关地段。适宜的测绘范围应能较好地查明场地工程地质条件,又不至于浪费勘察工作量。根据实践经验,测绘范围一般由拟建建(构)筑物类型、规模,设计阶段及工程地质条件三个方面的因素确定。

建(构)筑物的类型、规模不同,其与自然地质环境相互作用的广度、深度也不相同,从而影响工程地质测绘范围的选定。如:大型水利枢纽工程改变了大范围区域内原始的自然环境、地质及水文地质条件,往往导致各类地质灾害频发,此类工程建设前需开展大范围的工程地质测绘工作;而房屋建筑与地质环境的作用一般仅限定在较小范围内,通常无须进行大面积地质测绘。

工程设计初期,进行选址方案比选时,应针对各方案开展较大范围的工程地质测绘工作,以进行技术经济论证;而当工程场地选定之后,尤其是在设计的后期阶段,工程的具体位置、尺寸均已确定,仅需在较小范围内开展高精度的地质测绘,以满足设计需要。由此可见,工程地质测绘范围随着工程设计阶段的提高而缩小。

通常工程地质条件越复杂,所需的工程地质测绘范围就越大。如工程场地内存在地质构造复杂、有活动断裂分布、不良地质现象发育等情况时,应开展较大范围的地质测绘工作,以查清构造的分布、活动性、发育程度,及其与周围地质环境的关系等;此外,若场地外存在可能危害工程施工、运营的不良地质现象时,工程地质的测绘范围应扩大至相应地质灾害产生区域。

2. 测绘内容

工程地质测绘的目的是查清工程场地及邻近或相关区域的工程地质条件,预测工程与地质环境之间的相互作用。因此,工程地质测绘内容主要包括工程地质条件的各要素,与工程相关的自然地理环境,以及已建建(构)筑物资料等。具体内容包括以下几种。

(1) 地形地貌。地貌可反映地层岩性、地质构造、第四纪沉积物特征,并可借以了解不良地质现象的分布与演化特征。其工程地质测绘内容包括:①地貌形态特征、分布及成因;②划分地貌单元,各地貌单元与岩性、地质构造及不良地质现象的关系;③各地貌形态及地貌单元的发展演化历史。

(2) 地层岩性。地层岩性是工程地质条件的最基本要素,也是工程地质测绘的重要内容。其工程地质测绘内容包括:①地层的年代顺序;②岩土层的岩性、分布、岩相及成因类型;③岩土层的正常层序、接触关系、厚度及变化规律等;④岩土的工程性质。

(3) 地质构造。地质构造不仅影响着工程区域、场地及岩土体的稳定性,而且控制着地形地貌、水文地质条件及不良地质现象的发育和分布规律。工程地质测绘内容包括:①岩层产状及各构造形式的分布、形态、规模;②软弱结构面产状及性质;③近期构造活动形迹、特征及其与地震活动的关系。

(4) 水文地质。水的存在不仅会影响建(构)筑物的设计、施工与运营,还可能会触发场地周围地质灾害,威胁工程安全。其工程地质测绘内容包括:①地下水的分布、类型和埋藏条件;②含水层、隔水层及透水层的分布及其之间的水力联系;③地下水的补给、径流、排泄及其动态变化;④地下水与地表水间的补给、排泄关系;⑤地下水的物理与化学成分,及其对工程建(构)筑物基础的影响;⑥地表泉、井等地下水天然与人工露头。

(5) 不良地质现象。工程建设场地内不良地质现象的存在会直接影响建(构)筑物安全和正常使用。其工程地质测绘内容为各种不良地质现象(岩溶、滑坡、崩塌、泥石流)的分布、形态、规模及发育程度,并分析其形成机制、演化趋势,预测其对工程建设的影响。

(6) 已有建(构)筑物调查。对拟建工程结构而言,测区内已有建(构)筑物与地质环境间的相互作用,可视作重要的参考信息。工程地质测绘应重点调查测区内不同类型建(构)筑物的变形与破坏特征,分析其原因,并判断工程结构与地质环境间的适应性。

(7) 人类活动影响调查。测区内及附近的人类工程活动往往会影响建设场地的稳定性。工程地质测绘应重点调查测区内人工洞穴、矿产开采、地下水抽排、水库蓄水等人类活动的规模、程度、范围,并评价这些活动对工程场地稳定性及工程施工、运营的影响。

8.1.2 测绘比例与精度

工程地质测绘比例尺的选择主要取决于工程所处勘察、设计阶段,建(构)筑物类型,工程地质条件复杂程度等。在工程勘察、设计初期,主要涉及场址与建设方案比选,测绘范围大、比例尺小,对测绘精度要求不高;进入后期阶段,工程位置、尺寸逐渐明晰,测绘范围缩小、比例尺增大,设计与施工要求高精度的地质测绘。在相同的勘察、设计阶段内,比例尺和精度的选择还取决于拟建工程的类型、规模、重要性,以及建设场地工程地质条件的复杂程度。工程规模越大、越重要,地质条件越复杂,则所需采用的测绘比例尺越大,精度要求越高。

工程地质测绘比例尺可选择如下:①可行性研究勘察阶段,1:50000~1:5000;②初步勘察阶段,1:20000~1:2000;③详细勘察阶段,1:2000~1:200。当地质条件复杂或存在威胁工程安全的不良地质现象时,可适当扩大比例尺,以提高测绘精度。

所谓测绘精度是指野外地质现象观察、描述及其在地质图上表示的精确程度和详细程度。测绘精度须与测绘比例尺相适应,测绘精度要求越高,测绘比例尺必然越大。对地质现象观察、描述的详细程度应以能够说明地质现象、方便工程评价为原则;地质观测点应重点布控在与工程密切相关的特殊地质现象地段,并充分利用已有的天然及人工露头。在建筑地段,地质界线、地质点在图上的测绘误差不超过3mm,其他地段不超过5mm;为达到填图精度,通常采用比提交成图比例尺高一级的地形图作为底图进行填图。

8.1.3 测绘方法

1. 相片成图法

相片成图法是利用地面摄影或航空(无人机)航天(卫星)摄影相片,在室内根据判读标志,结合掌握的区域地质资料,将判明的地层岩性、地质构造、地貌、水系和不良地质现象等调绘在单张相片上,并在相片上选择需现场调查的地点和线路,进行实地校对、修正、补充,并转绘至地形图上,形成工程地质图。

由于航片、卫片能大范围反映地形地貌、地层岩性、地质构造等物理地质现象,与实地测绘相结合可大大减少工作量、提高精度和速度。特别在人烟稀少、交通不便的偏远地区,充分利用航片、卫片具有特别重要的现实意义。

2. 实地测绘法

实地测绘的野外工作方法,可进一步细分为线路法、追索法和布点法。

(1) 线路法指沿预先选定的线路穿越测绘场地,并将沿线测绘所得地层、构造、地质现象、水文地质、地质界线和地貌界线等填绘到地形图上。观察线的布设应以最短线路观察到较多工程地质要素和现象为原则,并尽量选在基岩露头及覆盖层较薄的地方,且线路方向与岩层走向、构造线方向及地貌单元相垂直。线路法一般适用于中、小比例尺的测绘工作。

(2) 布点法指根据地质条件的复杂程度和测绘比例尺要求,预先在地形图上布设一定数量的观测线路和观测点。观测点的布置须具有特定的目的,如研究不良地质现象、地质界线、地质构造等,一般将其布设在观测线路上。布点法适用于大、中比例尺的测绘工作。

(3) 追索法指沿地层走向、地质构造线延伸方向或不良地质现象边界进行布点追索,以查明其接触、延伸及分布情况。该方法通常在线路法和布点法工作的基础上开展,是一种辅助测绘方法。

8.2 岩土工程勘探

岩土工程勘探(geotechnical exploration)是岩土工程勘察的重要手段,是在工程地质测绘与调查的基础上,为进一步查明地表以下工程地质状况,如岩土层的空间分布及变化情况、地下水埋深和类型以及对岩土参数开展原位测试而开展的工作。换言之,通过工程地质测绘查明的是工程地质条件的地表特征,而通过岩土工程勘探获得的是场地地表以下的内部信息,综合两种成果才能较好掌握建设场地的工程地质条件。

岩土工程勘探手段有钻探工程(boring prospecting method)、坑探工程(pit prospecting method)和地球物理勘探(geophysical prospecting method)三类。其中钻探、坑探是直接勘探手段,能较可靠地获取地下的地质情况。钻探是使用最广泛的勘探手段,由于其实施过程可能造成某些重要的地质体或地质现象灭失,形成误判、遗漏,也称为"半直接"勘探手段;而坑探工程中,勘探人员可在坑槽、井或洞内直接观察,掌握地质体内部细节,但重型坑探工程往往耗资高、周期长,工程适应性差;地球物理勘探是一种间接的勘探手段,通过电、磁、波等物理现象的传导、反馈规律探测地下地质体状况,具有快速、简便、经济、无损的特点,但勘探成果具有多解性,使用时往往受到一些条件的限制。在实践中,应考虑各勘探手段的优缺点,结合工程需要组合运用,使勘探成果互为补充、相互验证,以准确、经济、快速地完成勘探工作。

8.2.1 钻探工程

钻探(drilling exploration)是指用一定的设备、机具(钻机和钻头)破碎地表岩石或土层,从而形成一个较小直径、较大深度的钻孔(直径相对较大者称钻井)的过程。钻探工作受地形、地质条件限制小,环境适应能力强,能够直接提取、观察地下岩芯,采集室内试验岩土样本,并可为原位测试、监测提供实施空间。因此,钻探工程在不同地质环境、不同阶段的工程勘察中均得到了广泛的应用。

1. 钻探的任务

对建设工程而言,在不同的勘察、设计阶段,钻探所承担的任务及所需解决的问题并不

一致,综合起来大致有以下几个方面:
(1) 探查场地地层岩性、结构构造、空间分布、厚度变化、工程性质等特征;
(2) 查明基岩风化带深度、厚度及分布情况;
(3) 探明地层断裂带的位置、性质及几何特征,查明裂隙发育程度及随深度变化情况;
(4) 查明地下含水层层数、深度及其水文地质参数;
(5) 利用钻孔开展岩土力学性质及水文参数的现场试验,进行长期水文观测。

2. 钻探方法及适用范围

根据钻探动力来源的不同,钻探方法可分为人力钻探和机械钻探两类。浅部地层勘探可采用人力钻探,利用小口径麻花钻、小口径勺形钻、洛阳铲等进行钻进。机械钻探则以燃油驱动为主,其应用更为广泛,根据破岩、钻进方式不同可分为回转钻进、冲击钻进、振动钻进和冲洗钻进四种。

(1) 回转钻进(rotary drilling)。该法通过人力或机械转动底部焊有硬质合金的圆环状钻头进行钻进,钻进时通常施加一定压力,使钻头在旋转中切入岩土内以达到钻进目的。回转钻进包括岩芯钻探、无岩芯钻探和螺旋钻进。岩芯钻探为孔底环状钻进,根据地层情况及钻探要求及时套取岩芯;无岩芯钻探通过全面破碎孔底岩石钻进,无法提取岩芯;螺旋钻进是利用旋转的螺旋钻杆不断将钻头破碎的岩、土碎屑排出孔外。

(2) 冲击钻进(percussion drilling)。该法利用钻具下落产生的冲击力破碎孔底岩土物质实现钻进,破碎后的岩粉、岩屑由循环液冲出钻孔。根据使用工具的不同可分为钻杆冲击钻进和钢绳冲击钻进。对于硬质岩土层(岩石层或碎石层)通常采用孔底全面冲击钻进;对于其他土层一般采用圆筒形钻头的刃口,借助钻具冲击力切削土层钻进。

(3) 振动钻进(vibro drilling)。该法通过钻杆将振动器激发的振动力传至孔底管状钻头周围岩土层中,减低其抗剪阻力,使钻头更易贯入岩土体内。该法主要适用于土层钻进,尤其是颗粒组成相对细小的黏性土、砂类土等。

(4) 冲洗钻进(wash drilling)。该法利用高压水流冲击孔底土层,破坏其结构,并使土颗粒以悬浮状态随水流循环流出孔外。由于钻进过程依靠水流的冲洗作用,无法对土体结构及相关特征进行观察、鉴定。

各钻探方法的适用范围如表 8-1 所示。

表 8-1 钻探方法的适用范围

钻探方法		钻进地层					勘察要求	
		黏性土	粉土	砂土	碎石土	岩石	直观鉴别,采取不扰动土样	直观鉴别,采取扰动土样
回转	螺旋钻探	++	+	+	—	—	++	++
	无岩芯钻探	++	++	++	+	++	—	—
	岩芯钻探	++	++	++	++	++	++	++
冲击	冲击钻探	—	+	++	++	—	—	—
	锤击钻探	++	++	++	+	—	++	++
振动钻探		++	++	++	+	—	+	++
冲洗钻探		+	++	++	—	—	—	—

注:++表示适用;+表示部分适用;—表示不适用。

3. 钻孔的观测与编录

钻孔观测与编录是指在钻进过程中对岩芯、钻机工作状况等进行详细文字记录,这是岩土工程钻探最基本的原始资料。钻孔的观测与记录应及时、真实地反映钻探过程,按钻进回次逐段编录,不可事后追记。其主要内容包括以下方面。

(1)岩芯的观察、描述与编录。描述、记录各岩、土层的地层岩性、分层深度、工程性质等,进行风化程度分带,描述和统计节理、裂隙的类型、延续性、充填情况、间距、倾角等;统计获得岩芯采取率、岩芯获得率、岩石质量指标(RQD)等定量指标。

(2)钻孔水文地质观测。密切注意钻进过程中冲洗液消耗量的变化情况,发现地下水后应立即停钻并测定其初见水位及稳定水位。对多层含水层,需分层测定水位、采集水样、测定水温,并准确记录各含水层顶底板标高及厚度。

(3)钻进动态观察与记录。在钻进过程中注意换层的深度,以及回水颜色、钻具陷落、孔壁坍塌、卡钻、埋钻和涌砂等现象,结合岩芯判断孔内情况。如遇钻进不平稳,有孔壁坍塌、卡钻、冲洗液流失等现象,岩芯破碎、采取率低,表明可能存在裂隙发育带或构造破碎带。

为更直观地获得孔内地质信息,国内许多勘察单位运用钻孔摄像和钻孔电视等手段,获取孔内岩层分布、裂隙发育情况、岩层风化程度、断层破碎带、岩溶洞穴、软弱夹层等地质现象的高清影像,以便准确分析建设场地的工程地质条件。

8.2.2 坑探工程

坑探工程(pit engineering)亦称掘进工程,是指采用人工或机械的方式挖掘形成坑槽。与钻探工程相比,其突出特点是:勘探人员可在坑槽中直接观察地质结构,不受限制地采集原状样,方便进行大型原位试验。它对研究断层破碎带、软弱泥化夹层及滑坡滑动面等构造体的空间分布、工程性质具有重要意义。但其使用往往受自然地质条件(如地下水)限制,且资金耗费较大、勘探周期长,尤其是重型坑探工程的使用应特别慎重。

1. 坑探类型及适用条件

岩土工程勘察中常用的坑探工程有探槽(prospecting trench)、试坑(trail pit)、浅井(posthole well)、竖井(perpendicular shaft)、平硐(adit)、石门(cross adit),如图 8-1 所示。其中前三者称为轻型坑探工程,后三者称为重型坑探工程。

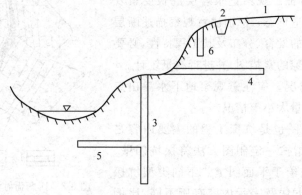

图 8-1 坑探类型示意图
1—探槽;2—试坑;3—竖井;4—平硐;5—石门;6—浅井

各坑探工程的特点及适用情况如表 8-2 所示。

表 8-2 坑探工程的特点及适用条件

名 称	特 点	适 用 条 件
探槽	由地表向下深度小于 3~5m 的长条形坑槽	剥除地表覆土,揭露基岩,划分地层岩性,研究断层破碎带;探查残坡积层厚度、物质组成及结构
试坑	由地面铅直向下,深度小于 3~5m 的圆形或方形坑槽	局部剥离覆土,揭露基岩;进行原位试验;采取原状岩、土样本
浅井	由地面铅直向下,深度 5~15m 的圆形或方形井	确定覆盖层及风化层岩性及厚度;进行原位试验;采取原状岩、土样本
竖井（斜井）	形状与浅井相同,深度较大,可超过 20m;通常布设在平缓山地、漫滩、阶地等平缓地段;有时需支护	了解覆盖层厚度、性质;揭露风化壳与软弱层分布、断层破碎带及岩溶发育状况,滑坡体结构及滑动面等;开展原位试验,测量地应力;采取原状岩、土样本
平硐	在地面有出口的水平坑道,深度较大;通常布设于地形较缓的山坡地段;有时需支护	调查斜坡地层结构,查明河谷地段地层岩性、软弱夹层、破碎带、风化岩层等;进行岩体力学原位试验,进行地应力测量;采取原状岩、土样本
石门（平巷）	不出露地面且与竖井相连的水平坑道,石门垂直岩层走向,平巷平行岩层走向	调查河底地质结构,进行原位试验

2. 坑探的观察与描述

坑探工程的观察与描述是提取探坑蕴含地质信息的主要手段,其主要内容如下。

（1）地层岩性的划分。描述记录第四系堆积物的成因、岩性、时代、厚度及空间变化和相互接触关系,基岩的颜色、成分、结构构造、地层层序及各层间接触关系;特别注意软弱夹层的岩性、厚度、泥化情况等信息。

（2）岩石风化分带。记录岩石的风化特征及其随深度的变化情况,作出风化分带。

（3）基岩构造特征。观察记录岩层产状要素及其变化情况,各种构造形态;特别注意观察描述断层破碎带及节理、裂隙的发育、分布及其工程特性,必要时还应作出节理、裂隙的素描图,并进行测量统计。

（4）水文地质情况。应注意观察地下水渗出点位置、涌水点及涌水量大小等情况。

此外,探坑展视图也是坑探工程的主要内容之一。所谓展视图是指按一定制图方法将探坑四壁、底面展开,并将之描绘于平面图上。不同类型坑探工程展视图的编制方法及表示内容有所不同,比例大小应视探坑规模、形状、地质条件确定,一般采用 1∶100~1∶25。如图 8-2 所示为用四壁辐射法绘

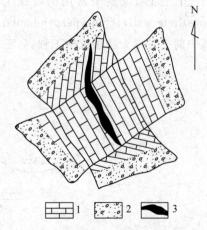

图 8-2 四壁辐射法绘制的试坑展视图
（据张荫,2011年）

1—石灰岩;2—覆盖层;3—软弱层

制的试坑展视图。

8.2.3 地球物理勘探

自然界不同类型的地质体具有不同的物理状态（孔隙率、含水率、固结程度等）和物理性质（导电性、磁性、密度、放射性等）。运用专门仪器设备探测地质体各物理场的分布及变化特征，通过对测得数据、曲线的整理、分析，得到地下岩土体的地层、地质构造、水文地质条件及不良地质现象分布、性质等信息的方法，称为地球物理勘探（geophysical prospecting），简称物探。地质体各单元间、地质体与周围介质间的物理性质、物理状态差异越大，物探结果越显著，对地质体的解读、判别就越准确。

物探所需设备较为轻便，探测效率高、成本低；地质环境适应能力强，可在地面、空中、水上及钻孔内开展探测；实际工作中，可根据需要加大勘探密度，形成不同方向的勘探网络，进行立体透视探测。但该方法易受到非探测对象的影响和干扰，同时受限于仪器精度，其分析解译结果通常较为粗略，且具有多解性。为获得确切的地质信息，仍需运用钻探和坑探加以验证。

1. 物探方法及适用范围

在岩土工程勘察中，地球物理勘探主要从三个方面服务于勘察工作：①作为先行勘探手段，掌握隐伏的地质界线及异常点，为钻探、坑探布设提供参考；②作为钻探辅助手段，在孔间进行地球物理探测，为钻探成果内插、外推提供依据；③作为原位测试手段，测定岩土体波速、动弹模、特征周期等参数。

物探方法众多，总体上可分为电法、磁法、地震波法、地球物理测井法四类。物探方法的选择，应根据探测对象的埋深、规模及其与周围介质的物性差异，并结合各物探方法的适用范围进行。各主要物探方法的适用范围及原理如表8-3所示。

表8-3 各物探方法的适用范围及原理

方法名称		适 用 范 围	基 本 原 理
电法勘探	自然电场法	探测隐伏断层、破碎带；测定地下水流速、流向	利用地壳岩土体电学性质差异探测地质体分布情况，涉及的电学性质主要有：电阻率、磁导率、极化特征、介电常数等
	充电法	探测地下洞穴、地下管线、水下隐伏物体；测定地下水流速、流向	
	电阻率测深	测定基岩埋深，划分松散沉积层序和基岩风化带；探测隐伏断层、破碎带、地下洞穴、地下或水下隐伏物体；测定潜水面深度和含水层分布	
	电阻率剖面法	测定基岩埋深；探测隐伏断层、破碎带、地下洞穴、地下或水下隐伏物	
	高密度电阻率	测定潜水面深度和含水层分布；探测地下或水下隐伏物体；探测隐伏断层	
	激发极化法	划分松散沉积层序；探测隐伏断层、破碎带、地下洞穴、地下或水下隐伏物体；测定潜水面深度和含水层分布	

续表

方法名称		适用范围	基本原理
磁法探测	甚低频	探测隐伏断层、破碎带；探测地下或水下隐伏物体；探测地下管线	利用特殊岩土体的磁场异常或电磁波的传播（包括在不同介质分界面上的反射、折射）异常情况进行勘探
	频率探测	测定基岩埋深，划分松散沉积层序和基岩风化带；探测隐伏断层、破碎带、地下洞穴、地下或水下隐伏物体、地下管线；测定河床水深和沉积泥砂厚度	
	电磁感应法	测定基岩埋深；探测隐伏断层、破碎带、地下洞穴、地下或水下隐伏物体、地下管线	
	地质雷达	测定基岩埋深，划分松散沉积层序和基岩风化带；探测隐伏断层、破碎带、地下洞穴、潜水面深度和含水层分布、地下或水下隐伏物体、地下管线；测定河床水深和沉积泥砂厚度	
	地下电磁波法	探测隐伏断层、破碎带、地下洞穴、地下或水下隐伏物体、地下管线	
地震波勘探	折射波法	测定基岩埋深，划分松散沉积层序和基岩风化带；测定潜水面深度和含水层分布、河床水深和沉积泥砂厚度	根据弹性波在不同介质中传播速度的差异，以及弹性波在具有不同声阻抗介质交界面处的反射、折射特征进行勘探
	反射波法	测定基岩埋深，划分松散沉积层序和基岩风化带；探测隐伏断层、破碎带、地下洞穴、地下或水下隐伏物体、地下管线；测定潜水面深度和含水层分布、河床水深和沉积泥砂厚度	
	直达波法（单孔或跨孔波法）	划分松散沉积层序和基岩风化带	
	瑞利波法	测定基岩埋深，划分松散沉积层序和基岩风化带；探测隐伏断层、破碎带、含水层、地下或水下隐伏物体、地下洞穴、地下管线	
	声波法	测定基岩埋深，划分松散沉积层序和基岩风化带；探测隐伏断层、破碎带、含水层、地下洞穴、地下管线、水下隐伏物体、滑坡体滑动面	
	声呐浅层剖面法	测定河床水深和沉积泥砂厚度；探测地下或水下隐伏物体	
地球物理测井		划分松散沉积层序和基岩风化带；探测地下洞穴、地下或水下隐伏物体；测定潜水面深度和含水层分布	在探井中对被探测层进行各项地球物理测量，掌握其各项物性差异

2. 主要探测方法简介

1）电阻率法

电阻率法（electrical resistivity method）是依靠人工建立直流电场，并在地表测量某点垂直方向或水平方向的电阻率变化，利用不同地质体导电性的差异推断地质体性状的方法。由于地质体及其导电性的非均匀分布，实践中以视电阻率（ρ_s）描述地质体的导电性，其实质是电场有效作用范围内各种地质体电阻率的综合值。如图 8-3 所示为视电阻率与地电断面的关系。

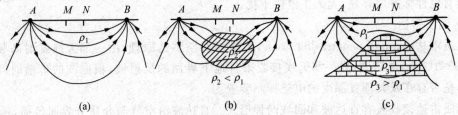

图 8-3　视电阻率与地电断面的关系
(a) 均匀岩石 ($\rho_s = \rho_1$)；(b) 赋存良导地质体 ($\rho_s < \rho_1$)；(c) 赋存高阻地质体 ($\rho_s > \rho_1$)

电阻率法包括电测深法 (electric sounding) 和电剖面法 (electric profiling)，两类方法各自又包含有多种变异方法。在岩土工程中应用最多的是对称四极电测深、环形电测深、对称剖面法和联合剖面法。

应用对称四极电测深法确定电阻率有差异的地层，探查基岩风化壳、地下水埋深，寻找古河道等，效果较好。图 8-4 反映的是电测深曲线与基岩风化壳分带的对应关系。

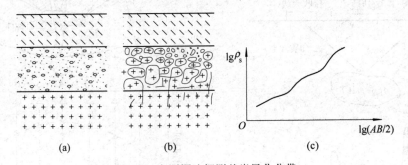

图 8-4　电测深法探测基岩风化分带
(a) 岩土层分层；(b) 基岩风化带分带；(c) 电测深曲线

电测剖面法可被用于探查松散覆盖层下基岩面起伏及地质构造展布情况，了解古河道位置，寻找溶洞等。图 8-5 所示为利用对称剖面法探查岩溶地区灰岩面起伏情况。由于溶蚀洼地中堆积的低电阻率第四系松散物质，视电阻率 (ρ_s) 曲线的高低起伏正好反映了灰岩面的起伏状况，解释效果良好。

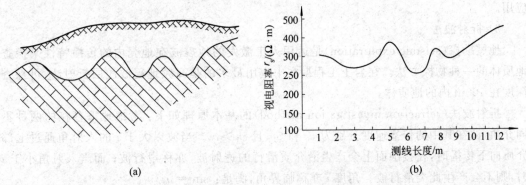

图 8-5　对称剖面法探测基岩起伏情况 (贾苓希，1963 年)
(a) 基岩起伏情况；(b) 视电阻率曲线

电阻率法适用于地形比较平缓、便于布置电极的场地；被探测地质体的大小、形状、埋深、产状等须在人工电场控制范围之内，且电阻率稳定，并与周围岩土背景值有明显差异；场地内有电性标准层存在，无人工电磁干扰。

2) 地质雷达

地质雷达(ground penetrating radar)是借用对空雷达原理，由一部天线发射高频宽带(1MHz～1GHz)电磁波，另一部天线接收来自地下界面的反射波，根据波的传播时间判断介质体是否存在及其埋置深度的电磁探测装置。

地质雷达接收波有直达波和回波两种形式。直达波沿空气与介质分界面传播，经 t_0 时间后到达接收天线；回波则指传入介质内的波，它在遇到电性不同的介质体（富水岩土体、洞穴、管道等）后发生反射、折射，并经时间 t_s 后到达接收天线，如图 8-6 所示。

运用地质雷达探测地下地质异常体，通过不同点位回波时程的测定，能够较直观地得到地质异常体的位置、埋置深度信息，如图 8-7 所示。

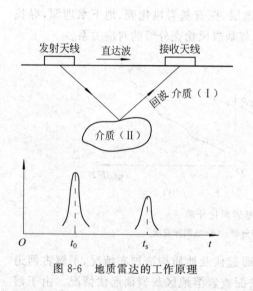

图 8-6　地质雷达的工作原理

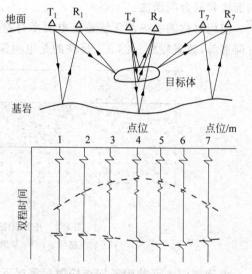

图 8-7　地质雷达探测剖面记录

地质雷达具有分辨能力强，判译精度高，不受高阻屏蔽层及水平层各向异性影响等优点，适用于各类浅部介质体的探测工作，在房屋建筑勘察、市政工程建设等方面得到了广泛应用。

3) 折射波法

地震勘探(seismic exploration)是运用人工激发的地震波在地壳内的传播特性来探查地质体的一种物探方法。在岩土工程勘察中应用最多的是高频地震波浅层折射法，可探查深度在 100m 内的地质体。

折射波法(refraction investigation method)的基本原理如下：考虑地下存在的两种不同介质，波在其中的传播速度分别为 v_0 和 v_1，且 $v_1 > v_0$。当波以大于 i 的入射角通过上部介质向下传播时，在接触面上会产生沿介质滑行的透射波，亦称滑行波；而当入射角小于 i 时，则不会产生此类滑行波。角度 i 亦称临界角，满足：$\sin i = v_0/v_1$。

滑行波所引起的界面以下介质的振动必然带动上层介质中邻近质点振动，两种振动叠加后会在上层介质中形成一种新波(折射波),并以出射角 i 向外传播,如图 8-8 所示。而在 OM 之间,由于滑行波形成角 i 的限制,形成了折射波盲区。

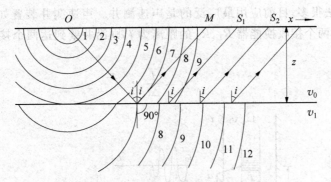

图 8-8 折射波形成示意图

在探测过程中,折射波接收器须布设在盲区之外。如图 8-9 所示,以炮点为坐标原点,炮检距为 x 时,直达波的时距曲线方程为 $t=x/v_0$,这是一条通过原点、斜率为 $1/v_0$ 的直线。容易看出,在炮检距不大的条件下,直达波比折射波先到达接收点;但由于滑行波在界面以 $v_1(v_1>v_0)$ 的速度前进,直达波经过一定路程 OS' 后反而会落后于折射波。因此从 S' 以后折射波就成为初至波,其时距曲线仍为直线,斜率为 $1/v_1$。两直线交会位置 $x_{S'}$ 满足:

$$x_{S'} = 2z\sqrt{\frac{v_1+v_0}{v_1-v_0}} \tag{8-1}$$

式中,v_0、v_1 及 $x_{S'}$ 可由实测的初至波时距图得到,由此可按式(8-1)计算得到折射界面的深度 z。

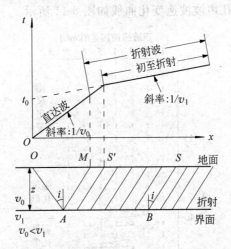

图 8-9 水平界面的折射波与直达波时距曲线

地震波勘探法适用于地形起伏较小、地质界面平坦、上下地质体波速差异明显,且界面上方岩土层性质均匀、无明显高阻层屏蔽的场地。

4) 声波测井

声波(acoustic wave)在不同介质中传播时具有不同的波速及声波曲线形态。声波测井(acoustic logging)即是利用岩土介质的这一声学特性研究钻井地层情况、判断固井质量等问题的一种测井方法。该法可利用已有钻井,结合地质调查成果,查明地层岩性特征、进行风化分带、确定工程岩体分类等；与其他测井方法相配合可部分或全部代替岩芯钻探，开展无岩芯钻进。

声波测井方法很多，目前应用最广泛的是声速测井。声速测井装置如图 8-10 所示，为单发射双接收型，两个接收换能器 R_1、R_2 的距离为 l，则沿井壁到达两个接收器的时间差为 Δt，且有

$$v = \frac{l}{\Delta t} \tag{8-2}$$

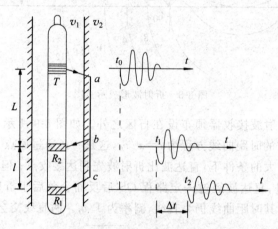

图 8-10　声波测井示意图

根据不同层位岩土体的声速及声速曲线形态特征，可划分岩层、探查断层破碎带、进行风化壳分带等。典型的钻孔声波波速变化曲线如图 8-11 所示。

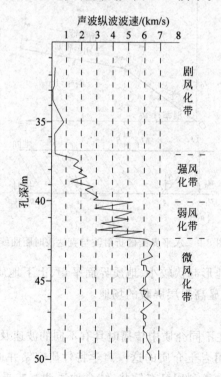

图 8-11　钻孔声波波速变化曲线（李智毅，2000 年）

5) 综合物探

各物探方法多采用单一物理量进行探测,而一些不同类型地质体会对某一物理场产生相似响应,形成类似探测结果,从而造成后期物探数据解译、区分困难,这也是单一物探法在信息解译上存在多解性的原因。因此,可在同一剖面、测网中运用两种以上物探方法开展探测工作,并综合验证、分析各物探数据,排除干扰因素,提高物探准度、精度,此即为综合物探(compound geophysical investigation)。

如图 8-12 所示为运用综合物探法寻找含水溶洞的实例。在运用电测剖面法探查时,发现充水溶洞与被土填充的溶洞电性差异小,辨别困难。通过地质调查得知,溶洞中充填土为上部土洞与灰岩溶洞贯通后,由于淋滤作用淤积而成,土中局部含铁磁性矿物且重度较大。因此沿原电测剖面布设了磁法勘探和重力勘探,结果显示被土充填的溶洞表现出明显的磁力异常,而充水溶洞测得的重力值较低。通过三种物探方法的对比,有效地区分出了充水溶洞与充土溶洞,排除了单一电法的多解性,获得了正确的地质信息。

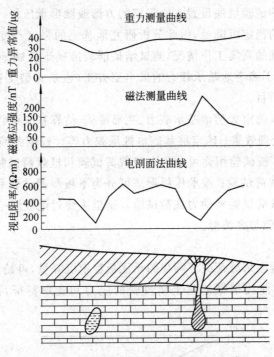

图 8-12 岩溶区综合物探(李智毅,2000 年)

8.3 原位测试

原位测试(in-situ tests)是指在岩土体原始位置,并基本保持其天然结构、含水量、原位应力的状态下所进行的工程性质测试。与室内试验相比,测试前省却了取样、搬运等环节,对岩土体结构基本不产生扰动或扰动较小;且可进行较大尺寸测试,能够充分体现岩、土宏观结构对其工程性质的影响,因而获得的试验结果更符合实际情况。尤其对结构性软土、饱和砂土、岩体结构面等的试验工作,原位测试具有不可替代的作用。

同时也应看到原位测试技术还存在很多问题尚未解决。如对一些测试方法的试验机理认识不清,测试过程中边界条件无法有效控制,测试参数与实际工程性质之间的关系仍建立在经验、统计基础之上;一些测试方法适用条件严苛,使用不当会影响其测试效果,有时甚至得出错误的结论。

目前,原位测试方法主要可分为两大类:剖面测试法和专门测试法。剖面测试法主要包括静力触探、动力触探、扁铲膨胀仪试验及波速法等,具有可连续测试且快速、经济的优点;专门测试法包括载荷试验、旁压试验、标准贯入试验、抽水试验、十字板剪切试验等,可得到建设场地关键层位的工程性质指标,测试精度高,结果可直接提供给设计部门使用。两大类原位测试方法通常配合使用,点、线、面结合,既可提高勘察精度,又能加快勘察进度。

8.3.1 载荷试验

载荷试验(loading test)是模拟建筑物基础工作情况的一种现场测试方法。具体做法是在相当基础埋置深度的试验坑底设置一定规格的方形或圆形承压板,并对其逐级试压,观测地基土在相应荷载下的稳定沉降量,由此分析研究地基土的强度与变形特征。由于该试验可较好模拟建筑物基础的真实工作情况,测试结果能较准确地反映地基土受力状况和变形特征,这是目前各国用于确定地基承载力的最主要方法,也是大型工程、重要建(构)筑物勘察中不可缺少的试验项目。

通过载荷试验可以确定天然地基承载力、变形特征,估算基床系数、地基土抗剪强度、固结程度等;评价地基处理效果;确定桩基础单桩承载力等。根据载荷试验的对象、方法等,通常有以下几种分类:按试验用途可分为一般载荷试验和桩载荷试验;按试验深度可分为浅层载荷试验和深层载荷试验;按承压板形态可分为平板载荷试验和螺旋板载荷试验;按荷载性质可分为静力载荷试验和动力载荷试验。这里主要讨论浅层平板静力载荷试验原理与方法,其他各载荷试验与之类似。

1. 试验原理

根据平板载荷试验在每级荷载下测得的承压板稳定沉降量,可绘出荷载-沉降关系曲线(p-s 曲线)。典型 p-s 曲线根据地基土所反映的应力和变形特征可划分为三个阶段,如图 8-13 所示。

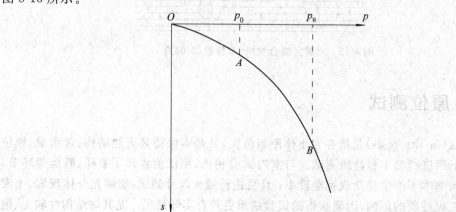

图 8-13 平板载荷试验典型 p-s 曲线

(1) 直线变形阶段。图 8-13 中 p-s 曲线 OA 段,本阶段 p-s 曲线近似呈直线,地基土以弹性压缩变形为主。本阶段终点(A 点),荷载板边缘部分土体已达到强度极限,荷载稍有增加,将率先进入塑性状态,p-s 曲线也就不再为直线,此时对应的压力水平 p_0 称比例界限荷载(proportional limit load)或临塑荷载(critical edge load)。

(2) 剪切变形阶段。图 8-13 中 p-s 曲线 AB 段,该阶段 p-s 曲线由近似直线转为曲线,且曲线斜率随荷载增加而不断增大;本阶段伊始,承压板边缘已有部分土体进入塑性状态,随荷载水平增加,塑性区不断向周围土体扩展,至本阶段结束(B 点),塑性区初步联合形成整体,对应的压力水平 p_u 称极限荷载(ultimate load)。本阶段沉降由弹性变形和塑性变形共同组成,因此 AB 段亦称弹塑性阶段。

(3) 破坏阶段。图 8-13 中 p-s 曲线 B 点以后部分,该阶段曲线斜率急速增大,地基土中已剪切破坏,并形成了连续滑动面,即使在不增加荷载的情况下,承压板下及周围土体也会不断被挤出,导致承压板持续沉降。本阶段沉降主要由塑性变形引起,亦称塑性变形阶段。

由此可获得地基土在各个受载阶段的力学变形性质,为工程设计提供参考。

2. 试验设备

平板载荷试验设备通常由三部分组成:加载系统、反力系统和量测系统。

(1) 加载系统指通过承压板对地基土施加额定荷载的装置,包括承压板和加载装置。承压板将加载装置产生的力均匀传递至地基土,一般为圆形或方形刚性板;加载装置有重物堆载和千斤顶加载两种方式(见图 8-14),重物堆载是直接将钢锭、混凝土块等重物堆放于加载平台实现加载,千斤顶加载则是运用反力装置和千斤顶对承压板施加荷载。

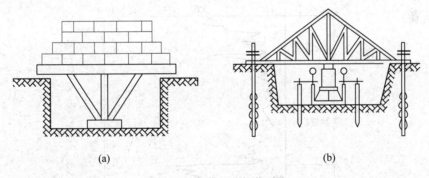

图 8-14 载荷试验加载系统
(a) 重物堆载;(b) 千斤顶加载

(2) 反力系统指提供加载支撑反力的辅助试验装置。常见的反力系统有两种,一种由地锚、反力架(梁)构成,加载系统将试验荷载反力通过反力架(梁)施加在地锚上,并由地锚传递至周围土层中;另一种则由重物和堆载平台构成,加载系统将试验荷载反力直接作用于堆载平台上。

(3) 量测系统包括压力观测系统和沉降观测系统。对于千斤顶加载方式而言,无须设置专门的压力观测系统,通过千斤顶油泵压力表可直接换算得到所施加的荷载大小;而沉降观测则是通过将百分表或自动位移传感器连接至基准桩或基准梁上实现的。

8.3.2 静力触探试验

静力触探试验(cone penetration test)是利用准静力将标准规格的探头压入土中,通过探头内传感器测记贯入阻力,并根据阻力大小间接判断土层物理力学性质的现场试验方法。静力触探技术始于 1917 年,1932 年荷兰工程师 Barentesn 第一次开展了静力触探试验,因此该法亦称荷兰锥试验(Dutch cone test)。20 世纪 90 年代以来,静力触探探头的研制朝着多功能方向发展,增加了许多新功能,如测量地温、pH 值、波速、孔隙水压力等。

静力触探试验适用于软土、黏土、粉土和中等密实度以下的砂土,而对含碎石、砾石较多的土及密实砂土适用性较差。与传统钻探相比,静力触探试验具有连续、快速、经济、劳动强度低等特点,且可连续获得地层强度及相关信息,对地层组成复杂、取样困难的场地勘探具有独特的优势。

通过静力触探试验可获得场地地层的贯入阻力曲线。根据曲线形态特征及数值大小可进行场地地层划分;评价地基土物理力学性质,预估承载力;为桩基础选择持力层、估算单桩承载力;判定场地土层液化情况等。

1. 试验原理

静力触探的基本原理是通过一定的机械装置,以准静力将标准规格的金属探头垂直、均匀地压入土层,同时利用探头内含的传感器测试土层对触探头的贯入阻力,根据阻力情况(p_s-h 曲线,见图 8-15)分析、判断各土层的物理力学性质。由于静力触探的贯入机理十分复杂,目前尚未有理论能够圆满解释静力触探机理,工程中仍主要采用经验公式将贯入阻力与土的物理力学参数联系起来,或根据贯入阻力的相对大小作定性分析。

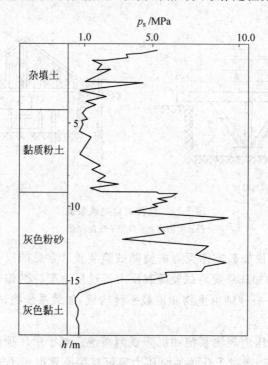

图 8-15 静力触探 p_s-h 曲线(王奎华,2005 年)

2. 试验设备

静力触探试验设备主要由贯入系统和量测系统两部分组成。前者主要对测试探头施加压力,并承受其作用力;后者主要对土层阻力及其他参数进行量测和记录。

(1) 贯入系统由贯入装置、探杆和反力装置组成。贯入装置按加压方式不同可分为液压式、手摇链条式和电动机械式三种;探杆是将地表施加的贯入力传递给探头的中间媒介,为保证垂直传力,使用前应进行严格检查、校对;反力装置是承受由探杆传递的土层反力的系统,通常采用地锚、重物或两者联合的反力系统。

(2) 量测系统由探头和记录系统组成。土层阻力会导致探头内置变形柱变形,通过粘贴在变形柱上的应变片量测变形大小,由记录系统采集有关数据,并反映到地面记录仪上。测试探头有单桥探头、双桥探头(见图 8-16)及其他多功能探头之分,记录系统主要由数字式电阻应变仪、电子电位差自动记录仪及微电脑数据采集仪等组成。

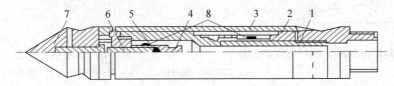

图 8-16 双桥探头结构
1—传力杆;2—摩擦传感器;3—摩擦筒;4—锥尖传感器;5—钢柱;6—顶柱;7—锥尖头;8—电阻应变片

8.3.3 圆锥动力触探试验

圆锥动力触探试验(dynamic sounding)是利用一定的锤击能量,将一定规格的圆锥探头打入土中,并根据入土难易程度(贯入阻力或贯入一定深度的锤击数)来评价土的物理力学性质的一种原位测试方法。该试验以落锤冲击力提供贯入能量,无须专门提供反力装置,与静力触探相比具有设备简单、操作方便等优势;可选择较大冲击能量,适用范围更为广泛,对静力触探难以贯入的碎石土层、密实砂土层甚至较软岩石均适用。按冲击能量大小,可分为轻型动力触探(light dynamic sounding)、重型动力触探(heavy dynamic sounding)和超重型动力触探(super-heavy dynamic sounding)三种。工程实践中,应根据土层类型、硬度及密实程度选择不同的试验设备。

圆锥动力触探试验指标可用作以下目的:①定性划分土层;②评估场地各土层物理力学性质;③查明土洞、滑动面及软弱土层分界面;④检验评估地基处理效果;⑤评定天然地基承载力及单桩承载力。

1. 试验原理

圆锥动力触探试验通常以打入土中一定距离(贯入度)所需锤击次数来表示贯入的难易程度。相同贯入度下,锤击次数越多,表明土层阻力越大,土的力学性质就越好;反之,锤击次数越少,土层阻力越小,土的力学性质就越差,如图 8-17 所示。结合相关类型土的室内外力学试验,通过统计分析即可确定锤击数与土体力学性质的对应关系。

2. 试验设备

各类圆锥动力触探设备的结构大同小异,这里以轻型动力触探设备为例进行说明。如图 8-18 所示,轻型圆锥动力触探试验设备包括导向杆、穿心锤、锤垫、探杆和圆锥探头五部分。试验时,先以轻便钻具(螺纹钻、洛阳铲)钻至指定位置,将探头放入孔内,保持探杆垂直,再以人力或机械提升穿心锤,并释放锤击,根据规定记录锤击次数。

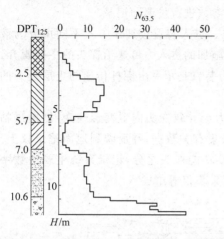

图 8-17 动力触探锤击数与岩性、深度的关系

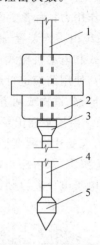

图 8-18 轻型触探设备
1—导向杆;2—穿心锤;3—锤垫;4—触探杆;5—圆锥探头

8.3.4 十字板剪切试验

十字板剪切试验(vane shear test)是一种通过对插入地基土中规定形状的十字板头施加扭矩,使其在土体中等速扭转形成圆筒状破坏面,并运用换算后的扭矩评价地基土不排水抗剪强度的现场试验。十字板剪切试验于 1928 年由 Olsson 首先提出,我国自 1954 年南京水利科学研究院等单位对该技术进行开发应用以来,使其在沿海软土地区得到了广泛应用。该试验适用于测定饱和软黏土抗剪强度,所测值相当于试验深度处天然土层在原位压力下的固结不排水抗剪强度。由于十字板剪切试验无须采集土样,避免了土样扰动及天然应力改变导致的试验误差,因此对高灵敏度黏性土测试具有不可替代的优越性。

十字板剪切试验成果可用于以下目的:①测定原位应力条件下软黏土的不排水抗剪强度;②评估饱和软黏土灵敏度;③判断软黏土固结程度。

1. 试验原理

十字板剪切试验是将一定高径比的十字板插入待测试土层中,通过钻杆对十字板施加扭矩使其匀速旋转,根据施加的扭矩可得到土层的抵抗扭矩,并可进一步换算成土的抗剪强度。土层对十字板的抵抗扭矩 M 由圆柱侧面抵抗扭矩 M_1 和圆柱顶、底面抵抗扭矩 M_2 两部分组成。十字板匀速旋转时,施加扭矩与土层抵抗扭矩相等。由此,土层不排水抗剪强度可表达如下:

$$C_u = \frac{2M}{\pi D^3 \left(\dfrac{H}{D} + \dfrac{\alpha}{2}\right)} \tag{8-3}$$

式中:C_u——饱和黏性土不排水抗剪强度,kPa;

H——十字板高度,m;

D——十字板直径,m;

α——与圆柱顶、底面土剪应力分布有关的系数。

需要说明的是,式(8-3)是在假定圆柱侧面及顶、底面具有相同抗剪强度的前提下进行的,实际土体会有所差异,因而该公式计算结果只是土层抗剪强度在某种意义上的平均值。

2. 试验设备

十字板剪切试验设备主要由十字板头、轴杆和测力装置组成。目前常用的十字板剪切仪主要有机械式和电测式两种,前者需借助钻机或其他机械预先成孔,然后将十字板头压入孔底一定深度进行试验;而电测式可采用静力触探贯入主机将十字板压入指定深度进行试验。

(1)十字板头。常用十字板为矩形,高径比为2,如图8-19所示。试验土层类型不同,适用的十字板头尺寸也不同,如一般软黏土选择150mm×75mm,而稍硬土选择100mm×50mm。

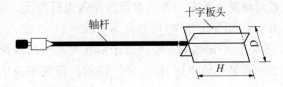

图8-19 十字板头

(2)轴杆。常用的普通轴杆直径为20mm,通过牙嵌式离合器与十字板头连接。其中离合器连接能够使轴杆与十字板脱离,便于轴杆摩擦校正,在国内使用广泛。套筒式轴杆是在普通轴杆外套上带有弹子盘可自由转动的钢管,避免了轴杆与土之间的接触摩擦。

(3)测力装置。机械式十字板通常采用钢环测力装置,而电测式十字板则采用电阻应变式测力装置,并配备相应的读数仪。前者通过钢环拉伸变形反映施加的扭力大小;后者通过贴有电阻应变片的扭力柱将十字板与钻杆相连,根据应变片变形测算扭力值,如图8-20所示。

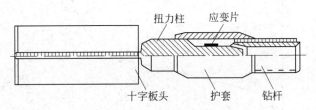

图8-20 电测十字板测力装置

8.3.5 旁压试验

旁压试验(pressure-meter test)又称横压试验,是利用圆柱状旁压器对钻孔壁施加均匀横向压力,使其发生径向变形直至破坏,同时通过测量系统量测横向压力与径向变形的关系,并进一步推求地基土力学参数。旁压试验数学物理模型明确,运用弹塑性理论可获得精确理论解,这为其推广应用奠定了理论基础。

按旁压器在土层中的放置方式,旁压试验可分为预钻式、自钻式及压入式三类。预钻式是事先在土层中预钻钻孔,再将旁压器放至孔内指定深度处开展试验,试验结果受成孔质量影响较大,通常用于成孔性较好的地层。自钻式是在旁压器下端安装切削钻头和环形刃具,静力下压的同时以钻头破碎进入刃具的土体,并通过循环泥浆将碎屑带出,钻至预定深度后开展试验。压入式又可分为圆锥压入式和圆筒压入式两种,均以静力压入的方式将旁压器送至指定试验深度,压入时旁压器对周围土体的挤压效应会对试验结果造成一定的影响。

旁压试验方法简单、灵活,结果准确,适用于黏性土、粉土、砂土、碎石土、残积土以及软岩等地层的测试。其成果可用于以下目的:①测求地基土临塑荷载、极限荷载,估算承载力;②测求地基土变形模量,预估沉降量;③估算原位应力、侧向基床系数及侧压力系数等。

1. 试验原理

旁压试验通过向圆柱形旁压器内分级充气加压,旁压膜侧向膨胀并将压力传递给钻孔周围土体,使其产生变形直至破坏。由此可得到气压与扩张体积(或径向位移)之间的对应关系,并可根据这一关系对地基土承载力及其变形性质等进行评价。

典型旁压曲线(压力 p-体积变化量 V)可划分为三段。

(1) 初始阶段。见图 8-21 中曲线 AB 段。由于钻孔对孔壁的卸荷作用,加压过程中体积扩张较快,当加载水平达到钻孔前土压力(p_0)时,体积扩张速率减小,土体进入弹性变形阶段。

(2) 似弹性阶段。见图 8-21 中曲线 BC 段。压力与体积呈近似线性变化,钻孔周围土体近似处于弹性变形阶段。

(3) 塑性阶段。见图 8-21 中曲线 CD 及以后阶段。当加载达到临塑荷载(p_f)时,钻孔周围部分土体进入塑性状态,随压力增加塑性范围不断扩大,继续加载至极限荷载(p_l),塑性区联结形成整体滑动,此时压力不再增加,变形却可持续发展。

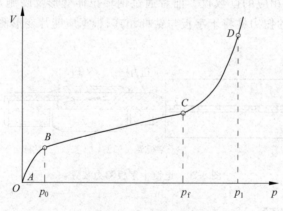

图 8-21 典型旁压曲线

2. 试验设备

旁压试验设备(称旁压仪)主要由旁压器、变形测量系统和加压稳压装置组成,如图 8-22 所示。这里仅对预钻式旁压试验设备进行介绍。

(1) 旁压器。为三腔式圆柱形,外套弹性膜。中间腔体为测量腔,上下腔体为辅助腔,其作用是使测量腔周围土体受压趋于均匀。

(2) 变形测量系统。测量管量测孔壁土体受压稳定后的变形值。

(3) 加压稳压装置。压力来自高压氮气,或进行人工打气,附压力表,由调节阀门控制加压、稳压。

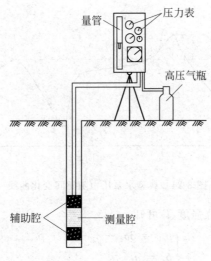

图 8-22 旁压仪示意图

8.3.6 岩体原位应力测试

岩体初始应力状态是进行工程设计不可或缺的重要资料之一,但目前该应力场无法通过理论计算分析获取,大都通过现场测试得到。常用的测试方法有水压致裂法、应力解除法和应力恢复法三种,这些方法均是通过对钻孔孔壁或地下洞室局部岩壁实施应力、变形扰动,并运用测量设备获取扰动反馈信息,通过岩石应力应变关系计算得到岩体的初始应力状态。下面对三类岩体原位应力测试方法的基本原理和做法进行简单介绍。

1. 水压致裂法

水压致裂法(hydraulic fracturing technique)的原理是利用橡胶塞封堵一段钻孔,通过水泵将高压水压入其中,使钻孔孔壁产生拉裂破坏,根据试验过程中的水压力值计算岩体原位应力,如图 8-23 所示。其主要优点是测量深度不限、结果直观、数据准确,相比其他测试方法测量结果具有较好的代表性,此外测试设备比较简单、操作方便。

假设钻孔轴与某主地应力方向一致,则水压致裂问题可简化为一平面应变问题。典型水泵压力随时间变化曲线如图 8-24 所示。设岩体内原始裂隙水压力为 p_0,水泵压力由此开始逐渐增加,达到峰值 p_{c1} 时,试验段孔壁将沿特定方向(垂直平面内小主应力的方向)产生拉裂破坏,水泵压力随之降低,并逐渐稳定于 p_s(关闭压力)。此后人为降低水压,孔壁拉裂隙会在岩体应力作用下逐渐闭合,再次升压达到 p_{c2} 时,原裂隙将再次张开,随后水压降低并重新稳定于 p_s。

在主应力 σ_1、σ_2 作用下,孔壁上裂纹开裂处切向压

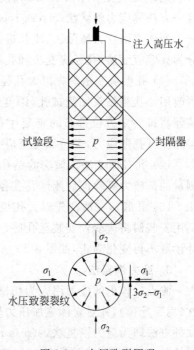

图 8-23 水压致裂原理

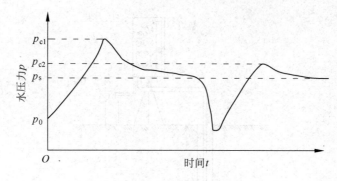

图 8-24 典型水泵压力随时间变化曲线

力为 $3\sigma_2-\sigma_1$。考虑岩石抗拉强度 T 可知

$$\begin{cases} p_{c1} = 3\sigma_2 - \sigma_1 + T - p_0 \\ p_s = \sigma_2 \\ T = p_{c1} - p_{c2} \end{cases} \quad (8\text{-}4)$$

因此

$$\begin{cases} \sigma_1 = 3p_s - p_{c2} - p_0 \\ \sigma_2 = p_s \end{cases} \quad (8\text{-}5)$$

2. 应力解除法

岩体在地应力作用下会产生相应的应变。当地下某单元岩块与基岩分离后,其所受的地应力当即解除,并产生弹性恢复应变,这一应变状态即是岩块受地应力作用产生的,由此可利用应力应变关系计算得到岩块的应力状态,它可代表一定范围内岩体的地应力状态。这一方法称应力解除法(stress relaxation method)。按其应变测量元件安放位置的深浅可分为岩体表面应力解除法、浅孔应力解除法和深孔应力解除法三种,后两种方法又可分别细分为孔壁应变法、孔径应变法和孔底应变法。

(1) 孔壁应变法。先以大孔径钻头在待测岩体上钻孔至预定深度,并将孔底打磨平整;再改用小孔径钻头钻测试孔,深度约 50mm,测试孔与大孔同轴且内壁光滑;利用应变计安装器将按一定方位排布的应变片安装于测试孔壁上;运用大直径套钻进行分级钻进,逐步解除测试孔壁应力,套钻深度至应变计读数不再变化为止。

(2) 孔径应变法。该法的钻孔测试过程与孔壁变形法一致,区别在于本方法中应变计测量的是应力解除前后测试孔孔径的变化情况,据孔径大小变化推求岩体原位应力。

(3) 孔底应变法。先以大孔径钻头在待测岩体上钻孔至预定深度,并将孔底打磨平整;利用安装器将应变片安装至孔底;运用大直径套钻钻进,进行应力解除,钻进深度仍以应变计读数不再变化为止,如图 8-25 所示。

3. 应力恢复法

测点岩体内的应力因人为切槽而释放,相应的应变也随之产生回弹,在切槽内埋入压力枕(扁千斤顶),并对岩体施加压力使其恢复至切槽前状态,相应的应变也恢复至原来状态,此种方法即为应力恢复法(stress recovery method)。压力枕在加压过程中,监测切槽周围岩体的应变恢复状况,当其与切槽前一致时,可认为压力枕施加的应力即为岩体的原位应力。应力恢复法的试验布设如图 8-26 所示。

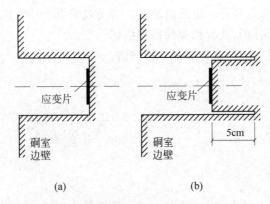

图 8-25 孔底应力解除法示意图
(a) 粘贴应变片；(b) 应力解除

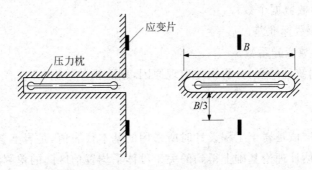

图 8-26 应力恢复法布置图

8.4 勘察成果整理

在岩土工程现场勘察工作结束之后，应尽快将测绘、勘探、测试所得资料、数据进行检验校对、整理归纳、分析总结，形成图文并茂的岩土工程勘察报告，并及时交付设计、施工部门使用。主要工作内容包括：岩土参数的分析与选取、岩土工程分析评价及编写岩土工程勘察报告。

8.4.1 岩土参数的分析与选取

岩土参数的分析与选取是岩土工程分析评价和岩土工程设计的基础。岩土工程评价是否客观、合理，设计计算是否安全、可靠，很大程度上取决于岩土参数的选取是否合理。岩土参数可分为两类——评价指标和计算指标，前者指用于评价岩土性状、划分地层、鉴定类别的指标；后者则指用于工程设计，预测岩土体力学行为、变化趋势的计算指标。

岩土参数必须满足可靠性和适用性要求，所谓可靠性是指参数能正确反映岩土体在规定条件下的性状，所谓适用性则指参数能满足工程设计计算的假定条件和计算精度要求，这在很大程度上取决于试验对岩土体的扰动程度和试验标准。在岩土工程勘察报告中应体现主要参数的可靠性和适用性分析过程，并在此基础上给出评价、设计所需参数值。

1. 参数统计分析

由于岩土性质的非均匀性和各向异性，以及参数测定过程中使用方法、条件、扰动程度等的不同,勘察获得的参数具有一定的离散性。为方便应用,应在工程地质单元、层位划分的基础上对其进行统计分析,获得相应的概率指标。

主要岩土参数常按以下公式计算统计特征值:

$$\begin{cases} \phi_m = \dfrac{1}{n}\sum_{i=1}^{n}\phi_i \\ \sigma_f = \sqrt{\dfrac{1}{n-1}\left[\sum_{i=1}^{n}\phi_i^2 - \dfrac{1}{n}\left(\sum_{i=1}^{n}\phi_i\right)^2\right]} \\ \delta = \dfrac{\sigma_f}{\phi_m} \end{cases} \quad (8-6)$$

式中:ϕ_m——岩土参数平均值;

ϕ_i——第 i 个岩土参数数据值;

n——岩土参数数据个数;

σ_f——岩土参数标准差;

δ——岩土参数变异系数。

此后,还需根据统计结果,分析误差出现原因,剔除粗差数据,并在舍弃粗差数据后重新进行统计。

2. 参数标准值

岩土参数的标准值是岩土工程设计时所采用的基本代表值,是岩土参数的可靠性估值。它是在统计学区间估计理论基础上得到的关于母体平均置信区间的单侧置信界限值。可按下式求得:

$$\phi_k = \gamma_s \phi_m \quad (8-7)$$

其中,γ_s 为统计修正系数,其值按下式选取:

$$\gamma_s = 1 \pm \left(\dfrac{1.704}{\sqrt{n}} - \dfrac{4.678}{n^2}\right)\delta \quad (8-8)$$

式中正负号按不利组合考虑,如修正抗剪强度指标时,该系数取负值;该修正系数亦可在考虑岩土工程类型、重要程度、参数变异性及统计数据个数等因素的基础上按经验选取。

实际工程中,岩土参数平均值通常用于对岩土性状评价及正常使用极限状态的计算,而岩土参数标准值则用于承载能力极限状态的计算。在岩土工程勘察报告中,应按下列不同情况提供岩土参数值:

(1) 一般情况下,提供岩土参数的平均值、标准差、变异系数、数值范围和数据个数;

(2) 承载能力极限状态计算所需岩土参数标准值按式(8-7)计算,当设计规范另有专门规定时,按有关规范执行。

(3) 当用以分项系数描述的设计表达式进行计算时,岩土参数设计值 $\phi_d = \phi_k/\gamma$,其中 γ 为岩土参数分项系数,按有关设计规范取值。

8.4.2 岩土工程分析评价

岩土工程分析与评价是勘察成果整理的核心内容。它是在收集已有资料、整理各项勘察工作成果的基础上,根据具体工程特点和要求所开展的计算与评判工作。主要内容包括：

(1) 分析评价建设场地的稳定性与适宜性；
(2) 提供场地地层结构、地下水空间分布，以及对应的设计计算参数；
(3) 预测场地可能存在的岩土工程问题，并提出相应的防治对策与措施；
(4) 提出地基基础、边坡、地下洞室等工程设计的方案建议；
(5) 预测拟建工程对已有工程的影响，分析工程建设与环境间的相互影响关系。

岩土工程的分析与评价应采用定性分析(qualitative analysis)与定量分析(quantitative analysis)相结合的方式，两者均应在具有详细资料和数据支撑的基础上运用成熟理论与方法进行分析评价。通常定性的分析评价可以独立开展，而定量的分析评价则须在定性分析评价的基础上开展。换言之，不经定性分析评价是不能直接进入定量分析评价环节的。

对于某些问题可仅作定性分析评价，如工程选址，以及场地地质背景、工程地质条件、场地岩土体性状分析等。而对另外一些问题则必须进行定量分析评价，主要包括：①工程岩土体的变形性状及其极限值；②工程岩土体的强度、稳定性及其极限值，如地基、边坡、地下洞室等工程所涉及的岩土体；③岩土压力及应力的分布与传递；④其他各类临界状态的判定问题。

定量分析方法有解析法(analytic method)、图解法(graphical analytic method)与数值法(numerical method)三类。其中解析法在岩土工程勘察报告中使用最为广泛，此类方法以经典刚体平衡理论为基础，在一定假设前提下通过严格的数学、力学推演得到。而实际地质体的存在状态往往与解析法物理模型及假设条件存在出入，同时其边界条件、计算参数也存在一定的误差和不确定性，甚至存在一定的经验性。因此运用此类方法进行计算时应留有足够的安全储备，以确保工程的可靠性。

岩土工程的分析评价应根据岩土工程勘察等级区别进行。对丙级岩土工程勘察，应根据相近工程经验进行分析评价，必要时可结合少量勘探、测试资料；对乙级岩土工程勘察，应在详细勘探、测试工作基础上，结合相近工程经验进行分析；而对于甲级岩土工程勘察，除按乙级要求进行外，尚宜对其中的复杂问题进行专门研究，并结合监测工作对评价结论进行核查。

8.4.3 岩土工程勘察报告

岩土工程勘察报告(geotechnical investigation report)应资料完整、真实准确、数据无误、图标清晰、结论有据、建议合理，便于使用和长期保存，并应因地制宜、重点突出，有明确的工程针对性。

1. 报告的基本内容

岩土工程勘察报告的内容应根据任务要求、勘察阶段、地质条件、工程特点等情况确定。不同场地条件、不同工程的要求和特点差异较大，勘察报告的内容、侧重点也不完全相同。这里仅给出一般勘察报告所应包括的基本内容，具体如下：

(1) 委托单位、场地位置、工作简况，勘察的目的、要求和任务，以往勘察工作及已有资料情况；
(2) 勘察方法及勘察工作量布置，包括各项勘察工作的数量、布置和依据，工程地质测绘、勘探、取样、室内试验、原位测试等方法的必要说明；

(3) 场地工程地质条件分析,包括地形地貌、地层岩性、地质构造、水文地质和不良地质现象等内容,对场地稳定性和适宜性作出评价;

(4) 岩土参数的分析与选用,包括各项岩土性质指标的测试成果及其可靠性和适宜性,评价其变异性,提出标准值;

(5) 根据地质和岩土条件、工程结构特点及场地环境情况,提出地基基础方案、不良地质现象整治方案、开挖和边坡加固方案等岩土利用、整治和改造方案的建议,并进行技术经济论证;

(6) 对建(构)筑结构设计和监测工作的建议,工程施工和使用期间应注意的问题,对下一步岩土工程勘察工作的建议等。

2. 报告应附的图表

勘察报告应附必要的图表,主要包括:

(1) 场地工程地质图(附勘察工作布置图);
(2) 工程地质柱状图、剖面图或立体投影图;
(3) 室内试验和原位测试成果图表;
(4) 岩土利用、整治、改造方案的有关图表;
(5) 岩土工程计算简图及计算成果图表。

3. 专题报告

除上述综合性岩土工程勘察报告外,也可根据任务要求提交单项报告,主要有:

(1) 岩土工程测试报告;
(2) 岩土工程检验或监测报告;
(3) 岩土工程事故调查与分析报告;
(4) 岩土利用、整治或改造方案报告;
(5) 专门岩土工程问题的技术咨询报告。

需要指出的是,勘察报告的内容可根据岩土工程勘察等级酌情简化或加强。对丙级岩土工程勘察报告的内容可适当简化,采用图表为主,辅以必要的文字说明;对甲级岩土工程勘察报告除应符合本节规定外,尚须对专门的岩土工程问题提交研究报告或监测报告。

思考题

1. 工程地质测绘主要开展哪些工作?如何进行?
2. 总结、分析钻探、坑探与地球物理勘探的优缺点,在实际工程中如何配合使用?
3. 原位测试与室内试验相比有哪些优缺点,如何配合使用?
4. 工程地质勘察报告应包括哪些主要内容?

9

土木工程地质问题与分析

9.1 地基工程地质问题

地基(foundation,subgrade)是指承受建(构)筑物荷载直接作用,位于基础底部一定范围内的岩土体。其深度为基础宽度的 1.5~5 倍,而宽度为基础深度的 1.5~3 倍,具体范围因基础形状、荷载大小、地基土性质不同而各不相同。建(构)筑物荷载作用改变了地基岩土体内的初始应力状态——通常导致应力水平提高,这部分增加的应力称附加应力(additional stress)。附加应力在地基岩土体内扩散,并导致其产生变形(主要为竖向变形),从而引起建(构)筑物沉降,如图 9-1 所示。

为了保证上部建(构)筑物结构的安全和正常使用,地基必须满足三方面的要求:①满足稳定性要求,即要求地基具有足够的强度,在上覆建(构)筑物荷载(静、动荷载的各种组合)作用下不致产生失稳破坏,并具有一定的安全储备。当地基稳定性不满足要求时,地基在外荷载作用下将产生局部或整体的剪切破坏,影响建(构)筑物的安全与正常使用,严重时可能导致其产生整体破坏。②满足变形要求,即要求地基具有足够的刚度,在上覆建(构)筑物荷载(静、动荷载的各种组合)作用下不致产生过大变形(沉降、水平位

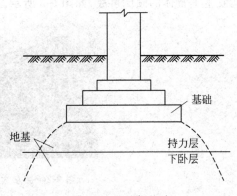

图 9-1 地基与基础

移、沉降差等)而影响正常使用,甚至导致建(构)筑物破坏。③满足渗透要求,即要求地基岩土内渗流量、渗流速度不超过允许值,包括两类问题:一是蓄水构筑物地基渗流量是否超过允许值,如水库坝基渗流量超过允许值后会造成较大水量损失,甚至导致蓄水失败;另一类是地基中水力比降是否超过允许值,水力比降过大将会导致地基土潜蚀、管涌发生,影响建(构)筑物安全。

9.1.1 地基的变形与破坏

按地基介质的不同,可将其分为岩质地基和土质地基两类。对于普通的工程建(构)筑物而言,岩质地基通常具有足够的强度和刚度,其变形与稳定性易于控制;但在工程大荷载、地质环境变化、特殊地质构造等因素的影响下亦会出现较大变形或沉降差,严重时可导致上部结构失稳。而土质地基通常强度低、工程性质差,在不大的工程荷载下即可能产生较大变形甚至破坏。这里重点介绍土质地基的变形与破坏问题。

1. 地基变形破坏的类型

地基土在工程荷载作用下的失效主要包括两种类型:①地基变形过大或产生不均匀沉降;②地基土强度不足,形成滑移、挤出。前者主要涉及地基土在建(构)筑物荷载作用下的变形问题,而后者则侧重地基土的强度问题。

地基土的大变形和不均匀沉降是工程建(构)筑物中最常见的两种地基有害变形方式。事实上两者的基本成因是一致的,不均匀沉降只是地基大变形问题的另一表现形式而已,其根本成因均为建(构)筑物的荷载作用及地基土的压缩变形,只是当上部荷载作用或地基土结构、构造、工程特性等分布不均匀时,即会出现不均匀的沉降变形。此外,特殊土地基地质环境变化、地下水位下降、地震作用等亦可能引起地基土的大变形和不均匀沉降。如膨胀土地基中水分蒸发,黄土地基浸水,工程或生产、生活抽取地下水,以及饱水粉砂地基土在地震影响下液化等。

地基土在建(构)筑物荷载作用下产生滑移、挤出,其实质是地基土强度不足,在附加应力作用下内部产生了剪切破坏。这一破坏形式通常发生在软弱地基土、陡坡路堤或具有滑移条件的岩质地基中。如1941年修建的加拿大特朗斯康谷仓即是典型的软弱地基中发生剪切破坏的实例,因在谷仓设计过程中忽略了地基持力层下部的软弱土层,在第一次装料时就发生了整体的倾倒事故,如图9-2所示。

图 9-2 加拿大特朗斯康谷仓倾倒事故

2. 地基承载力

在建(构)筑物荷载作用下,地基岩土体会产生压密变形,随着荷载增加变形也逐渐增大,当荷载达到或超过地基的承载极限时,地基岩土体将产生塑性变形,并最终形成地基的整体剪切破坏。显然,地基承受荷载的能力是有限的,而单位面积上地基所能承受的最大极限荷载即为地基极限承载力(bearing capacity of foundation)。在进行建(构)筑物地基基础设计时,为确保建筑(构)物安全和地基整体稳定,不能以地基的极限承载力作为地基设计承载力,必须限定建(构)筑物基础底面压力不超过规定的地基承载力。如此限定的目的不仅在于确保地基不会因强度不足而发生破坏,还可一定程度上保证地基变形不致过大而影响建(构)筑的正常使用,这一限定的地基承载力称地基容许承载力(allowable bearing capacity of foundation)。

地基承载力的确定是一个非常重要而复杂的问题。地基承载力大小不仅与地基岩土体自身的几何、物理、力学性质有关,还与基础形式、尺寸、埋深、荷载性质、地下水、施工方法等因素相关。人们在长期的工程实践中归纳总结出了三类确定地基承载力的基本方法:原位测试法、理论计算法和经验法。

(1) 原位测试法(in-situ testing method)。该法是在现场直接对地基土进行原位载荷试验,由此评价承载性能,这是目前确定地基承载力最可靠的方法。常见试验方法有平板载荷试验、螺旋压板载荷试验等。载荷试验是目前确定地基承载力最为常用、可靠的试验方法,其基本原理是在试验土面上逐级增加荷载并观测每级荷载下土的变形,根据试验结果绘制荷载-沉降曲线及沉降-时间曲线,并由此判断地基土体的变形特征、极限荷载等工程性能。

(2) 理论计算法(theoretical method)。该法利用现场或室内获得的地基土力学参数,通过假设地基土的破坏形式,运用理论模型计算获得地基土承载力。一般认为地基土在外载作用下刚出现塑性剪切变形时的荷载为临塑荷载(critical edge pressure),而其完全剪切破坏丧失稳定性时的荷载为极限荷载(ultimate pressure),两者间存在较大的变动范围。实践表明,地基土中出现小范围的塑性区并不影响地基安全,因此我国《建筑地基基础设计规范》(GB 50007—2011)以塑性区发展深度不大于 1/4 基础宽度时的理论临界压力 $p_{1/4}$ 为基础,给出了计算地基承载力特征值理论计算公式,具体可参考上述规范。

(3) 经验法(empirical method)。该法是在前人理论、试验研究及大量经验总结的基础上提出的一系列实用化的地基承载力确定方法,其中很多方法已列入国家、行业或地方规范。目前主要的确定方法有间接原位测试法(动静力触探试验、十字板剪切试验、旁压试验等)和地基承载力表法两大类。经验法确定地基承载力具有方便、经济、可靠及快速的特点,在工程勘察中应用广泛。

3. 地基的剪切破坏

土体是由固体颗粒、水和气体组成的三相体,土体的强度取决于土颗粒间的联结强度,而这一联结强度却远低于土颗粒自身的强度,可承担一定的拉张和剪切作用,但其抗拉能力极弱,通常忽略不计。当地基岩土体中一点应力单元内某一平面上的剪应力达到或超过其抗剪强度时,此处岩土体将沿这一平面产生相对滑移,形成剪切破坏,如图 9-3 所示。一般情况下,在上部荷载不太大时,地基土中仅在少数特定点位形成剪应力超过抗剪强度的情况,从而出现局部剪切破坏。这种破坏通常首先形成于基础边缘,随着荷载不断增大,地基中发生剪切破坏的各局部点不断发展、扩大并相互贯通,逐渐形成一个连续的剪切滑动面。此时地基变形增大,基础两侧或一侧地基向上隆起,基础产生突然下沉,地基即发生整体剪切破坏,如图 9-4 所示。

试验研究表明,在荷载作用下,地基的破坏通常是由于承载力不足而产生的剪切破坏,主要的破坏形式有整体剪切破坏、局部剪切破坏和冲剪破坏三种。

(1) 整体剪切破坏(general shear failure)是指在地基土中形成连续滑动面,土从基础两侧挤出并隆起,基础发生急剧下沉并产生倾斜而导致上层结构破坏。沉降与荷载的关系开

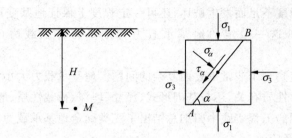

图 9-3　土中一点的应力

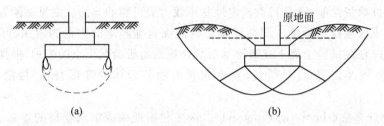

图 9-4　地基剪切破坏
(a) 局部剪切破坏；(b) 整体剪切破坏

始呈线性变化，当濒临破坏时出现明显拐点，如图 9-5(a)所示。整体剪切破坏主要发生在硬性土、密实砂土地基中，如密实硬土地基的过载。

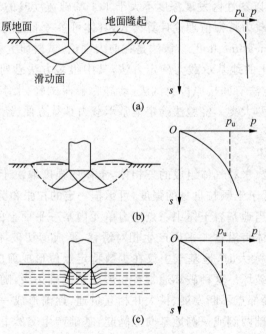

图 9-5　地基剪切破坏类型
(a) 整体剪切破坏；(b) 局部剪切破坏；(c) 冲剪破坏

（2）局部剪切破坏（local shear failure）是介于整体剪切破坏和冲剪破坏之间的一种破坏形式，土中剪切破坏区域仅产生于基础以下的局部范围内，并不形成延伸至地面的连续滑动面,基础四周地面虽有隆起迹象,但无明显裂缝,亦不产生明显倾斜或倒塌。沉降与荷载的关系从开始即呈非线性变化且无明显拐点,如图 9-5(b)所示。局部剪切破坏主要发生在软性土地基中,如中等密实砂土地基的过载。

(3) 冲剪破坏(punching failure)亦称刺入破坏,在地基土中无明显连续滑动面,随荷载增加,基础随土的压缩近乎垂直向下移动,荷载继续增加至某量值后,基础周围土体产生垂直剪切破坏,使基础连续刺入地基土中,而地面并不产生土体隆起现象。荷载与沉降的关系呈非线性变化,无明显拐点,如图 9-5(c)所示。冲剪破坏主要发生在特软土地基中,如软土地基中预制桩基的破坏。

地基究竟产生何种破坏,不仅与地基土性质有关,还受到基础埋深、加荷速率等因素的影响。当基础埋深较浅,荷载施加缓慢时,将趋于产生整体剪切破坏;若基础埋深较大,荷载施加较快,则可能形成局部剪切或冲剪破坏。

9.1.2 地基处理技术

无须人工加固、处理便能满足建(构)筑物稳定、变形要求的地基为天然地基(natural foundation)。工程建(构)筑物应尽可能修建于天然地基之上,但随着现代建(构)筑物规模、体量的增大,其自重荷载越来越大,对地基强度、变形的要求亦越来越高,能满足设计要求的天然地基日趋减少。对于那些土质软弱,不能满足上部结构稳定及变形要求,或在动荷载(地震荷载)下可能液化失稳,或浸水、失水后产生土体沉陷、强度降低、膨胀、收缩等现象的特殊地基土须进行人工的加固、补强,即为地基处理(ground treatment),经人工处理后的地基称人工地基(artificial foundation)。此外,工程实践中还可能会遇到一些特殊情况,需对地基进行处理,如地基事故处理,或由于建筑物加层、扩建等原因增大了原地基上的荷载等。

1. 地基处理对象

地基处理的对象主要为不能满足建(构)筑物承载力、稳定变形和渗流要求的天然地基,工程中常将之称为软弱地基或不良地基。天然地基是否属于软弱或不良地基不仅与地基土本身的工程特性有关,还与其所在地质环境、建(构)筑物荷载大小、形式等因素密不可分。因而天然地基是否为软弱或不良地基是相对的,并无绝对标准。在土木工程中,通常将软黏土、人工填土、湿陷性土、盐渍土、多年冻土、岩溶区、土洞和山区地基等视为软弱或不良地基,此类特殊土与地质构造形式也是地基处理的主要工程对象。

(1) 软弱地基。我国《建筑地基基础设计规范》(GB 50007—2011)规定:"软弱地基系指主要由淤泥、淤泥质土、冲填土、杂填土或其他高压缩性土层构成的地基。"①淤泥、淤泥质土统称软土,具有含水量高、孔隙比大、渗透性低、压缩性高、抗剪强度低等特性。在外载作用下,软土地基承载力低、变形大、稳定历时长。该类土是工程实践中遇到需进行人工处理最多的地基土。②冲填土指整治、疏浚河道时,被吹填至河岸的含大量水分的泥砂质堆积土。该类土往往处于欠固结状态,强度低而压缩性高,工程中须根据其颗粒组成、厚度、排水条件等选取适宜的地基处理方式。③杂填土由人类任意堆填的建筑垃圾、工业废料和生活垃圾等组成,成分复杂、分布杂乱、结构松散,具有强度低、压缩性高、均匀性差等工程性质,未经人工处理时不宜作为地基持力层。④其他高压缩性土,主要指在动力荷载(机械振动、地震、爆炸等)作用下可能产生液化或震陷变形的饱和松散粉细砂和部分粉土,以及基坑开挖时可能产生流砂或管涌的土层。

(2) 特殊土地基。该类地基土多数具有独特的物理力学特性和典型的区域性特征,主要包括湿陷性黄土、膨胀土、红黏土、冻土、岩溶等。黄土在自重及外部荷载作用下浸水后可能产生显著下陷,在我国主要分布在甘肃、陕西、宁夏等地；膨胀土具有吸水膨胀和失水收缩的特性,主要分布在广西、云南、湖北、河南等地；红黏土通常产生由下卧基岩面过大起伏及存在软弱土层而引起地基的不均匀沉降,主要分布在云南、贵州、广西等地；冻土尤其是季节性冻土具有冬冻夏融的特性,容易产生不均匀沉降和剪切破坏,主要分布在我国东北、西北和华北的广大地区；岩溶区主要考虑岩溶地貌可能造成的基础底面变形、地基陷落等问题,主要分布于广西、贵州等地。

2. 地基处理的目的

地基处理的目的是利用换填、夯实、挤密、排水、胶结和加筋等方法对地基土或某些特殊地质构造形式进行加固,用以改良地基土或改变地质构造的工程特性,满足工程建设要求。主要可归纳为如下几个方面。

(1) 提高地基土的抗剪强度。地基的剪切破坏主要形式有：建(构)筑物地基承载力不足；由于偏心荷载或侧向土压力作用使结构失稳；由于填土或建(构)筑物荷载使邻近地基隆起；土方开挖时导致边坡失稳,基坑开挖时引起坑壁失稳、基底隆起等。地基剪切破坏反映出地基土抗剪强度不足,要预防此类破坏产生,需采取一定人工措施增加地基土自身抗剪强度。

(2) 降低地基的压缩性。地基的压缩性主要表现为建(构)筑物的沉降与差异沉降过大。主要形式有：填土或建(构)筑物荷载使地基产生的压缩沉降；作用于基础上的负摩阻力引起建(构)筑物的沉降；基坑开挖引起邻近地面的沉降；降水导致地基产生的固结沉降。地基沉降与不均匀沉降过大反映出地基土压缩性过高,即地基土压缩模量过低,需采取人工处理措施提高地基土压缩模量。

(3) 改善地基的透水特性。地基透水性主要表现在堤坝工程中的地基渗漏,以及基坑工程中粉砂、粉土地层产生的流砂、管涌等。上述问题均由地下水在地基土中运动引起,须采取特殊的地基处置措施降低地基土的渗透性能或减小其水力梯度。

(4) 改善地基的动力特性。地基的动力特性表现为地震时饱和松散粉细砂(包括部分粉土)液化,及施工或运营过程中的振动等使邻近地基产生下沉等。因此应采取人工措施改善地基土动力特性,提高抗震性能,使其在动载作用下不致发生液化、失稳或震陷等。

(5) 改善特殊土的不良地基特性。主要指消除或减弱特殊土地基的不良工程特性,如消除黄土湿陷性、膨胀土胀缩性和冻土冻融性,使特殊土地基能满足工程的稳定性及耐久性要求。

3. 地基处理的分类、原理及适用范围

地基处理方法的分类多种多样,按时间分为临时处理和永久处理,按处理深度分为浅层处理(处理深度≤5m)和深层处理,按处理机理可分为置换、排水固结、灌入固化物、振密、挤密、加筋等处理方法；此外还可按地基处理的目的、性质、时效等进行分类。常用地基处理方法及分类情况见表9-1。

表 9-1　地基处理方法的分类

类别	方法	简要原理	适用范围
置换	换土垫层法	将软弱土或不良土开挖至一定深度，回填抗剪强度较大、压缩性较小的土，如砂、砾、石渣、灰土等，并分层夯实，形成双层地基。垫层将有效扩散基底压力，提高地基承载力，减少沉降	各种软弱土地基
	挤淤置换法	通过抛石或夯击回填碎石置换淤泥达到加固地基的目的	厚度较小的淤泥地基
	褥垫法	当建（构）筑物的地基一部分压缩性很小，而另一部分压缩性较大时，为了避免不均匀沉降，在压缩性很小的部分，通过换填法铺设一定厚度可压缩性的土料形成褥垫，以减少沉降差	建（构）筑物部分坐落在基岩上，部分坐落在土上，以及类似情况
	振冲置换法	利用振冲器在高压水流作用下边振边冲在地基中成孔，在孔内填入碎石、卵石等粗粒料且振密成碎石桩。碎石桩与桩间土形成复合地基，以提高承载力，减小沉降	不排水抗剪强度不小于 2kPa 的黏性土、粉土、饱和黄土和人工填土等地基
	强夯置换法	采用边填碎石边强夯的方法在地基中形成碎石墩体，由碎石墩墩间土以及碎石垫层形成复合地基，以提高承载力，减小沉降	人工填土、砂土、黏性土和黄土、淤泥和淤泥质土地基
	砂石桩法	在软黏土地基中采用沉管法或其他方法设置密实的砂桩或碎石桩，置换同体积的黏性土形成砂石桩复合地基，以提高地基承载力。同时砂石桩还可以起到排水作用，以加速地基土固结	软黏土地基
	石灰桩法	通过机械或人工成孔，在软弱地基中填入生石灰块或生石灰块加其他掺合料，通过灰的吸水膨胀、放热以及离子交换作用改善桩周土的物理力学性质，并形成石灰桩复合地基，可提高地基承载力，减少沉降	杂填土、软黏土地基
	CFG 桩法	采用机械或人工成孔，通过振动、泵送、人工灌注等方式在地基中形成 CFG 桩体，桩与桩间土、垫层形成 CFG 桩复合地基，可提高地基承载力，减少沉降	杂填土、素填土、砂土、粉土、黏性土地基
	EPS 超轻质料填土法	发泡聚苯乙烯（EPS）密度只有土的 $1/100 \sim 1/50$，并具有较好的强度和压缩性能。用于填料时，可有效减少地基上的荷载，也可减少作用在挡土结构上的侧压力，需要时也可置换部分地基土，以达到更好效果	软弱地基上的填方工程
排水固结	堆载预压法	在建造建（构）筑物以前，天然地基在预压荷载作用下压密、固结，地基产生变形，地基土强度提高，卸去预压荷载后再建造建（构）筑物，完工后沉降小，地基承载力也得到提高。堆载预压有时也利用建筑物自重进行。当天然地基土体渗透性较小时，为了缩短土体排水距离，加速土体固结，在地基中设置竖向排水通道，常用形式有：普通砂井、袋装砂井、塑料排水带等	软黏土、粉土、杂填土、冲填土、泥炭土地基等

续表

类别	方法	简要原理	适用范围
排水固结	超载预压法	基本上与堆载预压法相同，不同之处是预压荷载大于建（构）筑物的实际荷载。超载预压不仅可减少建（构）筑物完工后的固结沉降，还可消除部分完工后的次固结沉降	软黏土、粉土、杂填土、冲填土、泥炭土地基等
	真空预压法	在饱和软黏土地基中设置竖向排水通道（砂井或塑料排水带等）和砂垫层，在其上覆盖不透气密封膜。通过埋设于砂垫层的抽水管进行长时间不断抽气和水，使砂垫层和砂井中造成负气压，而使软黏土层排水固结。负气压形成的当量预压荷载一般可达 85kPa	软黏土、粉土、杂填土、冲填土、泥炭土地基等
	真空预压与堆载联合作用法	当真空预压达不到要求的预压荷载时，可与堆载预压联合使用。其堆载预压荷载和真空预压荷载可叠加计算	软黏土、粉土、杂填土、冲填土、泥炭土地基等
	降低地下水位法	通过降低地下水位，改变地基土受力状态，其效果如堆载预压使地基土固结。在基坑开挖围护设计中可减小作用在围护结构上的土压力	砂土或渗水性较好的软黏土层
	电渗法	在地基中设置阴极、阳极，通直流电，形成电场。土中水流向阴极。采用抽水设备将水抽走，达到地基土体排水固结效果	软黏土地基
灌入固化物	深层搅拌法	利用深层搅拌机将水泥或石灰和地基土原位搅拌形成圆柱状、格栅状或水泥土连续墙增强体，形成复合地基以提高地基承载力，减小沉降。深层搅拌法分喷浆搅拌法和喷粉搅拌法两种。也用它形成防渗帷幕	淤泥、淤泥质土和含水量较高、地基承载力标准值不大于 120kPa 的黏性土、粉土等软土地基。用于处理泥炭土或地下水具有腐蚀性时宜通过试验确定其适用性
	高压喷射注浆法	利用钻机将带有喷嘴的注浆管钻进预定位置，然后用 20MPa 左右的浆液或水的高压流冲切土体，用浆液置换部分土体，形成水泥土增强体。高压喷射注浆法有单管法、二重管法、三重管法。在喷射浆液的同时通过旋转、提升可形成定喷、摆喷和旋喷。高压喷射注浆法可形成复合地基以提高承载力，减少沉降。也常用它形成防渗帷幕	淤泥、淤泥质土、黏性土、粉土、黄土、砂土、人工填土和碎石土等地基。当土中含有较多的大块石，或有机质含量较高时应通过试验确定其适用性
	渗入性灌浆法	在灌浆压力作用下，将浆液灌入土中原有孔隙，改善土体的物理力学性质	中砂、粗砂、砾石地基
	劈裂灌浆法	在灌浆压力作用下，浆液克服地基土中初始应力和抗拉强度，使地基中原有的孔隙或裂隙扩张，或形成新的裂缝和孔隙，用浆液填充，改善土体的物理力学性质。与渗入性灌浆相比，其所需灌浆压力较高	岩基或砂、砂砾石、黏性土地基
	压密灌浆法	通过钻孔向土层中压入浓浆液，随着土体压密将在压浆点周围形成浆泡。通过压密和置换改善地基性能。在灌浆过程中因浆液的挤压作用可产生辐射状上抬力，可引起地面局部隆起。利用这一原理可以纠正建筑物的不均匀沉降和倾斜	常用于中砂地基，排水条件较好的黏性土地基

续表

类别	方法	简 要 原 理	适 用 范 围
灌入固化物	电动化学灌浆法	当在黏性土中插入金属电极并通以直流电后,在土中引起电渗电泳和离子交换等作用,在通电区含水量降低,从而在土中形成浆液"通道"。若在通电同时向土中灌注化学浆液,就能达到改善土体物理力学性质的目的	黏性土地基
振密、挤密	表层原位压实法	采用人工或机械夯实、碾压或振动,使土密实,但密实范围较浅	杂填土、疏松无黏性土、非饱和黏性土、湿陷性黄土等地基的浅层处理
	强夯法	采用质量为10~60t的夯锤从高处自由落下,地基土在强夯的冲击力和振动力作用下密实,可提高承载力,减少沉降	碎石土、砂土、低饱和度的粉土和黏性土、湿陷性黄土、杂填土和素填土等地基
	振冲密实法	依靠振冲器的强力振动使饱和砂层发生液化,砂颗粒重新排列,孔隙减小;另一方面依靠振冲器的水平振动力,加回填料使砂层挤密,从而达到提高地基承载力、减小沉降的目的,并提高地基土体抗液化能力	黏粒含量少于10%的疏松砂土地基
	挤密砂石桩法	采用沉管法或其他方法在地基中设置砂桩、碎石桩,在成桩过程中对周围土层产生挤密,被挤密的桩间土和砂石桩形成复合地基,以达到提高地基承载力和减小沉降的目的	疏松砂土、杂填土、非饱和黏性土地基、黄土地基
	土桩、灰土桩法	采用沉管法、爆扩法和冲击法在地基中设置土桩或灰土桩,在成桩过程中挤密桩间土,由挤密的桩间土和密实的土桩或灰土桩形成复合地基	地下水位以上的湿陷性黄土、杂填土、素填土等地基
	夯实水泥土桩法	通过人工成孔或其他成孔方法成孔,回填水泥和土拌合料,分层夯实,形成水泥土桩并挤密桩间土桩与桩间土形成复合地基,可提高承载力和减小沉降	地下水位以上各种软弱地基
	CFG桩法	通过振动沉管成孔,灌注水泥、粉煤灰、碎石、中粗砂混合料形成CFG桩,振动沉管对桩间土有挤密作用,桩与桩间土、垫层形成CFG桩复合地基,可提高地基承载力,减少沉降	杂填土、素填土、砂土、粉土、黏性土地基
	柱锤冲扩桩法	通过人工成孔、螺旋钻成孔、振动沉管成孔或柱锤冲击成孔等方法,在孔中填入碎石、矿渣、灰土、水泥加土、渣土或CFG料等材料,分层夯击,夯扩桩体,挤密桩间土,形成复合地基以提高地基承载力和减小沉降	杂填土、素填土、砂土、粉土、黏性土地基,因地制宜采用适当的成孔工艺、回填料和夯扩工艺

注:本表引自《工程地质手册》(第4版),常士骠、张苏民主编,2007年。

9.1.3 特殊地基工程地质问题

特殊地基主要指修建于不良地质条件下及特殊土环境中的地基,此类地基因受地质环境或地基土特性影响而具有特殊的变形与破坏特征,工程中需根据具体情况制定有针对性的应对措施与方案。常见的不良地质条件地基主要有地震区、边坡区、塌陷区、山区地基等,而特殊土主要有黄土、软土、膨胀土、盐渍土、填土等。其中部分内容已在其他章节有所介绍,这里不再赘述,下面重点对地震区及山区地基存在的特殊地质问题进行简单介绍。

1. 地震区地基

地震时,能量以地震波的形式向外释放。在地震波作用下,地基土内应力会受自身及上部结构动力特性影响而发生改变,这一变化可能导致地基整体或局部失去有效承载能力,从而引起上部建(构)筑物损坏甚至倒塌。地基的地震失效主要表现为:①由于土体承受过大瞬时地震荷载或由于土体自身强度瞬时降低,而导致地基失稳,如砂土液化、河岸与斜坡地基滑移等;②由于地基变形量增加而导致建(构)筑物过量震陷或差异震陷,如建筑物倾斜、桥梁倒塌等。

1) 场地地震效应与地基震害

地震波由震源向地面及四周传播时,途经的岩土层性质、场地自身岩土特性及场地地形等不同,地面不同场地的地震反应亦不相同。建设场地地震效应主要表现为:①放大作用。地震波由基岩传至地表时,其加速度通常会越来越大,覆盖层越厚则放大作用越强,常见地表加速度可达基岩的 2~3 倍。②共振作用。场地自身自振周期称卓越周期(predominant period),硬而薄的覆盖层卓越周期短(0.1~0.2s),松而厚的覆盖层卓越周期长(0.8~1.0s);当建筑物自振周期与场地卓越周期相近时,两者形成共振,使震害大为加重。③破坏的进行性。坚硬场地的地震反应谱曲线峰值在短周期范围内,建(构)筑物受初期地震作用损坏后周期增大,便不会再与场地形成共振,损伤亦不再增加;而软弱场地的地震反应谱峰值在长周期区段,建(构)筑物初期受损自振周期增加后,还会与场地周期形成共振,使破坏进一步加剧,这一破坏方式称进行性破坏。④地基失稳与不均匀沉降。砂土液化、软土震陷、河岸或斜坡滑移、山崖崩塌等与岩土体的破坏失稳有关的地震作用称次生效应(secondary effect),通常硬质土的次生效应相比软土要轻微。⑤局部突出地形的放大作用。对真实震害的调查显示,局部高突地形的地震反应较山脚下的平坦开阔地更为强烈,山坡上与山顶上建筑物遭受的地震烈度比开阔低地要高 1~3 度。

从我国多次在强震中遭受破坏的建(构)筑物情况来看,只有少数由于地基原因导致的上部结构严重损坏,此类问题地基多为液化地基、易形成震害的软弱黏性土地基或不均匀地基,而多数的一般性地基具有较好的抗震性。地基震害在平原地区多表现为液化和软土震陷,而在山区则表现为液化及不均匀地基沉陷,因而地震地基液化具有一定的普遍性,是地基震害的主要形式。

2) 地基液化及抗震措施

液化(liquefaction)是土体由固体状态变为"液体"状态的一种现象。当饱和砂土受到振动作用时,土颗粒处于运动状态,在惯性力作用下,砂土有增密趋势,若孔隙水来不及排出,孔隙水压力就会上升,使有效应力减小,当有效应力降至零时,土粒处于悬浮状态,土体因土粒间接触力消失而完全丧失抗剪强度和承载能力,即形成液化。地震、打桩、快速加载、爆破施工、设备振动等均可能引起地基土液化,其中以地震引起的液化面积最大,危害也最为严重。如 1976 年唐山大地震时,引起唐山附近及沿海地带液化面积达 24000km^2,造成大量河道、水渠淤塞,农田掩埋,铁路、公路和桥梁破损等。

土体是否会产生液化取决于土体本身特性、原始应力状态及振动特性。土体组成颗粒粗、级配好、密度高,土粒间有黏性,排水条件好,所受静载大,振动作用时间短,振动强度低时不易液化,其中碎石、砾石、砾砂的渗透性好,抗剪强度高,很少液化,黏土、粉土则因土粒间有黏性亦不易液化。而常见的液化土是中密至松散状态的粉、细砂和粉土,中、粗、砾砂有时也会产生液化,但液化条件较前者严苛。

地基抗液化措施应根据建筑的重要性、地基的液化等级,结合具体情况综合确定。当液化土层较平坦、均匀时,可根据表 9-2 确定。通常未经处理的液化土层不能作为天然地基的持力层,丁类建筑除外。

表 9-2　抗液化措施

建筑类别	地基的液化等级		
	轻微	中等	严重
乙类	部分消除液化沉陷,或基础和上部结构处理	全部消除液化沉陷,或部分消除沉陷且对基础和上部结构处理	全部消除液化沉陷
丙类	基础和上部结构处理,亦可不采取措施	基础和上部结构处理,或更高要求的措施	全部消除液化沉陷,或部分消除沉陷且对基础和上部结构进行处理
丁类	可不采取措施	可不采取措施	基础和上部结构处理,或其他经济措施

表中抗液化措施,全部消除地基液化沉陷的方法有:①采用桩基础、深基础,且桩端或基础底面进入液化深度以下稳定土层中;②采用振冲、振动加密、砂桩挤密、强夯等加固方法,且处理深度至液化深度之下;③挖除全部液化土层。对于以上措施,应根据建筑类别、工程规模、液化土深度与厚度、地下水情况以及邻近建筑物距离等条件,通过技术经济比较后,选择合理的处置方案。而部分消除地基液化沉陷时,地基处理的深度应使处理后的地基达到轻微液化水平;在处理深度范围内,采用挖除液化土层或加密法进行加固,并使处理后土层的标贯击数大于相应临界值。

2. 山区地基

1) 山区地基的主要问题

山区地基与平原区地基最大的不同在于其复杂多变的工程地质条件,由此产生了各种不良地质现象、复杂地基岩土特性、特殊水文条件及强烈地形起伏等工程问题。

(1) 不良地质现象。山区常见的不良地质现象有滑坡、崩塌、断层、岩溶、土洞及泥石流等。这些不良地质现象的存在对建(构)筑物构成了直接或潜在的威胁,给地基处理造成了各种困难,处理不当就可能导致严重的经济损失甚至人员伤亡。

(2) 岩土性质复杂。山区除各类基岩外,还可能遇到各种成因类型的堆积体,如山顶残积土、山麓坡积层、山谷冲洪积层,在我国西南及新疆、甘肃祁连山等局部地区还存在第四纪冰川形成的冰碛层。这些岩土体的物理力学性质往往差异极大,软硬不均,分布不规律,构成了山区不均匀地基的主要类型。

(3) 水文地质条件特殊。山区地下及地表水往往处于非稳定流动状态,受大气降水影响大,雨季形成的地表洪流具有强烈的冲刷作用,而地下水由于受地形控制通常具有较高水头,这些均会对地基工程的设计与施工造成较大影响。我国南方山区一般雨水丰富,建(构)筑物若影响天然排水系统,应注意暴雨后洪流对地基的冲刷问题;北方山区植被覆盖差,在坡谷碎屑物质丰富区域,应特别注意泥石流对地基的冲刷和掩埋问题。

(4) 地形高差起伏大。山区地形往往沟壑纵横,陡坡较多,在场地平整时,土方工程量往往较大。而大挖大填必然会给相应的地基处理造成较多困难,如挖方可能引起地基土滑动,填方则会导致地基土强度不足等。

2) 不均匀岩土地基及处理

山区不均匀岩土地基的特点是在主要受力范围内存在不同性质的岩土体,在相同或相近荷载作用下产生了不同的变形响应,从而导致上部结构内力畸变,结构受损,甚至产生整体倾斜乃至失稳。山区不均匀地基的主要形式有:下卧基岩表面坡度较大的地基,石芽密布且局部出露的地基,以及大块孤石或个别石芽出露的地基三种基本类型。

(1) 下卧基岩表面坡度较大的地基。此类地基在山区较为普遍,在设计时除考虑由于上覆土层厚薄不均产生的不均匀沉降外,还应考虑地基的稳定性问题,即上覆土层有无沿倾斜基岩面产生滑动的可能。此类地基上建(构)筑物的不均匀沉降和地基稳定性除与上部荷载性质有关外,还取决于岩层表面的倾斜方向和程度、上覆土层的力学性质以及岩层的风化程度和压缩性等。

(2) 石芽密布且局部出露的地基。此类地基是岩溶地貌的反映,在我国云南、贵州、广西等地出现较多。通常基岩起伏较大,石芽间多为红黏土充填,一般勘探手段难以准确查清基岩面起伏情况,因此基础的埋置深度要视基坑开挖情况确定,且地基变形问题目前尚无法进行有效理论计算。实践表明,当充填于石芽间的土为红黏土时,通常地基承载力较高,压缩变形量较低,建造于此类地基上的中小建(构)筑物可不进行地基处理;若石芽间由软土充填,地基土的变形量则较大,可能引起建(构)筑物的不均匀沉降。

(3) 大块孤石或个别石芽出露的地基。此类地基通常由于孤石、石芽处变形小,其他部位变形大,而在建(构)筑物内形成以孤石、石芽为中心的应力、变形畸变,易造成建(构)筑物结构开裂或产生倾斜、倒塌。对其进行地基处理时,应遵循变形协调的原则;有时在建(构)筑物结构布局合理的情况下,甚至可利用孤石、石芽作为独立基础。

山区进行工程建设时,对不均匀地基的处理往往占有极为重要的地位,对处置措施的恰当选择往往既可保证工程质量又能节约建设成本。工程中需遵循的处置原则有:①充分考虑技术、经济条件选择处置措施;②充分利用上覆土层承载力,尽量采用浅基础;③充分考虑地基、基础及上部结构的联合作用,综合采用地基处理、结构措施解决不均匀地基沉降;④充分利用建(构)筑物结构形式调整基底压力,设计阶段尽量调平沉降差。

不均匀岩土地基的处置方案主要有两类:第一类为采用桩基、局部深挖、换土,及梁、板、拱跨越等方法改造压缩性较高的地基,使之与压缩性低的地基相适应。此法通常效果较好,但耗资较大。第二类为改造压缩性较低的地基,使之与压缩性较高的地基相适应。此法耗资小,但对其设计、施工及建筑结构要求高。如采用褥垫层增加局部压缩性较低地基土的压缩量。

9.2 地下工程地质问题

在地壳表层岩土体内,天然形成或经人工开发形成的空间称为地下空间(subsurface space)。天然形成的地下空间如石灰岩体中由地下水溶蚀作用形成的天然溶洞,黄土中地下水冲蚀形成的暗穴等;人工开发的地下空间如采矿巷道空间、城市地铁隧道、水力电站地下厂房等。而建造在岩土层内的各种建筑物(buildings)是在地下形成的建筑空间,称地下建筑(underground buildings),地面建筑的地下室部分也是地下建筑;部分出露地面,部分建于岩土体内部的建筑物称半地下建筑。地下构筑物(underground structures)一般指建在地下的矿井、巷道、输油输气管道、输水隧道、水库、油库、铁路与公路隧道、城市地铁、地下商业街、军事工程等。地下建筑物和构筑物统称为地下工程(underground construction)或地下设施(underground facilities)。

地下工程是由围岩和支护结构组成的结构体系,与地面工程结构相比其赋存环境、传力机制、变形破坏形态等均存在明显差异。地面结构通常由结构物和地基组成,地基在底部起约束作用,除结构自身重力外,荷载主要来自外部,如人群、车辆、水力、风力等;而多数地下结构体系受力以围岩为主,支护结构仅用以约束地下空间附近围岩,使其不致产生过大变形而坍塌破坏,在地层力学性质较稳定时,甚至无须支护结构,围岩即可处于稳定状态。因此在地下结构体系中,围岩既是承载结构又是荷载的主要来源,这种合二为一的作用机制与地面结构完全不同。

对地下工程而言,其工程地质问题主要围绕工程岩体(围岩)的稳定性问题展开。地下工程修建于一定深度具有不同地质条件的岩土体内,其稳定状况不仅与地层工程特性、地下水状况、初始地应力有关,还与地下工程的规模、形态、尺寸等因素密切相关。

9.2.1 地下工程分类

地下工程的分类多种多样,常见如下几种分类方法。

(1) 按功能分类。①工业民用:地下展览馆、地下商业城、住宅、工业厂房、人防工程等;②交通运输:隧道、地铁、地下停车场等;③水利水电:电站输水隧道、农业给排水隧道;④市政工程:给水污水管道、热力煤气管道、地下自来水厂、城市综合管廊、地下蓄水池等;⑤地下仓储:各种地下储库,包括油库、气库、食品库、核废料储存库等;⑥军事工程:地下指挥所、地下飞机库、核潜艇库、地下通信枢纽、军火物资库等;⑦采矿巷道:矿山运输巷道、回采巷道、通风巷道等。

(2) 按存在环境分类。地下工程或建造于岩体环境,或建造于土体环境中,因此按其存在环境又可分为岩石地下工程和土体地下工程。

(3) 按建造方式分类。地下工程采用不同的施工方法修建,按大类施工方法可分为明挖地下工程和暗挖地下工程。

(4) 按埋置深度分类。不同功能用途的地下工程埋置深度并不相同。按埋置深度不同可分为深埋地下工程、中深地下工程和浅埋地下工程,不同的工程类别对应的深度范围各不相同,如表9-3所示。

表9-3 地下工程按埋深分类

名称	埋深范围/m			
	小型结构	中型结构	大型运输系统结构	采矿结构
浅埋	0~2	0~10	0~10	0~100
中深	2~4	10~30	10~50	100~1000
深埋	>4	>30	>50	>1000

9.2.2 围岩的变形与破坏

地下岩体经开挖形成地下空间后,洞室周边围岩内应力的传递与分布均产生了显著改变,形成的应力场增量必然导致围岩产生相应变形,而当总应力超出围岩承载极限后还会形成局部或整体的破坏。地下工程围岩的变形与破坏主要与围岩性质(内因)及当前应力场(外因)两大因素有关,其他如地下水、冻融、施工方法等会在局部或一定程度上改变上述内外主因的表现特征,从而影响围岩的变形与破坏方式。

1. 基本地质环境

1)围岩结构

不同块度、形状、产状、组合状态的岩块构成了不同的地下工程围岩结构类型。围岩内应力的传播、分布,以及由此引起围岩变形破坏的形式、特征等均与围岩结构类型的特征密切相关。在工程地质学中,通常根据岩体结构对岩体力学性质和围岩稳定状态的影响,将围岩岩体划分成四种结构类型:整体结构、层状结构、碎裂结构和散体结构。这在本书第 5 章已有所涉及,此处不再赘述。

整体结构岩体的变形主要是结构体的弹性变形;块体和层状结构岩体的变形主要是结构面的错动,岩体破坏主要沿软弱结构面滑移形成;碎裂和散体结构岩体的变形,初期为裂隙的压密过程,随后是结构体的整体变形,并伴随有结构面的错动与开张。

2)围岩的初始应力场

围岩的初始应力场(initial stress field)又称原始地应力场,一般指地壳岩体在未经人为扰动的天然状态下所具有的内应力场。它是地壳岩体在经历了漫长的地质构造作用及上部岩土体重力作用而逐渐形成的,并处于相对的平衡和稳定状态之中。由于地下工程开挖,一定范围岩体内的应力受到扰动影响而重新分布,形成的新应力场称围岩二次应力场(secondary stress field)。

围岩初始应力场的形成与岩体的结构、性质、埋藏条件及地质构造运动史等密切相关。习惯上常根据地应力成因将其分为自重应力场(self-weight stress field)和构造应力场(tectonic stress field),前者主要是地心引力和离心惯性力共同作用的结果。而后者的形成则较为复杂,按形成时间又可分为:①构造残余应力(tectonic residual stress):包括两类,第一,由于过去地质构造运动,如断层、褶皱、层间错动等引起,虽外部作用力移去后有部分恢复,但现仍残存于岩体内的应力;第二,岩石在形成过程中,由热力或构造作用引起,虽经风化、卸荷后部分释放,现在仍残存的原生内应力。②新构造应力(neotectonic stress):现在正在活动变化的构造运动所引起的应力场,地震的产生即为新构造应力的反映。

受岩体非均匀性及地质、地形、构造和岩石物理力学性质等因素影响,地壳岩体的初始应力状态及其变化规律异常复杂。由国内外大量地应力测量和地质调查资料分析可知,地壳浅部岩体初始地应力的分布普遍存在以下基本规律:①地应力是一个相对稳定的非稳定应力场,其量值是时间和空间的函数;②实测水平应力普遍大于垂直应力,垂直应力基本等于上覆岩层重量,而水平应力受构造、地形等影响具有明显的各向异性;③随深度增加,水平应力与垂直应力渐趋一致,甚至出现后者大于前者的情况。

工程岩体或围岩的初始应力场受到两大因素的影响。第一类为诸如重力、地质构造、地形、岩石物理力学性质以及地温等经常性因素;第二类为新构造运动、地下水活动、人类工程活动等暂时性或局部性因素。尤其是随着人类工程能力的增强,其对工程岩体或周边区域内地应力的影响亦越来越显著,有时甚至成为关键性的控制因素,如露天或深部开采、大范围抽取地下水、修建大型水库等引起周边地层地应力的改变。

2. 围岩变形与破坏形式

1)围岩的变形方式

(1)弹性与塑性变形。洞室开挖前,岩(土)体处于自然的应力平衡状态,其内部储存着一定的弹性应变能;而在开挖后,这一自然平衡状态被打破,弹性应变能便以弹性或塑性变形的形式向地下空间内部释放,形成了洞室围岩体的弹性与塑性变形。这种由洞室开挖,围岩应力、应变调整而引起的初始地应力在大小、方向和性质上改变的过程称为围岩应力重分布(ambient rock stress redistribution)。重分布后的围岩应力在未超过其强度之前,围岩变形以弹性卸荷回弹为主,变形速度快、量值小,随开挖过程结束而近乎同时完成。同时这种围岩应力改变受岩体性质、初始应力状态、施工顺序等因素影响而呈非均匀变化,致使洞室周边位移并不均匀一致。当重分布后的围岩应力超过围岩强度时,围岩内开始出现塑性破坏区,进一步发展形成塑性滑移变形。塑性变形延续时间长、量值大,是大变形围岩中变形量的主要组成部分。

(2)结构面变形。若初始岩体节理、裂隙明显,或开挖后围岩破坏严重,形成了大量次生裂隙,此时地下洞室围岩的变形将以节理、裂隙间的相互错位、滑动及裂隙的张开、压缩变形为主,而岩块本身的变形则退居次要地位,甚至部分会得以释放、恢复。岩体结构学原理表明,由于岩体中大小结构面的存在,各种情况下围岩的变形均或多或少地存在着结构面变形因素。与此同时,随着洞室埋深增加、应力环境变化、结构面强度降低、地下水长期作用等,结构面变形在围岩总变形中的比重会越来越突出。

(3)围岩流变变形。组成岩体的岩块和裂隙均具有明显的流变性质,对于长期处于较高应力作用之下的地下工程围岩而言,流变变形是其围压变形不可忽略的组成部分。所谓流变性(rheological properity)是指固体介质长期静载作用下应力、应变随时间而不断变化的性质,包括蠕变(creep)、松弛(letdown)和弹性后效(creep recovery)。围岩的流变主要表现为岩壁随时间增长而产生的向内部空间不断发展的蠕变变形,围岩的蠕变与岩体性质(岩块强度、裂隙特征)、地质环境(力学环境、温度、地下水等)密切相关。花岗岩类坚硬完整围岩在低温下的蠕变性不明显;而黏土岩、泥页岩及具有泥质充填的围岩,蠕变变形量通常较大,工程中需予以重视。此外,当围岩应力水平超过一定量值后,岩体的蠕变变形将在一定阶段后进入加速状态,并最终导致围岩破坏,这一应力水平最小值称为围岩的长期强度(long-term strength)。原位剪切流变试验资料表明,软弱岩体和泥化夹层的长期抗剪强度仅为短期抗剪强度的80%左右。因此,实际工程中不仅要关注围岩流变变形量的大小,还需特别注意这一流变变形能否最终稳定。

2)围岩的破坏形式

洞室围岩的变形与破坏一方面取决于原始地应力、重分布应力及其他附加应力,另一方面与岩土体的结构特征、工程地质特性密切相关。洞室开挖后,洞室围岩首先产生变形进行内部的应力调整,当调整后的应力仍超出围岩强度极限时,便会发生失稳破坏,围岩的变形与破坏是连续的发展、演化过程。洞室围岩的破坏形式一些突然而显著,另外一些则与变形没有明显界线。由弹脆性整体状岩体构成的围岩,变形量值小,发展速度快,肉眼不易觉察,而一旦失稳破坏则发生突然,强度、规模大,对工程后续影响极为显著;而由塑性岩土体或碎裂岩体构成的围岩则通常变形量值大,甚至可能堵塞整个洞室空间,但发展速度缓慢,破坏有时难以与变形作准确区分。按洞室围岩破坏的发生部位可将围岩的破坏形式概括为:顶围(板)悬垂与塌顶、侧围(壁)突出与滑塌、底围(板)鼓胀与隆破、围岩缩径与岩爆。

(1) 顶围悬垂与塌顶。洞室开挖时,顶部围岩变形不仅包括瞬时完成的弹性变形,还可能存在塑性变形及由其他原因造成的持续变形,使洞顶壁轮廓产生明显变化,但仍可保持稳定状态。这大都产生于洞室开挖的初始阶段,且在水平岩层中最为典型。进一步发展后,围岩中原有结构面或由重分布应力作用新生的局部破裂面会不断扩大,洞顶围岩中原有和新生结构面相互会合交截,便可能构成数量不一、形状各异、大小不等的分离体,在重力作用下与母岩脱离,产生或缓慢或突然的塌落而形成塌落拱,有时还伴随有严重的流砂和溜塌现象。地下工程中多数顶围的塌落拱大于洞室设计尺寸,给后期的工程补救造成困难。

(2) 侧围突出与滑塌。洞室开挖时,侧壁围岩的持续变形会使洞室轮廓明显突出而形成破坏,这在高倾角岩体中最为典型。进一步发展,洞室侧壁围岩中原有和新生结构面相互会合、交截、切割,形成一定数量的大小、形状各异的分离体,具备滑动条件的结构面便向洞室内部滑塌。侧围的滑塌改变了洞室的尺寸与顶围的稳定条件,有时还会影响到顶围的稳定性,造成顶围塌落或扩大顶围塌落范围、规模。在地下工程中,侧围产生滑动位移往往是更大规模滑塌甚至顶围坍塌破坏的开始,预防侧围滑动、滑塌往往需进行较大规模加固。

(3) 底围鼓胀与隆破。洞室开挖后,其底部围岩总是或大或小、或隐或显地发生鼓胀现象,在适当条件下可能形成隆起破坏而丧失完整性,严重时隆起物质甚至会堵塞全部洞室空间而形成隆破。这种底围的鼓胀与隆破在塑性、弹塑性、裂隙发育或具有适宜结构面和开挖深度较大的围岩中表现得最为充分、明显。而一般情况下的洞室开挖,底鼓现象并不明显,难以察觉。

(4) 围岩内缩与岩爆。①围岩内缩:地下洞室在开挖中或开挖后,向地下空间内部的变形可同时出现于顶围、侧围、底围之中,因所处地质条件、断面形式、施工措施等差异,这一变形可能在某些方向上表现明显。实践表明,在均质塑性土层或弹塑性岩体中,常可见顶围、侧围、底围在不丧失围岩完整性的条件下以相似的速度和大小向洞室空间方向变形,并导致洞室支撑和衬砌破坏,此时实际上已很难区分变形与破坏的界线。这便是在黏性土或黏土岩、泥灰岩、凝灰岩中常见的围岩内缩,又称"全面鼓胀"。②岩爆(rock burst):洞室在开挖过程中,周壁岩体内有时会骤然以爆炸形式将透镜体状碎片,甚至较大体积岩体向洞室内部抛弹而出,并产生剧烈声响、振动或气浪冲击,此即所谓"岩爆"。岩爆常形成于埋深较大、地应力较高的坚硬完整弹脆性岩体内,洞室开挖后通常围岩变形不明显,在无明显预兆的情况下岩爆突然产生。由于应力解除,被抛出的岩块或岩体体积会增大,而在洞室周壁上留下的凹痕或凹穴的体积则会缩小。岩爆本质上是在一定地质条件下围岩弹性应变能的高度迅速集中与快速剧烈释放的过程。围岩弹性应变能快速积聚的原因很多,归纳起来主要有两个方面:一是机械或爆破施工应力与重分布应力叠加使围岩应力迅速高度集中;二是随断面刷扩、开挖推进而产生的渐进累积破坏,引起围岩应力迅速向某些部位集中。由于岩爆具有突然性,常威胁地下工程的施工安全,其产生可破坏支护、堵塞坑道、损坏设备,甚至造成重大的人员伤亡事故,如图 9-6 所示。

3. 围岩稳定性影响因素

影响地下洞室围岩稳定性的因素较多,总体上可归纳为两大类:第一类为地质环境因素,包括地质构造、岩体结构、岩石性质、初始应力、地下水等;第二类为人为因素,如地下工程的轴线方位、跨度、形状、施工方法、支护方法等。地质环境因素是客观存在的,决定了地下工程围岩的质量和受力环境,而人为因素则决定了地下工程的基本特征,并对围岩质量产生不可忽略的影响。

1) 地质环境因素

(1) 地质构造。地质构造对围岩的稳定性往往起控制作用。褶皱地区特别是褶皱核部,由于纵向张裂隙发育,岩体完整性差,且向斜轴部往往为承压水存储场所,地下洞室开挖易形成突水、突泥,造成施工困难。因此在地下工程布置时,原则上应避开褶皱核部;区域性断层破碎带、活动性断裂及裂隙密集的软弱带,尤其是其交会处,地层稳定性极差,应尽量避开。所遇断裂破碎带宽度越大,走向与洞室走向交角越小,对洞室稳定性影响就越大。

(2) 围岩结构。围岩的结构特征主要涵盖破碎程度和结构面组合状态两个方面。围岩破碎程度在某种程度上反映了岩体受地质构造作用的严重程度,实践表明围岩破碎程度对地下工程洞室的稳定性起主导作用,在相同岩性条件下,岩体越破碎洞室就越容易失稳。因此在地下工程围岩分级(类)中,将岩体破碎程度作为分级(类)基本指标之一。结构面组合状态对围岩稳定的影响主要体现在两组及以上结构面的组合切割效应上,切割形成的岩石块体可在重力作用下从围岩中脱离出来(如图 9-7 所示为楔形不稳定岩块分离体),堵塞地下空间,并造成围岩应力进一步集中,进而形成更大范围破坏。

图 9-6 岩爆事故

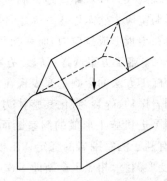

图 9-7 楔形岩块分离体

(3) 岩石性质。组成围岩的岩石由于矿物成分、结构和构造特征的不同,物理力学性质尤其是工程性质差别较大。在整体状结构岩体中,控制围岩稳定性的主要因素是岩石的力学性质,尤其是岩石的强度性质,通常岩石强度越高,洞室就越稳定。岩石的强度还影响到围岩的失稳破坏方式,高强度硬岩多表现为脆性破坏,在开挖过程中可能形成岩爆现象;而在强度较低的软岩中,洞室围岩多以塑性变形为主,流变现象较为突出。

(4) 初始应力。初始应力是地下工程围岩变形、破坏的根本动力,直接影响围岩的稳定性。一般情况下,初始应力随洞室埋深增加而增大,埋藏越深的洞室稳定性越差;此外,沿最大主应力方向延伸的地下洞室要比沿垂直方向延伸的更为稳定,这是由于这种情况下最大主应力在洞室临空方向上的影响最小。具有复杂构造的地层内初始应力往往较明显,在进行地下工程规划时应尽可能避开此类区域,这样更有利于洞室围岩的稳定。

(5) 地下水。地下工程施工实践表明,地下水是造成施工坍方、围岩失稳的重要因素之一。对于不同岩性的围岩,地下水的影响各不相同,归纳起来主要有以下几个方面:①软化岩质,降低强度,对泥页岩类等含泥质矿物的岩石尤为突出;地下水对土体可通过溶解、浸润、结合等作用减小土粒间联结力,降低土体强度,此外还可促使土体形成液化现象。②对于存在软弱结构面的岩体,地下水活动会冲刷充填物,软化夹层,减小层间摩阻力,促使岩块滑动。③对某些含生石膏、岩盐、黏土矿物的岩石而言,地下水作用会使其体积膨胀,导致力学性质降低,甚至产生崩解;在未胶结或胶结弱的砂性土中,地下水渗流还会形成流砂和潜蚀现象。

2) 人为因素

(1) 洞室轴线方位规划。由于围岩体的工程特性及初始应力场具有各向异性,不同的洞室轴线方位往往导致围岩受力结构不同,并形成迥异的应力场环境,从而影响洞室的稳定性。一般来说,洞室轴线与岩层、构造断裂面及主要软弱夹层走向的夹角越大,其稳定性就越好;在高地应力地区,洞室轴线与最大水平地应力方向间交角越小,最大水平应力对洞室围岩受力、变形的影响越小,围岩稳定性也就越好。

(2) 洞室尺寸与形状设计。对于相同级别的围岩而言,洞室设计跨度越大,围岩体的相对破碎程度就越大,临空面上的不稳定块体也就越多,围岩稳定性就越差。如裂隙间距在 $0.4\sim1.0\mathrm{m}$ 的块体,对中等跨度(5~10m)的洞室而言为大块状,而对于大跨度($>15\mathrm{m}$)洞室来说则仅为碎块体。地下洞室的设计形状主要影响了开挖后的围岩应力状态,圆形或椭圆形洞室应力状态以压力为主,能够更好地发挥岩石的抗压力学性能;而矩形、梯形洞室往往会在顶板形成拉应力,而在拐角处产生应力集中,不利于围岩的稳定。

(3) 施工方案选择。施工方案中的施工方法和施工速度对地下工程围岩稳定性影响显著。施工方法的影响主要表现在对围岩工程性质的弱化上,如采用普通爆破施工会导致洞壁围岩振动、碎裂,劣化其整体力学性质,工程中为减小这一影响通常采用光面爆破技术;采用掘进机施工形成的洞室断面平整光滑,应力集中相对较缓和,可有效防止岩体性质改变,有利于洞室围岩的稳定;在相同地质条件下,分部、阶梯式开挖会导致围岩产生多次应力、变形调整,相比于全断面一次开挖对围岩稳定性的影响更为不利。施工速度的影响主要表现在:施工速度过快会导致围岩内应力、变形来不及调整,形成局部应力集中,威胁工程围岩稳定。这是由于工程岩体并非理想弹性体,洞室开挖引起围岩内应力、变形的调整需经历一定时间才能逐渐完成。

(4) 支护类型与时机。支护类型、支护时机的选择对围岩稳定性有较大影响。在易风化的软弱岩体中进行洞室开挖,及时设置先柔后刚的支护措施有利于围岩的稳定;对有一定自稳能力的岩体,适当推迟衬砌时间,充分调动围岩自承能力,可减小围岩对支护结构的压力,降低支护成本。

4. 围岩稳定处置措施

通常采用的洞室围岩稳定措施主要从两个方面发挥作用:一是保护地下洞室围岩原有的强度和承载能力。对应的工程措施为采用光面爆破施工,及时封闭围岩防止风化,及时支护防止围岩产生过大松动变形等。二是通过工程支护赋予围岩附加强度,提高其稳定性。对应的工程措施有对裂隙围岩进行注浆,运用锚杆、锚索加固围岩体等。

1) 减小施工扰动

不同类型的地下工程,由于工程形式、围岩结构、地应力等因素不同,其围岩自身稳定程度亦不相同,宜选择不同的施工方案以最大程度减小施工扰动,提高围岩稳定性。当地下洞室断面较小时,应尽可能采用全断面一次开挖,多次开挖对应的多次应力、变形调整对洞室围岩整体性不利。而当洞室断面较大,一次开挖成形困难时,可采用分部开挖逐步扩大的施工方法,并应根据围岩具体特征采用不同的开挖顺序。如当洞顶围岩不稳定而边墙围岩稳定性较好时,应先在洞顶开挖导洞,及时支撑,待洞顶轮廓形成并永久衬砌后,再进行其他部位开挖工作。

2) 围岩加固措施

(1) 支撑(support)。支撑为在洞室凿成初期所进行的临时性洞壁加固措施,按材料不同可分为木支撑、钢支撑和混凝土支撑等。在不太稳定的岩体中进行洞室开挖时,应考虑及时设置支撑,防止围岩产生早期松动。洞室围岩支撑如图 9-8 所示。

(2) 衬砌(lining)。衬砌为永久性洞壁加固措施,按材料不同可分为砖石衬砌、钢筋混凝土衬砌和钢板衬砌等,目前钢筋混凝土衬砌应用最为广泛,如图 9-9 所示。衬砌在施工时应与洞壁紧密贴合,才能更好地传递地层压力,因而在进行衬砌施工时往往需预留一定数量压浆孔,衬砌完工后用以进行灌浆回填,以填实两者间缝隙,在渗水地段同时还可起到防渗作用。

图 9-8 围岩支撑

图 9-9 围岩衬砌

(3) 锚喷支护(anchorage-shotcrete support)。锚喷支护是喷射混凝土(shotcrete)、钢筋网喷射混凝土、锚杆等结构的组合支护形式,它是通过加固地下洞室围岩,提高围岩自承能力来达到维护地下洞室稳定的目的。其中所谓喷射混凝土是指利用高压空气将掺有速凝剂的混凝土混合料通过混凝土喷射机与高压水混合喷射到岩面上并迅速固化而成,如图 9-10 所示。在地下工程支护设计过程中,可根据不同围岩的稳定状况,采用锚喷支护中的一种或几种结构组合。

(4) 灌浆(grouting)。在裂隙发育的岩体和第四纪松散堆积层中进行地下洞室开挖,常需直接加固围岩体以增大其稳定性,降低透水性。其中常采用的工程措施即为水泥灌浆(见图 9-11),类似方法还有沥青灌浆、水玻璃灌浆等,通过灌浆可在围岩中大致形成一圆柱状或球状胶结体,提高围岩自身的工程性能。

图 9-10　喷射混凝土

图 9-11　灌浆加固

9.2.3　地下工程特殊地质问题

地下工程建造于不同地质环境之中，其所涉及的工程地质问题主要围绕围岩的稳定性产生，涉及围岩的变形与破坏问题。除此之外，地下工程在开挖过程中还经常会遇到突水突泥、腐蚀、地温及有害气体等特殊地质问题。

1. 突水突泥

突水突泥(water and mud blast)是指地下工程尤其是隧道工程在开挖过程中，突然产生的大量水和泥砂涌入工作面的现象。在富水岩层中开挖地下洞室，当遇到贯通性良好又富含地下水的节理裂隙带、蓄水洞穴、地下暗河、富水岩腔、富水断层破碎带等地质条件时，就可能产生大量地下水、泥砂突入施工洞室的情况，严重时可能会淹没洞室，造成人员伤亡、设备损失。如 2018 年 7 月 14 日，湖北广水一在建调水隧洞——宝林隧洞受导水断层带影响而发生突水突泥事故，造成 6 名施工人员被困。

造成地下工程突水突泥的地质条件通常有三类：①洞室通过溶洞发育的石灰岩地段，尤其是在遇到地下暗河系统时，可能存在大量突水，突水量甚至高达数百至数千吨每小时；②洞室通过厚层含水砂砾石层，其突水量可达数百吨每小时；③洞室遇到富水断层破碎带，特别是当其与地表水连通时，可引发大量突水，突水量一般在数十至数百吨每小时。实际工程中许多突水的发生，是由于地下洞室所在位置的溶洞、暗河、断层破碎带及节理裂隙发育带等构造沟通了地表水源，洞室开挖导致大量地表水涌入而形成的。

2. 腐蚀

地下洞室的腐蚀(corrosion)主要指围岩中水、矿物成分以及大气中化学成分对洞室支护结构——混凝土及其他建筑材料的化学侵蚀作用。腐蚀作用可造成洞室衬砌结构严重破坏，结构承载能力减弱，从而影响洞室稳定性。如成昆铁路百家岭隧道，由三叠系中/上统石灰岩、白云岩组成的围岩中含硬石膏层，开挖导致水渗入石膏层并产生水化作用，产生的膨胀力严重损坏了铁道道床，并使地下水中 SO_4^{2-} 浓度高达 1000mg/L，同时使混凝土衬砌产生了严重腐蚀。

地下洞室结构的腐蚀多发生于以下地质环境中：①第三纪、侏罗纪、白垩纪等含有芒硝、石膏、岩盐的红层，二叠纪、三叠纪的海相含石膏地层，以及受此类岩层中地下水浸染的土层；②泥炭土、淤泥土、沼泽土、有机质及其他地下水中含较多游离碳酸、硫化物和亚铁类盐的土层；③硫化矿及含硫煤矿床地下水和其浸染的土层，采矿废石场、尾矿场、冶炼厂、化工厂、垃圾掩埋场等,以及其地下水浸染的土层。而能够长期保持干燥状态的地质环境,土层中虽含有腐蚀性盐分,但无吸湿、潮解现象,对混凝土一般无腐蚀性。

3. 地温

在地下工程中,高地温影响又称热害(thermal damage)。对于深埋地下洞室而言,地温(ground temperature)是一个极为重要的问题。我国《矿山安全条例》,TZ 204—2008《铁路隧道工程施工技术指南》[①]规定隧道内温度不应超过28℃,超过这一界限即认为存在热害,应采取相应的降温措施;而我国华北、华东的一些深采煤矿矿井,仅岩温已超过40℃,再考虑空气压缩热及机电设备散热等,井下温度已是人体所无法承受的。

地壳岩体温度分布具有一定的规律性,在地表一定深度处存在温度常年不变的常温层(ordinary temperature layer),之下地温随深度增加而升高。通常将地温每增加100m时的地温增值称为地热增温率,又称地热梯度(underground temperature gradient)。不同地区的地热梯度并不相同,地质构造稳定区,平均梯度为每60~80m增加1℃,而火山地区可能高达每10~15m增加1℃,山岭地区地热梯度大于平原地区,而山谷区域则正好相反。

4. 有害气体

当地下洞室通过煤系地层、火山沉积物地层等富含有害气体的环境时,可能出现有害气体危害。有害气体可致人窒息死亡,或引发爆炸事故,如煤炭生产中出现的瓦斯突出、爆炸事故。常见的有害气体有甲烷、二氧化碳、一氧化碳、硫化氢、二氧化硫和氮气等,其中又以甲烷最为常见。甲烷(CH_4)即沼气,常见于煤系地层,具有毒性且易燃易爆,甲烷比空气轻,可顺岩体中开放性裂隙散逸至较远地层中,并在相对封闭环境中聚集起来,在洞室开挖时常积聚于洞室顶部,遇明火后会形成爆炸;一氧化碳(CO)有毒,比空气稍轻,二氧化碳(CO_2)虽无毒但可使人窒息,因重于空气,常聚集于洞室底部或下层洞室内,两者均常见于煤系地层内,二氧化碳亦常与火山沉积物或石灰岩伴生;硫化氢(H_2S)重于空气且毒性强,与空气混合后易发生爆炸,常由有机质分解或火山活动产生;二氧化硫(SO_2)为无色刺激性气体,易溶于水形成硫酸溶液,通常与火山散发物伴生,亦可通过黄铁矿氧化分解产生。

9.2.4 隧道超前地质预报

作为隐蔽工程的公路铁路隧道、矿山隧道、输水隧道等,在施工过程中,由于前方地质情况不明,经常会遇到断层破碎带、暗河、高地应力等不良地质条件而导致塌方、突水突泥、岩爆、冒顶等事故发生,这些事故往往会影响施工进度,导致设备损失甚至人员伤亡。因此需在施工过程中采取有效措施对掌子面前方不良地质条件的类型、位置、规模、产状等进行准确预测、预报,以便及时修正开挖和支护方案,避免施工事故发生。

1. 隧道超前地质预报的主要内容

隧道超前地质预报(tunnel geological prediction)是利用地质理论、物探方法、钻探方法等技术手段,预测隧道工作面前方工程地质及水文地质情况,特别是工作面前方不良地质条件的性质、规模等,以指导隧道施工,确保施工安全的一项新兴技术手段。

隧道超前地质预报的主要内容包括:①预报开挖面前方围岩类别与设计是否吻合,并判断其稳定性,及时提出修改设计、调整支护类型、确定二次衬砌时机等;②预报掌子面前

---

① 该指南已废止,但由于暂时没有替代标准,仍参考该指南。

方 15～100m 范围内有无突水、突泥、坍塌、有害气体等灾害地质,并查明其范围、规模、性质,提出施工措施建议;③预报洞内涌水量大小及其变化规律,并评价其对环境地质、水文地质的影响;④预报断层位置、宽度、产状、性质、充填物,判断其稳定性及是否为充水断层,提出施工对策;⑤预测隧道内有害气体含量、成分及其动态变化。

实践中应重点做好以下隧道的超前地质预报工作:①深埋长大隧道;②地质条件复杂的隧道;③水下隧道;④可能存在大断层、岩溶、大量突水突泥、岩爆、废弃矿巷、瓦斯突出等严重工程地质灾害的隧道;⑤可能因开挖造成生态环境破坏的隧道;⑥地表覆盖层过厚、植被茂盛等不易进行地质调查和勘探的隧道。

2. 隧道超前地质预报方法

隧道超前地质预报按预报的方法手段可分为地质分析预报法、地球物理探测法以及超前水平钻探法三类。其中地质分析预报法包括地面地质调查、掌子面地质调查等;地球物理探测法包括 TSP 地震反射波法、地质雷达法、TEM 瞬变电磁法、红外探测法等;超前水平钻探法包括超前水平钻孔法、超前导洞(坑)法等。

1) 地质分析预报法

(1) 地面地质调查。该法是在隧道工程地质勘察报告基础上,结合隧道所在地区的区域构造特征,通过深入的地质填图进行地面地质调查、复查与核实,并通过地表地质界面和地质体投射法对洞室所在位置的地质条件和洞室围岩变形破坏及突水突泥等问题进行预测,以便在隧道施工中采取合理工程措施,避免事故发生。这一预报方法在隧道埋深浅、构造简单的情况下具有很高的准确性,而当隧道埋深大、构造条件复杂时,该法工作难度大,准确性会大大降低。

(2) 掌子面地质调查。隧道掌子面是施工的第一现场,其显示的地质信息亦最为客观、可靠。该法是在隧道开挖过程中详细收集掌子面及两侧边墙内的地层岩性、岩层与节理产状、岩体完整程度、风化程度、地质构造、地下水发育等工程地质和水文地质信息,并结合隧道工程地质勘察报告及前期地表地质调查资料等,推断掌子面前方 2～3 个开挖循环范围内的地质情况,判断此范围内可能存在的地质灾害的性质与规模。

2) 地球物理探测法

(1) TSP 地震反射波法(tunnel seismic prediction)。该法利用地震波在不同岩层中产生的反射波特性来准确预报隧道施工前方 100～150m 范围内地层岩性的变化情况,判断岩溶、夹层、断层破碎带的存在范围,同时还可提供探测岩体的弹性模量、泊松比、拉梅常数等力学参数,亦可粗略预报掌子面前方围岩的稳定性与围岩级别。其基本工作方法是沿隧道侧壁布设观测系统,在掌子面利用炸药激发人工地震波,地震波向隧道掌子面前方传播,遇弹性性质不同界面时发生反射现象,并为观测系统所记录,形成解析信号。该法最终形成的探测成果图中,断层破碎带、节理密集带及软弱夹层界面等不同地质体的差异较小,解译经验不足时难以准确区分。此外不良地质界面反射信号的叠加、覆盖加大了第一界面后其他界面反射信号的解译难度,造成第一界面预报较准,而其后界面准确率下降甚至无法预报的情况。

(2) 地质雷达法(ground penetrating radar)。该法是利用电磁波在地质体中传播遇到界面产生反射,并根据反射波的走时、波相推断界面位置和性质的方法。对于深埋、富水地层及溶洞发育地区的隧道,地质雷达由于其高分辨率而得到了广泛的应用。但地质雷达探测距离通常较短,为 10~15m,最新的低频天线可探测 50~150m,但精度较低。此外地质雷达在探测过程中易受洞内管线、施工机具的干扰,增加了一定的预报难度和风险。

(3) 瞬变电磁法。该法又称时间域电磁法(time domain electromagnetic methods, TEM),是以岩石的导电性、导磁性和介电性为物性基础,通过观测、研究岩体内电磁场的空间、时间分布规律进行超前预测的方法。该法利用不接地回线或接地线源向掌子面发射一次脉冲磁场,在脉冲磁场间歇期间,利用线圈或接地电极观测二次涡流场,由此实现对掌子面前方地质情况的探测。该法适于探测隧道掌子面前方具有低电阻特征的含水地质体,现场探测工作简单、高效、适应性强,目前已成为隧道超前含水体预报的重要手段。

(4) 红外探测法(infra-red detection)。所有物体均发射不可见的红外线能量,而地下水活动会引起岩体红外辐射场强产生变化,当由远及近接近含水裂隙、含水构造或其他含水体时,岩体红外辐射会产生明显变化。工程中,主要通过测试掘进工作面和洞壁四周地湿场变化所导致的岩体红外特征改变,判断掌子面前方及侧壁是否存在隐伏含水构造体。该法还可用以探测尚未揭露的已知溶腔体是否存在大量地下水,以此指导施工。

3) 超前水平钻探法

(1) 超前水平钻孔法(horizontal pilot hole)。该法利用钻探设备向掌子面前方水平钻孔,根据钻进速度变化、钻孔岩芯鉴定、试验,钻孔冲洗液颜色、气味,以及钻探过程中遇到的其他状况来推断隧道前方的地质情况,主要适用于探测前方突水、突泥、断层等地质条件。该法简单可行、快速直观,但对隧道施工干扰较大、费用高、钻探工艺困难。目前,国内在岩溶隧道中广泛采用此法进行超前探测,国外应用也较为普遍,英吉利海峡隧道、日本青函海底隧道等更是大量采用了超前水平钻孔开展施工期地质超前预报。

(2) 超前导洞(坑)法(pilot tunnel)。超前导洞(坑)法包括超前平行导洞(坑)法和超前正洞导洞(坑)法。超前平行导洞(坑)法是在与隧道正洞轴线一定距离位置,平行于隧道正洞开凿导洞(坑),通常作为施工、运营的服务洞,地质情况特别复杂时也有为探明地质情况而专设的地质探洞。利用平行导洞(坑)预测正洞地质条件,结果直观、准确率高。大秦铁路 12 条 15km 以上的隧道中有 9 条采用了平行导坑;秦岭隧道在Ⅱ线隧道中线位置上先期利用平行导坑贯通,了解线路地质情况,保证了Ⅰ线隧道 TBM 的安全顺利施工。超前正洞导洞(坑)法是先沿隧道正洞轴线开挖小导洞(坑),探明前方的地质情况后,再将导洞(坑)扩大为隧道设计断面。北京八达岭高速公路隧道部分地段施工过程中采用了超前正洞导洞(坑)法。

9.3 路基工程地质问题

路基(road bed)是轨道或路面的基础,是经开挖或填筑形成的土工构筑物,常见路基有铁路和公路路基之分。其主要作用是承受由轨道或路面传递而来的行车动载,同时承担自身及轨道或路面的静载,提供车辆安全运营的必要条件。在纵断面上,路基必须保证线路所需的高程;在平面上,路基与桥梁、隧道等连接组成完整贯通的线路。路基工程主要包括路基本体工程、路基防护工程、路基排水工程、路基支挡与加固工程,以及修筑路基可能导致的改河、改沟等配套工程,对于地质条件复杂及特殊土地段还包括特殊的工程维护结构。

路基作为一种开挖、填筑而成的主要承受路面车辆荷载的线性结构工程,具有下述基本特征:①材料复杂。路基工程的材料主体是天然状态或人工扰动的岩土体,其力学特征、工程特性具有明显的不确定性,与自身成因、组成、结构、构造甚至地质演变进程关系密切。②环境敏感。路基完全暴露于自然中,易受到气候、水和气温等因素影响,如膨胀土路基的干缩湿胀,冻土路基的冻胀融沉,我国西北地区路基易受风蚀、沙埋等。③动、静载作用。路基同时承受自身及轨道或路面的静载,以及车辆产生的动载。车辆动载作用在路基内部形成的塑性变形积累是形成路基病害的主要原因。④耐久性要求高。路基工程投资高,规划使用时间长,暴露于自然侵蚀条件下,退化速度快,设计过程中应特别注意提高其耐久性。

9.3.1 路基的类型与构造

1. 路基的类型

通常根据铁路或公路路线设计确定的路基标高与天然地面标高不同,路基设计标高低于天然地面时,需进行挖方,而路基设计标高高于天然地面时则需进行填筑。由于挖填情况不同,路基横断面的典型形式有路堤(embankment)、路堑(roadcut)和填挖结合三种。路堤是指全部由岩土材料填筑而成的路基;路堑指全部在天然地面开挖而成的路基;当天然地面横坡大,且路基较宽,需一侧开挖而另一侧填筑时,为填挖结合路基,亦称半填半挖路基。常见路基的横断面形式如图 9-12 所示。

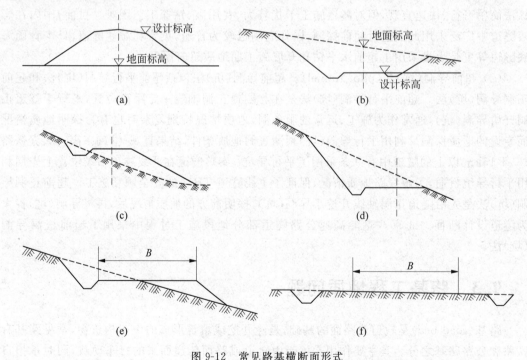

图 9-12 常见路基横断面形式
(a) 路堤;(b) 路堑;(c) 半路堤;(d) 半路堑;(e) 半填半挖路基;(f) 不填不挖路基

以上路基横断面形式分别适用不同的地质、地貌条件,现场还受地形、水文、气候,以及线路位置、横断面尺寸、沿线结构物布设等多种因素影响与控制,对路基形式的选择应因地制宜,综合考虑。

2. 路基的基本构造

公路与铁路路基横断面的基本构造大同小异,具体结构及相关附属设施有所不同,这里以公路路基为例说明路基基本构造。路基基本构造包括路基宽度、路基高度和边坡坡度,也是路基设计的基本要素。其中路基宽度取决于公路技术等级;路基高度(包括路中心线填挖深度、路基两侧边坡高度)取决于路线纵坡设计及地形;路基边坡坡度则取决于土质、地质构造、水文条件及边坡高度,并由边坡稳定性和断面经济性等因素比较确定。

(1) 路基宽度。路基宽度为行车道路及两侧路肩宽度之和,技术等级高的公路所设置的中间带、路缘石、变速车道、爬坡车道、紧急停车带等均包括在路基宽度范围内。

(2) 路基高度。路基高度是指路堤的填筑高度和路堑的开挖深度,是路基设计标高与地面标高之差。由于原地面沿横断面方向往往倾斜,在路基宽度范围内,两侧高差常有差异,因此路基高度特指路基中心线处设计标高与原地面标高之差。路基的填挖高度应综合考虑线路纵坡要求、路基稳定性和工程经济性等因素综合确定。

(3) 路基边坡坡度。确定路基边坡坡度是路基设计的主要任务。公路路基边坡坡度以边坡高度 H 与边坡宽度 b 之比表示,取 $H=1$,以 $H:b=1:n$ 表示,称为边坡坡率。路基边坡坡度大小取决于边坡高度以及边坡岩土性质、地质构造条件及水文地质条件等自然因素。在陡坡及挖填较大的路段,边坡稳定不仅影响到土石方工程量和施工的难易程度,而且是路基整体稳定性的关键。因此确定边坡坡度对于路基稳定性和工程经济合理性至关重要,设计时应全面考虑,力求合理。

9.3.2 路基主要病害与防治

路基暴露于自然条件下,在自重、行车荷载及各种降雨、冻结、湿度变化等因素作用下,各部位将产生渐行性变形。路基的变形可分为可恢复变形和不可恢复变形,后者的逐渐累积将引起路基标高和边坡坡度、形状的改变,严重时会造成路基岩土体位移,危及路基整体性和稳定性,造成各种形式的破坏。

1. 路基病害影响因素

路基为线状结构物,具有线路长、与自然接触广的特点,其稳定性在很大程度上取决于当地自然、地质条件。总体而言,与以下因素密切相关。

(1) 地理条件。沿线的地形、地貌和海拔高度等不仅影响线路选定,也影响到路基的设计。平原、丘陵、山岭地区地势各不相同,路基的水文情况亦不相同。平原地区地势平坦,地下水位较高,排水困难,地表易积水,因而路基需保持一定的最小填土高度;丘陵和山岭地区地势起伏较大,路基排水设计至关重要,排水不畅会导致稳定性下降,出现失稳现象。

(2) 地质条件。沿线地质条件,如岩石类型、成因、节理、风化程度和裂隙状况,岩层走向、倾向、倾角,层理和岩层厚度,有无夹层或遇水软化的泥岩层,以及有无断层或其他不良地质现象(岩溶、冰川、泥石流、地震等)都对路基稳定性有一定影响。

(3) 气候条件。气候条件如气温、降水、湿度、冰冻深度、日照、蒸发量、风向、风力等都会影响线路沿线地面水和地下水状态,并影响到路基内水分分布。气候的季节性及随地形的变化,如山顶与山脚、南坡与北坡的气候不同,均会严重影响路基的稳定性。

(4) 水文和水文地质条件。水文条件是指线路沿线地表水的排泄,河流洪水位、常水位,有无地表积水和积水时间长短,河岸的淤积情况等;水文地质条件指地下水位、地下水运移规律,有无层间水、裂隙水、泉水等。所有此类地面水、地下水的分布及运移状态均对路基稳定有影响,如处理不当,常会导致各种病害发生。

(5) 土的类别。土是路基填筑的基本材料,不同土类具有不同的工程性质,也将直接影响路基强度与稳定状况。如含砂粒成分较多的土,强度构成以内摩擦角为主,强度高,水的影响小,但施工时不易压实;较细的砂土,在有地下水渗流的情况下,容易流动形成流砂;黏土成分多的土,强度以黏聚力为主,随密实度、湿度变化大;粉土类土毛细现象明显,负温条件下路基易产生冻胀、翻浆等病害。

2. 路基病害

1) 路堤病害

路堤病害主要有路基沉陷、路堤沿山坡滑动、路堤边坡滑塌以及路基冻胀翻浆等。

(1) 路基沉陷。路基沉陷指路基表面在垂直方向产生较大沉落。沉陷的形成有两种情况:其一为路基本身的压缩沉降,又称路堤沉缩,原因为路基填料选择不当,填筑方法不合理,压实度不够等,如图 9-13(a)所示;其二为路基下部天然地基中有软土、泥沼或不密实的松土存在,承载力不足,在路基重力作用下沉陷或向两侧挤出形成,如图 9-13(b)所示。

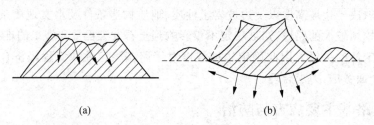

图 9-13 路基沉陷
(a) 路堤沉缩;(b) 地基沉陷

(2) 路堤沿山坡滑动。在较陡的山坡填筑路基,路基底部被水浸湿而形成滑动面,坡脚又未进行必要支撑,则在路基自重及行车荷载作用下,路基整体会沿倾斜原地面向下滑动,失去稳定性,如图 9-14 所示。

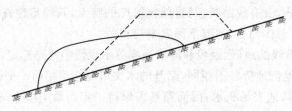

图 9-14 路堤沿山坡滑动

(3) 路堤边坡滑塌。根据路堤边坡土质类别、破坏原因和规模不同,可将路堤边坡滑塌分为溜方与滑坡两种情况,见图 9-15。①溜方:通常指边坡表层少量土体沿坡面的下溜,主要由流水冲刷或施工不当引起。②滑坡:边坡部分土体在重力作用下沿某一滑动面滑动,主要由堆填土体整体稳定性不足引起。

(4) 路基冻胀与翻浆。冻胀(freeze expansion)与翻浆(aqueous slurry)是季节性冻土区路基的特有现象,是路基土、水、温度、动荷载共同作用的结果。冻结期路基内聚冰带的形

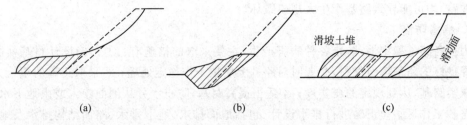

图 9-15 路堤边坡滑塌形式

(a) 溜方 1；(b) 溜方 2；(c) 滑坡

成破坏了土层的原有结构，使路基土体积增大，形成冻胀；春融期，冰晶溶解使局部土层含水过多，超出土的液限含水量后，在车辆荷载作用下，泥浆翻出形成翻浆，如图 9-16 所示。

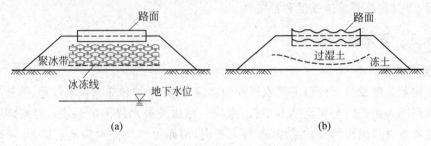

图 9-16 路基冻胀与翻浆

(a) 冻结期冻胀；(b) 春融期翻浆

2) 路堑病害

路堑病害主要有碎落、滑坡和崩塌三种。碎落是指路堑边坡风化岩层表面在大气温度、湿度的交替作用下，以及雨水冲刷和动力作用下，表层岩石从坡面剥落并向下滚落，如图 9-17(a) 所示。路堑边坡滑坡的主要原因是边坡高度、坡度与自然岩土层次及工程性质不相适应。如黏土层与含水的砂性土层互层的土质边坡，以及有倾向于路堑方向的裂隙、层理的岩质边坡等易形成滑动，如图 9-17(b) 所示。崩塌是一种具有暴发性的塌落病害，大块岩石脱离坡体并沿坡面滚落，无固定滑动面，常在坡脚形成倒岩堆，如图 9-17(c) 所示。

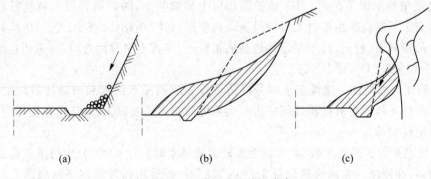

图 9-17 路堑边坡破坏形式

(a) 碎落；(b) 滑坡；(c) 崩塌

3) 不良地质及水文条件下的路基破坏

通过不良地质条件(如泥石流、溶洞等)和较大自然灾害(如大暴雨、洪水)地区的铁路、公路线路,均可能导致路基产生大规模毁坏。

3. 病害防治

为提高路基稳定性,防止各种病害产生,主要采取的措施有:①正确设计路基横断面;②选择良好的路基填筑材料,必要时对路基上层填土作稳定处理;③采取正确的填筑方法,充分压实路基,达到规定的压实度;④适当提高路基,防止水分从侧面渗入或由地下水上升进入路基工作区;⑤正确进行排水设计(包括地面排水、地下排水、路面结构排水及地基特殊排水);⑥必要时设计隔离层隔绝毛细水上升,设置隔温层减少路基冰冻深度和水分累积,设置砂垫层以疏干土基;⑦采取边坡加固、修筑挡土结构物以及土体加筋等防护技术措施,以提高其整体稳定性。

上述各项技术措施的宗旨在于限制水分侵入路基,迅速排除已侵入路基的水分,保持路基土干燥,以提高路基整体强度和稳定性。

9.3.3 复杂地带路基

1. 浸水路基

浸水路基是指设计水位以下受水浸泡的滨河、河滩路基和穿越积水洼地、池塘等地段的路堤。滨河路堤指走向与河流基本平行,靠河一侧边坡被水浸泡的路堤;河滩路堤指走向与河流基本垂直且横跨河滩的路堤,如桥头路堤,两侧边坡均被水浸泡。滨河、河滩路堤除受水浸泡后路基填料强度降低外,还受水流冲刷、水位涨落形成的渗透动水压力等因素影响。洼地、池塘为自然或人工形成的地势低洼、排水困难,雨季或常年积水的地段,穿越洼地、池塘的路堤通常受静水浸泡,且水位涨落变化缓慢,除路堤填料强度受水浸泡强度降低外,其他因素影响甚微。

总之,浸水路基变形、稳定性的影响因素较为复杂,在设计、施工过程中应作特殊处置,通常采用的措施有以下几种。

(1) 合理选择断面形式。根据浸水情况、填料性质、填料来源确定合理的路堤断面形式。①当路堤为单一填料时,防护高程以上非浸水部分采用标准断面形式,防护高程以下视浸水深度、填料性质、基底条件等采用放缓边坡或增设步道的形式,如图9-18(a)所示;②当地下水稳定填料来源不足时,可在防护高程以上填细粒土,防护高程以下填筑粗粒土或碎石、岩块,当上下层粒径相差过大时应设置隔离垫层,如图9-18(b)所示;③当地填料为水稳定性很差的粉砂土、粉土,且水稳定性较高的粗粒土、碎石土来源困难时,可采用包填断面形式,如图9-18(c)、(d)所示。

(2) 放缓边坡坡度。路堤浸水部分的边坡坡度应视浸水深度和填料性质确定,一般可按非浸水条件下的稳定坡度再放缓一级。当路堤两侧水位差较大,渗流贯通路堤时,还须进行专门稳定性验算。

(3) 增设护道。当浸水较深、水流速度较大或浸水时间较长时,为加强路基稳定性与抗冲刷能力,可在路堤一侧或两侧设置1~2m宽护道,护道顶面外缘在平纵剖面上应尽量顺直,避免壁面凹凸不平而出现阻水现象。

(4) 提高压实密度。为了提高浸水后土体的抗剪强度,路堤浸水部分的压实度应大于非浸水的一般路堤,细粒土要求压实系数$K=0.9$;粗粒土压实后相对密度$D_r=0.7$;对于粉细砂,除分别满足$K=0.9$及$D_r=0.7$的要求外,还应满足受车辆振动液化的要求。

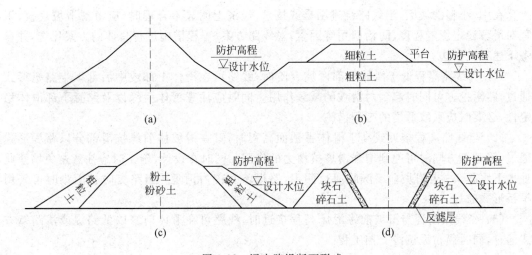

图 9-18 浸水路堤断面形式
(a) 单一填料,放坡断面;(b) 不同填料断面;(c)、(d) 不同填料,包填断面

(5) 进行坡面防护。路堤浸水部分的坡面应根据流速大小、波浪高度、填料种类及河床地层等因素选择适宜的防护措施。一般可采用抛石、浆砌片石护坡、石笼、片石垛、土工织物沉枕、土工模袋、混凝土人工块体等防护措施。边坡防护顶面高程应高出设计水位+波浪侵袭高度或斜水流局部冲高+壅水高(包括河道卡口或建筑物造成的壅水、河弯水面超高、桥前水面拱坡附加高)+河道淤积影响高度+不小于 0.5m 的安全高度。当路堤边坡或基底可能产生管涌时,可采用具有良好反滤功能的护坡、滤水趾或护底等措施。

2. 滑坡地带路基

滑坡指在一定地形、地质条件下,受各种自然、人为因素影响,山坡上的不稳定岩土体在重力作用下,沿坡体内某一弱面(带)整体向下滑动的现象。在山区、丘陵地带开展铁路、公路工程建设所进行的开挖、填筑施工,常常破坏原始坡体的自然平衡,并导致滑坡产生。山岭地区滑坡是铁路、公路工程的主要病害之一,常会造成交通设施损坏,迫使交通中断,甚至彻底摧毁道路工程,给人们生产、生活造成巨大危害。因此在进行山岭地区线路工程勘察设计时,应特别重视对滑坡的调查工作,正确研判滑坡规模和稳定程度,确定合理的应对方案与措施。

滑坡地段路基设计应以确保线路施工、运营的稳定安全为基本原则,具体如下。

(1) 线路应绕避巨型、大型和性质复杂的滑坡地段或滑坡群。当绕避中、小型滑坡困难时,应选择在有利于滑坡稳定和线路安全的位置通过,并采取可靠的工程处理措施。

(2) 对于滑坡地段路基,应根据滑坡的类型及规模、滑坡体岩土性质、水文地质条件、滑坡形成与发展条件等,分析其对线路工程的危害程度,及时采取有效整治措施,保证路基稳定及施工、运营安全。

(3) 滑坡整治应遵循"一次根治、不留后患"的原则,采取截排水与减载或反压、支挡等相结合的综合工程措施治理。

(4) 对于确定的滑坡体宜进行地表变形监测,必要时应进行深孔位移监测。

(5) 厚层松散堆积体、断裂构造破碎带、风化破碎带、岩体顺层、岩层软硬不均、斜坡软弱地基及特殊岩土等地段,应加强工程地质选线工作,并采取可靠的预防措施,防止工程滑坡产生。

在中、小型滑坡区,当线路绕避困难或技术、经济上明显不合理时,应考虑滑坡规模、工程对滑坡稳定影响程度、防治费用等因素,对线路方案、工程措施进行具体的方案比选,并参考下述有关做法。

(1) 当线路高程低于滑体上部滑坡台阶时,线路可在滑体上部或中后部以半路堑形式通过,路堑挖方可同时起到对滑坡的减载作用。同时应注意滑体后缘以及路堑下部滑体稳定性,必要时应采取适当的工程措施。

(2) 当线路高程接近或高于滑体舌顶面高程时,宜在滑坡体前缘抗滑部分以路堤形式通过,路基填方同时可起到增强滑坡抗滑力的作用。同时在设计、施工时应注意避免堵塞此处地下水露头;若滑坡前缘濒临河道凹岸,路堤不宜侵占河道;当路堤防护困难时可采用旱桥形式通过。

(3) 当线路高程与滑坡前缘滑床高程接近时,线路可在滑体前缘以低路堤或浅路堑方式通过,同时须布设抗滑支挡工程。

(4) 当路堑路基面高程远低于滑床面高程时,可在滑床面以下以明洞方式通过;若滑面位置不固定且滑坡推力不大时,可采用加强边墙及拱圈结构明洞方案。

3. 地震地区路基

地震是由地壳某有限区域内积聚能量的突然、集中释放而引起地壳表层岩土体振动的一种地质现象。地震能量以地震波的形式由震源向四周传播并逐渐衰减,形成的地震力属短期动载,对路基的破坏作用显著。

1) 路基震害形式

地震对路基的损害作用取决于地震烈度大小及所处的地质、水文条件,主要表现如下。

(1) 路基基底变形。在下列情况下,路基基底受地震影响极易产生变形:①基底位于活动性断裂带,路基损害最为严重,易产生拉开、错断和隆起;②处于高地下水位、松软地基土(饱和粉细砂、流塑状粉土)地段的路基,地震会导致基底土层液化,导致路基下沉;③位于滑坡或不稳定岩堆等不良地段的路基,地震会造成滑坡、岩堆变形,进而引起路基变形、错动;④位于软硬交替基底段的路基,不同的地基土地震反应易产生不均匀的路基沉降或沿界面的开裂、滑移。

(2) 路堤本体变形。路堤本体在填筑时材料密度分布不均,地震时受振动影响易形成变形、开裂;采用中、粗砂和砾石等填筑材料的路堤,地震时易产生纵向滑移和边坡溜塌;桥头路堤由于与桥台间存在较大刚度差,地震时易于出现下沉、横向开裂和滑移变形等。

(3) 路堑边坡(或山坡)变形。下列情况路堑边坡(或山坡)易产生变形:①岩体破碎、结构面发育的堑坡或山坡;②下部基岩上部松散覆盖层的堑坡或山坡;③岩层层面倾向路基,坡面上有大量不稳定块石的堑坡或山坡;④风化严重,高度大于 8m,坡角大于 65°的边坡。

2) 地震区路基设计原则

为避免或减少地震影响,在设计、建造铁路、公路路基工程过程中应遵循以下原则。

(1) 线路应选择在工程地质条件良好、地形开阔平坦或缓坡地段通过。并宜绕避近期活动的断层破碎带,易液化砂土、粉土及软土等地段,以及存在较厚松散山坡堆积体、泥石流、山体变形、塌陷空洞等对抗震不利的地段。

(2) 线路应避开抗震设防烈度为 8、9 度地震区的主要活动断裂带,难以避开时应选择在较窄处通过,并综合考虑地震次生灾害的影响。

(3) 在液化土和软土地区,线路宜选择在有较厚非液化土层或硬壳层处通过,并宜设置低路堤。

(4) 土质松软或岩层破碎、地质构造不利地段的线路,不应采用深长路堑,难以避开不稳定的悬崖陡壁时,应以隧道形式通过。

3) 路基抗震措施

从我国近几年来的大地震震害情况来看,容易产生震害的路堤形式主要有:高路堤、液化土及软土地基路堤、陡坡地段路堤、砂类土填筑路堤。上述路堤形式应列为抗震设防的重点。

(1) 路堤抗震措施。①路堤填料应选用抗震稳定性较好的土,当受条件所限采用粉砂、细砂填料时,应进行土质改良或采取其他加固措施;②路堤浸水部分填料,应选用抗震稳定性较好的透水性土,当采用粉砂、细砂、中砂作填料时,应采取掺拌粗颗粒或提高填筑密实度等防止液化措施;③半填半挖及修筑在横向坡度较大地面上的路堤,原地面应进行台阶化处理,并做好排水工程,必要时须设置支挡结构物;④液化土地基上的路堤,应进行抗震稳定性检算,稳定系数小于允许值时,应采取地基土加固、设置反压护道等措施。

(2) 路堑抗震措施。①需进行抗震设防的土质路堑边坡应进一步减缓坡度或采取加固措施,设防烈度较高时还应根据土体密度、含水量、成因以及坡高等因素进行稳定性分析,综合确定坡形、坡度;②岩质路堑坡体破碎、存在软弱夹层或坡顶有危岩体时,应采取锚固、支挡、清除等措施,必要时设置明洞;③岩质路堑可根据岩体结构、岩性、结构面产状,结合施工影响范围内既有建(构)筑物安全性要求等,采用光面、预裂、控制爆破技术,不宜采用大爆破施工。

9.3.4 特殊土地区路基

1. 软土地区路基

软土是指在滨海、湖泊、谷地、河滩上沉积的天然含水量高、孔隙比大、渗透性差、压缩性高、抗剪强度和承载力低的软塑至流塑状态的细粒土,如淤泥和淤泥质土。软土地区近代地貌多为宽阔平原,已不再为地表水所浸漫。表层土体因水分蒸发常形成强度稍高的硬壳层,厚度一般不大于3m,下部为具有流动性的淤泥,地下水位接近地表,沉积厚度一般较深。

在软土地基上,路基宜为路堤形式,高度不宜小于基床厚度。在深厚层软土地区,应根据软土的类型、厚度,地基加固工程难易程度及路基工后沉降控制等因素,严格控制路堤高度。有关软土地区的地基处理,前述章节已有说明,这里仅介绍软土路基的一种特殊结构形式——反压护道(banket)。

反压护道是指在路堤两侧填筑一定宽度和高度的护道,使路堤下地基土不致被挤出或隆起,以保证路堤稳定。反压护道边坡必须处于稳定状态,因此其高度不能超过天然地基的填筑临界高度,以路基高度的1/3~1/2较为经济合理,其宽度一般采用圆弧法验算确定。当软土层较薄且下卧岩层面具有明显的横向坡度时,路堤两侧应采用不同宽度的反压护道,横坡下方护道应较上方护道宽,如图9-19所示。

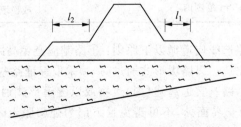

图9-19 不同宽度反压护道

反压护道加固软土地基方法施工简单,无须控制填土速率,但土方工程量较大,占地面积大,仅适用于非耕种区和取土不困难的地区;且通常后期沉降大,需经常抬道,给运营期养护遗留一定困难。

2. 膨胀土地区路基

膨胀土是一种由大量亲水性黏土矿物组成,具有吸水膨胀、软化、崩解和失水急剧收缩开裂特性,并能产生往复变形的黏性土。膨胀土具有明显的胀缩性、超固结性和多裂隙性,对建(构)筑物稳定性影响极大,工程建设中应予以足够重视。

膨胀土路基病害非常普遍。路堑主要有坡面冲蚀、剥蚀、表层溜坍和深层滑坡;路堤主要有下沉翻浆冒泥、边坡溜坍和滑坡、路肩开裂和基床病害等。常见病害及其成因、防治措施见表 9-4。

表 9-4 膨胀土路基常见病害

病害名称		成因与特征	主要防治措施
路堑	冲蚀	表土中微裂隙由于反复胀缩,逐渐发育,终使土块破碎成细粒;遇雨冲刷呈现无数冲沟使风化加剧,形成恶性循环,危及边坡土体稳定	天沟、截水沟、侧沟平台及其他防冲刷、防渗措施;边坡坡面防护加固;边坡渗沟;有滑坡迹象时采用疏排水与支挡结合措施;疏排堑顶有害积水
	剥蚀	开挖土体卸荷,应力释放,边坡向临空面胀裂,再经风化,土层逐步散解成碎块、石屑剥落堆于坡脚,堵塞水沟	
	溜坍	雨期中,坡凹处汇水下渗,膨胀的土层局部滑动、下沉、外移;溜坍边界周围呈马蹄形	
	滑坡	由于土体抗剪强度过度降低(骤减或衰减)引起。具有滑坡形成的一般特征,常为牵引式塑性滑坡并恶性扩大发展	
路堤	翻浆冒泥	路基顶部受外部营力(气候、湿度)作用,多次膨胀变形,再经水浸泡溶胀,强度骤减,受力后形成水囊,使路面或道床下沉挤入土中,泥浆上翻冒出,引起路面或轨道变形	换填透水材料及横向疏排水;设路基面封闭层
	边坡溜坍与滑坡	外部营力作用,使边坡部分土体强度降低,遇雨更是骤减,产生局部或由路基面至坡脚的滑动;多由施工中填料使用不当、压实不够或排水防护工作不善引起	采用非裂土填料或对裂土填料进行土质改良;加强压实边坡;分层铺设土工纤维或加宽填土、压实夯拍坡面、设置边坡防护措施;边坡开裂,有滑坡活动迹象时采用支挡或挖除坍体,翻填放缓边坡或换填;基底换填及引排地下水
	路肩开裂坍沉	由边坡溜坍或滑坡造成,裂缝通常位于距路肩边缘 1~2m 范围内	

膨胀土地区铁路、公路选线应遵循以下原则:①路基应避免高路堤与深长路堑,不可避免时,需与桥隧方案进行比选。以路堤形式通过时,须采取保证路基稳定的工程措施;堑顶附近有重要建(构)筑物时,路基宜远离建(构)筑物或以隧道形式通过。②路堑坡脚避免位于两不同分类等级膨胀土交界面处,不可避免且下部为强膨胀土时,须采取排水和支挡措施。③膨胀土中裂缝构造面明显或有软弱夹层存在时,线路宜垂直软弱层面走向通过,并采

取相应的边坡稳定措施。

膨胀土地区路基的设计应综合考虑膨胀土类型、气候环境、工程特性、地质条件等因素,其关键在于对地表水和地下水的控制,保持土中水分的相对稳定。设计过程中应遵循以下原则:①严禁以强膨胀土填筑路堤;弱膨胀土作填料时最好用于路堤下层,或采用石灰、水泥等无机结合料进行土性改良。②膨胀土多属超固结土,具有较大的初始水平应力,路堑边坡开挖会导致坡体卸荷膨胀、裂隙发育,对边坡稳定性不利,设计时可适当考虑利用超固结应力,减少防护工程量。③膨胀土路堑设计应充分考虑膨胀土的强度变化与衰减特性,施工时一般采取"先排水,后开挖边坡,及时防护,及时支挡"的程序,以防边坡土体暴露后产生湿胀干缩效应及受风化影响。④膨胀土地区路基应尽可能减少深挖高填,超过一定深度的路堑、一定高度的路堤,很难维持其稳定性。高陡边坡病害一旦发生,通常难以治理且经济代价极高。当需进行深挖高填情况时,应与桥隧方案进行技术经济比选。

3. 黄土地区路基

黄土是一种第四纪以来在干旱、半干旱地区由不同动力(风力、水力)作用沉积的以粉粒为主,呈棕黄、灰黄或黄褐色,且富含钙质的特殊土。黄土最突出的工程特性是其湿陷性,对湿陷性的处置方法已在第5章有所涉及,这里不再赘述。

对于黄土地区路基,这里主要说明黄土陷穴的处理。黄土陷穴包括由于水的冲蚀、溶蚀形成的溶蚀陷穴、古墓和掏砂洞等,普遍存在且对线路工程危害严重的是天然陷穴。天然黄土陷穴的形成多与降雨特别是大雨、暴雨有关,当地表排水不畅时,地表水便向下渗透、冲蚀形成陷穴;由线路工程施工引起的黄土陷穴多产生于填挖交界处,其次道砟陷槽及各类地表施工凹陷亦可能造成路基基床内部陷穴的形成。

对于黄土陷穴的处理应在查明其发生部位、深度、范围的基础上采取不同的处理措施,如表9-5所示。对于各类陷穴,无论采取何种处置方式,均须充填密实。

表 9-5 黄土陷穴处置措施

处理方法	适用条件	处理方法	适用条件
回填、夯实	明陷穴	灌砂	小而直的暗穴
明挖、回填、夯实	埋藏浅的暗穴	灌泥浆	大而深的暗穴
支撑、回填、夯实	埋藏较深的暗穴		

线路工程中对黄土陷穴的预防应从控制其形成入手,在施工过程中应重点做好以下工作:①做好黄土陷穴可能形成地段的排水工程。路堑堑顶地面凹陷、裂缝和积水洼地等应填平夯实,路堤段做好路基迎水面一侧的地表排水工程,积水洼地预先填平夯实,防止地表水下渗。②新建路基应严格控制填料质量,不使用湿陷性黄土填筑基床,同时严格把控路堤各部分压实标准。③路基基床病害处理采用各种封闭层、垫层时应加强夯实,做好基床顶面的排水工程,对已发现可能或已经形成的陷穴,须及时处置并拦截或引排流向陷穴的地表水。④夯实土层表面,对路堤、路堑边坡进行植被护坡。

4. 盐渍土地区路基

盐渍土指易溶盐含量大于0.3%的土。地表以下1.0m深度内易溶盐的平均含量大于0.3%时,应判定为盐渍土地区或场地。盐渍土具有较强的吸湿、松胀、溶蚀、腐蚀等特性。盐渍土按含盐性质可分为氯盐类、硫酸盐类和碳酸盐类三种,按土中含盐量大小可分为弱、中、强、超强盐渍土,如表9-6所示。

表 9-6　盐渍土按含盐量分类

盐渍土名称	平均含盐量/%		
	氯盐、亚氯盐	硫酸盐、亚硫酸盐	碱性盐
弱盐渍土	0.3～1	—	—
中盐渍土	1～5	0.3～2	0.3～1
强盐渍土	5～8	2～5	1～2
超强盐渍土	≥8	≥5	≥2

盐渍土地区路基的主要病害有溶蚀、盐胀、冻胀和翻浆等。①溶蚀现象指受水浸时盐渍土中盐分溶解,从而导致雨洞、洞穴,甚至湿陷、坍塌等路基病害的形成,主要发生于最易溶解的氯盐渍土与硫酸盐渍土中。②盐胀现象是指硫酸盐结晶时吸收大量水分而形成体积膨胀。冬夏交替及日夜温差变化均能导致盐胀,在冬季盐胀会导致路面膨胀、变形,而夏季则使路基下沉,昼夜温差引起的盐胀则使路基边坡与路肩表层变得疏松、多孔。③冻胀现象是指盐渍土中盐分尤其是氯盐对冻土冻胀的强化作用。当盐渍土中含盐量在一定范围内时,冰点降低,水分汇聚充分,冻胀得以加强,而当含盐量超过一定比例后,冰点过低,冻胀作用反而减弱。④氯盐渍土聚冰多、液塑限低、蒸发缓慢,可导致轨道、路面严重翻浆,春融时硫酸盐渍土中盐分脱水亦可产生较严重的翻浆。

在盐渍土地区进行铁路、公路等线路工程选线应遵循以下原则:①对可能遭受洪水冲淹的低洼盐渍土地区,及经常处于潮湿或积水的强盐渍土、超强盐渍土或盐沼地带,线路应尽可能绕避,不能绕避时应考虑以最短距离通过;②对一般盐渍土或小面积零星分布地区,线路应尽可能选择地势高、含盐量少、地下水位及矿化度低、排水条件好、通过距离最短的位置;③通常盐渍土地区路基宜采用适当高度的路堤形式,尽可能避免采用路堑形式。

对可能出现病害的盐渍土路基可采取如下处理方法:①路堤不满足最小高度且难以降低地下水时,可在路堤底部设置毛细水隔断层,其高程应高于当地最高地面积水高程;②当地基、天然护道表土含盐量不满足要求时应予以铲除或设置隔断层;③当地基为天然含水量大于液限的软弱土层时,应按软土地基处理方法进行加固;④为防止盐渍土路堤边坡表土松胀、溶失、风蚀等,可适当加宽、加固路基,采用植物、水泥砂浆板、浆砌片石等保护坡面。

5. 冻土地区路基

冻土是一种由矿物颗粒、冰、液态水和气组成的四相特殊土体,其成分、结构、热力学及物理力学性质均与一般土体有着显著的区别。冻土区的活动层随季节乃至昼夜变化不停地进行着融化、冻结过程,形成各种冻土现象,并产生了一系列的特殊工程地质问题与路基病害。其主要工程地质问题有融沉、冻胀、融冻泥流、滑塌、冰锥、冻胀丘、热融湖塘及沼泽化湿地等。对冻土地区的路基而言,在冻结期间将产生不均匀冻胀,导致轨道或路面高低不平,影响行车安全;路基的不均匀冻胀还会导致公路路面特别是混凝土刚性路面产生纵向分布的裂纹,裂纹经反复冻融不断加宽,严重时可使路面完全破碎。

在季节性冻土区,水文地质条件不利时,冬季路基冻结使其含水量增加,春天融解水分无法及时排出,形成潮湿软弱状态,在行车荷载的反复作用下,路面会发生裂纹、鼓包、车辙、冒泥翻浆等病害现象。在多年冻土区,受路基施工、运营过程的各种人为因素影响,使多年冻土局部融化形成融沉病害,造成路基下沉,路肩及边坡下滑、溜坍等;在地表及地下水影响下，地基土及填土中水分冻结膨胀会形成冻胀病害。

在季节性冻土地带，主要的路基防冻害措施有：①路堤设计应满足一定的高度要求，无法满足时，可采取引排地面积水或降低地下水位、在基底设置毛细水隔断层以及在有害冻胀深度范围内以弱冻胀土作填料，采用聚苯乙烯泡沫塑料板隔温层等措施；②路堑设计中，当基床顶距地下水位小于一定高度时，应采取降低地下水位的措施，无法降低时可在有害冻胀深度范围内换填弱冻胀土；③对既有线路的改建和病害整治，可采用整体抬高路堤、设置炉渣保温层、换填弱冻胀土、增设横向排水渗沟等措施；④采用石灰稳定土、石灰粉煤灰稳定土及其他无机结合料稳定土进行地基整治，此类无机结合料稳定土不仅能有效抑制路基冻害发生，而且可使地基土具有良好的力学性能，并随龄期增长而不断增强；⑤利用溶于水的盐类可使水溶液冰点降低的原理，采用打孔注盐、稀释注入、土盐拌和等施工方法，增加路基土的含盐量，以减轻冻胀危害。

在多年冻土区，铁路、公路线路宜以路堤形式通过，通过位置应选在坡度较缓、干燥、向阳地带；避免通过不良冻土发育和地下水丰富地段，绕避困难时，应选择病害轻、范围小的地段通过，并采取合理的工程措施。多年冻土区的路基设计应根据冻土地段具体情况分别采用"保护"和"破坏"多年冻土的原则，并分别采用不同的处理措施。

(1) 保护多年冻土原则路基设计。多年冻土区路基的修筑改变了天然地表的传热条件，破坏了原始传热平衡状态，多年冻土的天然上限必然产生相应变化，这一变化后的上限称人为上限。保护性原则即采取综合保温措施，使路基建成后的人为上限控制在一定范围内，保护路基下多年冻土不融化，从而保证路基稳定。适宜按保护原则设计路基的范围如下：①饱冰冻土或含土冰层地段；②富冰冻土地段且含水量较大时；③多年冻土沼泽地段；④大片多年冻土带和地温较低、保温条件好的岛状多年冻土带。主要的保温措施有加强地面排水、设置工业保温材料层、路基下埋设通风管，采用热棒降温、遮阳板护坡、保温护道等，如图9-20所示。

(a)

(b)

图 9-20 多年冻土路基冻害防治措施
(a) 埋设通风管；(b) 热棒降温

(2) 破坏多年冻土原则路基设计。即在路基修建完成后，允许路基下地基中的多年冻土全部或部分融化，或在筑路之前预先使路基下多年冻土融化，路基的设计按非多年冻土地区技术标准进行。适宜按破坏多年冻土原则设计路基的范围如下：①基底地质情况良好，少冰冻土或多冰冻土，融化后下沉量小，不致造成路基病害；②基底下冰较薄、埋藏浅、范围小或难以保持其冻结状态，下部即为良好地层(少冰冻土、多冰冻土或基岩)的地段；③在人为活动频繁、地温高、地面保温条件差的岛状多年冻土和零星岛状多年冻土带邻近边界区。

思考题

1. 地基失效有哪些类型？从内、外因方面应如何应对？
2. 参考第5章有关特殊土的内容，建立特殊土与地基处理措施间的对应关系。
3. 总结地下工程变形、破坏的类型及其形成原因。
4. 建立地下工程地质问题与超前预报方法间的对应关系。
5. 路基有哪些基本形式？各自可能出现的工程地质问题有哪些？
6. 特殊土路基有哪些有别于特殊土地基的处置方法与措施？

参 考 文 献

[1] 陈平. 结晶矿物学[M]. 北京:化学工业出版社,2006.
[2] 刘国钧. 矿物学[M]. 徐州:中国矿业大学出版社,2006.
[3] 李景霞,张立新,杨丽. 矿物岩石学[M]. 成都:电子科技大学出版社,2014.
[4] 唐洪明. 矿物岩石学[M]. 北京:石油工业出版社,2007.
[5] 成都地质学院岩石教研室. 岩石学简明教程[M]. 北京:地质出版社,1979.
[6] 乐昌硕. 岩石学[M]. 北京:地质出版社,1984.
[7] 邱家骧. 岩浆岩岩石学[M]. 北京:地质出版社,1985.
[8] 刘作程. 岩石学[M]. 北京:冶金工业出版社,1992.
[9] 卫管一,张长俊. 岩石学简明教程[M]. 2版. 北京:地质出版社,1995.
[10] 李昌年. 简明岩石学[M]. 武汉:中国地质大学出版社,2010.
[11] 路凤香,桑隆康. 岩石学[M]. 北京:地质出版社,2002.
[12] 全国地层委员会. 中国地层指南及中国地层指南说明书(2016年版)[M]. 北京:地质出版社,2017.
[13] 宋春青,邱维理,张振春. 地质学基础[M]. 4版. 北京:高等教育出版社,2005.
[14] 徐九华,谢玉玲,李建平,等. 地质学[M]. 北京:冶金工业出版社,2008.
[15] 舒良树. 普通地质学[M]. 北京:地质出版社,2010.
[16] 范存辉,杨西燕,苏培东. 地质学概论[M]. 北京:科学出版社,2016.
[17] 谢仁海,渠天祥,钱光谟. 构造地质学[M]. 徐州:中国矿业大学出版社,2007.
[18] 朱志澄. 构造地质学[M]. 武汉:中国地质大学出版社,1999.
[19] 许兆义. 工程地质基础[M]. 北京:中国铁道出版社,2011.
[20] 胡厚田,白志勇. 土木工程地质[M]. 2版. 北京:高等教育出版社,2009.
[21] 孙广忠,吕梦麟. 地壳结构的轮廓和形成[J]. 地质科学,1964,11(4):331-340.
[22] 汪新文. 地球科学概论[M]. 北京:地质出版社,1999.
[23] 杨树锋. 地球科学概论[M]. 杭州:浙江大学出版社,2011.
[24] 陈南祥. 工程地质及水文地质[M]. 4版. 北京:中国水利水电出版社,2012.
[25] 国家地震局地质研究所. 海原活动断裂带[M]. 北京:地震出版社,1990.
[26] 邓起东,张培震. 史前古地震的逆断层崩积楔[J]. 科学通报,2000,45(6):650-655.
[27] 国家技术监督局. 综合工程地质图图例及色标:GB 12328—1990[S]. 北京:中国标准出版社,1991.
[28] 朱济祥. 土木工程地质[M]. 天津:天津大学出版社,2007.
[29] 赵法锁,李相然. 工程地质学[M]. 北京:地质出版社,2009.
[30] 李隽蓬. 土木工程地质[M]. 成都:西南交通大学出版社,2001.
[31] 赵树德,廖红建,徐林荣,等. 高等工程地质[M]. 北京:机械工业出版社,2005.
[32] 曾克峰,刘超,程璜鑫. 地貌学及第四纪地质学教程[M]. 武汉:中国地质大学出版社,2014.
[33] 杨景春,李有利. 地貌学原理[M]. 3版. 北京:北京大学出版社,2012.
[34] 周成虎. 地貌学辞典[M]. 北京:中国水利水电出版社,2006.
[35] 严钦尚,曾昭璇. 地貌学[M]. 北京:高等教育出版社,1985.
[36] 左建. 地质地貌学[M]. 3版. 北京:中国水利水电出版社,2013.
[37] 王锡魁,王德. 现代地貌学[M]. 吉林:吉林大学出版社,2009.
[38] 北京大学,南京大学,上海师大等高校地理系. 地貌学[M]. 北京:人民教育出版社,1978.

[39] 曹伯勋. 地貌学及第四纪地质学[M]. 武汉：中国地质大学出版社，1995.
[40] 袁道先. 岩溶学词典[M]. 北京：地质出版社，1988.
[41] 舒继森，王兴中. 工程地质与加固技术[M]. 徐州：中国矿业大学出版社，2006.
[42] 张忠苗. 工程地质[M]. 重庆：重庆大学出版社，2011.
[43] 凌贤长，蔡德所. 岩体力学[M]. 哈尔滨：哈尔滨工业大学出版社，2002.
[44] 中国电力企业联合会. 工程岩体试验方法标准：GB/T 50266—2013[S]. 北京：中国计划出版社，2013.
[45] 宁建国. 岩体力学[M]. 北京：煤炭工业出版社，2014.
[46] 刘东燕. 岩石力学[M]. 重庆：重庆大学出版社，2014.
[47] 沈明荣，陈建峰. 岩体力学[M]. 2版. 上海：同济大学出版社，2015.
[48] 中华人民共和国水利部. 工程岩体分级标准：GB/T 50218—2014[S]. 北京：中国计划出版社，2014.
[49] 《工程地质手册》编委会. 工程地质手册[M]. 4版. 北京：中国建筑工业出版社，2007.
[50] 唐大雄，刘佑荣，张文殊，等. 工程岩土学[M]. 2版. 北京：地质出版社，1999.
[51] 王保田，张福海. 膨胀土的改良技术与工程应用[M]. 北京：科学出版社，2008.
[52] 侯兆霞，刘中欣，武春龙. 特殊土地基[M]. 北京：中国建筑工业出版社，2007.
[53] 刘起霞，张明. 特殊土地基处理[M]. 北京：北京大学出版社，2014.
[54] 朱小林，杨桂林. 土体工程[M]. 上海：同济大学出版社，1996.
[55] 中华人民共和国建设部. 岩土工程勘察规范：GB 50021—2001[S]. 2009年版. 北京：中国建筑工业出版社，2009.
[56] 陕西省计划委员会. 湿陷性黄土地区建筑规范：GB 50025—2004[S]. 北京：中国建筑工业出版社，2004.
[57] 中国建筑科学研究院. 膨胀土地区建筑技术规范：GB 50112—2013[S]. 北京：中国建筑工业出版社，2012.
[58] 中国建筑科学研究院. 软土地区岩土工程勘察规范：JGJ 83—2011[S]. 北京：中国建筑工业出版社，2011.
[59] 戚筱俊. 工程地质及水文地质[M]. 北京：中国水利水电出版社，1997.
[60] 左健，温庆博. 工程地质及水文地质学[M]. 北京：中国水利水电出版社，2009.
[61] 张忠学，马耀光，周金龙，等. 工程地质与水文地质[M]. 北京：中国水利水电出版社，2009.
[62] 肖和平，潘芳喜. 地质灾害与防御[M]. 北京：地震出版社，2000.
[63] 门玉明，王勇智，郝建斌，等. 地质灾害治理工程设计[M]. 北京：冶金工业出版社，2011.
[64] 潘懋，李铁峰. 灾害地质学[M]. 北京：北京大学出版社，2002.
[65] 赵树德，廖红建. 土力学[M]. 北京：高等教育出版社，2010.
[66] 刘忠玉，祝彦知，肖昭然，等. 工程地质学[M]. 2版. 北京：中国电力出版社，2016.
[67] 尚岳全，王清，蒋军，等. 地质工程学[M]. 北京：清华大学出版社，2006.
[68] 王恭先，徐峻龄，刘光代，等. 滑坡学与滑坡防治技术[M]. 北京：中国铁道出版社，2007.
[69] 陈洪凯，唐红梅，王林峰，等. 地质灾害理论与控制[M]. 北京：科学出版社，2011.
[70] 吴积善，田连权，康志成，等. 泥石流及其综合治理[M]. 北京：科学出版社，1993.
[71] 费祥俊，舒安平. 泥石流运动机理与灾害防治[M]. 北京：清华大学出版社，2004.
[72] 李昭淑. 陕西省泥石流灾害与防治[M]. 西安：西安地图出版社，2002.
[73] 袁道先，蒋勇军，沈立成，等. 现代岩溶学[M]. 北京：科学出版社，2016.
[74] 吴继敏. 工程地质学[M]. 北京：高等教育出版社，2006.
[75] 李智毅，杨裕云. 工程地质学概论[M]. 武汉：中国地质大学出版社，1994.
[76] 赵克常. 地震概论[M]. 北京：北京大学出版社，2013.
[77] 中国地震局监测预报司. 地震地质学[M]. 北京：地震出版社，2007.

[78] 中华人民共和国行业标准. 工程抗震术语标准：JGJ/T 97—2011[S]. 北京：中国建筑工业出版社，2011.
[79] 中华人民共和国国家标准. 建筑抗震设计规范：GB 50011—2010[S]. 北京：中国建筑工业出版社，2010.
[80] 李宏杰，张彬，李文，等. 煤矿采空区灾害综合防治技术与实践[M]. 北京：煤炭工业出版社，2016.
[81] 王录合，李亮，王新军，等. 开采沉陷区建设大型建筑群理论与实践[M]. 徐州：中国矿业大学出版社，2009.
[82] 中国煤炭建设协会. 煤矿采空区岩土工程勘察规范：GB 51044—2014[S]. 北京：中国计划出版社，2014.
[83] 中国煤炭建设协会. 煤矿采空区建(构)筑物地基处理技术规范：GB 51180—2016[S]. 北京：中国计划出版社，2016.
[84] 李智毅，唐辉明. 岩土工程勘察[M]. 武汉：中国地质大学出版社，2000.
[85] 王奎华. 岩土工程勘察[M]. 北京：中国建筑工业出版社，2005.
[86] 张荫，冯志焱. 岩土工程勘察[M]. 北京：中国建筑工业出版社，2011.
[87] 吴圣林，姜振泉，郭建斌，等. 岩土工程勘察[M]. 徐州：中国矿业大学出版社，2008.
[88] 周德全，彭柏兴，陈永贵，等. 岩土工程勘察技术与应用[M]. 北京：人民交通出版社，2008.
[89] 王妙月. 勘探地球物理学[M]. 北京：地震出版社，2003.
[90] 刘天佑. 地球物理勘探概论[M]. 北京：地质出版社，2007.
[91] DOBRIN M B. 地球物理勘探概论[M]. 吴晖，译. 北京：石油工业出版社，1983.
[92] 石林珂，孙文怀，郝小红. 岩土工程原位测试[M]. 郑州：郑州大学出版社，2003.
[93] 邢皓峰，徐超，石振明. 岩土工程原位测试[M]. 2版. 上海：同济大学出版社，2015.
[94] 顾晓鲁，钱鸿缙，刘惠珊，等. 地基与基础[M]. 3版. 北京：中国建筑工业出版社，2003.
[95] 王广月，王盛桂，付志前. 地基基础工程[M]. 北京：中国水利水电出版社，2001.
[96] 叶观宝，高彦斌. 地基处理[M]. 3版. 北京：中国建筑工业出版社，2009.
[97] 龚晓南. 地基处理手册[M]. 3版. 北京：中国建筑工业出版社，2008.
[98] 齐丽云，徐秀华. 工程地质[M]. 北京：人民交通出版社，2009.
[99] 张咸恭，王思敬，李智毅. 工程地质学概论[M]. 北京：地震出版社，2005.
[100] 齐甦. 隧道地质超前预报技术与应用[M]. 北京：气象出版社，2010.
[101] 张成良，刘磊，王国华. 隧道现场超前地质预报及工程应用[M]. 北京：冶金工业出版社，2013.
[102] 张先锋. 隧道超前地质预报技术指南[M]. 北京：人民交通出版社，2013.
[103] 李术才. 隧道突水突泥灾害源超前地质预报理论与方法[M]. 北京：科学出版社，2015.
[104] 杨广庆. 路基工程[M]. 2版. 北京：中国铁道出版社，2010.
[105] 石春香，林英. 路基工程[M]. 北京：中国建筑工业出版社，2017.
[106] 何兆益，杨锡武. 路基路面工程[M]. 重庆：重庆大学出版社，2001.
[107] 刘建坤，岳祖润. 路基工程[M]. 北京：中国建筑工业出版社，2016.
[108] 宦秉炼. 地矿汉英大词典[M]. 北京：冶金工业出版社，2016.
[109] 张咸恭. 工程地质与岩土工程英汉-汉英词典[M]. 北京：地质出版社，2009.
[110] 《英汉地质词典》编辑组. 英汉地质词典[M]. 北京：地质出版社，1993.